熊天信
蒋德琼
冯一兵
李敏惠
穆　轶
王　力
编　著

大学物理

第3版

下

清华大学出版社
北京

内 容 简 介

本教材是在熊天信、蒋德琼等编著的《大学物理》(第 2 版)的基础上修订而成的,分上、下两册。上册内容包括经典力学、机械振动和机械波、相对论和热学 4 篇,下册内容包括电磁学、波动光学、量子物理基础及物理学进展与应用 3 篇。

本教材可作为各类高等院校理工科非物理学专业大学物理课程的教材或参考书。其中的习题与思考题解答将另册出版。

图书在版编目(CIP)数据

大学物理:第 3 版. 下 / 熊天信等编著. -- 北京:清华大学出版社,2025. 4.
ISBN 978-7-302-68590-6

Ⅰ. O4

中国国家版本馆 CIP 数据核字第 2025NY4906 号

责任编辑:陈凯仁
封面设计:傅瑞学
责任校对:赵丽敏
责任印制:丛怀宇

出版发行:清华大学出版社
   网 址:https://www.tup.com.cn,https://www.wqxuetang.com
   地 址:北京清华大学学研大厦 A 座   邮 编:100084
   社 总 机:010-83470000   邮 购:010-62786544
   投稿与读者服务:010-62776969,c-service@tup.tsinghua.edu.cn
   质量反馈:010-62772015,zhiliang@tup.tsinghua.edu.cn
印 装 者:北京博海升彩色印刷有限公司
经 销:全国新华书店
开 本:210mm×285mm   印 张:17.5   字 数:538 千字
版 次:2025 年 4 月第 1 版   印 次:2025 年 4 月第 1 次印刷
定 价:73.00 元

产品编号:107973-01

前言

物理学是研究物质世界最基本的结构、最普遍的相互作用、最一般的运动规律的自然科学。它的基本理论渗透到自然科学的各个领域,应用于生产技术的许多部门。它是一切自然科学的基础,对人类未来的进步起着关键的作用。

大学物理课程是理工科专业的一门重要的基础课,也是理工科学生四年大学学习中唯一一门涉及各个学科并与最前沿的科学技术相联系的课程。一方面,它能起到为学生打好必要的物理基础的作用;另一方面,它可以培养学生的思维能力和解决问题的能力,从而起到增强适应能力、开阔思路、激发探索和创新精神,提高科学素质等重要作用。打好物理基础,不仅对学生在校学习起着十分重要的作用,还将为学生在毕业后的工作中进一步学习新理论、新知识、新技术,不断更新知识奠定基础。

我国在《教育强国建设规划纲要(2024—2035年)》(以下简称《纲要》)的总体要求中提出:"到2027年,教育强国建设取得重要阶段性成效。""到2035年,建成教育强国。"针对高等教育,《纲要》提出"打造一流核心课程、教材、实践项目和师资团队。"为此,我们以2023版教育部高等学校大学物理课程教学指导委员会提出的《理工学科大学物理课程教学基本要求》(以下简称《基本要求》)为依据,对我们主编的《大学物理》(第2版)进行了修订和调整,以适应时代的要求。将相对论基础部分从下册调整到上册,根据《基本要求》和当今科学进步,补充和修改了部分内容,调整了部分习题,修改了部分文字表述。经修改后,本教材有如下几方面的特点:

1) 重视大学物理与中学物理的衔接,降低学生学习的难度

对于理工科学生来说,物理不是一门全新的、陌生的课程,从初中就开始接触物理,这是对大学物理教学有利的方面。但是,大学物理教材知识体系也是按照物质运动形态从低级到高级的逻辑顺序展开,即以力学、热学、电磁学、光学、近代物理学的顺序排列,容易给学生造成大学物理和中学物理完全相同、没有新东西的印象,对大学物理的教学和学习带来负面影响。事实上,大学物理是在中学物理基础上的高一级循环,它们所研究的外延有所不同,中学物理主要研究特殊情况,大学物理则借助于微积分和矢量运算,讨论更具一般性的问题。对大多数理工科专业学生来说,大学物理是一门难学的课程。如何使学生学好这门课程、如何使学生从中学物理的学习顺利过渡到大学物理的学习,是不少物理教师一直关心的问题。对此,我们在编写本教材时,在概念的引入方面,尽量地注意到它与中学物理的衔接,以降低学生学习大学物理的台阶。

2) 把握好教材内容的深度和广度,突出教材内容的基础性

大学物理课程作为一门理工科的基础课,不同学校开设的课时数千差万别,同一学校、不同专业开设的课时数也大不相同。在这种情况下,不可能也没有必要使教材包括物理学的方方面面。为此在编写教材时,我们主要以《基本要求》中的A类知识点作为教材的主要内容,而省去了《基本要求》中部分B类知识点的内容,当然,为了反映物理学的一些新进展,也增加了一些《基本要求》中没有的内容。对经典物理的内容,我们力求做到高起点、高标准,使学生正确、准确地理解和掌握物理学的基本概念、物理学的基础知

识和基本理论及物理学的研究方法,同时通过介绍物理学家进行研究的过程,让学生感受科学精神。而对于每章习题,相比物理学专业学生的要求,适当降低。这样做,可以让教师根据不同专业的特点、不同的学时数,灵活选取《基本要求》B 类知识点的内容进行教学,增加了教材的灵活性,使教材的适应面更广。

3）重视物理学与社会生活、工程技术和现代科技的联系,充分激发学生学习的积极性

本教材对《基本要求》中的 A 类知识点,尽量选用一些与社会生活、工程技术和现代科技热点相结合的新颖实例作为例题,介绍基础物理知识和理论在其中的应用,这些内容,有的作为教材的主体内容出现,有的以知识拓展的形式出现,有的在例题或习题中出现,这在一定程度上增加了教材内容的广度,其目的是要在一定程度上改变物理科学和技术分离、与社会脱节的状态,使学生了解物理学在社会生活、工程技术和现代科技中的应用,了解物理学对人类社会发展的促进作用。这样处理,既有利于学生掌握所学内容,又能提高学生学习大学物理的兴趣,使教材在内容方面既满足培养优秀工程技术人才的需要,也兼顾到培养复合型人才的需要。

4）重视人文文化的渗透,提高学生的人文素质

大量的教学实践表明,物理学史在培养学生兴趣、科学精神和帮助学生领会物理知识等方面有重要的作用。在物理教学中渗透物理学史,有利于学生巩固和加深理解已学过的物理知识,增强学习的主动性与自觉性,提高学习兴趣和综合素质,培养学生的创新精神,学习物理学家的探索精神和培养学生的科学方法。通过介绍我国古代人民对物理学的贡献,可增强民族自豪感和加强爱国主义教育。为此,我们在第 1 篇到第 6 篇中以简短的篇幅分别介绍了我国古代人民在力学、热学、电磁学和光学中的重要贡献,还在各章中适时地介绍一些重要的物理学家,使学生了解相关科学家对物理学的贡献。这些内容,有的可直接写进教材的主体部分,不易直接写进教材主体部分的,则是通过开"窗口"的形式加以呈现。

另外,我们还在教材中适当地融入了一些人文文化的内容。如一些歌词、诗词、成语和艺术作品中所反映出的物理现象和物理原理;在例题或习题、思考题中融入一些人文文化的内容;在篇首编入了一些名人名言,以培养学生的科学精神等。这些内容的引入都能使学生在学习大学物理的过程中,不知不觉地提高学生的人文文化素质。《纲要》中提出,"加强和改进新时代学校思想政治教育""把学校思想政治教育贯穿各学科体系、教学体系、教材体系、管理体系,融入思想道德、文化知识、社会实践教育……"。为进一步加强这方面的内容,在第三版中增加了"感悟・启迪"板块。

5）合理地给学生开"窗口",促进教学内容现代化

对于大学物理的现代化,是不容易做好的一项工作,如果编入的现代内容过多,则会增加教学的课时量,在目前国家对学生总课时量有限制的情况下,这是不现实的。现代物理内容过难,学生也掌握不了,没有现代物理的内容,则会使大学物理内容显得过于陈旧,跟不上物理学的发展步伐。因此,如何给学生开"窗口",选取哪些内容、多少内容等,一直以来是物理教学工作者研究的课题之一。

为了使大学物理教学内容紧跟物理学的发展,我们采取的手段主要是:如果这部分内容能合理地、有机地融入到教材的主体部分,且不过于增加教材的篇幅的情况下,就直接将这部分内容写入教材;如果能作为实例的,则编入到教材例题或习题中;对于不能融入教材的主体部分中的重要内容,则以知识拓展这种开"窗口"的形式向学生介绍,以实现大学物理教学内容的现代化。

6) 精心选择例题、思考题和习题,重视题目的典型性和代表性

学习大学物理,解题难已经成为理工科学生普遍存在的问题。为此,教材对例题的分析和解答上尽可能做到详细,突出解题的思路和方法;在例题和习题的选择上不选难题、偏题和怪题,注重例题的典型性和代表性,注重习题对相关知识的覆盖,以使学生通过练习,全面地理解和掌握所学物理知识。在习题的形式上也力求多样化,有思考题、填空题、选择题、计算题和证明题。所选例题和习题尽可能突出基本训练和基本的物理原理的应用,以突破教材中的难点和加强重点内容的学习为目的;在题目的内容上尽可能与社会生活、工程技术和现代科技相联系。

7) 优化教材的编排方式,方便教学和学习

为了使学生更好地理解和掌握大学物理的基本知识、基本概念和基本原理,我们将每章的思考题直接编排到相关内容之后,而不是像一般教材那样放在章末。这样编排的最大优点在于能提示学生,解答和分析这些思考题所涉及的知识就是最近一节或几节的内容,有较强的针对性,有利于引导学生及时思考和加强训练所学内容,通过这些思考题的分析与解答,进一步深刻理解相关物理概念、物理规律,掌握相关物理知识。此次修订,适当地调整了教材总体安排,如将相对论部分调整到上册。

本教材编写及修订分工如下:熊天信编写第 1~7、18 章和附录;蒋德琼编写第 10~13 章;冯一兵编写第 8、9、17 章;李敏惠编写第 14~16 章;王力对第 14~16 章内容进行了修订。熊天信负责全书的统稿工作。

本教材在编写过程中,得到了四川师范大学领导和有关教师的大力支持,他们提出了一些建设性的建议和意见,在此表示衷心感谢。本教材在编写过程中参考了国内外许多优秀的教材和文献,引用了其中一些内容,在此就不一一罗列,编者对这些作者一并表示感谢。

为了方便教学和学习,我们还根据教材内容重新制作了电子教案,使用教材单位若有需要,请与清华大学出版社或作者联系。尽管对教材做了大量的修改,使之更加完善,但由于作者水平所限,疏漏和不足之处在所难免,恳请广大读者不吝批评指正,以使本教材的质量能得到进一步提高。

作　者

2025 年 2 月于四川师范大学

目录

第 5 篇 电 磁 学

第6篇 波动光学

第7篇　量子物理基础及物理学进展与应用

第 **5** 篇

电 磁 学

电磁学是研究电磁现象规律的学科。人类很早就接触和认识到电磁现象。最初人们认为电现象和磁现象是互不相关的,直到 1820 年奥斯特发现了电流对磁针的作用,安培发现了磁铁对电流的作用,人们才开始认识到电现象和磁现象的联系。1831 年法拉第发现了电磁感应定律,使人们对电现象和磁现象的关系有了更深刻的认识。法拉第还提出电场和磁场的观点,并认为电场力和磁场力都是通过场传递的。麦克斯韦在前人成就的基础上,于 1865 年建立了系统的电磁理论。他指出交变的电磁场在空间传播时会形成电磁波,并指出光是一种电磁波,使光学成为经典电磁场理论的组成部分。

怒发冲冠实验演示

经典电磁理论的建立是物理学史上划时代的里程碑之一,完成了物理学的第三次大综合。电磁理论的发展,拓展了科学研究的领域,以它为基础,诞生了无线电学、计算机学、微电子学、射电天文学、X射线学等一大批新兴学科,并为 19 世纪 70 年代开始的、以电力的应用为中心的第二次技术革命奠定了基础。

本篇主要介绍电场和磁场的一些基本特性,以及电场和磁场对宏观物体(实物)的作用和相互影响,以便对电磁场的物质性和规律有比较深刻的认识。

名人名言

无论鸟的翅膀是多么完美，如果不凭借着空气，它是永远不会飞翔高空的。事实就是科学家的空气。

——巴甫洛夫（俄罗斯）

科学不是为了个人荣誉，不是为了私利，而是为人类谋幸福。

——钱三强（中国）

一旦科学插上幻想的翅膀，它就能赢得胜利。

——法拉第（英国）

电和磁的实验中最明显的现象是，处于彼此距离相当远的物体之间的相互作用。因此，把这些现象化为科学的第一步就是，确定物体之间作用力的大小和方向。

——麦克斯韦（英国）

第 10 章

真空中的静电场

相 对于观察者(惯性系)静止的电荷所激发的电场称为静电场(electrostatics)。通过本章的学习,要求理解和掌握静电场的基本性质和基本规律,并能计算一些带电体的电场强度和电势。

10.1　电荷　库仑定律

10.1.1　电荷

1. 电荷是物质的一种基本属性

电荷是物质的一种属性,自然界中不存在不依附于物质的"单独电荷"。我们知道,用丝绸或毛皮摩擦过的玻璃棒、硬橡胶棒、石英等都能吸引轻小物体,这表明它们在摩擦后进入了一种特别的状态。我们把处于这种状态的物体叫作带电体,并说它们带有电荷。

大量实验表明,自然界中的电荷只有两种。美国科学家富兰克林(B. Franklin,1706—1790)是第一个把用丝绸摩擦过的玻璃棒所带的电荷命名为正电荷(positive charge)、用毛皮摩擦过的硬橡胶棒所带的电荷命名为负电荷(negative charge)的人,这一命名方法一直沿用至今。

物体经过摩擦为什么会带电呢? 这可根据物质的电结构理论进行解释。我们知道,物质由原子、分子组成;原子由带正电的原子核和绕核运动的带负电的电子组成;原子核又由带正电的质子和不带电的中子组成。任一原子的质子数和核外电子数相等,正因如此,在通常情况下,整个原子呈电中性。一切物体带电的根本原因,就是组成物体的原子、分子中,存在着带负电的电子和带正电的质子。当其在某种外因的作用下,比如摩擦,使得物体或物体的一部分上的电子数多于质子数,这时物体带负电,反之,物体带正电。

物质的电结构不同将呈现不同的导电性能,根据物质的导电性能的不同,可把物体分成导体、半导体和绝缘体三种。第 11 章将对导体和绝缘体(电介质)与静电场之间的相互作用进行较深入的讨论。

这里要注意几个概念的区别和联系。

带电体是指处于带电状态的物体。电荷是指带电体的一种属性(和质量是一个相当的物理量);电荷量是指电荷的多少,简称电量。电量的国际单位为库仑,简称库,符号为 C。正电荷的电量以正值表示,负电荷的电量以负值表示。

2. 电荷的基本性质

下面介绍电荷的几个基本性质。

密立根

（1）对偶性。自然界中只有两种电荷（正电荷和负电荷），它是物质对称性的一种表现形式。

（2）量子性。1907—1913年，物理学家密立根（R. A. Millikan，1868—1953，美国）利用油滴实验（实验仪器如图10-1所示）测出了电子的电荷量，首次证实了电荷的量子化，对物理学的发展起着重要的作用。由于在电子论方面的贡献，密立根获得了1923年度诺贝尔物理学奖。

密立根油滴实验装置的示意图如图10-2所示，它主要由电源、观察显微镜、电离辐射源、油滴室、照明系统等组成。密立根油滴实验（静态法）测量电子电量的方法如下：用雾化器将油滴喷入电容器两块水平的平行电极板之间时，喷入的油滴因雾化而带负电。当加电场时，油滴在电场中受到向上的电场力和向下的重力作用，调节两极板之间的电压，使油滴静止，静止时电场力等于重力；然后撤去外加电场，油滴受到向下的重力和向上的空气黏性力（忽略浮力）作用，开始时，油滴加速下落，当重力与空气的黏性力相等时，油滴匀速下降，通过测量油滴下降的距离和时间，即可测量油滴的速度，利用这些关系可得到测量油滴所带总电荷量的计算公式，测出所需的一些物理量，就可计算出油滴所带的总电荷量。

图10-1　密立根油滴实验仪器

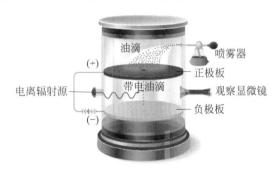

图10-2　油滴实验装置示意图

分析测得的油滴总电荷量，发现所有油滴所带的电量均是某一最小电荷的整数倍，该最小电荷值就是电子电荷。这表明，一切物体所带的电荷都是分立的，是以一个个不连续的量值出现的，这种现象叫作电荷的量子化。无论是微观带电粒子，还是宏观带电物体，所带的电荷都是基元电荷的整数倍。基元电荷也叫作电荷量子，它就是一个电子所带的电荷，用 e 表示，2010 年国际上推荐的值为 $-1.602\,176\,565(35)\times10^{-19}$ C。

应注意的是，由于基元电荷太小，宏观带电物体所带基元电荷的数目非常巨大，因此，电荷的量子化表现不出来。所以，在经典电磁学范围内，不考虑电荷的量子化，而把宏观带电物体所带电荷视为连续分布。

关于基元电荷，也有人认为基元电荷比电子电荷还小，即存在分数电荷，比如：1964年，美国物理学家马雷·盖尔曼（M. Gell-Mann，1929—　）提出了夸克模型，认为其带电量为 $\pm\dfrac{1}{3}e$ 或 $\pm\dfrac{2}{3}e$；1977 年，美国物理学家费尔班克（W. M. Fairbank，1917—1989）等提出测到了 $\pm\dfrac{1}{3}e$ 电荷，但实验不具重复性；1966 年，我国理论物理工作者提出"层子"模型，认为基本粒子由"层子"构成，带电荷为 $\pm\dfrac{1}{3}e$，$\pm\dfrac{2}{3}e$。但至今单独存在的夸克或"层子"尚未在实验中发现。即使这些粒子被发现了，也不过是把基元电荷的大小缩小到目前的 1/3，而电荷的量子性依然成立。

（3）电荷之间有相互作用。同号电荷相互排斥，异号电荷相互吸引。当将异号电荷放在一起时，它们所产生的力的作用相互抵消。这种正负电荷完全抵消的现象称为中和。

（4）满足电荷守恒定律。电荷既不能产生，也不能消失，只是由一个物体转移到另一个物体，或者从物体的这一部分转移到另一部分。或表述为：在一个与外界没有电荷交换的系统内，正负电荷的代数和在任何物理过程中始终保持不变，这就是电荷守恒定律。如摩擦起电是电荷从一个物体转移到另一个物体；感应起电（静电感应）是将中性物体上的正、负电荷分开。

（5）电荷的运动不变性。大量实验表明，电荷的电量与其运动状态无关，具有相对论不变性。例如加速器对电子或质子加速时，随着粒子速度的变化，它们的质量会有明显变化，但其电量没有任何变化的痕迹。

10.1.2　库仑定律

前面提到，电荷之间有相互作用，那么这种相互作用服从什么样的规律呢？我们说这种相互作用可用库仑定律来描述。在讨论库仑定律的具体内容之前，引入一个物理模型——点电荷模型。

物理学家简介

库　仑

查利·奥古斯丁·库仑（Charlse-Augustin de Coulomb，1736—1806）（图 10-3），法国工程师、物理学家。1736 年 6 月 14 日生于法国昂古莱姆。1806 年 8 月 23 日在巴黎逝世。1774 年当选为法国科学院院士。1784 年任供水委员会监督官，后任地图委员会监督官。1802年，拿破仑任命他为教育委员会委员，1805 年升任教育监督主任。

1785—1789 年，库仑通过精密的实验对电荷间的作用力作了一系列的研究，连续在皇家科学院备忘录中发表了很多相关的文章。

1785 年，库仑用自己发明的扭秤建立了静电学中著名的库仑定律。同年，他在给法国科学院的《电力定律》的论文中详细地介绍了他的实验装置、测试经过和实验结果。

图 10-3　库仑

1. 点电荷模型

在研究力学问题时，我们引入了质点模型。有了质点模型后，许多力学问题就变得容易解决了。在研究电学问题时，我们引入点电荷（point charge）模型。点电荷实际上是一个带电体，当带电体的线度比带电体之间的距离小得多时，它们之间的静电力基本上只取决于它们的带电量和距离，而与其他因素无关，满足这个条件的带电体称为点电荷。带电体能否被看作点电荷，不仅取决于带电体本身的大小，还取决于带电体之间的距离。究竟带电体的线度比距离小多少才能被看作点电荷，没有一个绝对的标准，取决于讨论问题时所要求的精确程度。带电体一旦被看作点电荷，就可用一个几何点标志它的位置，两个点电荷的距离就是标志它们位置的两个几何点之间的距离。

2. 库仑定律

真空中两个静止的点电荷间的静电力服从库仑定律，它是 1785 年库仑在前人实验及理论研究的指导下，通过精确的扭秤实验，测定电荷之间的作用力而总结出来的。它是历史上第一个定量描述电荷之间相互作用力的定律，是静电学的基础，也是整个经典电磁理论的基础。

扭秤的结构如图 10-4 所示。在细金属丝下悬挂一根秤杆，它的一端有一小球 A，另一端有平衡体 P，在 A 旁还放置有另一与它一样大小的固定小球 B。为了研究带电体之间的作用力，先使 A、B 各带一定的电荷，这时秤杆会因 A 端受力而偏转。转动悬丝上端的旋钮，使小球回到原来的位置。这时悬丝的扭力矩等于施于小球 A 上电力的力矩。如果悬丝的扭力矩与扭转角度之间的关系已事先校准、标定，则由旋钮上指针转过的角度读数和已知的秤杆长度，可以得知在此距离下 A、B 之间的作用力，并且通过悬丝扭转的角度可以比较力的大小。

库仑定律的具体内容为：真空中两个静止点电荷间的静电力大小相等而方向相反，并且沿着它们的连线；同号电荷相斥，异号电荷相吸；静电力的大小与两个点电荷的电量 q_1 和 q_2 的乘积成正比，与它们之间距离 r 的平方成反比，即

$$\boldsymbol{F}_{12} = \frac{1}{4\pi\varepsilon_0} \frac{q_1 q_2}{r^2} \boldsymbol{e}_{12} \tag{10-1}$$

其中，$\varepsilon_0 = 8.85 \times 10^{-12}\ \mathrm{C^2/(N \cdot m^2)}$，称为真空电容率(permittivity)；$\boldsymbol{F}_{12}$ 表示 q_1 对 q_2 的作用力，作用在 q_2 上；$\boldsymbol{e}_{12}$ 表示由 q_1 指向 q_2 的单位矢量(图 10-5)。q_2 对 q_1 的作用力为

$$\boldsymbol{F}_{21} = \frac{1}{4\pi\varepsilon_0} \frac{q_1 q_2}{r^2} \boldsymbol{e}_{21} \tag{10-2}$$

其中，$\boldsymbol{e}_{21}$ 表示由 q_2 指向 q_1 的单位矢量，如图 10-5 所示。显然 $\boldsymbol{e}_{12} = -\boldsymbol{e}_{21}$，由此可得

$$\boldsymbol{F}_{21} = -\boldsymbol{F}_{12} = \frac{1}{4\pi\varepsilon_0} \cdot \frac{q_1 q_2}{r^2} \boldsymbol{e}_{21}$$

即库仑力满足牛顿第三定律。在应用过程中，通常省略下标而将 q_1 对 q_2 的作用力写为

$$F = \frac{1}{4\pi\varepsilon_0} \cdot \frac{q_1 q_2}{r^2} \boldsymbol{e}_r = \frac{1}{4\pi\varepsilon_0} \cdot \frac{q_1 q_2}{r^3} \boldsymbol{r} \tag{10-3}$$

式中，$\boldsymbol{e}_r$ 是 q_1 指向 q_2 的单位矢量。分析表明，无论 q_1、q_2 是同号还是异号，上式均成立。当 q_1、q_2 同号时，两电荷之间为排斥力；当 q_1、q_2 异号时，两电荷之间为吸引力。

图 10-4 扭秤

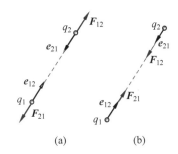

图 10-5 两静止点电荷之间的库仑力
(a) 同号电荷；(b) 异号电荷

感悟·启迪

库仑定律是在实验、类比和猜想的基础上建立的，正如牛顿所说"没有大胆的猜想，便不可能有伟大的发现和发明"。科学猜想是具有一定的科学依据，并且符合逻辑的观点或者想法。如果不是与万有引力定律进行类比，单靠实验具体数据的积累，严格的库仑定律的形式将很难得到。

知识是人创造的。自然科学知识是人在与大自然"对话"过程中的感悟，是人对客观规律的刻画。

3. 库仑定律成立的条件、适用范围和局限性

（1）成立条件。库仑定律成立的条件是真空中静止的点电荷。所谓静止，是指在惯性系中相对于观察者的速度为零。库仑定律可以推广到一个静止的源电荷对运动电荷的作用，但不能推广到运动的源电荷对静止电荷或运动电荷之间的作用。

（2）适用范围。就目前能用的直接实验证明而言，有两个区域库仑定律可能失效：一个是距离小于 10^{-16} m 的极小范围，比如原子核中核子间的相互作用范围；另一个是非常大的距离范围，比如天文学上的距离。大量实验表明，库仑定律在 $10^{-15} \sim 10^{7}$ m 的巨大范围内是可靠的。

（3）局限性。库仑定律没有解决电荷间相互作用力如何传递的问题，按照库仑定律，库仑力不需要接触任何介质，也不需要时间，而是直接从一个带电体作用到另一个带电体上的。

4. 库仑定律和万有引力定律的主要异同

（1）相同点：都是有心力（指向两者的连线）、长程力（相互作用范围很长，为无限远）；在形式上都服从距离平方反比关系和源量乘积的正比关系。

（2）不同点：静电力既有引力也有斥力，而万有引力定律指出质量为 m_1 和 m_2 的两物体间只有引力，没有斥力；两种力的作用强度不同，电磁作用远远大于万有引力的强度。如果把核子间的相互作用强度设为 1，则电磁力（其中主要是库仑力）的相对强度为 10^{-2}，万有引力的相对强度为 10^{-39}，强度相差极大。

例 10-1

计算氢原子内电子和原子核之间的静电作用力和万有引力，并比较两者的大小。已知：两者距离 $r = 0.529 \times 10^{-10}$ m，电子质量 $m = 9.11 \times 10^{-31}$ kg，氢原子核质量 $M = 1.67 \times 10^{-27}$ kg，电子和原子核所带电量 $q_1 = q_2 = 1.6 \times 10^{-19}$ C，万有引力恒量 $G = 6.67 \times 10^{-11}$ N·m^2/kg^2。

解　根据库仑定律，电子和原子核间的静电力为

$$F_e = \frac{q_1 q_2}{4\pi\varepsilon_0 r^2} = 8.23 \times 10^{-8} \text{ N}$$

根据万有引力定律，电子和原子核之间的万有引力为

$$F_m = G \frac{mM}{r^2} = 3.63 \times 10^{-47} \text{ N}$$

因此，可得它们的比值为

$$\frac{F_e}{F_m} = 2.27 \times 10^{39}$$

可见在原子内，电子和原子核之间的静电力远远大于它们之间的万有引力。因此，在处理电子和原子核之间的相互作用时，常常只考虑静电力而忽略万有引力。

感悟·启迪

通过电子和原子核之间的静电力与万有引力的求解可知，在原子内部，电子和原子核之间的静电力远比万有引力大。所以，在处理电子和原子核之间的相互作用时，常常只考虑静电力而忽略万有引力。也就是研究具体问题时，要抓住问题的主要矛盾。在力学中引入的质点模型、在电学中引入的点电荷模型等都是抓住主要矛盾的体现。

知识拓展

我国古代对电现象的认识

我国古代对电的认识,是从雷电及摩擦起电现象开始的。早在3 000多年前的殷商时期,甲骨文中就有了"雷"和"电"的形声字。西周初期,在青铜器上就已经出现带雨字偏旁的"電"字。

王充在《论衡·雷虚篇》中写道:"云雨至则雷电击",明确地提出云与雷电之间的关系。关于雷电的成因,《淮南子·坠形训》认为,"阴阳相薄为雷,激扬为电",即雷电是阴阳两气对立的产物。

关于尖端放电,《汉书·西域记》中有"元始中(公元3年)……矛端生火"的记述,晋代《搜神记》中也有相同的记述"戟锋皆有火光,遥望如悬烛"。避雷针是尖端放电的具体应用。古塔的尖顶多涂金属膜或鎏金,高大建筑物的瓦饰制成动物形状且冲天装设,都起到了避雷作用。

我国古人还准确地记述了雷电对不同物质的作用。《南齐书》中有对雷击的详细记述:"雷震会稽山阴恒山保林寺,刹上四破,电火烧塔下佛面,而窗户不异也。"即强大的放电电流通过佛面的金属膜,金属被熔化。而窗户为木制,仍保持原样。沈括在《梦溪笔谈》中对类似现象的叙述更为详尽。

在我国,摩擦起电现象的记述颇丰。早在西汉的《春秋纬》中就有玳瑁吸引细小物体的记载。《论衡》中也有"顿牟掇芥",这里的顿牟也是指玳瑁。

近代电学正是在对雷电及摩擦起电的大量记载和认识的基础上发展起来的,我国古代学者对电的研究,大大地丰富了人们对电的认识。

10.2 电场 电场强度

10.2.1 电场

库仑定律说明电荷之间有相互作用,那么电荷间的相互作用是通过什么物质来传递的呢? 近代物理学表明,任何电荷都在其周围空间激发电场,电荷间的相互作用是通过电场对电荷的作用来实现的。场是物质存在的一种形态,具有由原子或分子组成的实物的共性,即具有能量、质量和动量等物质的基本属性。但电磁场也有它的特殊性:具有作为场的特点的波动性和叠加性;它可以脱离场源电荷或电流而单独存在。比如不同频率的电磁波、几个电荷产生的静电场同时占据同一几何空间,这就是场的叠加性的体现,而由原子或分子组成的实物,则不具有这种叠加性。

电场是一种物质,但它看不见、摸不着,只有在电场中引入电荷,通过对电荷的作用才能表现出电场的性质。电场对电荷的作用具体表现为:置于电场中的电荷要受到电场力的作用;当电荷在电场中移动时,电场力对它要做功;置于电场中的导体和电介质会分别产生静电感应现象和极化现象。根据前两方面的性质,可分别引入描述电场性质的两个物理量——电场强度和电势(在静电场中才能引入电势),在后续章节中将对相关内容进行介绍。

10.2.2 电场强度

如何来确定电场中某点电场的强弱和方向呢? 现设空间某点放置一点电荷 q,q 在周围空间激发电场,在此电场中引入一个检验电荷(test charge)q_0,又称为试探电荷,如图10-6所示。检验电荷应该满足两个条件:一是其线度必须小到可被看成点电荷;二是其所带的电荷量应足够小,以致把它放进电场中时对原有电场的影响小到可以忽略。
根据库仑定律,q_0 在 q 激发的电场中 A、B 和 C 点所受的静电力分别为

$$\boldsymbol{F}_1 = \frac{q_0 q}{4\pi\varepsilon_0 r_1^3}\boldsymbol{r}_1, \quad \boldsymbol{F}_2 = \frac{q_0 q}{4\pi\varepsilon_0 r_2^3}\boldsymbol{r}_2, \quad \boldsymbol{F}_3 = \frac{q_0 q}{4\pi\varepsilon_0 r_3^3}\boldsymbol{r}_3$$

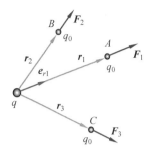

从上面的三个等式可以看出,静电力的大小不但与
检验电荷的位置(即场点位置)有关,而且与检验电荷的
电荷量 q_0 有关,但检验电荷所受的静电力与其电荷量
的比值却是一个只与场点有关而与 q_0 无关的量,这一
结论可以推广到任意电荷激发的电场。对于任意电荷,
可将其分成许多点电荷,根据叠加原理仍可得到上述结
论,由此定义电场强度(electric field intensity)(简称场

图 10-6　电场中的检验电荷

强)的大小为该点检验电荷所受的电场力与检验电荷所带电荷量的比值,由于电场强度
具有方向,因此将其表示为

$$E = \frac{F}{q_0} \tag{10-4}$$

式(10-4)表明,电场强度是表征该点电场特性的矢量,场中某点的电场强度的大小
等于位于该点的单位电荷所受的电场力,其方向为位于该点的正电荷所受电场力的方
向。上述定义无论对静电场、运动电荷的电场、还是变化磁场所产生的电场都适用,即使
场中存在磁场,式(10-4)的定义仍然有效。在国际单位制中,电场强度的单位为牛顿/库
仑(N/C)或伏特/米(V/m)。

电场中任一点,都有一个大小和方向确定的电场强度(场强)矢量 $\boldsymbol{E}$,场点和场强有
一一对应的关系,即 $\boldsymbol{E}$ 是空间坐标(位置)的矢量点函数。如果电场空间中各点的场强
的大小和方向都相同,则称该电场为均匀电场或匀强电场。

10.2.3　电场强度叠加原理

如果电场由 n 个点电荷共同激发,则由力的叠加原理及电场强度定义可得空间任一
点的总场强为

$$E = \frac{F}{q_0} = \frac{1}{q_0}(\boldsymbol{F}_1 + \boldsymbol{F}_2 + \cdots + \boldsymbol{F}_n) = \boldsymbol{E}_1 + \boldsymbol{E}_2 + \cdots + \boldsymbol{E}_n \tag{10-5}$$

上式说明,点电荷系在空间任一点所激发的总电场强度,等于各个点电荷单独存在时在
该点所激发的电场强度的矢量和。这就是电场强度叠加原理,简称场强叠加原理。有了
电场强度的定义式以及场强叠加原理,就可针对具体问题进行场强的计算。

10.2.4　场强的计算

1. 点电荷电场中的场强

真空中有一点电荷 q,距 q 为 r 处的 P 点引入一检验电荷 q_0,则 q_0 受到 q 的作用
力为

$$\boldsymbol{F} = \frac{q q_0}{4\pi\varepsilon_0 r^2}\boldsymbol{e}_r$$

由电场强度定义式可得场点 P 处的电场强度为

$$E = \frac{F}{q_0} = \frac{q}{4\pi\varepsilon_0 r^2}\boldsymbol{e}_r \tag{10-6}$$

上式表明，E 的大小与 q 成正比，与 r^2 成反比。q 为正，E 的方向与 e_r 的方向相同，即背离 q；q 为负，E 的方向与 e_r 的方向相反，即指向 q，如图 10-7 所示。

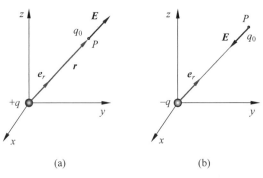

(a)　　　　　　　　(b)

图 10-7　点电荷的电场强度
(a) E 与 e_r 同向；(b) E 与 e_r 反向

2. 点电荷系电场中的场强

如图 10-8 所示，若电场由 n 个点电荷 $q_1, q_2, \cdots, q_n$ 共同产生，则每个点电荷在 P 点处产生的场强分别为

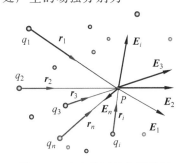

$$E_1 = \frac{q_1}{4\pi\varepsilon_0 r_1^2} e_{r_1}$$

$$E_2 = \frac{q_2}{4\pi\varepsilon_0 r_2^2} e_{r_2}$$

$$\vdots$$

$$E_n = \frac{q_n}{4\pi\varepsilon_0 r_n^2} e_{r_n}$$

图 10-8　点电荷系的电场强度

根据场强叠加原理，所有电荷在 P 点产生的总场强为

$$E = E_1 + E_2 + \cdots + E_n = \sum_{i=1}^{n} \frac{q_i}{4\pi\varepsilon_0 r_i^2} e_{r_i} \tag{10-7}$$

3. 任意带电体电场中的场强

任意带电体可以分成许多极小的电荷元 dq 的集合，每个电荷元 dq（看成点电荷）在 P 点产生的场强，按点电荷的场强公式得

$$dE = \frac{1}{4\pi\varepsilon_0} \frac{dq}{r^2} e_r \tag{10-8}$$

式中，e_r 为从 dq 所在点指向 P 点的单位矢量，如图 10-9 所示。由场强叠加原理得整个带电体产生的总场强为

$$E = \int \frac{1}{4\pi\varepsilon_0} \frac{dq}{r^2} e_r \tag{10-9}$$

这是矢量形式的积分，在具体运算时，必须将 dE 在适当的坐标系下进行分解，然后再进行分量积分。

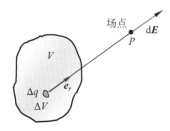

图 10-9　任意带电体的电场强度

在经典电磁学范围内，通常认为任意带电体所带的电荷连续分布在带电体所占的体积 V 中，这时引入电荷密度这个概念来描述电荷的分布。在带电体的体积中某点周围取一个小体积元 ΔV（图 10-9），设 ΔV 内的电荷为 Δq，则该点的电荷体密度 ρ 为

$$\rho = \lim_{\Delta V \to 0} \frac{\Delta q}{\Delta V} = \frac{\mathrm{d}q}{\mathrm{d}V} \tag{10-10}$$

电荷体密度 ρ 是一个标量点函数。如果某区域中各点 ρ 均相等,就称电荷在该区域是均匀分布的。由式(10-10)可得,$\mathrm{d}q = \rho\mathrm{d}V$,该电荷元在场点 P 激发的场强为

$$\mathrm{d}\boldsymbol{E} = \frac{\rho\mathrm{d}V}{4\pi\varepsilon_0 r^2}\boldsymbol{e}_r$$

其中,r 为 $\mathrm{d}V$ 与 P 点间的距离;$\boldsymbol{e}_r$ 为从 $\mathrm{d}V$ 指向 P 点的单位矢量。根据场强叠加原理,整个带电体在 P 点激发的总场强等于所有 $\mathrm{d}\boldsymbol{E}$ 的矢量和,即

$$\boldsymbol{E} = \frac{1}{4\pi\varepsilon_0}\iiint \frac{\rho\mathrm{d}V}{r^2}\boldsymbol{e}_r \tag{10-11}$$

式中积分遍及整个带电区域。

对于电荷连续分布的面带电体和线带电体,电荷元 $\mathrm{d}q$ 分别为 $\mathrm{d}q = \sigma\mathrm{d}S$ 和 $\mathrm{d}q = \lambda\mathrm{d}l$,其中 σ 为电荷面密度,λ 为电荷线密度,由此得面带电体和线带电体的电场强度分别为

$$\boldsymbol{E} = \frac{1}{4\pi\varepsilon_0}\iint \frac{\sigma\mathrm{d}S}{r^2}\boldsymbol{e}_r \tag{10-12}$$

$$\boldsymbol{E} = \frac{1}{4\pi\varepsilon_0}\int \frac{\lambda\mathrm{d}l}{r^2}\boldsymbol{e}_r \tag{10-13}$$

例 10-2

一对等量异号点电荷 $\pm q$,其间的距离为 l,求两电荷延长线上一点 P_1 和中垂面上一点 P_2 的场强。已知 P_1 和 P_2 到两电荷连线中点 O 的距离都是 r。

解　(1)求 P_1 点的场强。如图 10-10 所示,取电偶极子轴线的中点 O 为坐标原点,坐标轴 Ox 水平向右,则 P_1 点到电荷 $\pm q$ 的距离分别为 $r \pm \dfrac{l}{2}$,所以 $\pm q$ 在 P_1 点产生的场强分别为

$$\boldsymbol{E}_+ = \frac{1}{4\pi\varepsilon_0}\frac{+q}{\left(r - \dfrac{l}{2}\right)^2}\boldsymbol{e}_r$$

$$\boldsymbol{E}_- = \frac{1}{4\pi\varepsilon_0}\frac{-q}{\left(r + \dfrac{l}{2}\right)^2}\boldsymbol{e}_r$$

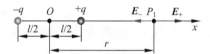

图 10-10　轴线上的电场强度

由场强叠加原理得

$$\boldsymbol{E}_{P_1} = \boldsymbol{E}_+ + \boldsymbol{E}_- = \frac{q}{4\pi\varepsilon_0}\left[\frac{1}{\left(r - \dfrac{l}{2}\right)^2} - \frac{1}{\left(r + \dfrac{l}{2}\right)^2}\right]\boldsymbol{e}_r$$

当 $r \gg l$,有

$$\boldsymbol{E}_{P_1} = \frac{2ql}{4\pi\varepsilon_0 r^3}\boldsymbol{i} = \frac{1}{4\pi\varepsilon_0}\frac{2\boldsymbol{p}_e}{r^3}$$

式中,$\boldsymbol{p}_e$ 称为**电偶极矩**(electric dipole moment),$\boldsymbol{E}_{P_1}$ 的指向与 $\boldsymbol{p}_e$ 的指向相同。

对于两个大小相等符号相反的点电荷 $+q$ 和 $-q$ 组成的电荷系统,当它们之间的距离 l 比所考虑的场点到二者的距离小得多时,这一电荷系统就称为电偶极子(electric dipole)。连接两电荷的直线称为电偶极子的轴线,取从负电荷指向正电荷的矢量 l 的方向作为轴线的正方向。电荷 q 与矢量 l 的乘积定义为电偶极矩,简称偶极矩或电矩,用矢量 $\boldsymbol{p}_e$ 表示,即

$$p_e = ql \tag{10-14}$$

电偶极子是一个重要的物理模型,在研究电介质的极化、电磁波的发射和吸收以及中性分子之间的相互作用等问题时,都要用到电偶极子的模型。

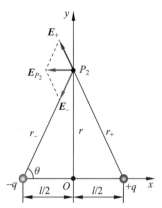

图 10-11 中垂面上一点的电场强度

（2）求 P_2 点的场强。如图 10-11 所示,由对称性分析可知,$\pm q$ 在 P_2 点的场强大小一样,但方向不同,由场强叠加原理可得

$$|\boldsymbol{E}_+| = |\boldsymbol{E}_-| = \frac{1}{4\pi\varepsilon_0} \frac{q}{r^2 + \left(\dfrac{l}{2}\right)^2}$$

所以 P_2 点的场强为

$$\boldsymbol{E}_{P_2} = 2 \cdot \frac{1}{4\pi\varepsilon_0} \frac{q}{r^2 + \left(\dfrac{l}{2}\right)^2} \cos\theta \cdot (-\boldsymbol{i})$$

$$= -\frac{1}{4\pi\varepsilon_0} \frac{ql}{\left[r^2 + \left(\dfrac{l}{2}\right)^2\right]^{3/2}} \boldsymbol{i}$$

利用 $r \gg l$ 的条件可得

$$\boldsymbol{E}_{P_2} = -\frac{ql}{4\pi\varepsilon_0 r^3} \boldsymbol{i} = -\frac{1}{4\pi\varepsilon_0} \frac{\boldsymbol{p}_e}{r^3}$$

即 $\boldsymbol{E}_{P_2}$ 的指向与电矩 $\boldsymbol{p}_e$ 的指向相反,如图 10-11 所示。

由上述结果可见,在远离电偶极子处的场强与电矩 $\boldsymbol{p}_e$ 成正比,与距离 r^3 成反比。若电荷量 q 增大一倍而同时 l 减小一半,则电偶极子在远处激发的场强不变。因此,能够表征电偶极子电性质的量,既不单是电荷量 q 也不单是 l,而是电偶极矩 $\boldsymbol{p}_e$。

知识拓展

<h3 style="text-align:center">电偶极子在外电场中所受的作用</h3>

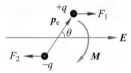

图 10-12 在均匀外电场中的电偶极子

电偶极子在均匀电场中受力矩

如图 10-12 所示,设在均匀外电场 $\boldsymbol{E}$ 中,电偶极子的电矩 $\boldsymbol{p}_e$ 的方向与电场强度 $\boldsymbol{E}$ 方向间的夹角为 θ,则 $\boldsymbol{E}$ 作用在电偶极子正负电荷上的力 $\boldsymbol{F}_1$ 和 $\boldsymbol{F}_2$ 的大小均为

$$F = F_1 = F_2 = qE$$

由于 $\boldsymbol{F}_1$ 和 $\boldsymbol{F}_2$ 的大小相等,方向相反,所以电偶极子所受的合力为零,电偶极子不会产生平动。但由于 $\boldsymbol{F}_1$ 和 $\boldsymbol{F}_2$ 不在同一直线上,所以电偶极子要受到力偶矩的作用,力偶矩的大小为

$$M = Fl\sin\theta = qEl\sin\theta = p_e E\sin\theta$$

其中,l 为两电荷间的距离。上式写成矢量形式为

$$\boldsymbol{M} = \boldsymbol{p}_e \times \boldsymbol{E} \tag{10-15}$$

在此力偶矩的作用下,电偶极子的电偶极矩 $\boldsymbol{p}_e$ 将转向外电场 $\boldsymbol{E}$ 的方向,直到 $\boldsymbol{p}_e$ 和 $\boldsymbol{E}$ 的方向一致（$\theta = 0$）时,力偶矩才等于零而达到平衡。显然,当 $\boldsymbol{p}_e$ 和 $\boldsymbol{E}$ 的方向相反（$\theta = \pi$）时,力偶矩也等于零,但这种情况下平衡是不稳定的,即如果电偶极子稍微受到扰动而偏离这个位置,力偶矩的作用将使电偶极矩 $\boldsymbol{p}_e$ 的方向转到和 $\boldsymbol{E}$ 的方向一致为止。

以上讨论的是均匀外电场的情况,当外电场不均匀时,电偶极子除受力矩外还会受到一个合外力的作用,此种情况不再详细讨论。

例 10-3

计算均匀带电圆环轴线上任一给定点 P 处的场强。设圆环半径为 a，周长为 L，圆环所带电荷为 q，P 点与环心的距离为 x。

解　如图 10-13 所示，在圆环上任取长度元 $\mathrm{d}l$，$\mathrm{d}l$ 上所带的电荷为

$$\mathrm{d}q = \frac{q}{2\pi a}\mathrm{d}l = \frac{q}{L}\mathrm{d}l$$

设 P 点与 $\mathrm{d}q$ 的距离为 r，$\mathrm{d}q$ 在 P 点处产生的场强为 $\mathrm{d}\boldsymbol{E}$，其大小为

$$\mathrm{d}E = \frac{1}{4\pi\varepsilon_0}\frac{\mathrm{d}q}{r^2} = \frac{1}{4\pi\varepsilon_0}\cdot\frac{q}{2\pi a}\cdot\frac{\mathrm{d}l}{r^2}$$

圆环上各电荷元在 P 点产生的场强方向不同，但根据对称性，各电荷元产生的场强在垂直于 x 轴方向上的分矢量 $\mathrm{d}\boldsymbol{E}_\perp$ 互相抵消，所以 P 点的合场强是平行于 x 轴的分矢量 $\mathrm{d}\boldsymbol{E}_{/\!/}$ 的总和，因此总场强的大小为

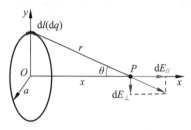

图 10-13　均匀带电圆环轴线上电场

$$E = \int_L \mathrm{d}E_{/\!/} = \int_L \cos\theta\,\mathrm{d}E$$

由于给定点 P 与所有各电荷元的距离 r 及角度 θ 有相同的值，所以

$$E = \frac{1}{4\pi\varepsilon_0}\frac{q\cos\theta}{2\pi ar^2}\oint_L \mathrm{d}l = \frac{1}{4\pi\varepsilon_0}\frac{q\cos\theta}{r^2}$$

而

$$\cos\theta = \frac{x}{r}, \quad r^2 = a^2 + x^2$$

所以

$$E = \frac{1}{4\pi\varepsilon_0}\frac{qx}{(x^2+a^2)^{3/2}}$$

$\boldsymbol{E}$ 的方向垂直于带电圆环所组成的平面，背离圆环。当 $x\gg a$ 时，$(x^2+a^2)^{3/2}\approx x^3$，则有

$$E = \frac{1}{4\pi\varepsilon_0}\frac{q}{x^2}$$

这个结果与点电荷的场强关系式完全一致。这说明带电体是否被看成点电荷，取决于场点的距离及带电体本身的线度。

例 10-4

计算均匀带电圆盘轴线上与盘心 O 相距为 x 的任一给定点 P 处的电场强度。设盘的半径为 R，电荷面密度为 σ。

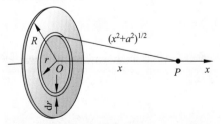

图 10-14　均匀带电圆盘轴线上的电场

解　如图 10-14 所示，把圆盘分成许多同心的细圆环。考虑圆盘上任一半径为 r，宽度为 $\mathrm{d}r$ 的细圆环，此细圆环所带的电荷量为

$$\mathrm{d}q = \sigma 2\pi r\,\mathrm{d}r$$

利用例 10-3 的结果，可得此带电细圆环在 P 点激发的电场强度为

$$\mathrm{d}\boldsymbol{E} = \boldsymbol{i}\,\frac{1}{4\pi\varepsilon_0}\frac{x\,\mathrm{d}q}{(x^2+r^2)^{3/2}} = \boldsymbol{i}\,\frac{1}{4\pi\varepsilon_0}\frac{x}{(x^2+r^2)^{3/2}}\sigma 2\pi r\,\mathrm{d}r$$

由于各带电细圆环在 P 点激发的电场强度的方向都是指向 Ox 轴正方向的,带电圆盘的电场强度 E 就是这些带电细圆环所激发的电场强度的矢量和,即

$$E = \int dE = i\, \frac{1}{4\pi\varepsilon_0}\sigma 2\pi x \int_0^R \frac{r\,dr}{(x^2+r^2)^{3/2}}$$

$$= \frac{\sigma}{2\varepsilon_0}\left[1 - \frac{1}{\sqrt{1+R^2/x^2}}\right]i = \frac{\sigma}{2\varepsilon_0}\left[1 - \frac{x}{\sqrt{R^2+x^2}}\right]i \qquad (\text{I})$$

电场强度 E 的方向与圆盘垂直,其指向视 σ 的正负而定,$\sigma>0$,E 与 i 同向;$\sigma<0$,E 与 i 反向。若 P 点在圆盘的左侧,并取 Ox 轴的正方向仍由 O 点指向场点,亦得同样的结果。下面考虑两种特殊的情况。

(1) R/x 很大的情况。设 R/x 无限增大,对式(I)取极限得

$$E = \frac{\sigma}{2\varepsilon_0}\lim_{R/x\to\infty}\left[1 - \frac{1}{\sqrt{1+(R/x)^2}}\right] = \frac{\sigma}{2\varepsilon_0} \qquad (\text{II})$$

(2) R/x 很小的情况。把式(I)右边方括号中第二项作泰勒展开并略去高次项得

$$\frac{1}{\sqrt{1+(R/x)^2}} \approx 1 - \frac{1}{2}\left(\frac{R}{x}\right)^2$$

将上式代入式(I)得

$$E \approx \frac{\sigma}{4\varepsilon_0}\frac{R^2}{x^2} = \frac{\sigma\pi R^2}{4\pi\varepsilon_0 x^2} = \frac{q}{4\pi\varepsilon_0 x^2} \qquad (\text{III})$$

其中,q 是圆盘所带的电荷量。式(III)与点电荷场强公式一致。可见,只要 R/x 足够小,就可把圆盘看作点电荷。这进一步说明,带电体能否被看作点电荷,不在于本身的绝对大小,而在于其线度与它到场点的距离相比是否足够小。同一个带电圆盘,当场点很远时可被看作点电荷;当场点在盘面附近时则可被看作无限大带电平面。

思考题

10-1 比较点电荷与检验电荷的异同。

10-2 由电场强度的定义式 $E = \dfrac{F}{q_0}$,得点电荷 q 在场中所受的力为 $F = qE$,式中 E 的正确含义是什么?

10-3 计算点电荷的场强公式 $E = \dfrac{q}{4\pi\varepsilon_0 r^2}e_r$,当所考察的点和电荷之间的距离 $r\to0$ 时,则场强 $E\to\infty$,这是没有物理意义的。对于这个问题如何解释?

10.3 高斯定理及其应用

高斯定理是静电学中的一个重要定理,反映了静电场的基本性质,即静电场是有源场,通过本节的学习,将会更深刻地理解什么是有源场。

10.3.1 电场线

为了形象地描述电场强度在空间的分布,使电场有一个比较直观的图像,通常引入电场线的概念。电场线的概念是法拉第首先提出的。因为电场中每一点的电场强度 E

都有一定的方向和大小,所以我们在电场中描绘一系列的曲线,使曲线上每一点的切线方向都与该点处的电场强度 E 的方向一致,这些曲线就叫作电场线(electric field line)。图 10-15 画出了电场中不同位置处电场强度的方向。

为了使电场线不仅表示电场中电场强度的方向,还表示电场强度的大小,我们对电场线密度作如下的规定:如图 10-15 所示,在电场中任一点 P,取一垂直于该点电场强度方向的面积元 $\mathrm{d}S_\perp$,若通过该面积元的电场线数目为 $\mathrm{d}N$,则该点电场强度 E 的大小定义为

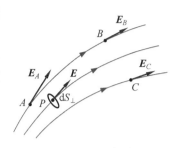

图 10-15　电场线

$$\frac{\mathrm{d}N}{\mathrm{d}S_\perp} = |E| = E$$

式中,$\dfrac{\mathrm{d}N}{\mathrm{d}S_\perp}$ 称为电场线密度。显然,按照这种规定,在电场强度较大的地方,电场线较密;电场强度较小的地方,电场线较疏。这样,电场线的疏密就形象地反映了电场中电场强度大小的分布。图 10-16 中画出了几种常见电荷系统产生的静电场的电场线。

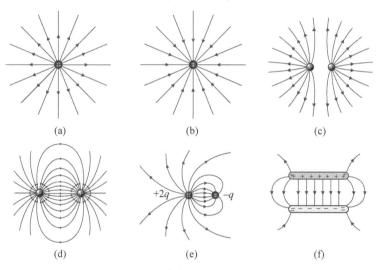

图 10-16　几种常见静电场的电场线
(a) 正点电荷;(b) 负点电荷;(c) 两个等量正点电荷;(d) 两个等量异号点电荷;
(e) 两个不等量异号点电荷;(f) 带等量异号电荷平行板

若在蓖麻油中放入细小的头发屑,头发屑将在电场力的作用下重新排布,从而可模拟各种静电场中的电场线的分布。图 10-17 是用此方法模拟出的两个等量异号电荷的电场分布图。

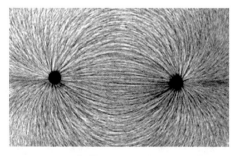

图 10-17　两个等量异号电荷电场线模拟图

静电场的电场线有如下性质:电场线总是始于正电荷(或无限远),终止于负电荷(或无限远),在没有电荷的地方不中断(电场强度为零的奇异点除外);电场线不能形成闭合曲线;任何两条电场线不会相交。前两条是静电场这一矢量场的性质的反映,我们将在后面介绍有关定理时再给予说明,而最后一条则是电场中每一点处的电场强度具有确定方向的必然结果。

10.3.2 电场强度通量

由对电场线的规定可知,场中一点的电场强度大小可以形象地定义为垂直穿过单位面积的电场线的条数,即 $E = \dfrac{\mathrm{d}N}{\mathrm{d}S_\perp}$,反过来,只要知道电场强度,就可计算出穿过一个面元的电场线的条数为 $\mathrm{d}N = E\mathrm{d}S_\perp$,但一直保留电场线条数这一概念,就会出现电场线条数不是整数这一令人费解的情况。物理学中,将穿过电场中任意曲面的电场线的条数称为穿过该面的电场强度通量,简称电通量,用符号 Φ_E 表示。下面分几种情况来说明电场强度通量的计算方法。

(1) 在均匀电场 E 中,穿过垂直于电场方向的任意平面 S(见图 10-18(a))的电场强度通量为 $\Phi_E = ES$。

(2) 在均匀电场 E 中,如果平面 S 的法线方向 e_n 与电场强度 E 之间有一夹角 θ,如图 10-18(b)所示,则穿过 S 面的电场强度通量为 $\Phi_E = ES\cos\theta$。如规定平面的法线方向为面元的方向,则此式可改写为 $\Phi_E = E \cdot S$。

(3) 如果电场 E 是非均匀电场,曲面 S 为任意曲面,要计算穿过此曲面的电场强度通量,需将此曲面分成许多无限小面元 $\mathrm{d}S$,$\mathrm{d}S$ 很小,以至于每个面元上的电场强度 E 可视为常量。令 e_n 为面元 $\mathrm{d}S$ 法线方向上的单位矢量,则 $\mathrm{d}S = \mathrm{d}Se_n$,它与电场强度 E 之间的夹角为 θ,如图 10-18(c)所示,则通过面元 $\mathrm{d}S$ 的电场强度通量为

$$\mathrm{d}\Phi_E = E\cos\theta\mathrm{d}S = E \cdot \mathrm{d}S = E \cdot e_n\mathrm{d}S \tag{10-16}$$

对于开放曲面(非闭合曲面)S,总电场强度通量为

$$\Phi_E = \iint_S E \cdot \mathrm{d}S \tag{10-17}$$

对于闭合曲面 S,总电场强度通量为

$$\Phi_E = \oiint_S E \cdot \mathrm{d}S \tag{10-18}$$

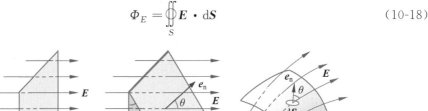
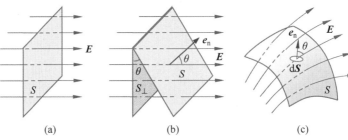

图 10-18 电场强度通量

(a) 均匀电场中垂直于 E 的平面;(b) 均匀电场中与 E 成任意角的平面;(c) 非均匀电场中的任意曲面

必须指出的是,计算电场强度通量时,面元法线方向的选取是比较重要的。对于开放曲面,面元法线的正方向可以取曲面的任一侧,对闭合曲面来说,通常规定由内向外的方向为面元法线的正方向。所以,当电场线从曲面内向外穿出时,$0 < \theta < \dfrac{\pi}{2}$,电场强度通量为正,当电场线从外部穿入曲面时,$\dfrac{\pi}{2} < \theta < \pi$,电场强度通量则为负。

例 10-5

如图 10-19 所示，一个点电荷电荷量为 q，在距此点电荷距离为 d 处有一半径为 R 的圆盘，点电荷到圆心的连线垂直于圆面，求通过圆面的电场强度通量。

解　在圆面上取一半径为 r，宽度为 $\mathrm{d}r$ 的环，穿过此环的电场强度 E 的方向与环面的法线方向 e_n 之间的夹角为 θ，由此可知

$$\cos\theta = \frac{d}{\sqrt{d^2 + r^2}}$$

因此环上一点的电场强度大小为

$$E = \frac{1}{4\pi\varepsilon_0}\frac{q}{d^2 + r^2}$$

则穿过此环的电场强度通量为

$$\mathrm{d}\Phi_E = E \cdot \mathrm{d}S = \frac{1}{4\pi\varepsilon_0}\frac{q}{d^2 + r^2} \times \frac{d}{\sqrt{d^2 + r^2}} \times 2\pi r \cdot \mathrm{d}r$$

所以穿过整个圆盘的电场强度通量为

$$\Phi_E = \int\mathrm{d}\Phi_E = \frac{\pi q d}{4\pi\varepsilon_0}\int_0^R \frac{2r\,\mathrm{d}r}{(d^2 + r^2)^{3/2}} = -\frac{qd}{2\varepsilon_0}(d^2 + r^2)^{-1/2}\Big|_0^R = \frac{qd}{2\varepsilon_0}\left(\frac{1}{d} - \frac{1}{\sqrt{d^2 + R^2}}\right)$$

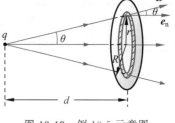

图 10-19　例 10-5 示意图

10.3.3　高斯定理

上面介绍了电场强度通量的概念，现在进一步讨论通过闭合曲面的电场强度通量和场源电荷量之间的关系，从而给出表征静电场性质的一个基本定理——高斯定理。该定理由高斯(Carl Friedrich Gass，1777—1855，德国)于 1867 年发表，故名。

首先我们计算在点电荷 $+q$ 所激发的电场中，通过以点电荷为中心、半径为 r 的球面上的电场强度通量。根据库仑定律，在球面上任一点的电场强度为

$$E = \frac{q}{4\pi\varepsilon_0 r^2}e_r$$

电场强度的方向沿半径呈辐射状，处处与球面上的法向单位矢量 e_n 的方向相同，如图 10-20 所示。所以，由式(10-18)可求得通过该闭合球面的电场强度通量为

$$\begin{aligned}\Phi_E &= \oiint_{球面} E \cdot \mathrm{d}S = \oiint_{球面} \frac{q}{4\pi\varepsilon_0 r^2}\mathrm{d}S\\ &= \frac{q}{4\pi\varepsilon_0 r^2}\oiint_{球面}\mathrm{d}S = \frac{q}{4\pi\varepsilon_0 r^2}\cdot 4\pi r^2 = \frac{q}{\varepsilon_0}\end{aligned} \quad (10\text{-}19)$$

高斯

即通过闭合球面的电场强度通量等于球面所包围的电荷 q 与真空电容率的比值，而与所取球面的半径无关。从电场线的观点来看，若 q 为正电荷，从 $+q$ 穿出球面的电场线数为 q/ε_0；若 q 为负电荷，则穿入球面并汇聚于 $-q$ 的电场线数为 q/ε_0。

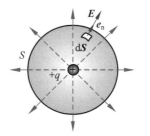

图 10-20　闭合面为球面

如果包围点电荷的闭合曲面具有任意形状，可以证明式(10-19)仍能成立。如图 10-21 所示，点电荷 q 位于任意闭合曲面 S' 之内。在闭合曲面 S' 的内部作一个以点电荷为球心的球面 S，S 和 S' 之间并无其他电荷，故电场线不会中断，有一根电场线穿过 S 曲面就一定穿过 S' 曲面。因此，通过任意闭合曲面 S' 的电场强度通量等于通过球面 S 的电场强度通量，即

$$\Phi_E = \oiint_{S'} \boldsymbol{E} \cdot \mathrm{d}\boldsymbol{S} = \oiint_S \boldsymbol{E} \cdot \mathrm{d}\boldsymbol{S} - \frac{q}{\varepsilon_0}$$

若点电荷位于闭合曲面 S 之外(图 10-22),由于在无电荷的地方电场线不中断,故有一根电场线穿进闭合曲面 S,它就一定要穿出,穿进时对闭合曲面 S 的通量贡献为负,而穿出时对闭合曲面 S 的通量贡献为正,一正一负对通量的贡献刚好抵消。因此,通过闭合曲面 S 的通量为零,即

$$\Phi_E = \oiint_S \boldsymbol{E} \cdot \mathrm{d}\boldsymbol{S} = 0$$

接下来我们根据场强叠加原理将上述结论进行推广,可得到如下结论。

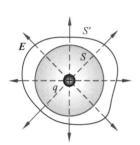

图 10-21 闭合面为任意曲面

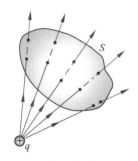

图 10-22 点电荷在闭合曲面外

(1) 若闭合曲面 S 内有多个点电荷 $q_1, q_2, \cdots, q_n$,且它们可正可负(为代数量),因为空间任意一点的总场强 $\boldsymbol{E} = \sum_i \boldsymbol{E}_i$,所以总电场强度通量为

$$\Phi_E = \oiint_S \boldsymbol{E} \cdot \mathrm{d}\boldsymbol{S} = \oiint_S \left(\sum_i \boldsymbol{E}_i\right) \cdot \mathrm{d}\boldsymbol{S} = \sum \oiint_S \boldsymbol{E}_i \cdot \mathrm{d}\boldsymbol{S} = \frac{1}{\varepsilon_0} \sum_{(S内)} q_i \tag{10-20}$$

即多个点电荷的电场强度通量等于它们单独存在时电场强度通量的代数和。

(2) 若闭合曲面 S 外有多个点电荷,则总电场强度通量为

$$\Phi_E = \oiint_S \boldsymbol{E} \cdot \mathrm{d}\boldsymbol{S} = \frac{1}{\varepsilon_0} \sum q_{内} = 0 \tag{10-21}$$

(3) 若产生电场的电荷为连续分布的任意带电体。把带电体视为点电荷的集合,再利用场强叠加原理,式(10-20)仍成立,只是这时面内净电荷量 $\sum\limits_{(S内)} q_i$ 改成积分,即

$$\Phi_E = \oiint_S \boldsymbol{E} \cdot \mathrm{d}\boldsymbol{S} = \frac{1}{\varepsilon_0} \sum_{(S内)} q_i = \frac{1}{\varepsilon_0} \iiint_V \rho \, \mathrm{d}V \tag{10-22}$$

由此可得出,在任意的静电场中,穿过任意闭合曲面的电场强度通量等于该闭合曲面所包围的所有电荷的代数和与真空电容率 ε_0 的比值。这就是真空中静电场的高斯定理。在高斯定理中,我们常把所选取的闭合曲面称作高斯面(Gauss surface),所以,穿过任意高斯面的电场强度通量只与高斯面所包围的电荷系有关,而与高斯面的形状无关,也与电荷系的电荷分布情况无关。

要正确理解高斯定理,必须注意如下几点:

(1) 高斯定理是静电场的基本定理之一,揭示了场和场源的内在联系,它从一个侧面反映出静电场是有源场这一重要性质。

(2) 高斯定理是由库仑定律和场强叠加原理导出的,它主要反映了库仑定律中力与距离的平方反比关系,从这点来说,它们是等价的。但是,对于迅速变化(迅变)电磁场,库仑定律不成立,而高斯定理可以推广到迅速变化的电磁场,所以高斯定理比库仑定律应用更广泛,意义更深远,它是宏观电磁理论的基本方程之一。两者在使用上也有不同

的分工,大致来说,库仑定律(及场强叠加原理)解决根据电荷分布求场强的问题,而高斯定理则能解决根据场强(场强作为已知的点函数)求电荷分布的问题。

(3) 电场强度通量中的场强,是闭合曲面内外所有电荷共同激发的,即是说,闭合面 S 上任一点的场强,是 S 内外所有电荷在该点产生的场强的矢量和,而高斯定理数学表达式等号右边的电荷量,只是闭合面 S 内的净电荷量。

感悟·启迪

高斯定理数学表达式中涉及的电荷是高斯面内的电荷,而根据高斯定理求出的电场是空间所有电荷产生的总电场。这充分体现了整体和局部的辩证关系。任何事物都有它的整体和局部。整体和局部二者既相互区别又相互联系,整体由局部组成,离开了局部,整体就不存在。整体处于统率的决定地位,局部也制约着整体。

因此,我们要树立全局观念,立足整体,统筹全局,实现最优目标。重视部分的作用,搞好局部,用局部的发展推动整体的发展。

10.3.4　高斯定理的应用

从前文已经知道,当电荷分布已知时,原则上由库仑定律和场强叠加原理可以求得空间各点的场强,但有时计算相当复杂(特别是电荷连续分布于某一体积中时),甚至无法完成。但是,当电荷分布具有一定的对称性,从而使相应的电场分布也具有一定的对称性时,我们发现用高斯定理求场强更方便一些。下面通过几个例子来说明应用高斯定理计算场强的方法。

例 10-6

求均匀带正电的无限长细棒的电场分布。已知该棒上电荷线密度为 λ。

解　由于细棒无限长,因此其上任一点都可视为中点。如图 10-23(a)所示,取 O 点为中点,在 O 点上下的对称位置,取任一对等量的电荷元:$dq_1 = \lambda dl_1$ 和 $dq_2 = \lambda dl_2$,它们在 P 点产生的场强 $d\boldsymbol{E}_1$ 和 $d\boldsymbol{E}_2$ 大小相等,方向不同,合矢量 $d\boldsymbol{E} = d\boldsymbol{E}_1 + d\boldsymbol{E}_2$ 的方向必然垂直于棒向外。整个棒上的电荷,可分为一对对关于 O 点对称的电荷元,由场强叠加原理,P 点的总场强也必然垂直于棒向外。在距棒等远的点场强大小相等。也就是说,在垂直于棒的任一切面上,以棒与切面的交点为圆心,同一圆周上各点场强大小相等,方向沿半径向外,呈辐射状分布,场强具有轴对称性,如图 10-23(b)所示。

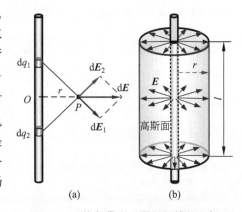

图 10-23　均匀带电无限长细棒的电场

根据场强具有轴对称性的特点,选取过场点 P 并与细棒同轴的半径为 r 的封闭圆柱面为高斯面,设圆柱面高度为 l,通过高斯面的电场强度通量为

$$\Phi_E = \oiint \boldsymbol{E} \cdot d\boldsymbol{S} = \iint\limits_{\text{侧面}} \boldsymbol{E} \cdot d\boldsymbol{S} + \iint\limits_{\text{上底}} \boldsymbol{E} \cdot d\boldsymbol{S} + \iint\limits_{\text{下底}} \boldsymbol{E} \cdot d\boldsymbol{S}$$

由于场强方向与底面平行,因此通过上下底面的电场强度通量为零。在侧面上,$\boldsymbol{E}$ 与面法线方向 $\boldsymbol{e}_n$ 的夹角 $\theta = 0$,$\cos\theta = 1$,而且侧面上 $\boldsymbol{E}$ 的大小处处相等,故有

$$\Phi_E = \iint\limits_{\text{侧面}} \boldsymbol{E} \cdot d\boldsymbol{S} = E \iint\limits_{\text{侧面}} dS = 2\pi r l E$$

此高斯面内的净电荷量为

$$\sum_{(S内)} q_i = \lambda l$$

根据高斯定理列方程得

$$2\pi r l E = \lambda l / \varepsilon_0$$

所以无限长细棒外任一点 P 的总场强为

$$E = \frac{\lambda}{2\pi\varepsilon_0 r}$$

其方向垂直于棒向外。式中,r 是任意的,且 E 具有轴对称性,所以上式就是无限长带电细棒的电场在空间的分布。

例 10-7

电荷以面密度 σ 均匀分布于一个无限大平面上,求其激发的场强。

解 在场中取一点 P,由电荷分布的对称性可知其电场 E 与带电面垂直。假设 E 不与带电面垂直（见图 10-24(a) 中的 E'),过 P 点作带电面的垂线,令带电面以此垂线为轴转动 $180°$,因场强由电荷分布决定,电荷分布整体转动 $180°$ 必然导致场强方向转动 $180°$,即转到 E''（与 E' 不重合）。另外,带电面为无限大且各点的 σ 相同,带电面的旋转并未改变空间中的电荷分布,场强方向应不变,即 E'' 应与 E' 重合。这就导致了矛盾的结果,可见电荷分布的对称性保证 E 与带电面垂直。

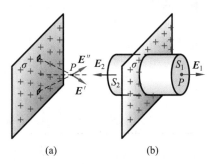

图 10-24 无限大均匀带电平面的电场

场强方向确定后,就可取高斯面。在平面外任取一点 P（P 为场点),过 P 点作一个与带电面平行的小平面 S_1,以 S_1 为底作一个与带电面垂直的圆柱体,其长度等于 P 点到带电面距离的两倍,如图 10-24(b) 所示。根据高斯定理得

$$\iint\limits_{侧面} \boldsymbol{E} \cdot \mathrm{d}\boldsymbol{S} + \iint\limits_{底S_1} \boldsymbol{E} \cdot \mathrm{d}\boldsymbol{S} + \iint\limits_{底S_2} \boldsymbol{E} \cdot \mathrm{d}\boldsymbol{S} = \frac{\sigma S}{\varepsilon_0}$$

由于圆柱体侧面上各点的 $\boldsymbol{E}$ 与侧面平行,所以通过侧面的电场强度通量为零,即 $\iint\limits_{侧面} \boldsymbol{E} \cdot \mathrm{d}\boldsymbol{S} = 0$。设 S 为一个底面的面积,则 $S_1 = S_2 = S$,所以有

$$E \cdot S + E \cdot S = \frac{\sigma S}{\varepsilon_0}$$

由此可得

$$E = \frac{\sigma}{2\varepsilon_0} \tag{I}$$

写成矢量形式为

$$E = \frac{\sigma}{2\varepsilon_0} e_n \tag{II}$$

式中,e_n 为背离带电平面的单位矢量。

式（II）表明,若 $\sigma > 0$,E 与 e_n 方向相同,场强方向背离带电面;若 $\sigma < 0$,E 与 e_n 方向相反,场强方向指向带电面;在无限大均匀带电平面的电场中,各点的场强大小与场点的位置无关,带电平面外任一点的场强数值都相等,带电平面的两侧各形成一个均匀电场。

例 10-8

电荷 q 均匀分布于半径为 R 的球体上,求球体内外的电场分布。

解　(1) 先求球体外 $(r \geqslant R)$ 的电场分布。在球体外任取一点 P,过 P 作与带电球体同心的球面 S,如图 10-25 所示。从电荷分布的球对称性出发,并仿照前面例题的方法,不难证明 S 面上各点的场强大小相等,方向沿径向向外,故 S 面的电场强度通量为

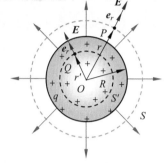

$$\Phi_E = \oiint \boldsymbol{E} \cdot \mathrm{d}\boldsymbol{S} = E_r \cdot 4\pi r^2 \qquad (\text{Ⅰ})$$

其中,E_r 是 $\boldsymbol{E}$ 在 $\boldsymbol{e}_r$ 方向上的投影;r 是球面 S 的半径。而球面 S 内的电荷就是带电球体的电荷 q,由高斯定理可得

$$E_r \cdot 4\pi r^2 = \frac{q}{\varepsilon_0}$$

即可得

$$E_r = \frac{q}{4\pi\varepsilon_0 r^2}$$

写成矢量式为

图 10-25　均匀带电球体的电场

$$\boldsymbol{E} = \frac{q}{4\pi\varepsilon_0 r^2} \boldsymbol{e}_r \qquad (\text{Ⅱ})$$

(2) 再求球体内 $(r < R)$ 的电场分布。在球体内过 Q 点作一个与带电球体同心的球面 S',如图 10-25 所示,电场强度的分布仍为球对称分布。因此,通过 S' 面的电场强度通量为

$$\Phi_E = \oiint \boldsymbol{E} \cdot \mathrm{d}\boldsymbol{S} = E_r \cdot 4\pi r^2 \qquad (\text{Ⅲ})$$

所以根据高斯定理,球内任一点的电场强度大小为

$$E_r = \frac{q'}{4\pi\varepsilon_0 r^2} = \frac{1}{4\pi\varepsilon_0 r^2} \cdot \frac{q}{\frac{4}{3}\pi R^3} \cdot \frac{4}{3}\pi r^3 = \frac{qr}{4\pi\varepsilon_0 R^3} \qquad (\text{Ⅳ})$$

写成矢量式为

$$\boldsymbol{E} = \frac{qr}{4\pi\varepsilon_0 R^3} \boldsymbol{e}_r \qquad (\text{Ⅴ})$$

若带电体为球面,则球面内 $E = 0$。

　　通过以上几个例题可以看出,用高斯定理求场强的关键,在于分析电场的对称性。当电场具有某种对称性,或者电场虽然是非对称的,但能用几个对称电场叠加而成时,才能用高斯定理便捷地求出场强。分析出电场的对称性后,应选取相应的封闭几何面作为高斯面,并且此封闭面必须通过待求场强的场点,必须是规则的便于计算通量的几何面。对于非对称电场,虽然难以用高斯定理求出场强,但定理仍然是成立的。

思考题

10-4　如何理解电场线?两条电场线不能相交,那它们能相切吗?

10-5　电场线与带电粒子的运动轨迹能重合吗?

10-6　若点电荷恰好位于闭合面上,它对这个闭合面的电场强度通量有没有贡献呢?

10-7　为什么只有在电场分布具有高度对称性时,才能直接用高斯定理计算电场强度?

10-8　如何用高斯定理证明"静电场线总是始于正电荷(或无限远),终止于负电荷(或无限远),在没有电荷的地方不中断(电场强度为零的奇异点除外)"?

10.4 静电场的环路定理 电势

10.4.1 静电场力做功的特点

下面我们通过库仑定律及场强叠加原理证明静电场力做功与路径无关。首先选取点电荷的电场进行证明,再选取任意静电场进行证明。

1. 单个点电荷所产生的电场

设空间有一个带正电的点电荷 q,在 q 产生的电场中,电场力将检验电荷 q_0 从 a 点沿某一路径移到 b 点,如图 10-26 所示。在该路径上各点 E 不同,q_0 在路径上各点受到的电场力也不同。在该路径上取一无限小位移 $\mathrm{d}l$(称为位移元),其上场强 E 的大小和方向可视为不变,在此位移元上,电场力对 q_0 所做的元功为

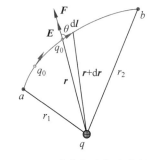

图 10-26 非均匀电场中电场力所做的功

$$\mathrm{d}W = \boldsymbol{F} \cdot \mathrm{d}\boldsymbol{l} = F\cos\theta\,\mathrm{d}l = q_0 E\cos\theta\,\mathrm{d}l$$

由于 q 点到 $\mathrm{d}l$ 始端和末端的位矢分别为 r 和 $r + \mathrm{d}r$,由图可知

$$\cos\theta\,\mathrm{d}l = \mathrm{d}r$$

则得

$$\mathrm{d}W = q_0 E\,\mathrm{d}r = \frac{q_0 q}{4\pi\varepsilon_0 r^2}\,\mathrm{d}r$$

对上式进行积分,得电场力所做的总功为

$$W = \int_{r_1}^{r_2} \mathrm{d}W = \int_{r_1}^{r_2} \frac{q_0 q}{4\pi\varepsilon_0 r^2}\,\mathrm{d}r = \frac{q_0 q}{4\pi\varepsilon_0}\left(\frac{1}{r_1} - \frac{1}{r_2}\right) \tag{10-23}$$

由此可见,在点电荷 q 的电场中,电场力对检验电荷所做的功与连接起点、终点的路径无关,只依赖于检验电荷的电荷量及其起点、终点的位置。

2. 任意带电体所产生的电场

在任意静电场中,产生电场的电荷可以是点电荷系,也可以是电荷连续分布的带电体。对电荷连续分布的带电体,可以视为点电荷的集合。根据场强叠加原理,在任意静电场中某点的总场强,等于各个点电荷单独存在时,在该点产生的场强的矢量和,即 $E = \sum E_i$。

将检验电荷 q_0 沿任意路径 L 从 a 移到 b 时,电场力所做的总功为

$$W = \int_L q_0 \boldsymbol{E} \cdot \mathrm{d}\boldsymbol{l} = \int_L q_0 \sum \boldsymbol{E}_i \cdot \mathrm{d}\boldsymbol{l}$$

$$= \int_L q_0 \boldsymbol{E}_1 \cdot \mathrm{d}\boldsymbol{l} + \int_L q_0 \boldsymbol{E}_2 \cdot \mathrm{d}\boldsymbol{l} + \cdots + \int_L q_0 \boldsymbol{E}_n \cdot \mathrm{d}\boldsymbol{l}$$

上式最后等号右边每一项代表一个点电荷单独存在时,电场力将检验电荷 q_0 沿路径 L 从 a 移到 b 所做的功,且根据前面的证明,每一项都与路径无关,故各项之和(总功)也与路径无关,只与检验电荷的电荷量及其始末位置有关。

由此得出结论:检验电荷在任何静电场中移动时,电场力对其所做的功,只与检验

电荷的电荷量以及路径的起点和终点的位置有关,而与移动路径无关。这是静电场的一个重要性质,叫作有势性(或称有位性),具有这种性质的场叫作势场(或称位场,也称保守场)。因此静电场是势场,静电力就是保守力。

静电场的有势(位)性还可以有另外一种表述方式,就是用静电场的环路定理来表示。

10.4.2　静电场的环路定理

如图 10-27 所示,设在静电场中有一闭合曲线 L,a、b 两点将 L 分成 l_1 和 l_2 两部分,电场力分别将检验电荷 q_0 沿 l_1 和 l_2 从 a 点移到 b 点时,电场力所做的功相等,即

$$\int_{acb} q_0 \boldsymbol{E} \cdot \mathrm{d}\boldsymbol{l} = \int_{adb} q_0 \boldsymbol{E} \cdot \mathrm{d}\boldsymbol{l} = -\int_{bda} q_0 \boldsymbol{E} \cdot \mathrm{d}\boldsymbol{l}$$

这说明

$$\int_{acb} q_0 \boldsymbol{E} \cdot \mathrm{d}\boldsymbol{l} + \int_{bda} q_0 \boldsymbol{E} \cdot \mathrm{d}\boldsymbol{l} = 0$$

即

$$\oint_L \boldsymbol{E} \cdot \mathrm{d}\boldsymbol{l} = 0 \qquad (10\text{-}24)$$

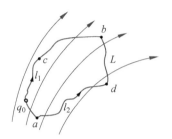

图 10-27　静电场力做功与路径无关

式中,L 是闭合回路 $acbda$。上式表明,电场强度 $\boldsymbol{E}$ 沿任一闭合曲线的环路积分为零,这个结论称为静电场的环路定理。上式左边是场强 $\boldsymbol{E}$ 沿闭合路径 L 的线积分,称为场强 $\boldsymbol{E}$ 的环流。

我们从静电场力做功与路径无关,导出了静电场的环路定理,反过来也可以从环路定理得出静电场力做功与路径无关,它们是静电场同一性质的两种表述方式,二者是完全等价的。

10.4.3　电势和电势差

由于静电力是保守力,因而可引入与之相对应的势能,与静电力这一保守力对应的势能称为电势能(electric potential energy)。类似于在重力场中引入重力势能一样,我们认为电荷在电场中一定的位置处,具有一定的电势能,并且把电场力对检验电荷 q_0 所做的功作为电势能改变的量度,即静电力所做的功等于系统电势能增量的负值或电势能的减少,即

$$E_{pa} - E_{pb} = W_{ab} = q_0 \int_a^b \boldsymbol{E} \cdot \mathrm{d}\boldsymbol{l} \qquad (10\text{-}25)$$

式中,a、b 分别代表 q_0 在静电场中的始、末位置;E_{pa}、E_{pb} 分别表示检验电荷 q_0 在 a 点和 b 点的电势能。如 $W_{ab} > 0$,则 $E_{pa} > E_{pb}$,即静电力做正功,系统电势能减少;如 $W_{ab} < 0$,则 $E_{pa} < E_{pb}$,即静电力做负功,系统电势能增加。这样定义出的电势能是一个相对量,要确定 q_0 在某点的电势能值,必须选定参考点,并且,通常规定参考点的电势能为零。电势能零点的选择具有任意性,对有限大带电体,一般选无限远处为电势能零点。这样 a 点的电势能为

$$E_{pa} = \int_a^\infty q_0 \boldsymbol{E} \cdot \mathrm{d}\boldsymbol{l} \qquad (10\text{-}26)$$

即检验电荷 q_0 在电场中任一点 a 的电势能,在数值上等于电场力将此电荷从 a 点移到参考点(或无限远)所做的功。一般来说,这个功可正也可负,相应的电势能也有正有负。

电势能是属于一定系统的,它属于检验电荷 q_0 与激发电场的静止电荷 q 所组成的带电体系,也就是属于检验电荷 q_0 和电场这样一个系统的,实际上是检验电荷 q_0 与产生电场的静止电荷 q 之间的相互作用能量。电势能不仅与电场有关,还与检验电荷 q_0 有关,但是,比值 $\dfrac{E_{pa}}{q_0} = \int_a^\infty \boldsymbol{E} \cdot \mathrm{d}\boldsymbol{l}$ 却仅与场点 a 的位置有关,而与检验电荷 q_0 无关。因此,$\dfrac{E_{pa}}{q_0}$ 可用来描述电场中某点 a 处的性质(描述 a 点的有势性),称为 a 点的电势(electric potential),用 U_a 表示,即

$$U_a = \frac{E_{pa}}{q_0} = \int_a^\infty \boldsymbol{E} \cdot \mathrm{d}\boldsymbol{l} \tag{10-27}$$

可见,静电场中某点的电势,在数值上等于处于该点的单位正电荷的电势能,或者等于将单位正电荷从电场中 a 点经过任意路径移到无限远处(参考点)的过程中电场力所做的功。电势是一个标量,其单位为伏特,符号为 V。

在实际应用中,通常要比较静电场中任意两点的电势高低,为此引入电势差(electric potential difference)的概念。我们将静电场中任意两点 a、b 的电势差值,称为电势差(也称电压),表示为

$$U_{ab} = U_a - U_b = \int_a^\infty \boldsymbol{E} \cdot \mathrm{d}\boldsymbol{l} - \int_b^\infty \boldsymbol{E} \cdot \mathrm{d}\boldsymbol{l} = \int_a^b \boldsymbol{E} \cdot \mathrm{d}\boldsymbol{l} \tag{10-28}$$

即静电场中 a、b 两点的电势差,在数值上等于单位正电荷在电场中从 a 点经过任意路径到达 b 点时,静电场力所做的功。利用电势差的概念可以计算点电荷在静电场中从 a 点移到 b 点时静电场力所做的功为

$$W_{ab} = q(U_a - U_b) \tag{10-29}$$

电势是描述电场性质的物理量。电势具有相对性,即电势与参考点的位置有关,说某点电势时,一定要明确指出参考点,而电势差与参考点无关。而电势参考点的选取,原则上是任意的,但必须保证在参考点选定之后,计算出的电势值是确定的、有限的。参考点的电势值也可取为非零的任意有限值。电势还具有叠加性,即几个点电荷在某点 a 处产生的电势等于每个点电荷单独存在时在该点产生的电势的代数和,这称为电势叠加原理。

10.4.4 电势的计算

1. 点电荷电场中的电势

根据电势的定义,与点电荷 q 的距离为 r 处的 P 点的电势 $U_P = \int_P^{P_0} \boldsymbol{E} \cdot \mathrm{d}\boldsymbol{l}$,式中 P_0 为电势参考点。选取参考点 P_0 在无限远时,令 $U_\infty = 0$;由于静电场力做功与路径无关,只与 P 和 P_0 点的位置有关,所以选择矢径直线为积分路径,则

$$U_P = \int_P^\infty \boldsymbol{E} \cdot \mathrm{d}\boldsymbol{l} = \int_r^\infty \boldsymbol{E} \cdot \mathrm{d}\boldsymbol{r}$$

$$= \int_r^\infty E \mathrm{d}r = \int_r^\infty \frac{q}{4\pi\varepsilon_0 r^2} \mathrm{d}r = \frac{q}{4\pi\varepsilon_0 r} \tag{10-30}$$

可见,当 q 确定后,场中某点的电势只与场点的位置 r 有关。上式说明,在点电荷 q 产生的电场中,以 q 为球心、r 为半径的球面上各点的电势是相等的。利用计算机可模拟画出点电荷的电势分布,如图 10-28 所示。

2. 点电荷系的电场中的电势

设电场由多个点电荷 $q_1, q_2, \cdots, q_n$ 共同产生,则由电势叠加原理,空间任一点的电势为

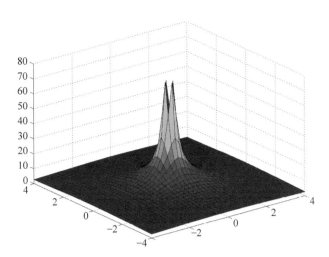

图 10-28　点电荷电势模拟图

$$U_P = \sum U_{iP} = \sum \frac{q_i}{4\pi\varepsilon_0 r_i} \tag{10-31}$$

利用计算机可模拟画出一对等量同号点电荷和一对等量异号点电荷的电势分布,分别如图 10-29 和图 10-30 所示。

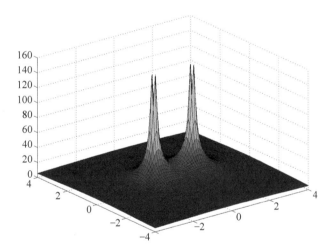

图 10-29　等量同号点电荷电势模拟图

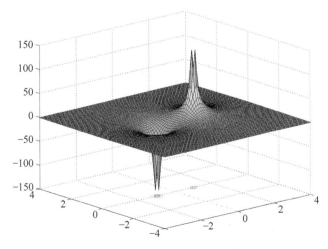

图 10-30　等量异号点电荷电势模拟图

3. 任意带电体产生的电场中的电势

对于任意带电体产生的电场,可选取电荷元 $\mathrm{d}q = \rho\mathrm{d}V$,如图 10-31 所示,其中 ρ 为电荷体密度,根据点电荷电势,得到距电荷元为 r 处 P 点的电势为 $\mathrm{d}U = \dfrac{1}{4\pi\varepsilon_0}\dfrac{\mathrm{d}q}{r}$,则所有电荷在 P 产生的电势为

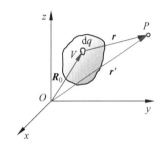

$$U = \frac{1}{4\pi\varepsilon_0}\int\frac{\mathrm{d}q}{r} = \frac{1}{4\pi\varepsilon_0}\iiint_V\frac{\rho\mathrm{d}V}{r} \qquad (10\text{-}32)$$

电荷的分布除体分布外,还有面分布和线分布。对于电荷的面分布,有 $\mathrm{d}q = \sigma\mathrm{d}S$,其中 σ 为电荷面密度。对于电荷的线分布,有 $\mathrm{d}q = \lambda\mathrm{d}l$,其中 λ 为电荷线密度。电荷在面分布和线分布时的电势计算公式分别为

图 10-31　带电体电势计算

$$U = \frac{1}{4\pi\varepsilon_0}\int\frac{\mathrm{d}q}{r} = \frac{1}{4\pi\varepsilon_0}\iint_S\frac{\sigma\mathrm{d}S}{r} \qquad (10\text{-}33)$$

$$U = \frac{1}{4\pi\varepsilon_0}\int\frac{\mathrm{d}q}{r} = \frac{1}{4\pi\varepsilon_0}\int_l\frac{\lambda\mathrm{d}l}{r} \qquad (10\text{-}34)$$

电势写成这三种形式,是由点电荷电场中的电势得到的,而点电荷电场中的电势是将参考点选在无限远处时得到的,所以电荷连续分布的上述三种情形,电势参考点也为 $U_\infty = 0$。

例 10-9

求均匀带电圆环轴线上任一点 P 的电势。已知圆环半径为 R,所带电荷总量为 q,电荷线密度为 λ,参考点在无限远。

解　在圆环上取一长为 $\mathrm{d}l$ 的电荷元,其所带电量为 $\mathrm{d}q = \lambda\mathrm{d}l$,如图 10-32 所示,电荷元 $\mathrm{d}q$ 在圆环轴线上的 P 点产生的电势为

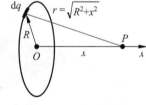

$$\mathrm{d}U = \frac{\mathrm{d}q}{4\pi\varepsilon_0 r} = \frac{\lambda\mathrm{d}l}{4\pi\varepsilon_0 r} = \frac{q\mathrm{d}l}{8\pi^2\varepsilon_0 rR} = \frac{q\mathrm{d}l}{8\pi^2\varepsilon_0 R\sqrt{R^2+x^2}}$$

因此,整个带电圆环产生在 P 点的电势为

图 10-32　均匀带电圆环轴线上的电势

$$U = \int\mathrm{d}U = \int_0^{2\pi R}\frac{q\mathrm{d}l}{8\pi^2\varepsilon_0 R\sqrt{R^2+x^2}} = \frac{q}{4\pi\varepsilon_0\sqrt{R^2+x^2}}$$

由上式可知,当 P 点位于轴线上距圆环相当远的地方,即 $x \gg R$ 时,则有 $U = \dfrac{q}{4\pi\varepsilon_0 x}$,这和点电荷电场中的电势是一样的,即 $x \gg R$ 时,可以把整个带电圆环看成点电荷;当待求点 P 位于环心,即 $x = 0$ 时,则有

$$U_O = \frac{q}{4\pi\varepsilon_0 R}$$

这说明电势最高点在环心处。如选 O 点为电势零点,则 P 点的电势为

$$U = \frac{q}{4\pi\varepsilon_0\sqrt{R^2+x^2}} - \frac{q}{4\pi\varepsilon_0 R} = \frac{q}{4\pi\varepsilon_0}\left(\frac{1}{\sqrt{R^2+x^2}} - \frac{1}{R}\right)$$

例 10-10

电荷 q 均匀分布于半径为 R 的球面上,求球面内外的电势分布。

解　按照高斯定理可求得球面内外电场的分布：球面外，$E = \dfrac{q}{4\pi\varepsilon_0 r^2}e_r$；球面内，$E = 0$（参考例 10-8）。

如图 10-33 所示，球面外距球心 r 处的 P_1 点的电势（参考点在无限远，积分路径沿径向）为

$$U = \int_{P_1}^{\infty} \boldsymbol{E}\cdot\mathrm{d}\boldsymbol{l} = \int_r^{\infty} \frac{q}{4\pi\varepsilon_0 r^2}\mathrm{d}r = \frac{q}{4\pi\varepsilon_0 r}$$

在球面内任意取一点 P_2，电场强度 E 从 P_2 沿径向积分到无限远，即得球面内 P_2 点的电势。由于被积函数是分段的，所以积分也要分段，即

$$U = \int_{P_2}^{\infty} \boldsymbol{E}\cdot\mathrm{d}\boldsymbol{l} = \int_r^{R} 0\cdot\mathrm{d}r + \int_R^{\infty} \frac{q}{4\pi\varepsilon_0 r^2}\mathrm{d}r = \frac{q}{4\pi\varepsilon_0 R}$$

上式说明球面内各点电势相同，且等于球面处的电势。由此，可画出均匀带电球面的电势随 r 的变化曲线，如图 10-33 所示。

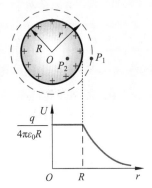

图 10-33　均匀带电球面的电势

例 10-11

电荷面密度分别为 $+\sigma$ 和 $-\sigma$ 的两块无限大均匀带电平面，如图 10-34 所示，求其电势分布。

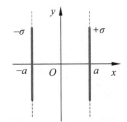

图 10-34　无限大均匀带电平面的电势

解　建立如图 10-34 所示的坐标系，空间各区域的电场强度为

$$E = \begin{cases} -\dfrac{\sigma}{\varepsilon_0}, & -a < x < a \\ 0, & x < -a, x > a \end{cases}$$

选 $x=0$ 处为电势零点，积分路径沿 x 轴，则 $x < -a$ 区域的电势为

$$U_1 = \int_x^0 E\mathrm{d}x = \int_x^{-a} 0\cdot\mathrm{d}x + \int_{-a}^0 \left(-\frac{\sigma}{\varepsilon_0}\right)\mathrm{d}x = -\frac{\sigma a}{\varepsilon_0}$$

$x > a$ 区域的电势为

$$U_3 = \int_x^0 E\mathrm{d}x = \int_x^a 0\cdot\mathrm{d}x + \int_a^0 \left(-\frac{\sigma}{\varepsilon_0}\right)\mathrm{d}x = \frac{\sigma a}{\varepsilon_0}$$

在两极板之间（即 $-a < x < a$ 区域）的电势为

$$U_2 = \int_x^0 \left(-\frac{\sigma}{\varepsilon_0}\right)\mathrm{d}x = \frac{\sigma x}{\varepsilon_0}$$

思考题

10-9　正电荷在电场中的电势能一定大于负电荷在电场中的电势能吗？

10-10　电势越高处，其电势能越大吗？

10-11　场强为零处，其电势一定为零吗？

10-12　如何用环路定理证明"静电场中的电场线不能形成闭合曲线"？

10.5　电场强度与电势微分的关系

10.5.1　等势面

在 10.3.1 节我们用电场线形象地描述了电场中电场强度的分布，下面我们用等势面（equipotential surface）来形象地描述电场中电势的分布，并指出它们之间的关系。

　　电场中电势相等的各点所构成的曲面叫作等势面。在电场中,电荷 q 沿等势面运动时,电场力对电荷做功为零,即 $qE \cdot dl = 0$。由于 q、E 和 dl 均不为零,故上式成立的唯一条件是:电场强度 E 必须与 dl 垂直,即电场中某点的 E 与通过该点的等势面垂直,准确表述为等势面和电场线处处垂直。

　　在电场中描绘等势面时,对等势面的疏密作了如下规定:电场中任意两个相邻等势面之间的电势差都相等。按照这个规定作出等势面后,就能用等势面的疏密来反映电场的强弱。图 10-35 给出了一些典型电场的等势面和电场线的图形。图中实线代表电场线,虚线代表等势面。从图中可以看出,等势面越密的地方,电场强度越大,这一点将在 10.5.2 节中得到证明。

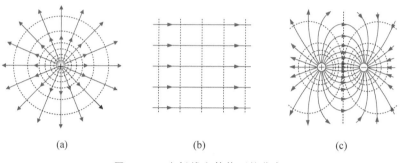

(a)　　　　　　　(b)　　　　　　　(c)

图 10-35　电场线和等势面的分布
(a) 正点电荷;(b) 匀强电场;(c) 两等量异号点电荷

　　电场强度和电势是描述电场性质的两个重要物理量,两者之间有密切的关系,10.4.3 节给出的电势的定义式指明了两者之间的积分关系,下面讨论两者之间的微分关系。

10.5.2　电场强度与电势微分关系的推导

　　在任意静电场中,取两个十分邻近的等势面 Ⅰ 和 Ⅱ(图 10-36),电势分别为 U 和 $U + \Delta U$。在两等势面上分别取点 A 和 B,它们的间距为 Δl($\Delta l > 0$)。由于这两点非常靠近,因此,它们之间的电场强度 E 可以认为是不变的。设 E 和 Δl 之间的夹角为 θ,将单位正电荷由点 A 移到点 B,电场力所做的功为

$$-(U_B - U_A) = E \cdot \Delta l = E\Delta l \cos\theta$$

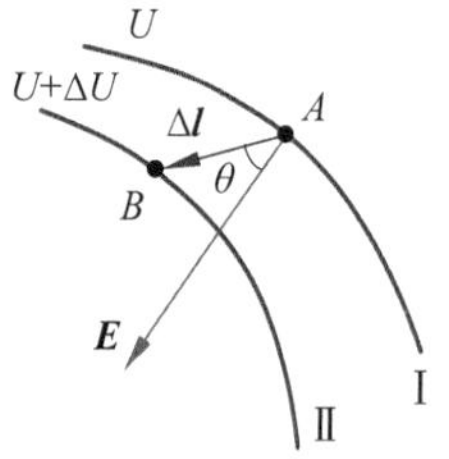

而 $-(U_B - U_A) = -\Delta U$,电场强度 E 在 Δl 上的分量为 $E\cos\theta = E_l$,所以有

$$-\Delta U = E_l \Delta l$$

或写成

$$E_l = -\frac{\Delta U}{\Delta l} \tag{10-35}$$

图 10-36　求 E 和 U 的关系　　式中,$\dfrac{\Delta U}{\Delta l}$ 是电势沿 Δl 方向的单位长度上电势的变化率。式(10-35)中的负号表明,当 $\dfrac{\Delta U}{\Delta l} < 0$ 时,$E_l > 0$,即沿着电场强度的方向,电势降低;逆着电场强度的方向,电势升高。

　　从式(10-35)还可以看出,等势面密集处的电场强度大,等势面稀疏处的电场强度小。所以从等势面的分布可以定性地看出电场强度的强弱分布情况。

　　若把 Δl 取得极小,则有

$$\lim_{\Delta l \to 0} \frac{\Delta U}{\Delta l} = \frac{dU}{dl}$$

于是式(10-35)写为

$$E_l = -\frac{dU}{dl} \qquad (10\text{-}36)$$

式中，$\frac{dU}{dl}$是沿 l 方向的电势变化率。式(10-36)表明，电场中某一点的电场强度沿任一方向的分量，等于这一点的电势沿该方向电势变化率的负值。此即电场强度与电势的微分关系。

在已知电场强度分布的情况下，可以求出空间某一点的电势(见 10.4 节)；反过来，在已知电势的前提下，可由式(10-36)求出电场强度 E。

例 10-12

由点电荷的电势表达式 $U = \dfrac{q}{4\pi\varepsilon_0 r}$，求点电荷的场强分布。

解　选取点电荷 q 的所在点为原点，由于点电荷电场的对称性，电场中各点的场强必沿过该点的矢径方向，利用电场强度和电势的微分关系，取电势对 r 的导数，得

$$E_r = -\frac{dU}{dr} = -\frac{d}{dr}\left(\frac{q}{4\pi\varepsilon_0 r}\right) = \frac{1}{4\pi\varepsilon_0}\frac{q}{r^2}$$

上式表明，场强方向沿矢径方向，这与 10.2 节的结果一致。

思考题

10-13　两个不同电势的等势面是否可以相交？同一等势面是否可与自身相交？

10-14　电势为零处，其场强一定为零吗？

10-15　能否单独用电场强度或单独用电势来描述电场的性质？为什么要引入电势？

习题

10-1　如图 10-37 所示，电量为 $+q$ 的三个点电荷，分别放在边长为 a 的等边三角形 ABC 的三个顶点上。为使每个点电荷受力为零，可在三角形中心处放另一点电荷 Q，则 Q 的电荷量为_____。

10-2　真空中两平行带电平板相距为 d，面积为 S，且有 $d^2 \ll S$，均匀带电量分别为 $+q$ 与 $-q$，则两极板间的作用力大小为_____。

10-3　真空中两条平行的无限长的均匀带电直线，电荷线密度分别为 $+\lambda$ 和 $-\lambda$，P_1 点和 P_2 点与两带电线共面，其位置如图 10-38 所示，取向右为 x 轴正向，则 P_1 点电场 $E_{P_1} =$_____，P_2 点电场 $E_{P_2} =$_____。

10-4　一个点电荷 $+q$ 位于一边长为 L 的立方体的中心，如图 10-39 所示，则通过立方体一面的电通量为_____。如果该电荷移到立方体的一个顶角上，那么通过立方体正面的电通量是_____。

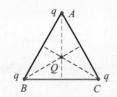

图 10-37　习题 10-1 用图

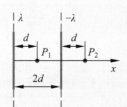

图 10-38　习题 10-3 用图

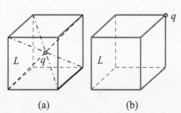

图 10-39　习题 10-4 用图

10-5 如图 10-40 所示,在点电荷 q 的电场中,选取以 q 为中心、R 为半径的球面上一点 A 处为电势零点,则距点电荷 q 为 r 的 B 处的电势为_____。

10-6 真空中有两个无限大的均匀带电平面 A 和 B,其电荷面密度分别为 $+\sigma$ 和 $-\sigma$,如图 10-41 所示。若在两平面的中间插入另一电荷面密度为 $+\sigma$ 的无限大平面 C 后,P 点场强的大小将为[   ]。

    A. 原来的 1/2   B. 不变   C. 原来的 2 倍   D. 零

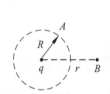

图 10-40 习题 10-5 用图

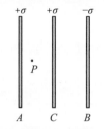

图 10-41 习题 10-6 用图

10-7 关于高斯定理的理解有下面几种说法,其中正确的是[   ]。

    A. 如高斯面上 E 处处为零,则该面内必无电荷

    B. 如高斯面内无电荷,则高斯面上 E 处处为零

    C. 如高斯面上 E 处处不为零,则高斯面内必有电荷

    D. 如高斯面内有净电荷,则通过高斯面的电通量必不为零

10-8 点电荷 $-q$ 位于圆心处,A,B,C,D 位于同一圆周上,如图 10-42 所示。分别将一检验电荷 q_0 从 A 点移到 B,C,D 各点,则电场力做功的大小为[   ]。

    A. A 到 B 电场力做功最大   B. A 到 C 电场力做功最大

    C. A 到 D 电场力做功最大   D. 电场力做功一样大

10-9 以下说法中正确的是[   ]。

    A. 电场强度相等的地方,电势一定相等

    B. 电势变化率绝对值大的地方,场强的绝对值也一定大

    C. 带正电的导体上电势一定为正

    D. 电势为零的导体一定不带电

10-10 如图 10-43 所示,边长为 a 的正方形 4 个顶点上分别放置带电量为 Q 的固定点电荷,在对角线的交点 O 处放置一个质量为 m、带电量为 q 的自由点电荷,q 与 Q 同号。今把 q 沿一条对角线移离 O 点一个很小的距离 x 至 P 点。证明:释放 q 后,q 作简谐振动,并求其周期。

10-11 如图 10-44 所示,半径为 R 的均匀带电球面,带有电荷 q。沿某一半径方向上有一均匀带电细线,电荷线密度为 λ,长度为 l,细线左端离球心距离为 r_0。设球和线上的电荷分布不受相互作用影响,试求细线所受球面电荷的电场力。

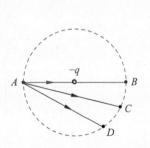

图 10-42 习题 10-8 用图

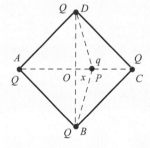

图 10-43 习题 10-10 用图

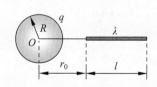

图 10-44 习题 10-11 用图

10-12　一个细玻璃棒被弯成半径为 R 的半圆环,沿其左半部分均匀地分布电荷 $+Q$,沿其右半部分均匀地分布电荷 $-Q$,如图 10-45 所示。(1)试求圆心 O 处的电场强度。(2)若在半圆中心 O 处放一锌离子 Zn^{2+},求其受力大小。

10-13　无限长均匀带电半圆柱面的半径为 R,电荷面密度 $\sigma=\sigma_0\cos\varphi$,式中 σ_0 是常量,φ 是径向与 Ox 方向间的夹角,如图 10-46 所示,试求圆柱轴线 Oz 上的电场强度。

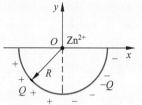

图 10-45　习题 10-12 用图

10-14　两个平行无限大均匀带电平面,电荷面密度分别为 $\sigma_1=4\times10^{-11}\ \mathrm{C/m^2}$,$\sigma_2=2\times10^{-11}\ \mathrm{C/m^2}$。求此系统的电场分布。

10-15　一无限大均匀带电平面,电荷面密度为 $+\sigma$,在其上挖掉一半径为 R 的圆洞,如图 10-47 所示。试用场强叠加原理求通过小孔中心并与平面垂直的直线上的一点 P 的电场强度和电势。

10-16　如图 10-48 所示,一均匀带电直线长度为 L,电荷线密度为 λ。求带电直线的延长线上与中心 O 点距离为 r 处的电场强度和电势。

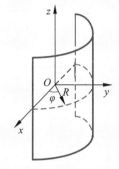

图 10-46　习题 10-13 用图

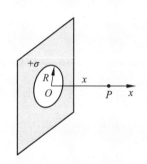

图 10-47　习题 10-15 用图

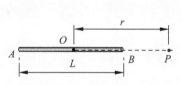

图 10-48　习题 10-16 用图

10-17　一半径为 $R=6$ cm 的圆盘均匀带有面密度为 $\sigma=2\times10^{-5}\ \mathrm{C/m^2}$ 的电荷,求:(1)轴线上任一点的电势;(2)根据电场强度与电势变化率的关系求该点的场强;(3)计算离盘心 8 cm 处的电势和电场强度。

10-18　如图 10-49 所示,一半径为 R、长度为 L 的均匀带电圆柱面,总电荷为 Q。试求端面处轴线上 P 点的电场强度,并判断其方向。

10-19　如图 10-50 所示,一锥顶角为 θ 的圆台,上下底面半径分别为 R_1 和 R_2,在它的侧面上均匀带电,电荷面密度为 σ,求顶点 O 的电场强度和电势。(以无穷远为电势零点)

10-20　如图 10-51 所示,电场强度在三个坐标轴方向的分量为 $E_x=b\sqrt{x}$,$E_y=E_z=0$,其中 $b=800\ \mathrm{N\cdot m^{-1/2}\cdot C^{-1}}$,设 $d=10$ cm,试求:(1)通过立方体的总电场强度通量;(2)立方体内的总电荷量;(3)如果电场强度的三个分量变为 $E_x=by$,$E_y=bx$,$E_z=0$,$b=800\ \mathrm{N\cdot m^{-1/2}\cdot C^{-1}}$,请再计算通过立方体的总电场强度通量和立方体内的总电荷量。

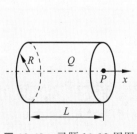

图 10-49　习题 10-18 用图

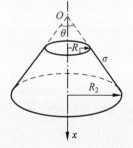

图 10-50　习题 10-19 用图

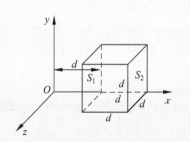

图 10-51　习题 10-20 用图

10-21 设匀强电场的电场强度 E 与半径为 R 的半球面 S 的轴线平行,如图 10-52(a)所示,试计算通过此半球面的电场强度通量;若场强方向与这个半球面的轴线的夹角为 30°,如图 10-52(b)所示,试计算通过此半球面的电场强度通量。

10-22 如图 10-53 所示,在与电荷面密度为 σ 的无限大均匀带电平板相距为 d 处有一点电荷 q,q 至平板的垂线上有一 P 点,求 P 点的电势。

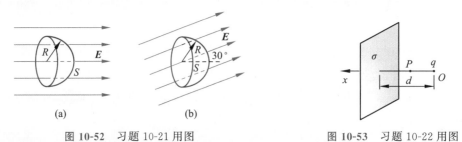

图 10-52 习题 10-21 用图　　　　图 10-53 习题 10-22 用图

10-23 (1)地球表面附近的场强近似为 200 V/m,方向指向地球中心。试计算地球带的总电荷量。已知地球的半径为 6.37×10^6 m。(2)在离地面 1 400 m 处,场强降为 20 V/m,方向仍指向地球中心。试计算这 1 400 m 厚的大气层里的平均电荷密度。

10-24 两个同心均匀带电球面,半径分别为 R_1,R_2,已知大球面的电荷面密度为 $+\sigma$,大球外面各点的电场强度都是零。试求:(1)小球面的电荷面密度;(2)两球面之间距离球心为 r 处的场强;(3)小球面内各点的场强。

10-25 一无限长的均匀带电薄壁圆筒,截面半径为 R,电荷面密度为 σ,求其电场分布并画出 E-r 曲线。

10-26 两个同心的均匀带电球面,半径分别为 $R_1 = 5$ cm,$R_2 = 20$ cm,已知内球面的电势为 $U_1 = 60$ V,外球面的电势 $U_2 = -30$ V。(1)求内、外球面上所带的电量;(2)在两个球面之间何处的电势为零?

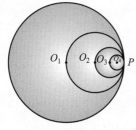

图 10-54 习题 10-27 用图

10-27 真空中有 4 个带电量均为 q 的均匀带电薄球壳,它们的半径分别为 R、$R/2$、$R/4$ 和 $R/8$,彼此内切于 P 点,如图 10-54 所示,球心分别为 O_1,O_2,O_3 和 O_4。求 O_1 与 O_4 间的电势差。

10-28 在半径分别为 R_1 和 R_2 的两层同心球面中间,均匀分布着电荷体密度为 ρ 的正电荷,求:(1)距离球心为 r 处($r<R_1$,$R_1<r<R_2$,$r>R_2$)的电场强度;(2)距离球心为 r 处($r<R_1$,$R_1<r<R_2$,$r>R_2$)的电势,并画出 E-r 和 U-r 曲线。

10-29 一半径为 R 的无限长圆柱体内均匀带电,电荷体密度为 ρ。(1)求柱内、外电场强度分布;(2)以轴线为电势零点,求柱内、外的电势分布;(3)画出电场 E、电势 U 随距轴线距离 r 的 E-r 和 U-r 曲线。

10-30 一个半径为 R 的无限长圆柱体,其电荷体密度为

$$\rho = \rho_0 \left(a - \frac{r}{b} \right), \quad r \leqslant R$$

式中,ρ_0、a 和 b 是正的常量;r 是圆柱上一点到圆柱轴线的距离。求圆柱内、外任意一点的电场强度。

10-31 一半径为 R 的导体球,所带电荷不均匀,其所带电荷的体密度分布为 $\rho = Ar^2$,其中 A 为常量,r 是导体内一点到球心的距离。求:(1)导体球内($r \leqslant R$)一点的电场强度;(2)导体球外($r \geqslant R$)一点的电场强度。

10-32 如图 10-55 所示,$AB=2R$,OCD 是以 B 为中心,R 为半径的半圆。设 A 处有点电荷$+Q$,B 处有点电荷$-Q$,设无穷远处的电势为零,即 $U_\infty=0$。(1)当把单位正电荷从 O 点沿 OCD 移到 D 点时,电场力对它做功多少?(2)当把单位负电荷从 D 点沿 AB 的延长线移到无穷远时,电场力对它做功多少?(3)当把单位负电荷从 D 点沿 DCO 移到 O 点时,电场力对它做功多少?(4)当把单位正电荷从 D 点沿着任意路径移到无穷远,电场力对它做功多少?

10-33 如图 10-56 所示,一半径为 R 的圆环均匀带电$+Q$,一质子被加速器加速后,由 P 点($OP=a$)以初速度 $v_0>0$ 沿圆环轴线射向圆心 O,若要使质子能穿过圆环,质子初速度 v_0 的最小值应为多少?

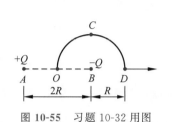

图 10-55 习题 10-32 用图

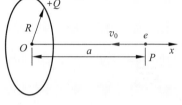

图 10-56 习题 10-33 用图

10-34 地面上有一固定的点电荷 A,在 A 的正上方有一带电小球 B,B 在重力和 A 的库仑力的作用下,在 A 上方 $\frac{1}{2}H$ 和 H 之间作往返的自由振动。试求 B 运动的最大速率 $v_{\max}$。

第 11 章

静电场与物质的相互作用

第 10章讨论了真空中静电场的基本规律,引入了描述电场性质的两个重要物理量——电场强度和电势,并阐明了描述静电场基本性质的两个定理:高斯定理和环路定理。在这一章,将在静电场中引入两种物质即导体和电介质(dielectric),然后讨论静电场和这两种物质之间的相互作用和相互影响。

11.1 静电场中的导体

11.1.1 导体的静电平衡

1. 静电平衡状态

我们知道,很多种物体都属于导体,比如金属、电解液,甚至人体、地球,等等。在这里主要讨论金属导体,而金属导体中具有大量的自由电子,从微观角度来说,这些自由电子时刻作无规则的混乱运动,称为热运动,从宏观角度来讲,金属导体对外不显电性(虽然其中有大量的自由电子),即通常情况下金属导体为中性导体。如图 11-1 所示,若将导体 B 置于电荷 A 产生的静电场中,导体 B 中的自由电子除作无规则的热运动外,还要受电场力的作用而作定向移动(这是一种有规律的宏观运动),从而导致导体 B 中的电荷重新分布,使导体 B 的左侧带负电而右侧带正电,这种现象叫作静电感应(electrostatic induction)。这时在导体表面产生的电荷叫作感应电荷(induced charge)。在电场中,导体电荷重新分布的过程不会一直持续下去,当导体内部各点的总场强为零时这个过程即结束。这时,导体内没有电荷作定向运动。当导体中的自由电子不作宏观运动(没有电流)时,我们说导体处在静电平衡(electrostatic equilibrium)状态。导体达到静电平衡的充要条件是导体内部各点场强为零。值得注意的是,静电平衡只是宏观上自由电子停止了定向移动,导体内部的电荷仍在作无规则的热运动。

图 11-1 静电感应

导体的静电平衡状态是相对的,可以由于外部条件的变化而受到破坏,在新的条件下又将达到新的平衡状态。

2. 静电平衡时导体的性质

当导体处于静电平衡状态时,它具有如下性质:

(1) 导体是等势体,导体表面是等势面。

如图 11-2 所示,在导体中取任意两点 A、B,沿 A、B 作任一路径对场强进行积分可

得 A、B 两点间的电势差为 $U_{AB}=U_A-U_B=\int_A^B \boldsymbol{E}\cdot\mathrm{d}\boldsymbol{l}$，因在导体内 $\boldsymbol{E}=0$，所以 $U_A=U_B$。而 A、B 是任意的点，所以导体处于静电平衡时，导体内部各点和表面各点的电势均相等，即导体为等势体，表面为等势面。

（2）导体内部没有（净）电荷，电荷只能分布在导体表面上。

如图 11-3 所示，在导体内任取一点 A，围绕 A 点作一高斯面，高斯面上任一点 $\boldsymbol{E}=0$，由高斯定理得面内电荷量的代数和 $\sum q=0$，即内部无净电荷，电荷体密度 $\rho=0$，所以电荷只能分布在表面上。

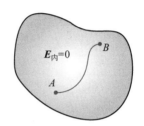

图 11-2　导体是等势体

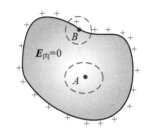

图 11-3　带电导体的电荷分布在导体表面

注意　上面的证明方法不能适用于表面上的点，如 B 点，绕 B 点作高斯面，即使面作得再小也有一部分在导体外，此时面上电场不一定处处为零，当然 $\sum q$ 也不一定为零。实际上，导体内部 $\sum q=0$，则电荷必定分布在表面，即表面上电荷面密度 $\sigma\neq0$。

（3）在导体外，紧靠导体表面的点的场强方向与导体表面垂直，场强大小与导体表面对应点的电荷面密度成正比。

由电场线与等势面垂直出发，可知导体表面附近点的场强方向与表面垂直。而场强大小与电荷密度的关系，可由高斯定理推出。

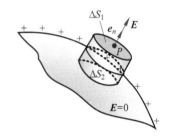

图 11-4　带电导体表面的电场强度与电荷密度的关系

如图 11-4 所示，在导体表面外紧靠导体表面处取一点 P，过 P 点作导体表面的外法线方向单位矢量 $\boldsymbol{e}_n$，则 P 点的场强可表示为 $\boldsymbol{E}_P=E\boldsymbol{e}_n$（$E$ 为 $\boldsymbol{E}_P$ 在 $\boldsymbol{e}_n$ 方向的投影，E 可正可负）。过 P 点取一小圆形面元 ΔS_1，以 ΔS_1 为底作一圆柱形高斯面，圆柱面的另一底 ΔS_2 在导体内部。因此，通过高斯面的电场强度通量为

$$\Phi_S=\oiint\limits_S \boldsymbol{E}\cdot\mathrm{d}\boldsymbol{S}=\iint\limits_{\Delta S_1}\boldsymbol{E}\cdot\mathrm{d}\boldsymbol{S}+\iint\limits_{\Delta S_2}\boldsymbol{E}\cdot\mathrm{d}\boldsymbol{S}+\iint\limits_{侧}\boldsymbol{E}\cdot\mathrm{d}\boldsymbol{S}$$

由于圆柱体侧面上各点的 $\boldsymbol{E}$ 与侧面平行，所以通过侧面的电场强度通量为零，即 $\iint\limits_{侧}\boldsymbol{E}\cdot\mathrm{d}\boldsymbol{S}=0$，又因为导体内部的电场强度为零，所以 $\iint\limits_{\Delta S_2}\boldsymbol{E}\cdot\mathrm{d}\boldsymbol{S}=0$，则上式变为

$$\Phi_S=\iint\limits_{\Delta S_1}\boldsymbol{E}\cdot\mathrm{d}\boldsymbol{S}=\iint\limits_{\Delta S_1}E\boldsymbol{e}_n\cdot\mathrm{d}\boldsymbol{S}=E\Delta S_1$$

由于高斯面内的电荷为 $q=\sigma\Delta S_1$，则由高斯定理得

$$E\Delta S_1=\frac{\sigma\Delta S_1}{\varepsilon_0}$$

即

$$E=\frac{\sigma}{\varepsilon_0}$$

写成矢量形式为

$$E = \frac{\sigma}{\varepsilon_0} e_n$$　　　　　　　　　　　　　　　　　　　　　　　　　　　(11-1)

式中,当 $\sigma > 0$ 时, E 与 e_n 同向;当 $\sigma < 0$ 时, E 与 e_n 反向。可见,导体表面附近的场强与表面上对应点的电荷面密度成正比,且无论电场和电荷分布怎样变化,这个关系始终成立,并且其中的场强 E 是电场中全部电荷贡献的合场强,并非只是高斯面内电荷 $\sigma \Delta S$ 的贡献。

11.1.2 孤立导体形状对电荷分布的影响

式(11-1)只给出了导体表面附近每一点的电荷密度和场强的对应关系,它并不能告诉我们在导体表面上电荷究竟是怎样分布的。定量地研究这一问题是比较复杂的。因为电荷在导体表面的分布不仅与其自身形状有关,还与外界条件有关。即使对于孤立导体,其表面电荷面密度 σ 与曲率半径 ρ 之间也不存在单一的函数关系。大致来说,在孤立导体表面,向外突出的地方(曲率为正且较大),电荷密度较大(σ 大);表面比较平坦的地方,电荷密度较小(σ 小);向里凹陷的地方(曲率为负)电荷密度最小(σ 更小)。由式(11-1)知,尖端处 E 较大,平坦处次之,凹陷的地方 E 最弱。图 11-5 是由实验测得的尖端导体的等势面、电场线及电荷密度的分布情况。

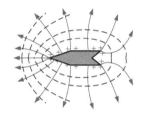

带电导体尖端附近的电场特别大,可使尖端附近的空气易于发生电离而成为导体,从而产生放电现象,即出现尖端放电(sharped point discharge)。这是因为尖端附近场强大,空气中的带电离子在强电场作用下剧烈运动,离子在运动中与空气分子发生碰撞,使空气分子电离,产生大量的新离子,导致该处空气成为导体。同时,当离子与空气分子碰撞时,使空气分子处于激发状态而产生光辐射,这就是尖端放电现象。

图 11-5　导体的电荷分布

尖端放电会损耗电能,还会干扰精密测量,也会对通信产生危害。为了避免尖端放电,高压输电线表面应尽量光滑,半径也不能太小。特别是,一些高压设备的电极做成光滑的球面就是为了避免尖端放电而漏电,以维持高压。然而尖端放电也有很广泛的应用,最典型的例子就是避雷针(lightning rod)(图 11-6)。当带电的雷云临近地面的树木和建筑物时,由于静电感应使树木和建筑物带上异号电荷,当电荷达到一定程度后,就会在云层和这些物体之间发生强大的电晕(electric corona)放电,强大的电流通过树木和建筑物进入地下,这就是闪电雷击现象。为了避免雷击,可在建筑物上安装避雷针(尖端导体),并用粗导线将避雷针连接另一端埋入地下深处。这样,当雷云接近时,放电就通过避雷针和粗导线这条通路引入地下,从而保护了建筑物的安全,如图 11-7 所示。

图 11-6　各种常见的避雷针

图 11-7　避雷针的避雷作用

11.1.3　封闭金属腔内外的静电场

1. 金属腔内空间的电场

当金属腔内空间没有带电体时,在静电平衡下,金属腔的内表面处处没有电荷($\sigma_内 = 0$),电荷只能分布在外表面;腔内空间各点场强为零(或腔内电势处处相等)。这一结论不受导体腔外电场(或带电体)的影响。如图 11-8 所示,导体腔外有一个点电荷 q,则 q 在腔外壁要产生感应电荷,感应电荷与 q 在腔内空间任一点激发的场强互相抵消,所以腔内空间各点场强仍处处为零。

如果腔内空间有带电体,则腔内空间将因腔内带电体的存在而出现电场,腔的内壁也会出现电荷分布。但是可以证明,腔内电场只由腔内带电体及腔的内壁形状决定而与腔外电荷分布情况无关。就是说,腔外电荷(电场)对腔内电场仍无影响。这一结论的证明已超出本课程的范围,在此不加以讨论。

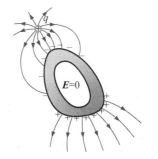

图 11-8　腔外电荷对腔内电场无影响

2. 金属腔外空间的电场

与腔内空间不同,腔外空间在腔外无带电体时仍然可能有电场。如图 11-9(a)所示,设腔为中性,腔内有一正点电荷 q,则在腔内、外壁上分别感应出 $-q$ 及 $+q$ 的电荷。显然,外壁电荷肯定要发出电场线,故腔外空间有电场,它是腔内电荷(通过在腔外壁感应出等量电荷)间接引起的。所谓腔内带电体 q 在腔外间接引起电场,并不是说 q 本身不在腔外激发电场,而是指腔内电荷 q 以及腔内壁的感应电荷($-q$)在腔外空间激发的合场强为零。

把金属腔接地就可消除腔外电场(图 11-9(b)),即接地后腔外空间场强处处变为零(腔外壁表面上无电荷分布)。这一点可用电场线的性质进行证明(留给读者)。所以"接地"的直观解释就是,腔外壁的感应电荷全部沿接地线流入大地,腔外壁无电荷分布,故腔外空间无电场。但是"接地"不能保证腔外壁的电荷密度在任何情况下都为零。

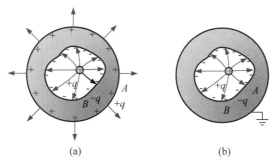

(a)　　　　　　　　　(b)

图 11-9　腔内有带电体时腔内外的电场分布

当腔外空间有带电体时,接地金属腔外壁电荷并非处处为零。因为,如果腔外壁各点电荷面密度为零,则空间除点电荷 q 外无其他电荷,此电荷在导体腔层内(金属内部)必然要产生电场,这说明金属内部场强不为零,这就与静电平衡的条件相矛盾,故"接地"不会使腔外壁电荷为零。但是,用唯一性定理可以证明,接地金属腔使腔外电场不受腔内电荷的影响,即无论腔内带电情况如何,腔外电场只由腔外情况决定。图 11-10 的三种情况就是这一结论的图示。

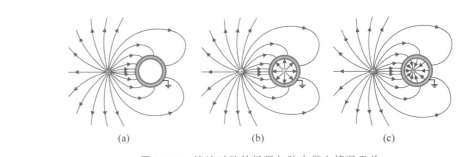

图 11-10 接地时腔外场强与腔内带电情况无关
(a) 腔内无电荷；(b) 腔内有一个正点电荷；(c) 腔内有一个偏心的负电荷

综上所述可知，封闭导体腔（不论接地与否）内部静电场不受腔外电荷的影响；接地封闭导体腔外部静电场不受腔内电荷的影响。这种现象叫作静电屏蔽（electrostatic shielding）。静电屏蔽现象是法拉第于 1836 年首先发现的。他建造了一个不接地的大金属网笼（后称为法拉第笼，如图 11-11 所示），使它带高压电，达到火花放电的程度，但网笼里的验电器的金箔不会张开，法拉第自己坐在网笼里，也没有触电的感觉。

静电屏蔽

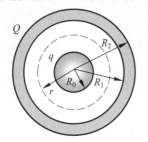

图 11-11 法拉第笼的静电屏蔽实验

静电屏蔽的原理在电工及电子技术中有广泛的应用，并且在实际应用中，常用编织得相当紧密的金属网来代替金属腔体。例如，为了避免外界电场对设备中某些精密电磁测量仪器的干扰，或者为了避免高压设备的电场对外界的影响，一般都在这些设备周围安装有接地的金属制外壳（网、罩）。对于传送弱信号的连接导线，为了避免外界对信号的干扰，往往在导线外包一层用金属丝编织的屏蔽线层。

感悟·启迪

　　在研究静电屏蔽现象过程中，法拉第通过金属网笼实验的亲身经历得到了最终的研究结果。实际上，在物理学的历史上有很多科学家在追求真理的过程中都是冒着生命危险的，科学家追求真理的勇气、严谨求实的科学态度和刻苦钻研的作风都是值得我们学习的。

例 11-1

如图 11-12 所示，在内外半径分别为 R_1 和 R_2 的导体球壳内，有一个半径为 R_0 的导体小球，小球与球壳同心，让小球与球壳分别带上电荷量 q 和 Q，试求：(1)小球和球壳内、外表面的电势；(2)小球与球壳的电势差；(3)球壳的外壳接地时小球与球壳的电势差。

解 (1)由静电感应，球壳内外表面的带电量分别为 $-q$ 和 $q+Q$，则有

$$\begin{cases} E_1=\dfrac{1}{4\pi\varepsilon_0}\dfrac{q}{r^2}, & R_0<r<R_1 \\ E_2=0, & R_1\leqslant r\leqslant R_2 \\ E_3=\dfrac{1}{4\pi\varepsilon_0}\dfrac{q+Q}{r^2}, & r>R_2 \end{cases}$$

图 11-12 带电球壳包围带电小球

所以可得小球和球壳内、外表面的电势分别为

$$U_{R_0} = \int \boldsymbol{E} \cdot \mathrm{d}\boldsymbol{r} = \int_{R_0}^{R_1} E_1 \mathrm{d}r + \int_{R_1}^{R_2} E_2 \mathrm{d}r + \int_{R_2}^{\infty} E_3 \mathrm{d}r = \frac{1}{4\pi\varepsilon_0}\left(\frac{q}{R_0} - \frac{q}{R_1} + \frac{q+Q}{R_2}\right)$$

$$U_{R_1} = \int \boldsymbol{E} \cdot \mathrm{d}\boldsymbol{r} = \int_{R_1}^{R_2} E_2 \mathrm{d}r + \int_{R_2}^{\infty} E_3 \mathrm{d}r = \frac{1}{4\pi\varepsilon_0}\left(0 + \frac{q+Q}{R_2}\right) = \frac{q+Q}{4\pi\varepsilon_0 R_2}$$

$$U_{R_2} = \int \boldsymbol{E} \cdot \mathrm{d}\boldsymbol{r} = \int_{R_2}^{\infty} E_3 \mathrm{d}r = \frac{q+Q}{4\pi\varepsilon_0 R_2}$$

（2）小球与球壳的电势差为

$$U_{R_0} - U_{R_1} = \frac{q}{4\pi\varepsilon_0}\left(\frac{1}{R_0} - \frac{1}{R_1}\right)$$

（3）当外球壳接地时，如图 11-13 所示，则球壳表面上的电荷消失，小球
与球壳的电势分别为

$$U_{R_0} = \frac{q}{4\pi\varepsilon_0}\left(\frac{1}{R_0} - \frac{1}{R_1}\right)$$

$$U_{R_1} = U_{R_2} = 0$$

小球与球壳的电势差仍为

$$U_{R_0} - U_{R_1} = \frac{q}{4\pi\varepsilon_0}\left(\frac{1}{R_0} - \frac{1}{R_1}\right)$$

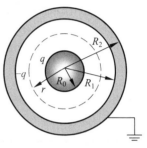

图 11-13　带电球壳接地

思考题

11-1　在静电感应中，感应的正负电荷大小是否相等？感生电荷与施感电荷是否相等？

11-2　将一带电体 A 置于一中性导体 B 的附近，则 B 表面将出现感应电荷，A 表面的电荷也将重新分布，问：是否可能出现如图 11-14 所示的分布？为什么？

11-3　金属球壳或金属网罩总能起到静电屏蔽的作用吗？

11-4　将一个带正电的导体 A 移近一个接地的导体 B 时，导体 B 是否维持零电势？导体 B 上是否带电？

11-5　带电导体表面曲率越大的地方，其电荷密度是否一定越大？表面附近的电场是否一定越强？

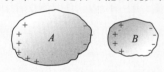

图 11-14　思考题 11-2 示意图

11.2　电容器及其电容

11.2.1　孤立导体的电容

若使一个孤立导体带上电荷 q，电荷将沿导体的表面分布，使得导体内部的场强为零，而周围有电场分布。根据电势定义，将单位电荷由导体表面移到无穷远所做的功就等于导体的电势。若导体上的电荷增加几倍，导体周围空间中每一点处的场强也会随之增加几倍，带电体的电势相应地增加同样的倍数。由此得出结论：孤立导体的电势与导体所带的电荷量成正比。这里把孤立导体所带的电荷量与其电势的比值定义为孤立导体的电容（capacity），用 C 表示，即

$$C = \frac{q}{U} \tag{11-2}$$

孤立导体电容 C 的物理意义是使导体电势升高一个单位所需的电荷。真空中孤立导体的电容 C 与 q 和 U 无关,只与导体的几何形状有关。在国际单位制中,电容的单位是法拉,用符号 F 表示,且

$$1 \ \mathrm{F} = \frac{1 \ \mathrm{C}}{1 \ \mathrm{V}} = 10^6 \ \mu\mathrm{F} = 10^{12} \ \mathrm{pF}$$

例如,一个半径为 R 的孤立导体球,电势为 $U = \dfrac{q}{4\pi\varepsilon_0 R}$,其电容为 $C = 4\pi\varepsilon_0 R$。

11.2.2 电容器的电容

两个任意形状的、相互靠近的导体,在周围没有其他导体或带电体时,它们就组成了一个电容器(capacitor),每一导体就是该电容器的一个极板。需要注意的是:带电导体 A 近旁有其他导体时,导体 A 的电势 U_A 不仅与其电荷 q_A 有关,还取决于其他导体的形状和位置,这是由于 q_A 使之产生感应电荷的缘故。因此,这时导体 A 的电荷与电势之比 $\dfrac{q_A}{U_A}$ 将不再是常数(不再由 A 的自身形状决定)。

为了不让外部导体影响电容器的电容,电容器的两块极板要彼此靠近,这样,当两极板带上等量异号电荷时,电场就局限在电容器内,电场线将从一块极板发出,终止于另一块极板。下面先给出电容器的电容的定义及物理意义,然后介绍三种常见的电容器。

1. 电容器的电容

设电容器的两极板 A、B 分别带有等量异号的电荷 $+q$ 和 $-q$,两极板间的电势差为 $U_{AB} = U_A - U_B$。理论及实验表明:对于确定的电容器,q 值越大,U_{AB} 值也越大,且它们之间满足正比关系;同时,q 和 U_{AB} 的比值与 q、U_{AB} 无关,且为恒定的值。定义 q 和 U_{AB} 的比值为电容器的电容,即

$$C = \frac{q}{U_{AB}} \tag{11-3}$$

它表明,电容器的电容等于使电容器两极板之间的电势差升高一个单位所需的电荷。

电容是表征电容器容电能力大小的物理量。电容器带电的过程,实际上是静电场建立的过程,而能量是储存在电场中的,所以电容器是储存电荷的容器,同时也是储存能量的容器,称为储能元件。

大量实验表明,若在电容器的两极板间充入电介质,则电容器的电容会增加。实验还指出,充满均匀电介质时的电容 C 与真空时的电容 C_0 的比值为一常数,表示为

$$\varepsilon_r = \frac{C}{C_0} \tag{11-4}$$

式中,ε_r 为介质的相对电容率(也称为相对介电常数,且 $\varepsilon_r > 1$),它是表征电介质本身特性的物理量。电容器中充入电介质以后,电容值增加,这是由于电介质在外电场中的极化导致的。关于极化问题,将在 11.3 节进行讨论。

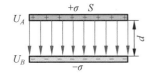

图 11-15 平行板电容器

2. 常见的三种电容器

(1)平行板电容器。如图 11-15 所示,两块相距很近、同样大小的平行金属板就构成了一个平行板电容器。设每块板的面积为 S,板内表面间距为 d,两板分别带电荷 $+q$ 和 $-q$。板面线度远大于 d,因而可略去边缘效应,认为 A、B

板内表面上的电荷均匀分布,A、B 间形成均匀电场,场强表示为

$$E = \frac{\sigma}{\varepsilon_0} e_n$$

式中,$\sigma = \dfrac{q}{S}$。两板间的电势差为

$$U_{AB} = U_A - U_B = \int_A^B E \cdot dl = Ed = \frac{qd}{\varepsilon_0 S}$$

由此可见,两板间的电势差与一板所带电荷 q 成正比,且比例系数只与电容器的形状有关。根据电容器的电容定义可得平行板电容器的电容为

$$C_0 = \frac{q}{U_{AB}} = \frac{\varepsilon_0 S}{d} \tag{11-5}$$

如果在两平行板间充入相对电容率为 ε_r 的电介质,则平行板电容器的电容为

$$C = \varepsilon_r C_0 = \frac{\varepsilon_r \varepsilon_0 S}{d} = \frac{\varepsilon S}{d} \tag{11-6}$$

其中,$\varepsilon = \varepsilon_r \varepsilon_0$ 称为介质的绝对电容率,简称电容率。由此可见,在其他条件相同的情况下,极板间充入电介质,可提高电容器的电容值;同样容量的电容器,充入电介质的电容器的外形可做得更小。

纸介电容器可看成一种近似的平板电容器,它用特制的电容器纸作为介质,铝箔或锡箔作为电极并卷绕成圆柱形,然后接出引线,再经过浸渍处理,用外壳封装或环氧树脂灌封而成。它的结构如图 11-16 所示。

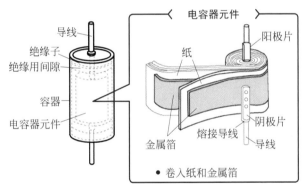

图 11-16　纸介电容器的外观及内部结构

(2)球形电容器。如图 11-17 所示,一个金属球和一个与它同心的金属球壳就构成了一个球形电容器。设内球及外球壳的半径分别为 R_1、R_2,内球表面带电量为 $+q$,外球壳带电量为 $-q$,由于对称性,内球和外球壳所带电量均匀分布在内球外表面和球壳内表面。则内球和外球壳之间的电场为

$$E = \frac{q}{4\pi\varepsilon_0 r^2} e_r$$

因此,两球之间的电势差

$$U = U_1 - U_2 = \int_{R_1}^{R_2} E \cdot dr = \int_{R_1}^{R_2} \frac{q}{4\pi\varepsilon_0 r^2} dr = \frac{q}{4\pi\varepsilon_0} \frac{R_2 - R_1}{R_1 R_2}$$

根据电容器的电容定义可得,球形电容器的电容为

$$C_0 = \frac{4\pi\varepsilon_0 R_1 R_2}{R_2 - R_1} \tag{11-7}$$

图 11-17　球形电容器

如果在两球间充入相对电容率为 ε_r 的电介质,则球形电容器的电容为

$$C = \frac{4\pi\varepsilon R_1 R_2}{R_2 - R_1} \tag{11-8}$$

当 $R_2 \to \infty$ 时,由式(11-8)得 $C = 4\pi\varepsilon R_1$,这就是孤立球形导体电容的计算公式。当 $R_2 - R_1 = d \ll R_1$ 时,$C \approx \frac{4\pi\varepsilon R^2}{d} = \frac{\varepsilon S}{d}$,其中 $S = 4\pi R^2$ 是球形电容器的球面面积,这就是平行板电容器的计算公式,此时球形电容器可当作平行板电容器。

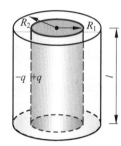

图 11-18 圆柱形电容器

(3)圆柱形电容器。如图 11-18 所示,一个金属圆柱和一个与它同轴的金属圆柱壳就构成了一个圆柱形电容器。设两圆柱面长度为 l,内圆柱带电量为 $+q$,外圆柱带电量为 $-q$,则单位长度的带电量为 $\lambda = \frac{q}{l}$。当 $l \gg (R_2 - R_1)$ 时,忽略边缘效应,可将其视为无限长圆柱面,两圆柱面间的电场具有轴对称性,场强为

$$E = \frac{\lambda}{2\pi\varepsilon_0 r} e_r$$

因此,两圆柱面间的电势差为

$$U = U_1 - U_2 = \int_{R_1}^{R_2} \boldsymbol{E} \cdot \mathrm{d}\boldsymbol{l} = \int_{R_1}^{R_2} \frac{\lambda}{2\pi\varepsilon_0 r} \mathrm{d}r = \frac{q}{2\pi\varepsilon_0 l} \ln \frac{R_2}{R_1}$$

根据电容器的电容定义可得圆柱形电容器的电容为

$$C_0 = \frac{2\pi\varepsilon_0 l}{\ln \dfrac{R_2}{R_1}} \tag{11-9}$$

如果在两圆柱面间充入相对电容率为 ε_r 的电介质,则圆柱形电容器的电容为

$$C = \frac{2\pi\varepsilon l}{\ln \dfrac{R_2}{R_1}} \tag{11-10}$$

令 $R_2 - R_1 = d$,当 $R_1 \approx R_2 = R$ 且 $d \ll R_1$ 时,有 $\ln \dfrac{R_2}{R_1} = \ln \dfrac{R_1 + \Delta d}{R_1} \approx \dfrac{d}{R_1}$,式(11-10)就变为 $C = \dfrac{2\pi\varepsilon R l}{d} = \dfrac{\varepsilon S}{d}$,其中 $S = 2\pi R l$ 是圆柱形电容器的极板面积,由此可见,此时圆柱形电容器可当作平行板电容器。

由以上三种电容器的分析可知:电容器的电容是表征电容器容纳电荷本领的物理量。它只与电容器的形状、线度、两极板间的距离和填充的介质有关,与电容器是否带电无关,它是一个描述电容器本身性质的物理量。

知识拓展

电容式传感器

平行板电容器的电容为

$$C = \frac{\varepsilon S}{d}$$

式中,d 为两极板间的距离;S 为极板(相互遮盖)的面积;ε 为极板间介质的电容率。

由此可知,如果改变公式中 d,S,ε 任意一个变量,都可以引起电容 C 的变化。将要测的量转化成以上三个量中的任意一个量,就可以制成三种电容式传感器。

按照电容式传感器的转换原理的不同,可以分为极距变化型电容式传感器、变电容率型电容传感器和面积变化型电容传感器。

极距变化型电容式传感器：两极板相互覆盖面积及极间介质不变，则当两极板在被测对象作用下发生位移变化时所引起的电容量变化的传感器。

变电容率型电容传感器：这种传感器大多用于测量电介质的厚度、位移、液位，还可根据极板间介质的电容率随温度、湿度改变而改变的性质来测量温度、湿度等。

面积变化型电容传感器：改变极板间覆盖面积的电容式传感器，常用的有角位移型和线位移型两种。

11.2.3　电容器的连接

电容器的用途非常广泛，并且使用时往往不只用到一只电容器，因而涉及电容器的连接问题。电容器连接的基本方式有并联和串联两种。

1. 并联

并联电容器组如图 11-19 所示。对电容器组有

$$C = \frac{q}{U_{AB}}$$

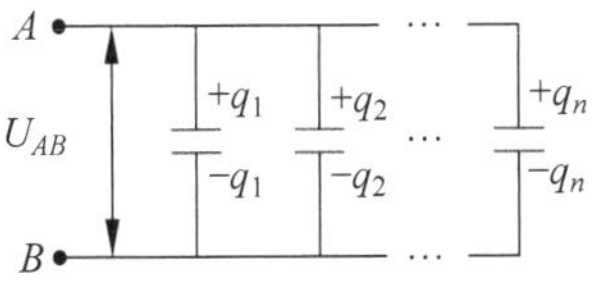

而

$$q = q_1 + q_2 + \cdots + q_n$$

所以并联电容器的总电容为

$$C = \frac{q}{U_{AB}} = \frac{q_1}{U_{AB}} + \frac{q_2}{U_{AB}} + \cdots + \frac{q_n}{U_{AB}}$$

即

$$C = C_1 + C_2 + \cdots + C_n = \sum_{i=1}^{n} C_i \tag{11-11}$$

图 11-19　电容器并联

即并联时，电容器组的总电容等于各个电容器的电容之和。电容器组的总电容值虽然增大了，但耐压能力降低了，只能受到耐压能力最低的那个电容器的限制。

2. 串联

串联电容器组如图 11-20 所示。串联时，流入电容器组的电荷 q 全部进入 C_1 的左板，因静电感应 C_1 的右板带电量为 $-q$，则 C_2 的左板带电量为 $+q$，C_2 的右板带电量为 $-q$，以此类推，各个极板所带电荷量的绝对值相等，均为 q 即

$$q_1 = q_2 = \cdots = q_n = q$$

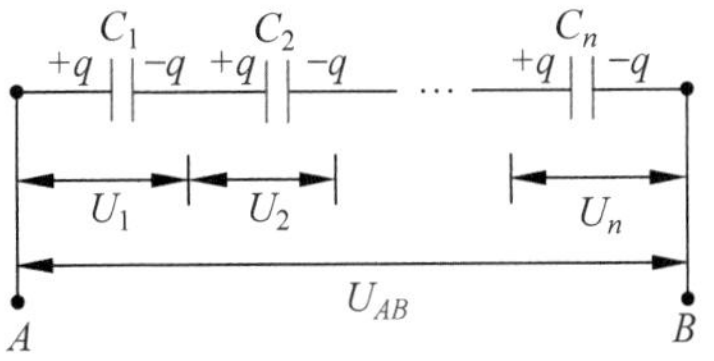

而 A、B 间的总电压为

$$U_{AB} = U_1 + U_2 + \cdots + U_n$$

图 11-20　电容器串联

所以根据电容器的电容定义，可得

$$C = \frac{q}{U_{AB}} = \frac{q}{U_1 + U_2 + \cdots + U_n} = \frac{1}{\dfrac{U_1}{q} + \dfrac{U_2}{q} + \cdots + \dfrac{U_n}{q}} = \frac{1}{\dfrac{1}{C_1} + \dfrac{1}{C_2} + \cdots + \dfrac{1}{C_n}}$$

即

$$\frac{1}{C} = \frac{1}{C_1} + \frac{1}{C_2} + \cdots + \frac{1}{C_n} \tag{11-12}$$

即串联时，电容器组的总电容的倒数等于各个电容器电容的倒数之和。显然，电容器组的总电容小于任一电容器的电容。电容器组的总电容值减小了，但耐压能力却提高了，且大于任一电容器的耐压值。

例 11-2

球形电容器内球及外球壳的半径分别为 R_1、R_2（球壳极薄）。设该电容器与地面及其他物体相距都很远，现将内球通过细导线接地，如图 11-21 所示。试证明：球面间的电容可由公式 $C = \dfrac{4\pi\varepsilon_0 R_2^2}{R_2 - R_1}$ 表示。

证明 如果内球未接地，由式（11-8）可知此时球形电容器的电容为

$$C_{AB} = \frac{4\pi\varepsilon_0 R_1 R_2}{R_2 - R_1}$$

如果内球 A 接地，这时不仅内外球可视为一个电容器，外球表面与地面也形成一个电容器。此时的电容器组可看成是由两球壳组成的电容器 C_{AB} 和外球壳与地组成的电容器 $C_{B地}$ 并联而成的，其等效电路图如图 11-22 所示。由于

$$C_{B地} = \frac{4\pi\varepsilon_0 R R_2}{R - R_2} = \frac{4\pi\varepsilon_0}{\dfrac{1}{R_2} - \dfrac{1}{R}}$$

又因 $R \gg R_2$，所以

$$C_{B地} = 4\pi\varepsilon_0 R_2$$

即孤立球形导体的电容。根据式（11-11），可得总电容为

$$C = C_{AB} + C_{B地} = \frac{4\pi\varepsilon_0 R_2 R_1}{R_2 - R_1} + 4\pi\varepsilon_0 R_2 = \frac{4\pi\varepsilon_0 R_2^2}{R_2 - R_1}$$

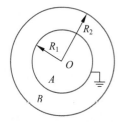

图 11-21 例 11-2 示意图

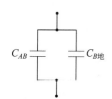

图 11-22 等效电路

思考题

11-6 有人说："一个电容器，带电量多时，其电容大，带电量少时，其电容小，电容表示电容器带电的多少？"这种说法对不对？为什么？

11-7 两个半径相同的金属球，其中一个是实心球，另一个是空心球，它们的电容是否相同？

11-8 平行板电容器保持板上电量不变（充电后，切断电源），现在使两极板的距离增大。试问：两极板的电势差有何变化？极板间的电场强度有何变化？电容是增大还是减小？

11-9 在电容器的串联、并联过程中，存在电压分配和电量分配的问题。同样，在电阻的串联和并联过程中，也存在电压和电流的分配问题（分压和分流），试对这两种分配关系进行对比。

11.3 电介质及其极化

上面我们讨论了导体的静电特性，本节将讨论电介质的静电特性。如果把电介质放入静电场中，电介质会发生极化，产生极化电荷，此电荷也要激发电场，即电场和电介质

之间有相互作用和相互影响。

11.3.1　电介质的特点

电介质是指电阻率很大、导电能力很差的物质。其传导电流的能力是导体的 $10^{-20} \sim 10^{-5}$。电介质的主要特征在于它的原子或分子中的电子和原子核的结合力很强,电子处于束缚状态。在一般条件下,电子不能挣脱原子核的束缚,因而在电介质内部能作宏观运动的电子极少,导电能力也就极弱。当把电介质放到外电场中时,电介质中的电子等带电粒子,也只能在电场力作用下作微观的相对位移。只有在击穿的情形下,电介质中的一些电子才被解除束缚而作宏观定向运动,使电介质丧失绝缘性。这就是电介质的特点。

为了研究电介质的极化,人们提出这样一种物理模型:电介质由中性分子构成(分子又由更小的粒子组成)。所谓中性分子,是指所有电荷(带电粒子所带的电荷量)的代数和为零的分子。但从微观角度来看,分子中各微观带电粒子(也许很多)在位置上并不重合,而是分布于分子所占的体积中,只是从宏观上看显中性(正负电荷相等)。为此,对中性分子引入"重心模型"——认为中性分子中所有正电荷和所有负电荷分别集中于两个几何点上,这两个点分别叫作正、负电荷的"重心",但正、负电荷的重心不一定重合。电介质中的中性分子,在"重心模型"的近似下,可视为一个电偶极子(偶极子)。这样一来,在研究电场中的电介质时,就可以借助于研究偶极子来完成。因此,可以把电介质看作由许多偶极子(中性分子)组成。

根据电介质中分子的构成情况不同,可将电介质分为两类。

(1) 无极分子(nonpolar molecule)电介质。在这类电介质中,每个分子的正、负电荷的"重心"在没有外场作用时彼此重合(图 11-23),如 H_2、O_2、N_2、CH_4、CCl_4、C_2H_6 等。而中性分子等价为一个偶极子,故此类分子的等效偶极子的偶极矩 $p = 0$。

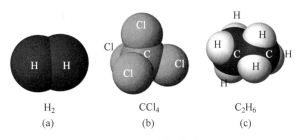

H₂　　　　CCl₄　　　　C₂H₆
(a)　　　　(b)　　　　(c)

图 11-23　无极分子

(2) 有极分子(polar molecule)电介质。在这类电介质中每个分子的正、负电荷的"重心"在没有电场时不重合(图 11-24),如 H_2O、HCl、SO_2、NH_3 等。此类分子的等效偶极子的偶极矩 $p \neq 0$。因为分子不断作无规则的热运动,所以各个分子的偶极矩杂乱无章地分布着,各个分子偶极矩的矢量和 $\sum p_i$ 平均来说等于 0,使得其在宏观上不显电性。

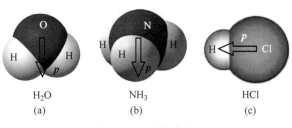

H₂O　　　　NH₃　　　　HCl
(a)　　　　(b)　　　　(c)

图 11-24　有极分子

11.3.2 电介质的极化

1. 无极分子的位移极化

在外电场 E 的作用下,电介质中的无极分子的正、负电荷"重心"发生了一个微小的位移,形成一个等效电偶极子(具有分子电矩 p),它们都沿着外电场 E 的方向整齐地排列。在电介质表面上,将分别出现正、负电荷,这些电荷不能离开电介质,也不能在电介质中自由移动,我们称之为极化电荷(polarization charges)。这些面极化电荷,产生宏观电场。在均匀电介质内部,由于相邻的偶极子正、负电荷紧密相连,所以电介质内部没有极化电荷,各处仍显电中性,极化电荷体密度 $\rho' = 0$,如图 11-25 所示。

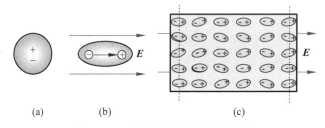

(a)　　　(b)　　　　　(c)

图 11-25 无极分子的位移极化过程
(a)无极分子正负电荷重心重合;(b)在外电场中重心分离形成等效的电偶极子;
(c)在垂直于电场方向的电介质的表面上出现极化电荷

由于无极分子的极化在于正、负电荷重心的相对位移,故称为位移极化(displacement polarization)。由于电介质两表面上出现的极化电荷不能离开电介质,也不能在电介质中自由移动,故也称为束缚电荷(bound charge)。

2. 有极分子的取向极化

对于有极分子的电介质,在无外电场时,每个分子的正、负电荷重心不重合,且有固有电矩 $p \neq 0$,但分子作无规则运动,宏观上不显电性。

当外电场 $E \neq 0$ 时,每个分子的等效偶极子将由于力偶矩的作用而转向,力偶矩力图使每个偶极子的偶极矩转到与场强一致的方向。但由于分子热运动,这种转向排列并不十分整齐。显然,外电场 E 越大,分子偶极矩 p 转向外电场方向的程度越大。这种 p 转向 E 方向的现象称为取向极化(orientation polarization),如图 11-26 所示。

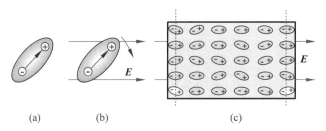

(a)　　　(b)　　　　　(c)

图 11-26 有极分子的取向极化过程
(a)无外电场时正负电荷重心不重合;(b)在外电场中取向;
(c)在垂直于电场方向的电介质的表面上出现极化电荷

对于均匀电介质,在垂直于外场方向的介质表面上仍出现极化电荷,介质内部仍显中性。

注意 (1)有极分子在外电场作用下,除发生取向极化外,还要发生位移极化,只是后者比前者弱得多;

(2)两类电介质极化的微观机理不同,但宏观效果却是相同的,都是在外电场作用下,均匀电介质表面上出现极化电荷,激发宏观电场,显现出电性。我们主要从宏观上研究电介质的极化以及极化后电介质对电场的影响,因此在后文中不再区分位移极化和取向极化。

11.3.3　电极化强度

为了描述电介质的极化状态以及极化程度,引入物理量电极化强度(polarization intensity)。在电介质中某点附近取一小体积元 ΔV,小体积中所有分子电偶极矩矢量和与该体积元 ΔV 之比的极限,称为该点(宏观点)的电极化强度,记作 $\boldsymbol{P}$,数学表达式为

$$\boldsymbol{P} = \lim_{\Delta V \to 0} \frac{\sum\limits_{i=1}^{m} \boldsymbol{p}_i}{\Delta V} \tag{11-13}$$

电极化强度简称极化强度,单位是 C/m^2。电极化强度是介质中单位体积内电偶极矩的统计平均值。电介质处于稳定的极化状态时,电介质中每一点有一定的极化强度。如果电介质中每一点的极化强度都相等(包括大小和方向),则称为电介质均匀极化,反之则称为电介质非均匀极化。

11.3.4　电极化强度与场强的关系

电介质的极化是电场和电介质分子相互作用的过程,外电场引起电介质的极化,而电介质被极化后出现的极化电荷也要激发电场并改变原有电场的分布,重新分布后的电场反过来再影响电介质的极化,直到平衡时,电介质便处于一定的极化状态。所以,电介质中任一点的极化强度与该点的合电场强度有关。大量实验表明,对于各向同性的电介质,每一点的极化强度 $\boldsymbol{P}$ 与该点的场强 $\boldsymbol{E}$ 方向相同,且二者大小成正比。在国际单位制中,这个关系写成

$$\boldsymbol{P} = \varepsilon_0 \chi_e \boldsymbol{E} \tag{11-14}$$

式中,$\boldsymbol{E} = \boldsymbol{E}_0 + \boldsymbol{E}'$,$\boldsymbol{E}_0$ 是外电场,$\boldsymbol{E}'$ 是极化电荷产生的附加电场,$\boldsymbol{E}$ 是极化后介质中对应点的总场强。在介质极化过程中的任一时刻,介质中任一点的总电场都由 $\boldsymbol{E}_0 + \boldsymbol{E}'$ 给出,这说明极化电荷产生的电场参与了后面的极化过程。

式(11-14)中的 χ_e 称为电介质的极化率(polarizability),是反映电介质中每一点的性质的物理量。若介质中各点的 χ_e 值都相同,则称电介质为均匀电介质。

11.3.5　极化电荷与电极化强度的关系

1. 极化电荷面密度与电极化强度的关系

为了简单起见,这里讨论处在真空中的均匀电介质被极化的情况。如图 11-27 所示,设在电介质表面某处任取一小面元 $d\boldsymbol{S}$,并向电介质一侧割取底面为 $d\boldsymbol{S}$、轴长为 l、体积为 dV 的斜柱体,它的轴线平行于极化强度 $\boldsymbol{P}$,其面元 $d\boldsymbol{S}$ 法向单位矢量 $\boldsymbol{e}_n$ 与 $\boldsymbol{P}$ 间的夹角为 θ。因极化电荷只集中在介质表面,故电介质面元 $d\boldsymbol{S}$ 上的电荷可看作是面电荷。设面元上的极化电荷面密度分别为 $+\sigma'$ 和 $-\sigma'$,则整个斜柱体相当于一个电荷量 q 为 $\sigma' d\boldsymbol{S}$、轴长为 l 的电偶极子,其电偶极

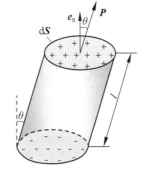

图 11-27　极化强度与极化电荷面密度间的关系

矩为 $ql = \sigma' l \mathrm{d}S$，它应等于 $\mathrm{d}V$ 内所有分子偶极矩的矢量和 $|\sum \boldsymbol{p}_i|$，即

$$|\sum \boldsymbol{p}_i| = \sigma' l \mathrm{d}S$$

而斜柱体的体积 $\mathrm{d}V = l\cos\theta \mathrm{d}S$，根据定义式(11-13)，可得极化强度 $\boldsymbol{P}$ 的大小为

$$|\boldsymbol{P}| = \frac{|\sum \boldsymbol{p}_i|}{\mathrm{d}V} = \frac{\sigma'}{\cos\theta}$$

所以可得

$$\sigma' = |\boldsymbol{P}|\cos\theta = P_n = \boldsymbol{P} \cdot \boldsymbol{e}_n \tag{11-15}$$

式中，P_n 是极化强度 $\boldsymbol{P}$ 沿介质表面外法线方向的分量。

如果电介质是非均匀的，则除在电介质的表面上出现极化电荷外，在电介质的内部也将产生极化电荷。下面来求解电介质极化后某一体积中的极化电荷总量。

2. 闭合面内的极化电荷总量

如图 11-28 所示，在已经极化的电介质内任意取一体积，此体积的表面为闭合面 S，S 将把电介质分子分为三部分：第一部分分子完全处于 S 面内，第二部分分子完全处于 S 面外，第三部分分子穿越 S 面。但只有电偶极矩穿越 S 面的分子对 S 面内的极化电荷有贡献，由 S 面内穿出了多少极化电荷，在闭合面 S 内就留下了多少等量异号的极化电荷。穿出的极化电荷可以采用如下方法计算：对于剥去闭合面 S 外的电介质，闭合面 S 成为电介质的面临真空的外表面，则由式(11-15)可知，闭合面 S 上的极化电荷面密度为 $\sigma' = \boldsymbol{P} \cdot \boldsymbol{e}_n$，则总的极化电荷（即穿出的极化电荷）为 $\oiint_S \sigma' \mathrm{d}S = \oiint_S \boldsymbol{P} \cdot \mathrm{d}\boldsymbol{S}$。所以闭合面 S 所包围的极化电荷为

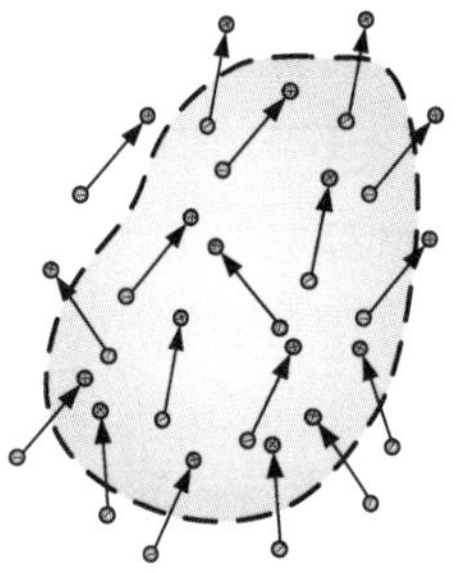

图 11-28　面内总极化电荷

$$\sum q' = -\oiint_S \boldsymbol{P} \cdot \mathrm{d}\boldsymbol{S} \tag{11-16}$$

其中，负号表示留在 S 面内的电荷。将极化电荷总量与体积作比值，并令此体积无限趋于零即得极化电荷体密度。

思考题

11-10　为什么带电棒能吸引轻小的物体，试用电介质的极化加以解释。

11-11　用一带正电荷的物体接近从水龙头中流出的细小流水时，流水向正电荷方向弯曲，如用一带负电荷的物体接近从水龙头中流出的细小流水，流水会向哪个方向弯曲？

11.4　电介质中静电场的高斯定理及应用

11.4.1　电介质中的场强

当导体放入外电场时，导体两个相对表面上出现等量异号电荷，当导体达到静电平衡时，在导体内部，感应电荷产生的场强 $\boldsymbol{E}'$ 和外电场 $\boldsymbol{E}_0$ 的矢量和为零，而在导体外部，感应电荷产生的场强 $\boldsymbol{E}'$ 也会影响原有电场 $\boldsymbol{E}_0$。与此类似，电介质中的电场是极化电荷产生的附加电场 $\boldsymbol{E}'$ 和外电场 $\boldsymbol{E}_0$ 的矢量和，即 $\boldsymbol{E} = \boldsymbol{E}_0 + \boldsymbol{E}'$。

与导体不同的是，电介质中的电场不为零，但和原有的外电场相比被显著地削弱了，

如图 11-29 所示。

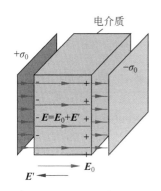

图 11-29 电介质中的场强

11.4.2 电介质中静电场的高斯定理的推导

真空中描述静电场性质的方程是高斯定理和环路定理,场源是自由电荷(free charge)。有电介质存在时,电介质的表面上或内部出现极化电荷,极化电荷也要激发电场。可见,有电介质存在时,增加了新的场源电荷,即极化电荷。但是,新的场源只改变原有静电场的大小,不改变静电场的性质。这就是说,对有电介质存在时的静电场,高斯定理和环路定理仍然成立。下面主要讨论有电介质存在时的高斯定理。

1. 有电介质时的高斯定理

通过前面的分析,此时高斯定理应写为

$$\oiint_S \boldsymbol{E} \cdot \mathrm{d}\boldsymbol{S} = \frac{1}{\varepsilon_0}\left(\sum q_0 + \sum q'\right)$$

其中,$\sum q_0$ 为自由电荷代数和;$\sum q'$ 为极化电荷代数和。将式(11-16)代入上式得

$$\oiint_S \boldsymbol{E} \cdot \mathrm{d}\boldsymbol{S} = \frac{1}{\varepsilon_0}\left(\sum q_0 - \oiint_S \boldsymbol{P} \cdot \mathrm{d}\boldsymbol{S}\right)$$

即

$$\oiint_S (\varepsilon_0 \boldsymbol{E} + \boldsymbol{P}) \cdot \mathrm{d}\boldsymbol{S} = \sum q_0$$

引入电位移(electric displacement)矢量(简称电位移)$\boldsymbol{D} = \varepsilon_0 \boldsymbol{E} + \boldsymbol{P}$,则上式简化

$$\oiint_S \boldsymbol{D} \cdot \mathrm{d}\boldsymbol{S} = \sum q_0 \tag{11-17}$$

式(11-17)叫作有电介质存在时的高斯定理。它说明,通过电介质中任一闭合曲面的电位移矢量通量等于该面内所包围的自由电荷量的代数和。$\boldsymbol{D}$ 的单位是 C/m^2。

2. 电位移矢量与电场强度的关系

上面定义的电位移矢量 $\boldsymbol{D} = \varepsilon_0 \boldsymbol{E} + \boldsymbol{P}$,对各种介质都成立。而在各向同性的电介质中,$\boldsymbol{P} = \varepsilon_0 \chi_e \boldsymbol{E}$,结合两式可得

$$\boldsymbol{D} = \varepsilon_0(1 + \chi_e)\boldsymbol{E} = \varepsilon_0 \varepsilon_r \boldsymbol{E} = \varepsilon \boldsymbol{E} \tag{11-18}$$

式中,$\varepsilon = \varepsilon_0 \varepsilon_r = \varepsilon_0(1 + \chi_e)$ 称为电介质的绝对电容率(或绝对介电常数),简称电容率(或介电常数),而 $\varepsilon_r = \dfrac{\varepsilon}{\varepsilon_0} = 1 + \chi_e$ 称为电介质的相对电容率(或相对介电常数),真空中的相对电容率 $\varepsilon_r = 1$。

式(11-18)是电位移矢量与电场强度的关系式,称为介质的本构关系(constitutive relation),也称为电介质的性质方程。它说明,在各向同性的电介质中,任一点的 D 与 E 方向相同,大小成正比。

11.4.3 电介质中静电场的高斯定理的应用

在已知自由电荷的前提下,由有电介质时的高斯定理及电介质的性质方程可求出空间任一点的场强分布。

例 11-3

半径为 R,电量为 q_0 的金属球埋在绝对电容率为 ε 的均匀无限大电介质中,求电介质内的场强 E 及电介质与金属交界面上的极化电荷面密度。

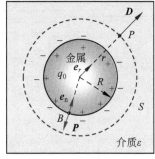

图 11-30 带电金属球埋在均匀无限大电介质中

解 由于电场具有球对称性,故在介质中过 P 点作一个半径为 r 与金属球同心的球面 S 为高斯面,如图 11-30 所示,S 上各点的 D 大小相等方向沿径向,由高斯定理得

$$\oiint\limits_{S} D \cdot dS = q_0$$

由于球面 S 的面积为 $S = 4\pi r^2$,则上式化为

$$4\pi r^2 \cdot D = q_0$$

则得

$$D = \frac{q_0}{4\pi r^2}$$

而 $D = \varepsilon E$,故有

$$E = \frac{q_0}{4\pi \varepsilon r^2}$$

写成矢量式为

$$E = \frac{q_0}{4\pi \varepsilon r^2} e_r$$

由此可见,当 $q_0 > 0$ 时,E 与 e_r 同向,背离球心;当 $q_0 < 0$ 时,E 与 e_r 反向,指向球心。在交界面上取一点 B,B 点的场强为 $E_B = \dfrac{q_0}{4\pi \varepsilon R^2} e_r$,过 B 点作界面的外法线单位矢量 e_n(由介质指向金属球),则得

$$\sigma' = P_B \cdot e_n = \varepsilon_0 \chi_e E_B \cdot e_n = -\frac{\varepsilon_0 \chi_e}{4\pi \varepsilon} \frac{q_0}{R^2} = -\frac{\varepsilon - \varepsilon_0}{\varepsilon} \cdot \frac{q_0}{4\pi R^2} = -\frac{\varepsilon - \varepsilon_0}{\varepsilon} \sigma_0$$

讨论 (1) 由于 $\varepsilon > \varepsilon_0$,故 σ' 与 q_0 始终反号,且它们之间的关系为:q_0 为正,则 σ' 为负;q_0 为负,则 σ' 为正;

(2) 交界面上的极化电荷总量为 $q' = 4\pi R^2 \cdot \sigma' = -\dfrac{\varepsilon - \varepsilon_0}{\varepsilon} q_0$,即 $|q'| < |q_0|$,说明极化电荷的绝对值小于自由电荷的绝对值;

(3) 交界面上的总电荷为 $q = q_0 + q' = \dfrac{q_0}{\varepsilon_r}$,即总电荷减小到自由电荷的 $\dfrac{1}{\varepsilon_r}$ 倍;

（4）若将金属球改放在真空中,则场强为 $\dfrac{q_0}{4\pi\epsilon_0 r^2}\boldsymbol{e}_r$,将此式与前面有电介质时的结果进行比较,可得充满均匀电介质时的场强减小到无电介质时的 $\dfrac{1}{\epsilon_r}$ 倍。

例 11-4

平行板电容器两极板的面积为 S,极板上自由电荷面密度为 $\pm\sigma$,两极板间充满电容率分别为 ϵ_1,ϵ_2,厚度分别为 d_1,d_2 的电介质,如图 11-31 所示。求:(1)各电介质内的电位移和场强;(2)电容器的电容。

解　(1)由对称性知电介质中的 $\boldsymbol{E}$ 及 $\boldsymbol{D}$ 都与板面垂直。在两介质分界面处作底面积为 ΔS_1 的柱形高斯面 S_1,由于 S_1 内自由电荷为零,故有

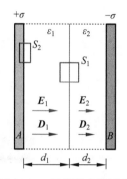

$$\oiint\limits_{S_1}\boldsymbol{D}\cdot\mathrm{d}\boldsymbol{S}=-D_1\Delta S_1+D_2\Delta S_1=0$$

则得

$$D_1=D_2$$

为求电介质中 $\boldsymbol{D}$ 和 $\boldsymbol{E}$ 的大小,作另一底面积为 ΔS_2 的柱形高斯面 S_2,由高斯定理可得

$$\oiint\limits_{S_2}\boldsymbol{D}\cdot\mathrm{d}\boldsymbol{S}=D_1\Delta S_2=\sigma\Delta S_2$$

图 11-31　平行板电容器内充入两种介质

则得

$$D_1=\sigma$$

而 $D_1=\epsilon_1 E_1=\sigma$,$D_2=D_1=\epsilon_2 E_2=\sigma$,所以可得

$$E_1=\frac{\sigma}{\epsilon_1}=\frac{\sigma}{\epsilon_0\epsilon_{r1}}$$

$$E_2=\frac{\sigma}{\epsilon_2}=\frac{\sigma}{\epsilon_0\epsilon_{r2}}$$

（2）由于正负两极板 A、B 间的电位差为

$$U_A-U_B=E_1 d_1+E_2 d_2=\sigma\left(\frac{d_1}{\epsilon_1}+\frac{d_2}{\epsilon_2}\right)=\frac{q}{S}\left(\frac{d_1}{\epsilon_1}+\frac{d_2}{\epsilon_2}\right)$$

所以根据电容器的电容定义可得

$$C=\frac{q}{U_A-U_B}=\frac{S}{\dfrac{d_1}{\epsilon_1}+\dfrac{d_2}{\epsilon_2}}$$

此电容值与电介质的放置次序无关。上述结果也可理解为电容分别为 $C_1=\dfrac{\epsilon_1 S}{d_1}$ 和 $C_2=\dfrac{\epsilon_2 S}{d_2}$ 的两个电容器的串联,根据电容器的串联可计算出总电容。

思考题

11-12　在电介质中,为什么要引入 $\boldsymbol{D}$ 矢量? $\boldsymbol{D}$ 矢量与 $\boldsymbol{E}$ 矢量有什么区别?

11-13　有人说,电位移矢量 $\boldsymbol{D}$ 只与自由电荷有关而与束缚电荷无关。这种说法对吗?

11.5 电场的能量

我们知道,任何物体的带电过程,都是电荷之间的相对移动过程。而电荷之间有相互作用的电场力,所以在形成带电体系的过程中,外力必须克服电场力而做功。根据能量转换和守恒定律,外力对带电体系所做的功,应等于带电体系能量的增量,所以任何带电体系都具有能量,这个能量往往称为带电体系的静电能。通常将形成一个带电体时外力克服电场力做功而转换来的能量称为单个带电体的**自能**,形成带电体系中的各个带电体时外力克服电场力做功而转化来的能量称为各个带电体之间的相互作用能,简称**互能**。所以,一个带电体系的静电能是该体系中各个带电体的自能和各个带电体之间互能的总和。但要注意,不管是自能还是互能,本质都来源于外力克服电场力而做的功。

带电体系所具有的静电能并不储存在带电体系上而是储存在带电体系所产生的整个电场中。大量理论和实验都表明,能量定域在场中。下面以电容器为例,讨论带电体系所具有的能量以及电场的能量。

11.5.1 电容器储存的静电能

如图 11-32 所示,电容器带电的过程可以看作是不断地把微小电荷 $+dq$ 从原来中性的 B 极板迁移到 A 极板上的过程。这样,A 极板带正电,B 极板带负电,且两板上所带的电荷量总是等值异号的。迁移第一份微小电荷 dq 时,两极板还不带电,电场为零,电场力做功也为零。当电容器两极板已带电到某一 q 值且两板间的电势差为 u 时,再把电荷 $+dq$ 从 B 极板移到 A 极板时,电场力做负功(外力做功),其绝对值为

$$dW = u\,dq = \frac{q}{C}dq$$

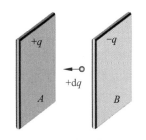

图 11-32 电容器带电过程

在迁移电荷 Q 的整个过程中(最后电容器带电荷为 Q),电场力一直做负功,其绝对值为

$$W = \int dW = \int_0^Q \frac{q}{C}dq = \frac{Q^2}{2C}$$

这个功的数值等于体系静电能的增加。设未充电时静电能量为零,则 W 就是电容器充电至电荷 Q 时储存的能量 W_e,即 $W_e = W = \dfrac{Q^2}{2C}$,而

$$Q = CU$$

所以可得

$$W_e = \frac{1}{2}QU \tag{11-19a}$$

或

$$W_e = \frac{1}{2}CU^2 \tag{11-19b}$$

11.5.2 电场能量的计算

电容器带电的过程,实际上是电容器两极板之间电场的建立过程。下面以平行板电

容器为例,将电容器的静电能量用场量 E 和 D 表示,以定量地说明电场能量这一概念。引入电场能量密度的概念,定义为电场中单位体积的电场能量,用 w_e 表示,即

$$w_e = \frac{W_e}{V} \tag{11-20}$$

它的单位为 J/m^3。

然后,基于电场能量密度讨论平行板电容器的能量。设平行板电容器极板面积为 S,两极板间距为 d,电容器的静电能为 $W_e = \frac{1}{2}CU^2$,此能量储存在电容器的两个极板之间,所以电场能量密度为

$$w_e = \frac{W_e}{V} = \frac{W_e}{Sd} = \frac{CU^2}{2Sd}$$

又由于 $C = \frac{\varepsilon S}{d}$,$U = Ed$,所以上式可写为

$$w_e = \frac{1}{2}\varepsilon E^2 = \frac{1}{2}DE$$

上式更一般的形式为

$$w_e = \frac{1}{2}\boldsymbol{D} \cdot \boldsymbol{E} \tag{11-21}$$

式(11-21)虽是利用特例推出的,但对任意的电场均成立。它说明有电场存在的地方,必有能量,且能量恒为正。若要知道某一带电体系的电场的总能量,则可将式(11-21)对全空间 V 进行积分,即

$$W_e = \iiint_V w_e dV = \iiint_V \frac{\boldsymbol{D} \cdot \boldsymbol{E}}{2} dV \tag{11-22}$$

例 11-5

计算一个球形电容器电场中所储存的能量。已知电容器内、外半径分别为 R_1、R_2,所带电荷分别为 $+Q$ 和 $-Q$,两球壳间充满电容率为 ε 的电介质,如图 11-33 所示。

解　在 R_1、R_2 间取半径为 r 的球面,球面上各点的电场强度是等值的(方向沿球半径方向),在电场区域取体积元 $dV = 4\pi r^2 dr$,其中的电场能量为

$$dW_e = w_e dV = \frac{1}{2}\varepsilon E^2 dV = 2\pi\varepsilon E^2 r^2 dr$$

则全部电场中所储存的能量为

$$W_e = \int dW_e = \int_{R_1}^{R_2} 2\pi\varepsilon E^2 r^2 dr = \int_{R_1}^{R_2} 2\pi\varepsilon \left(\frac{Q}{4\pi\varepsilon r^2}\right)^2 r^2 dr = \frac{Q^2}{8\pi\varepsilon}\left(\frac{1}{R_1} - \frac{1}{R_2}\right) = \frac{Q^2}{2C}$$

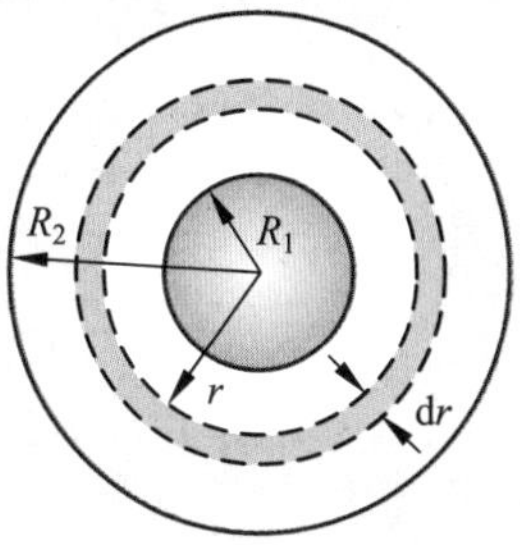

图 11-33　例 11-5 示意图

其中,$C = \frac{4\pi\varepsilon R_1 R_2}{R_2 - R_1}$ 为球形电容器的电容。电容器储存的能量是储存在电容器的电场中的。

感悟·启迪

正能量这个词非常流行,有没有想过这个词是谁提出来的呢?通过本节知识的学习,我们发现可能是一个学物理的人提出来的。这说明学好物理相关知识,不仅能够清晰地解释很多日常生活现象,还可能提出一些非常流行的词汇激发人们的正能量。

习题

11-1 一空心导体球壳带电量为 q，当在球壳内偏离球心某处再放一带电量为 q 的点电荷时，则导体球壳内表面上所带的电量为_____；电荷_____（填"是"或"不是"）均匀分布；外表面上所带的电量为_____；电荷_____（填"是"或"不是"）均匀分布。

11-2 如图 11-34 所示，有两块平行导体平板，两板间距远小于平板的线度，可将两平板看成无限大平板。设板面积为 S，两板分别带正电 Q_a 和 Q_b，每板表面的电荷面密度 $\sigma_1 =$ _____，$\sigma_2 =$ _____，$\sigma_3 =$ _____，$\sigma_4 =$ _____。

11-3 如图 11-35 所示，有三个长为 L、半径分别为 R_1,R_2,R_3 的同轴导体圆柱面。A 和 C 接地，B 带电量为 Q，则 B 的内表面的电荷 Q_1 和外表面的电荷 Q_2 之比为（忽略边缘效应）_____。

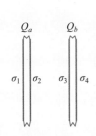

图 11-34　习题 11-2 用图

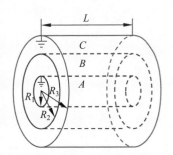

图 11-35　习题 11-3 用图

11-4 真空中有一平行板电容器，电容为 C，两极板间距离为 d。充电后，两极板间相互作用力为 F，则两极板间的电势差为_____，极板上的电量为_____。

11-5 一平行板电容器，充电后断开电源，然后使两极板间充满相对电容率为 ε_r 的各向同性均匀电介质，此时电场能量是原来的_____倍。如果在充入电介质时，电容器一直与电源相连，能量是原来的_____倍。

11-6 一平行板电容器两极板间电压为 U，其间充满厚度为 d，相对电容率为 ε_r 的各向同性均匀电介质，则电介质中的电场能量密度 $w_e =$ _____。

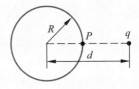

图 11-36　习题 11-7 用图

11-7 如图 11-36 所示，真空中有一点电荷 q，旁边有一半径为 R 的球形带电导体，q 距球心的距离为 $d(d>R)$，球体表面附近有一点 P，P 在 q 与球心的连线上，静电平衡时，P 点附近导体的电荷面密度为 σ。以下关于 P 点电场强度大小的答案中，正确的是[　　]。

A. $\dfrac{\sigma}{2\varepsilon_0}+\dfrac{q}{4\pi\varepsilon_0(d-R)^2}$

B. $\dfrac{\sigma}{2\varepsilon_0}-\dfrac{q}{4\pi\varepsilon_0(d-R)^2}$

C. $\dfrac{\sigma}{\varepsilon_0}+\dfrac{q}{4\pi\varepsilon_0(d-R)^2}$

D. $\dfrac{\sigma}{\varepsilon_0}-\dfrac{q}{4\pi\varepsilon_0(d-R)^2}$

E. $\dfrac{\sigma}{\varepsilon_0}$

F. 以上答案全不对

11-8 对于两个半径分别为 R_1 和 $R_2(R_2>R_1)$ 的同心金属球壳，如果外球壳带电量为 Q，内球壳接地，则内球壳上带电量是[　　]。

A. 0 　　　　B. $-Q$ 　　　　C. $-\dfrac{R_1}{R_2}Q$ 　　　　D. $\left(1-\dfrac{R_1}{R_2}\right)Q$

11-9　如图 11-37 所示,一半径为 R 的金属球接地,在与球心相距 $d=2R$ 处有一点电荷 $+q$,则金属球上的感应电荷 q' 为 [　　]。

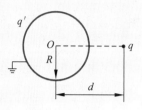

图 11-37　习题 11-9 用图

  A. $+\dfrac{q}{2}$

  B. 0

  C. $-\dfrac{q}{2}$

  D. 由于感应电荷分布非均匀,因此无法求出

11-10　下列说法正确的是 [　　]。

  A. 高斯面上各点的 $\boldsymbol{D}$ 为零,则面内必不存在自由电荷

  B. 高斯面上各点的 $\boldsymbol{E}$ 为零,则面内自由电荷的代数和为零,极化电荷的代数和也为零

  C. 高斯面内不包围自由电荷,则面上各点 $\boldsymbol{D}$ 必为零

  D. 高斯面上各点的 $\boldsymbol{D}$ 仅与自由电荷有关

11-11　极化强度 $\boldsymbol{P}$ 是量度电介质极化程度的物理量,它所满足的公式为 $\boldsymbol{P}=\varepsilon_0(\varepsilon_r-1)\boldsymbol{E}$,电位移矢量公式为 $\boldsymbol{D}=\varepsilon_0\boldsymbol{E}+\boldsymbol{P}$,则 [　　]。

  A. 二公式适用于任何介质

  B. 二公式只适用于各向同性电介质

  C. 二公式只适用于各向同性且均匀的电介质

  D. 前者适用于各向同性电介质,后者适用于任何电介质

11-12　某一平行板电容器保持电压不变,然后在两极板内充满均匀介质,则电场强度大小 E、电容 C、极板上电量 Q 及电场能量 W 四个量与充入介质前比较发生的变化是 [　　]。

  A. E 减小,C、Q、W 增大   B. E 不变,C、Q、W 增大

  C. E、W 减小,C、W 增大   D. E 不变,C、Q、W 减小

11-13　如图 11-38 所示,在半径为 R 的金属球外距球心为 a 的 D 处放置点电荷 $+Q$,球内一点 P 到球心的距离为 r,OP 与 OD 夹角为 θ。求:(1)感应电荷在 P 点产生的场强大小和方向;(2)P 点的电势的大小。

11-14　如图 11-39 所示,一球形导体 A 含有两个球形空腔,该导体本身的总电荷为零,但在两空腔中心分别有一个点电荷 q_1 和 q_2,导体球外距导体球很远的 r 处有另一个点电荷 q_3。求:(1)球形导体 A 外表面所带电量;(2)A,q_1,q_2,q_3 所受的力。

11-15　电荷面密度为 σ_1 的无限大均匀带电平面 B 与无限大均匀带电导体平板 A 平行放置,如图 11-40 所示。静电平衡后,A 板两面的电荷面密度分别为 σ_2,σ_3。求靠近 A 板右侧面的一点 P 的场强大小。

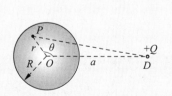

图 11-38　习题 11-13 用图

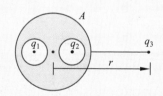

图 11-39　习题 11-14 用图

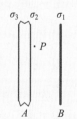

图 11-40　习题 11-15 用图

11-16　一导体球半径为 R_1,球外有一个内、外半径分别为 R_2 和 R_3 的同心导体球壳,此系统带电后,内球电势为 U_1,外球所带总电量为 Q。求此系统各处的电势和电场分布。

11-17 如图 11-41 所示,半径分别为 r_1 和 $r_2(r_1 < r_2)$ 的两个同心导体薄球壳互相绝缘,现使内球壳带上 $+q$ 的电量,求:(1)外球壳的带电量及电势;(2)把外球壳接地后再重新绝缘,外球壳的带电量及电势;(3)在(2)的基础上把内球壳接地,内球壳的带电量及外球壳电势的改变。

11-18 如图 11-42(a)所示,半径分别为 $R_1 = 5$ cm,$R_2 = 10$ cm 的两个很长的共轴金属圆柱面构成了一个圆柱形电容器,将它与一个直流电源相接。今将电子射入电容器中,如图 11-42(b)所示,电子的速度沿其半径为 $r(R_1 < r < R_2)$ 的圆周的切线方向,其值为 3×10^6 m/s。欲使该电子在电容器中作圆周运动,问在电容器的两极之间应加多大的电压($m_e = 9.1 \times 10^{-31}$ kg,$e = 1.6 \times 10^{-19}$ C)。

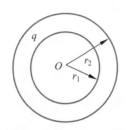
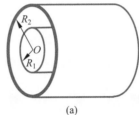
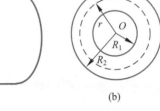

图 11-41 习题 11-17 用图 　　　图 11-42 习题 11-18 用图

11-19 如图 11-43 所示,半径分别为 R_1,R_2 的两个金属导体球 A,B 相距很远。(1)求每个球的电容;(2)若用细导线将两球连接后,利用电容的定义求此系统的电容;(3)若系统带电,静电平衡后,求两球表面附近的电场强度之比。

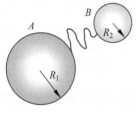

11-20 有两根平行的长直导线,它们的中心相距 b,横截面的半径都等于 a,并且 $b \gg a$,求单位长度上的电容。

11-21 将一个电容为 4 μF 的电容器和一个电容为 6 μF 的电容器串联起来接到 200 V 的直流电源上,充电后,将电源断开并将两电容器分离。在下列两种情况下,每个电容器的电压各变为多少?

图 11-43 习题 11-19 用图

(1) 将每一个电容器的正极板与另一个电容器的负极板相连;

(2) 将两电容器的正极板与正极板相连,负极板与负极板相连。

11-22 平行板空气电容器的空气层厚 1.5×10^{-2} m,当两极板间电压为 40 kV 时,电容器是否会被击穿(设空气的击穿场强为 3×10^3 kV/m)?再将一厚为 0.3 cm,相对电容率为 7.0,介电强度为 10 MV/m 的玻璃片插入电容器中,并与两极板平行,这时电容器是否会被击穿?

11-23 如图 11-44 所示,三块平行金属板 A,B,C 的面积均为 0.02 m^2,A 与 B 相距 4.0 mm,A 与 C 相距 2.0 mm,B 和 C 两板都接地。设 A 板带正电荷 $Q = 3.0 \times 10^{-7}$ C,不计边缘效应。(1)若平板间为空气($\varepsilon_r = 1.00$),求 B 板、C 板上的感应电荷及 A 板的电势;(2)若在 A,C 平板间充入另一相对电容率为 $\varepsilon_r = 6$ 的均匀电介质,求 B 板、C 板上的感应电荷及 A 板的电势。

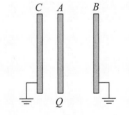

图 11-44 习题 11-23 用图

11-24 两个同心的薄金属球壳,内、外球壳半径分别为 $R_1 = 0.02$ m,$R_2 = 0.06$ m。球壳间充满两层均匀的电介质,它们的相对电容率分别为 $\varepsilon_{r1} = 6$ 和 $\varepsilon_{r2} = 3$。两层电介质的分界面半径为 $R = 0.04$ m。设内球壳带电量为 $Q = -6 \times 10^{-8}$ C,求:(1)D 和 E 的分布,并画 D-r,E-r 曲线;(2)两球壳之间的电势差;(3)贴近内金属壳的电介质表面上的极化电荷面密度。

11-25 半径为 R 的电介质球,相对电容率为 ε_r,其电荷体密度 $\rho = \rho_0 \left(1 - \dfrac{r}{R}\right)$,式中 ρ_0 为常量,r 为球心到球内某点的距离。试求:(1)电介质球内的电位移矢量和场强分布;(2)在 r 多大处的场强最大?

11-26 在图 11-45 中,平行板电容器极板面积均为 S,板间距均为 d,分别给它们充入相对电容率为 $\varepsilon_{r1},\varepsilon_{r2},\varepsilon_{r3}$ 的均匀电介质,求各电容器的电容。

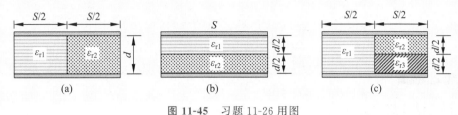

图 11-45 习题 11-26 用图

11-27 有两块平行板,面积各为 $100\ cm^2$,板上带有 $8.9\times10^{-7}\ C$ 的等值异号电荷,两板间充以电介质,已知电介质内部电场强度为 $1.4\times10^6\ V/m$,求:(1)电介质的相对电容率;(2)电介质面上的极化电荷量。

11-28 在一平行板电容器(极板面积为 S,间距为 d)中平行于极板放有一块厚为 t,面积为 S,相对电容率为 ε_r 的均匀电介质,如图 11-46 所示。设极板间电势差为 U,忽略边缘效应,求:(1)电介质中的电场强度 E、极化强度 P 和电位移 D;(2)极板上的电荷量 Q;(3)极板和介质之间区域的场强;(4)此电容器的电容。

11-29 半径分别为 $a,b(a<b)$ 的同心导体球之间充有电容率为 $\varepsilon=\dfrac{\varepsilon_0}{1+ar}$($\varepsilon_0$ 与 a 为常数,r 是径向坐标)的非均匀电介质。同心导体球的内表面上有电荷 Q,外表面接地,试求:(1)$a<r<b$ 区域内的 D;(2)系统的电容;(3)$a<r<b$ 时的电极化强度 P;(4)$r=a$ 和 $r=b$ 处的极化电荷面密度。

11-30 如图 11-47 所示,把原来不带电的金属板 B 移近一块带有正电荷 Q 的金属板 A,且两者平行放置。设两板面积均为 S,相距为 d。分别计算 B 板在接地和不接地两种情况下金属板间的电势差 U_A-U_B 和电场能量 W_e。

11-31 一平行板电容器极板面积为 S,接在电源上以保持电压为 U,使两极板间的距离由 d_1 缓慢拉开到 d_2,必须对系统做多少功(不考虑损耗)?

11-32 计算半径为 R,电荷体密度为 ρ 的均匀带电球体的电场总能量。

11-33 如图 11-48 所示,圆柱形电容器由半径为 R_1 和 R_3 的两同轴圆柱导体面构成,且圆柱体的长度 l 比半径 R_1,R_3 大得多,内外筒间充满相对电容率分别为 ε_{r1} 和 ε_{r2} 的均匀电介质,两层电介质的分界面的半径为 R_2。设沿轴线单位长度上内、外筒的带电量分别为 $+\lambda$ 和 $-\lambda$,求:(1)两介质中的 D 和 E;(2)内外筒间的电势差;(3)系统的电容 C;(4)整个电介质内的电场总能量。

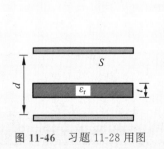

图 11-46 习题 11-28 用图

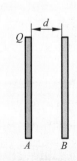

图 11-47 习题 11-30 用图

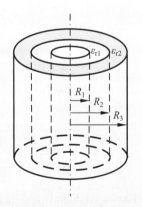

图 11-48 习题 11-33 用图

第 12 章

恒定电流的磁场

前面两章我们讨论了真空及有电介质存在时静电场的特性,所涉及的产生静电场的场源电荷相对于观察者是静止的。本章将讨论电荷定向运动引起的有关现象。首先对电荷定向运动形成的电流及其性质进行描述,然后讨论电流在其周围激发的磁场的特性,引入描述磁场性质的物理量——磁感应强度,再介绍毕奥-萨伐尔定律、磁场的高斯定理、安培环路定理、洛伦兹力公式、安培定律以及它们的应用,最后讨论磁介质的磁化以及有磁介质时的磁场规律。

12.1 恒定电流

12.1.1 电流 电流密度

电流是大量电荷作定向运动形成的。虽然带电粒子在真空中的定向运动也会形成电流,但我们主要讨论金属导体中的电流。导体中形成电流的带电粒子称为载流子(carrier)。不同种类的导体有不同类型的载流子。例如,金属中的载流子是自由电子;半导体中的载流子是带负电的自由电子和带正电的"空穴";电解液中的载流子是正、负离子。这些载流子定向运动形成的电流称为传导电流(conduction current)。而带电物体作机械运动时形成的电流叫作运流电流(convection current)。

把导体放在静电场中,导体中的自由电子在外电场作用下会发生定向运动。若能使内部场强不为零,定向运动就会持续下去,这时,在导体中就有电流产生。也就是说,导体中形成的电流是自由电子在外电场的作用下作定向运动形成的。

为了表征电流的强弱,引入物理量电流强度(简称电流),用符号 I 表示,它等于单位时间内通过某一横截面的电荷量。如果在 dt 时间内通过导体任一截面(可推广到任一曲面)的电荷量为 dq,则通过该截面的电流强度为

$$I = \frac{dq}{dt} \tag{12-1}$$

电流不仅有大小,还有方向,它的方向规定为正电荷定向运动的方向。如果在给定的电场中放入正、负电荷,由于它们所受电场力的方向相反,所以正、负电荷总是沿着相反方向运动的。但正电荷沿某一方向运动形成的电流和等量负电荷沿反方向运动形成的电流是等效的,并且导体中电流的方向总是沿着电场方向,从高电势处指向低电势处。这里要注意的是,电流 I 是标量,所谓电流的方向,是指电流沿导体循行的指向。在国际单位制中,电流强度的单位是安培,用符号 A 表示。

电流 I 反映导体中某一截面电流的整体特征,不能反映截面上每一点的电流分布情况。假定单位时间内通过粗细不均的导线各截面的电荷相等(图 12-1),则各截面的 I 相同,然而导线内部各点的电流分布情况却存在差异。例如,在粗部与细部的过渡区中取两点 A 和 B,正电荷经过这两点时虽然都有向右的倾向,但方向并不平行,这表明 A 和 B 点的电流有不同的方向。另外,在导线的粗、细两部分各取横截面 S_1 和 S_2,则各自的单位面积上的电流分别为 I/S_1 和 I/S_2,两者不等,说明导线中不同点上与电流方向垂直的单位面积上流过的电流不同。为了反映导体内每一点电流的分布情

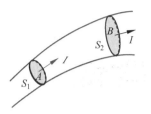

图 12-1　粗细不均的导线

况,引入电流密度(electric current density)J(矢量点函数)。导体中每一点 J 是矢量,其方向定义为该点正电荷的运动方向(电场方向),J 的大小等于过该点并与 J 垂直的单位面积上的电流。如图 12-2 所示,J 的大小的定义式为

$$J = \frac{\mathrm{d}I}{\mathrm{d}S_\perp} \tag{12-2}$$

I 和 J 都是描述电流的物理量。I 是一个标量,描述导体中一个面的电流情况(不是点函数);J 是矢量点函数,描述导体中每点的电流分布情况。为了形象描述电流密度 J 的分布,可引入电流线,规定电流线上每点的切线方向为该点的电流密度 J 的方向,电流线的疏密程度反映电流密度的大小。电流线密集的地方,电流密度大;电流线稀疏的地方,电流密度小。

式(12-2)反映了 I 与 J 的特殊关系(要求面元与 J 垂直),下面推导 I 与 J 的一般关系。如图 12-3 所示,在导体中某点处取任意面元 $\mathrm{d}S$($\mathrm{d}S$ 与 J 并非垂直),面元 $\mathrm{d}S$ 的法线方向 e_n 与该点的 J 的夹角为 θ,则 $\mathrm{d}S$ 在与 J 垂直的平面上的投影为

$$\mathrm{d}S_\perp = \cos\theta\,\mathrm{d}S$$

而由式(12-2)可得

$$\mathrm{d}I = J\,\mathrm{d}S_\perp = J\cos\theta\,\mathrm{d}S = \boldsymbol{J}\cdot\boldsymbol{e}_\mathrm{n}\,\mathrm{d}S = \boldsymbol{J}\cdot\mathrm{d}\boldsymbol{S}$$

所以通过导体中任意曲面 S 的电流 I 与 J 的关系为

$$I = \iint\limits_S \boldsymbol{J}\cdot\mathrm{d}\boldsymbol{S} \tag{12-3}$$

此式表明,通过任一曲面的电流 I 是电流密度 J 对该曲面的通量。

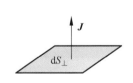

图 12-2　面元 $\mathrm{d}S_\perp$ 与 J 垂直

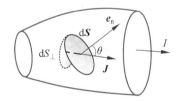

图 12-3　I 与 J 的关系

若在一段导体两端加一定的电压 U,设这段导体的电阻为 R,则通过这段导体的电流强度 $I = \dfrac{U}{R}$,此式称为一段导体的欧姆定律(也称为欧姆定律的积分形式)。如果设导体中某点的电场强度为 E,则可通过理论证明得到导体中的电流密度 J 与电场强度 E 之间的关系为

$$\boldsymbol{J} = \sigma\boldsymbol{E} \tag{12-4}$$

此式称为欧姆定律的微分形式,也称为导体的性质方程。其中,σ 为导体的电导率(conductivity),为电阻率的倒数,在国际单位制中的单位是西门子/米(S/m)。

欧姆

由电流密度 J 的定义知道,导体中各点的 J 有确定的数值和方向,即使在导体的外部,也有确定的值($J=0$),可见 J 在整个空间具有确定的分布,这样就构成一个矢量场,称为电流场(J 场)。为了研究 J 场的性质,仿照前面讨论电场 E 的方法来讨论矢量 J 对任一闭合曲面的通量。

12.1.2　电流的连续性方程

如图 12-4 所示,在 J 场中(导体中)任选一闭合曲面 S,由通量的定义知,J 对闭合曲面 S 的通量就是由面内向外流出的电流强度(由内向外是面元法向 e_n 的方向),也就是单位时间内由面内向外流出的净电荷量。而根据电荷守恒定律,单位时间内从面内流出的电荷量应等于面内减少的电荷量。设 S 内电荷量为 q,则单位时间内面内减少的电荷量为 $-\dfrac{dq}{dt}$,因此有

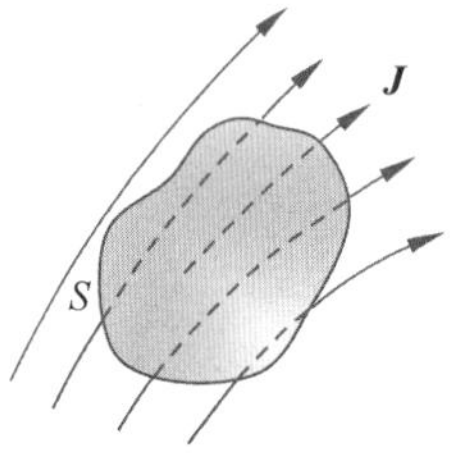

图 12-4　电流密度对闭合面的通量

$$\oiint_S \boldsymbol{J} \cdot d\boldsymbol{S} = -\frac{dq}{dt} \tag{12-5}$$

上式称为电流场中的电流连续性方程,也称为电荷守恒定律的数学表述。

一般来说,电流密度 J 既是空间位置的函数,又是时间的函数。如果空间各点的电流密度 J 都不随时间而变,则称这样的电流为恒定电流。在导体中要维持恒定电流,则导体内的 J 不随时间变化,必须要求导体中各点的电荷分布(密度)不随时间变化。故对于恒定电流,电流连续性方程改写为

$$\oiint_S \boldsymbol{J} \cdot d\boldsymbol{S} = -\frac{dq}{dt} = 0 \tag{12-6}$$

上式说明,在恒定电流的情况下,在导体中对任意闭合面 S,电流密度通量等于零,即电流密度线应为一闭合曲线,既无起点又无终点,单位时间内流入任意闭合曲面的电荷量应等于单位时间内流出闭合曲面的电荷量。

这里要注意的是,$\dfrac{dq}{dt}=0$ 并不是指电荷不运动,只是对某一闭合面 S 而言,单位时间内流进 S 的电荷量 q 与流出 S 的电荷量 q 相等,结果好像是 q 没随时间变化一样。

思考题

12-1　电流密度 J 与电流 I 的区别和联系是什么?

12.2　电源　电动势

12.2.1　非静电力

恒定电流在电路中流经的路径是闭合路径,仅靠静电力不能维持恒定电流的闭合性。如图 12-5 所示,一闭合回路上有 A、B 两点,且 A 点的电势高于 B 点的电势,因电流线是闭合的,所以电流先由 A 流到 B,再由 B 流回 A。只有静电力作用时,在电流由

A 流到 B 的过程中，$U_A > U_B$，而在电流由 B 流回 A 的过程中，$U_B > U_A$，这是一个矛盾的结果，即仅靠静电力不能维持恒定电流。静电力使正电荷由 A（电势高）移到 B（电势低），若有一种力使正电荷继续由 B（低电势处）移到 A（高电势处），则能维持电流的闭合性，也就能维持恒定电流的存在。这种能使电流（正电荷）从低电势处流向高电势处，从而使电流线闭合的力称为非静电力。

图 12-5 恒定电流的闭合性

12.2.2 电源的概念及电动势大小的定义

电源是提供非静电力的装置，也是把其他形式的能量转化为电势能的一种装置。其他形式的能量包括化学能（化学电池）、机械能（发动机）、热能（热电偶）、太阳能（如用硅（硒）太阳电池获得）等。如图 12-6 所示，电源的作用与水泵类似，水泵使水由低处流向高处；电源使正电荷由低电势处运动到高电势处。电源有正负极，电势高的电极叫作正极，电势低的电极叫作负极。在电源外，静电力推动正电荷由正极（高电势处）运动到负极（低电势处）；而在电源内，非静电力使正电荷（电流）从低电势（负极）处流向高电势处（正极）。

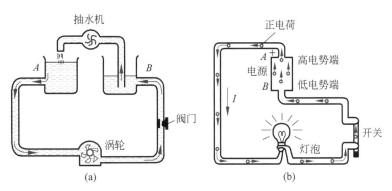

图 12-6 电源的作用与抽水机的作用类比

电源的作用

注意 电源内部的电荷除了受非静电力 F_k 的作用外，还受静电力 F_s 的作用。如图 12-7 所示，非静电力将 B 端（负极）的正电荷运向 A 端，从而使 A 端带正电而 B 端带负电，A、B 两端的正、负电荷激发一个从 A 指向 B 的静电场，所以电源内的正电荷还要受到由 A 指向 B 的静电力。当 $F_s = F_k$ 时，A、B 两端的电荷不再增加，A、B 之间的电势差达到一稳定值。

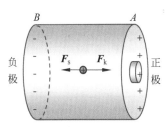

图 12-7 电源内部正电荷受力

为了描述电源提供非静电力的能力，引入电动势（electromotive force）这一物理量。把单位正电荷从电源负极经电源内部移到正极，非静电力所做的功称为电源的电动势，用数学表达式可表示为

$$\mathscr{E} = \frac{W}{q} = \int_B^A E_k \cdot dl \tag{12-7}$$

式中，E_k 表示非静电场的场强。电动势是表征电源本身特性的物理量，它的大小只取决于电源本身的性质，而与外电路无关。具体来讲，电动势的大小反映了单位正电荷通过电源时，电源能够将多少其他形式的能量转化为电能。由量纲分析可知，电动势的单位与电势的单位相同，而且都是标量，但它们是两个完全不同的物理量。电动势反映了非静电力对单位正电荷做功

的本领;而电势差(电压)则反映了静电力对单位正电荷做功的本领。电动势虽然是标量,但具有方向性。我们规定电源内部从负极到正极的方向(即电势升高的方向)为电动势的方向。

12.3 磁场 磁感应强度

人类对磁现象的研究早于对电现象的研究,早期对磁现象的观察研究是从天然磁体(永磁体)之间的相互作用开始的。很早以前,人们就发现一种含有 Fe_3O_4 化学成分的矿石能吸引铁片,并将这种能够吸引铁、钴、镍等物质的性质称为磁性(magnetism),具有这种性质的矿石称为磁石。直接从自然界中得到的具有磁性的矿石称为天然磁铁,后来人们用人工方法获得了具有更强磁性的人造磁铁。天然磁铁和人造磁铁都叫永磁体(永磁铁)。人类对磁现象的认识和研究就开始于永磁体之间的相互作用。通过观察发现,永磁体的基本现象归结为:①永磁体具有吸引铁、钴、镍等物质的性质(即具有磁性);②永磁体有两个磁性最强的区域(即具有两个磁极),分别叫作南极(S 极)和北极(N 极);③两磁铁的磁极之间有相互作用力,同性磁极相斥,异性磁极相吸;④磁极不能单独存在,即无论将磁铁分得多小,每块小磁铁仍有南、北两极。

在历史上很长一段时期里,磁学和电学的研究和发展是彼此独立的。直到 19 世纪初,人们才从一系列重要的发现中,打破了这个界限,开始认识到电与磁之间有着不可分割的联系。

12.3.1 奥斯特实验

1820 年,丹麦科学家奥斯特(Hans Christian Oersted,1777—1851)发现通电导线附近的磁针会发生偏转。他的实验方法是在一通电导线旁放上一小磁针,如图 12-8 所示。当导线中通有电流时,小磁针就会发生偏转,这表明电流周围存在着磁场。电流是电荷定向运动形成的,所以通电导线周围的磁场实质上是运动电荷产生的。奥斯特实验使人类第一次认识到电和磁的联系。

在奥斯特发现电流的磁效应后不久,安培(André-Marie Ampère,1775—1836,法国)通过大量的研究发现:放在磁铁附近的载流导线或载流线圈受到磁力的作用而发生运动;两平行直导线间存在着相互作用力(电流同向时相吸,电流反向时相斥);通电螺线管的磁场分布(图 12-9)与条形磁铁的外部磁场(图 12-10)非常相似,并且通电螺线管磁场的方向与电流方向满足右手螺旋定则(又称为安培定则)等。这些实验现象迫使人们去探索磁现象的本质,使人们猜想磁现象是否就起源于电流(或电荷的运动)。

奥斯特实验

安培

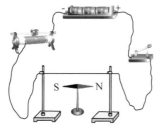

图 12-8 奥斯特实验

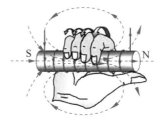

图 12-9 载流螺线管的磁场分布

图 12-10 条形磁铁的磁场分布

汉斯·奥斯特

奥斯特(Hans Christian Oersted,1777—1851)(图 12-11),丹麦物理学家、化学家。1777 年 8 月 14 日生于丹麦的兰格朗岛鲁德乔宾一个药剂师家庭。12 岁开始帮助父亲在药房里干活,同时坚持学习化学。由于刻苦攻读,17 岁以优异的成绩考取了哥本哈根大学成为免费生,学习医学和自然科学。他一边当家庭教师,一边在学校学习药物学、天文、数学、物理、化学等。在物理学领域,他首先发现载流导线的电流会对磁针产生作用力,使磁针改变方向。在化学领域,铝元素是他最先发现的。他是第一位明确地描述思想实验的现代思想家。

奥斯特

奥斯特于 1799 年获哥本哈根大学博士学位;1806 年被聘为哥本哈根大学物理、化学教授,研究电流和声等课题;1815 年起任丹麦皇家学会常务秘书;1820 年因电流磁效应这一杰出发现获英国皇家学会科普利奖章;1829 年出任哥本哈根理工学院院长,直到 1851 年 3 月 9 日在哥本哈根逝世,终年 74 岁。后来,人们为了纪念他,特意将哥本哈根一条繁华的长街和漂亮的公园分别命名为"奥斯特路"和"奥斯特公园",公园里还耸立着一座巍峨的奥斯特雕像(图 12-12)。

图 12-11　奥斯特

图 12-12　坐落于哥本哈根的奥斯特雕像

12.3.2　磁现象的本质

1. "磁荷"观点

"磁荷"也称"磁单极"。由于磁现象与电现象有一些类似之处(如同性相斥,异性相吸等),人们参照电荷提出了"磁荷"设想。人们认为磁性起源于"磁荷",大量"磁荷"集中在磁极处而显磁性。磁铁之间的相互作用起源于"磁荷"之间的相互作用。但这个观点不能解释磁棒被无限分小后仍有 N、S 极,以及 N、S 极不能单独存在这种现象(而正负电荷可以单独存在)。到目前为止,"磁荷"只是存在于理论之中的物质,通过种种方式寻找"磁荷"均无收获。如果找到了它们,不仅现有的电磁理论要作重大修改,而且物理学和天文学的许多基础理论也都将得到重大发展。

2. 分子电流观点

在一系列电与磁之间相互作用实验的基础上,1822 年安培提出了分子电流假说。

分子电流模型

他认为：磁性物质的分子中存在圆电流，称为分子电流。分子电流相当于一个基元磁体，当物质不呈现磁性时，分子电流无规则排列，它们对外界所产生的磁效应互相抵消，使整个物体不显磁性。在外磁场作用下，圆电流受力矩作用，其轴线沿一定方向排列起来，在宏观上显示出 N、S 极来，呈现磁性。安培的假说很容易解释为什么磁体的 N、S 两种磁极不能单独存在。因为基元磁体的两个极对应于圆电流的两个面，显然这两个面是不能单独存在的。

近代物理表明：电子既有绕核旋转的轨道运动，又有自旋运动，分子、原子等微观粒子内这些电子的运动就构成了等效的分子电流，这就是物质磁性的基本来源。

总之，磁现象起源于运动电荷。磁铁与磁铁、磁铁与电流、电流与电流之间的相互作用，归根到底都是运动电荷之间的相互作用，而这种作用是通过磁场这种物质来传递的。需要注意的是：电荷无论运动还是静止，它们之间都有库仑相互作用，在其周围空间都要激发电场；只有运动电荷在其周围空间激发磁场，它们之间才有磁场相互作用。

知识拓展

我国古代对磁的认识

我国是对磁现象认识最早的国家之一，公元前 4 世纪前后成书的《管子》中就有"上有慈石者，其下有铜金"的记载，这是关于磁现象的最早记载。类似的记载，在其后的《吕氏春秋》中也可以找到。我国古代典籍中也记载了一些磁石吸铁和同性相斥的应用事例。我国古代还将磁石用于医疗。

在我国很早就发现了磁石的指向性，并制出了指向仪器——司南。司南的指向性较差，后又发明了指南针。关于指南针的最早记载，始见于沈括的《梦溪笔谈》。指南针的发明为航海提供了方便条件。

12.3.3 磁感应强度的定义

类似于在电场中引入检验电荷来探索电场的性质，这里引入运动的检验电荷来探索磁场的性质，实验发现：

（1）在磁场中的给定点 P 处，存在一个特定方向，电荷沿此方向运动时，受到的磁力为零。此方向就是该点的磁场方向，即 B 的方向。

（2）无论运动电荷以多大速率和什么方向通过 P 点，总有 $F \perp B$，$F \perp v$，说明磁力为侧向力，只改变 v 的方向而不改变其大小。

（3）$v /\!/ B$ 时，$F = 0$；$v \perp B$ 时，运动电荷受力最大，用 F_m 表示此最大力的大小，且 F_m 正比于运动电荷的电荷量 q 和速率 v。

（4）对磁场中某一确定点，F_m/qv 有确定的值且与 q、v 无关，把此量定义为磁感应强度（magntic induction）的大小，即

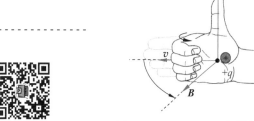

图 12-13　v，B，F_m 三矢量间的方向关系

$$B = \frac{F_m}{qv} \tag{12-8}$$

磁感应强度 B 的方向规定为：$v \times B$ 的方向为 F_m 的方向，如图 12-13 所示。磁感应强度 B 的单位为特斯拉，简称特，符号为 T。

特斯拉

12-2 在电场中,规定正检验电荷受力的方向为电场强度 E 的方向,而在磁场中,为什么不把磁感应强度 B 的方向规定为运动电荷在磁场中受力的方向?

12.4 毕奥-萨伐尔定律及应用

12.4.1 毕奥-萨伐尔定律

本节主要讨论处于真空中的恒定电流与它在空间任一点所激发的磁场之间的定量关系。恒定电流激发的磁场也称为静磁场或恒定磁场。在静磁场中,任意一点的磁感应强度 B 只是空间位置的函数,而与时间无关。为了求得任意电流激发的磁场,我们将电流分成许多小元段,每一小段取得无限小,使得这一小段电流中电流密度矢量与线段元矢量 $\mathrm{d}l$ 的方向一致,我们把 I 与 $\mathrm{d}l$ 的乘积 $I\mathrm{d}l$ 称为电流元(electric current element)。任意形状的线电流所激发的磁场等于各段电流元所激发磁场的矢量和。拉普拉斯(Pierre-Simon marquis de Laplace,1749—1827,法国)在研究和分析了毕奥(J. B. Biot,1774—1862,法国)(图 12-14)、萨伐尔(F. Savart,1791—1841,法国)(图 12-15)等所得到的大量实验资料后指出:电流元 $I\mathrm{d}l$ 在空间任一点 P 处所激发的磁感应强度 $\mathrm{d}B$ 的大小与电流元的大小 $I\mathrm{d}l$ 成正比,与电流元和它到 P 点的矢量 r 间的夹角(小于 $180°$)的正弦成正比,并与电流元到 P 点的距离 r 的二次方成反比,用数学表达式可表示为

$$\mathrm{d}B = \frac{\mu_0}{4\pi} \frac{I\sin\theta\,\mathrm{d}l}{r^2} \tag{12-9}$$

$\mathrm{d}B$ 的方向垂直于 $I\mathrm{d}l$ 与 r 组成的平面,并沿矢积 $\mathrm{d}l \times r$ 的方向,即由 $I\mathrm{d}l$ 经 θ 角转向 r 时右螺旋前进的方向,符合右手螺旋定则如图 12-16 所示。式中,常量 $\mu_0 = 4\pi \times 10^{-7}$ Wb/(A·m)(或 N/A^2),称为真空中的磁导率(permeability)。把式(12-9)写成矢量形式为

$$\mathrm{d}B = \frac{\mu_0}{4\pi} \frac{I\mathrm{d}l \times r}{r^3} \tag{12-10}$$

式(12-10)称为毕奥-萨伐尔定律,它是计算电流磁场的基本公式。

图 12-14 毕奥

图 12-15 萨伐尔

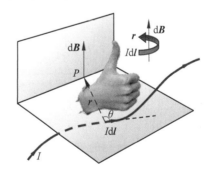

图 12-16 电流元所激发的磁场

实验表明,和电场一样,磁感应强度 B 也遵从叠加原理。故任意载流导线在空间任一点 P 激发的总磁感应强度为

$$B = \int_L \mathrm{d}B = \int_L \frac{\mu_0}{4\pi} \frac{I\mathrm{d}l \times r}{r^3} \tag{12-11}$$

式中，L 表示载流导线。

感悟·启迪

　　类比万有引力定律、库仑定律和毕奥-萨伐尔定律，它们都是物理学中描述力和场的基本定律，它们之间存在着形式上的相似性（作用力与两个因素的乘积成正比，与距离的平方成反比），这种相似性体现了自然界中不同现象的数学表达方式的统一性。这三个定律不仅在数学形式上具有统一性，体现了自然界的和谐与简洁，而且在物理意义上也有共通之处，即它们都描述了场的源（质量、电荷、电流）对周围空间的影响。

　　在物理学中，类比方法是一种重要的思维策略，它可以帮助我们在面对复杂和抽象的物理概念时，通过与已知现象的比较来建立直观的理解，找到它们之间的联系和规律。这种方法可以加深人们对物理现象的认识，促进跨学科的知识迁移。类比法也是科学创新的重要源泉，许多重大的科学发现和理论突破都源于对不同领域间相似性的洞察和探索。

12.4.2　运动电荷的磁场

　　我们知道，导体中的电流是大量带电粒子的定向运动形成的。因此，电流激发磁场，实质上是运动的带电粒子在其周围空间激发磁场，下面将从毕奥-萨伐尔定律出发，导出运动电荷的磁场表达式。

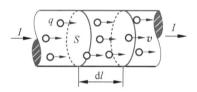

图 12-17　电流元中的运动电荷

　　设在导体的单位体积内有 n 个可以作自由运动的带电粒子，每个粒子带有电荷量 q（为了简单起见，这里以正电荷为例），以速度 $\boldsymbol{v}$ 沿电流元 $I\,\mathrm{d}\boldsymbol{l}$ 的方向作匀速运动而形成导体中的电流，如图 12-17 所示。如果电流元的横截面为 S，则单位时间内通过截面 S 的电荷量为 $qnvS$，电流 I 为

$$I = qnvS$$

而电流元 $I\,\mathrm{d}\boldsymbol{l}$ 的方向与 $\boldsymbol{v}$ 的方向相同，在电流元 $I\,\mathrm{d}\boldsymbol{l}$ 内以速度 $\boldsymbol{v}$ 运动着的带电粒子数为 $\mathrm{d}N = nS\,\mathrm{d}l$，$\mathrm{d}\boldsymbol{B}$ 就是这些运动电荷所激发的磁场。将 I 和 $\mathrm{d}N$ 的表达式代入毕奥-萨伐尔定律，就可以得到每一个以速度 $\boldsymbol{v}$ 运动的电荷所激发的磁感应强度 $\boldsymbol{B}$ 为

$$\boldsymbol{B} = \frac{\mathrm{d}\boldsymbol{B}}{\mathrm{d}N} = \frac{\mu_0}{4\pi}\frac{q\boldsymbol{v}\times\boldsymbol{r}}{r^3} \tag{12-12}$$

式中，$\boldsymbol{r}$ 是运动电荷所在点指向场点的矢量；$\boldsymbol{B}$ 的方向垂直于 $\boldsymbol{v}$ 和 $\boldsymbol{r}$ 所组成的平面。如果运动电荷是正电荷，$\boldsymbol{B}$ 的指向符合右手螺旋定则；如果运动电荷是负电荷，那么 $\boldsymbol{B}$ 的指向与之相反，如图 12-18 所示。从式(12-12)可以看出，两个等量异号的电荷以相反的方向运动时，其磁场相同。因此，金属导体中假定的将正电荷运动的方向作为电流的流向所激发的磁场，与金属中实际上是电子作反向运动所激发的磁场是相同的。

　　运动电荷激发的磁场已被实验所证实，如宏观带电物体在平动或转动时能够激发磁场，电子射线也能够激发磁场等。

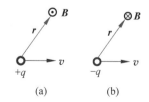

图 12-18　运动电荷的磁场方向
(a) $\boldsymbol{B}$ 垂直于纸面向外；(b) $\boldsymbol{B}$ 垂直于纸面向内

12.4.3　毕奥-萨伐尔定律的应用

1. 长直载流导线的磁场

设长直载流导线中的电流为 I（方向如图 12-19 所示），计算距导线为 a 的场点 P 处的磁感应强度 $\boldsymbol{B}$。

过 P 点作垂线与电流交于垂足 O 点，在距离 O 点为 l 的地方取电流元 $I\mathrm{d}\boldsymbol{l}$（将长直导线分为许多电流元），按照毕奥-萨伐尔定律，此电流元在给定点 P 产生的磁感应强度 $\mathrm{d}\boldsymbol{B}$ 为

$$\mathrm{d}\boldsymbol{B} = \frac{\mu_0}{4\pi}\frac{I\mathrm{d}\boldsymbol{l} \times \boldsymbol{r}}{r^3}$$

其大小为

$$\mathrm{d}B = \frac{\mu_0 I\sin\theta\,\mathrm{d}l}{4\pi r^2}$$

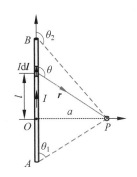

图 12-19　长直载流导线附近磁场的计算

式中，θ 为 $\boldsymbol{r}$ 与 $I\mathrm{d}\boldsymbol{l}$ 间的夹角，由 $I\mathrm{d}\boldsymbol{l}$ 旋到 $\boldsymbol{r}$（$0\sim\pi$ 内）；r 为电流元到 P 点的距离。所有电流元在 P 点的磁场的方向均相同，均垂直纸面向里，所以矢量和变为代数和，即求标量积分即可，因此有

$$B = \int\mathrm{d}B = \int\frac{\mu_0 I\sin\theta\,\mathrm{d}l}{4\pi r^2} \tag{12-13}$$

选 θ 为积分变量，将被积函数中的变量由已知量和 θ 表示出来。如图 12-19 所示，可得

$$a = r\sin(\pi - \theta) = r\sin\theta$$

即得

$$r = \frac{a}{\sin\theta}$$

又由于

$$l = r\cos(\pi - \theta) = -r\cos\theta$$

所以

$$l = -a\frac{\cos\theta}{\sin\theta}$$

对上式求微分得

$$\mathrm{d}l = a\frac{\mathrm{d}\theta}{\sin^2\theta} \tag{12-14}$$

将式（12-14）代入式（12-13）得

$$B = \frac{\mu_0}{4\pi}\int_{\theta_1}^{\theta_2}\frac{I\sin\theta}{a}\mathrm{d}\theta = \frac{\mu_0 I}{4\pi a}(\cos\theta_1 - \cos\theta_2) \tag{12-15}$$

式中，θ_1 和 θ_2 分别为直导线两端的电流元与它们到 P 点的径矢的夹角。

讨论　（1）当导线为无限长时，$\theta_1 = 0$，$\theta_2 = \pi$，有

$$B = \frac{\mu_0 I}{2\pi a} \tag{12-16}$$

即无限长直载流导线周围的磁感应强度 B 与距离 a 的一次方成反比，与电流 I 成正比。它的磁感应线是在垂直于导线的平面内以导线为圆心的一系列的同心圆，如图 12-20 所示。

（2）当 P 点位于半无限长导线一端时，$\theta_1=0,\theta_2=\dfrac{\pi}{2}$ 或 $\theta_1=\dfrac{\pi}{2},\theta_2=\pi$，有

$$B=\frac{\mu_0 I}{4\pi a} \tag{12-17}$$

（3）当 P 点位于导线的延长线上时，$\theta_1=\theta_2=0$ 或 $\theta_1=\theta_2=\pi$，此时 $B=0$。

2. 圆形载流导线的磁场

设圆形导线的半径为 R，通有电流 I，如图 12-21 所示。求圆形载流导线轴线上一点 P 的磁感应强度 $\boldsymbol{B}$。

电流环轴线上的磁场

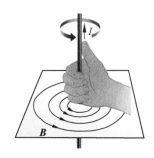

图 12-20　无限长载流导线磁场分布

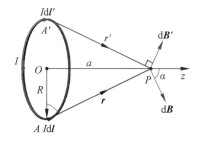

图 12-21　圆形载流导线轴线上一点磁场

在圆形导线上 A 点取电流元 $I\mathrm{d}l$，它在轴线上 P 点产生的元磁场 $\mathrm{d}\boldsymbol{B}$ 位于 POA 平面内且与 r 垂直，所以 $\mathrm{d}\boldsymbol{B}$ 与轴线 OP 的夹角 α 等于 $\angle PAO$。

在 A 点对称的另一端 A' 处取电流元 $I\mathrm{d}l'$，r' 也在平面 POA 内。由对称性知 $\mathrm{d}\boldsymbol{B}'$ 与 $\mathrm{d}\boldsymbol{B}$ 合成后垂直于 OP 轴的分量相互抵消，所以，圆形电流的所有电流元在 P 点的 $\mathrm{d}\boldsymbol{B}$ 只有平行于轴的分量 $\mathrm{d}\boldsymbol{B}_{/\!/}$ 对总磁场 $\boldsymbol{B}$ 有贡献，即

$$B=\int \mathrm{d}B_{/\!/}=\int \cos\alpha\,\mathrm{d}B$$

$\boldsymbol{B}$ 方向沿轴方向。又因

$$\mathrm{d}B=\frac{\mu_0 I \sin\theta}{4\pi r^2}\mathrm{d}l$$

式中，θ 为 $\mathrm{d}l$ 与 r 的夹角；r 为 A 点的电流元到 P 点的距离。当 P 点在轴线上时，$\mathrm{d}l$ 沿圆周切线方向，r 垂直于圆切线，有 $\theta=\dfrac{\pi}{2}$，所以可得

$$B=\int \frac{\mu_0}{4\pi}\frac{I\cos\alpha\,\mathrm{d}l}{r^2}=\frac{\mu_0 I}{4\pi r^2}\cos\alpha\int \mathrm{d}l=\frac{\mu_0 I}{4\pi r^2}\cos\alpha\cdot 2\pi R$$

由图 12-21 可得 $r^2=a^2+R^2$，$\cos\alpha=\dfrac{R}{\sqrt{a^2+R^2}}$，将其代入上式，得

$$B=\frac{\mu_0}{2}\frac{IR^2}{(a^2+R^2)^{3/2}} \tag{12-18}$$

讨论　（1）当 $a=0$，即 P 点位于圆心处时，代入式(12-18)，得圆心处的磁场大小为

$$B=\frac{\mu_0 I}{2R} \tag{12-19}$$

磁场的方向与电流的方向满足右手螺旋定则，如图 12-22 所示。

（2）当 $a\gg R$，即 P 点位于距圆形导线较远处的轴线上时，代入式(12-18)得

图 12-22　圆形载流导线的磁场

$$B = \frac{\mu_0}{2} \frac{R^2 I}{a^3} = \frac{\mu_0}{2\pi a^3}(\pi R^2 I) = \frac{\mu_0}{2\pi} \frac{IS}{a^3}$$

写成矢量形式为

$$\boldsymbol{B} = \frac{\mu_0}{2\pi} \frac{\boldsymbol{p}_m}{a^3} \tag{12-20}$$

式中，$p_m = ISe_n$ 为载流线圈的**磁矩**（magnetic moment），S 为线圈的面积，e_n 为线圈平面的法线方向的单位矢量，如图 12-23 所示。若载流线圈有 N 匝，则

$$p_m = NISe_n \tag{12-21}$$

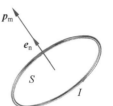

图 12-23　磁矩

（3）上式中定义的载流线圈的磁矩 $\boldsymbol{p}_m$ 与电偶极子的电偶极矩在形式上有不少类似之处，可以对照学习。

例 12-1

将载有电流的导线弯成如图 12-24 所示的形状，求 O 点的磁感应强度。

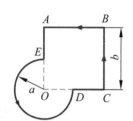

图 12-24　例 12-1 示意图

解　直导线 AE 和 CD 在 O 点产生的磁场均为零，表示为

$$B_1 = 0$$

直导线 BA 在 O 点产生的磁场大小为

$$B_2 = \frac{\mu_0 I}{4\pi b}\left(\cos\frac{\pi}{4} - \cos\frac{\pi}{2}\right) = \frac{\mu_0 I}{4\pi b} \cdot \frac{\sqrt{2}}{2}$$

同样地，直导线 CB 在 O 点产生的磁场大小为

$$B_3 = \frac{\mu_0 I}{4\pi b}\left(\cos\frac{\pi}{2} - \cos\frac{3\pi}{4}\right) = \frac{\mu_0 I}{4\pi b} \cdot \frac{\sqrt{2}}{2}$$

3/4 圆弧导线 ED 在 O 点产生的磁场大小为

$$B_4 = \frac{\mu_0 I}{2a} \cdot \frac{3}{4} = \frac{3\mu_0 I}{8a}$$

$\boldsymbol{B}_2$、$\boldsymbol{B}_3$、$\boldsymbol{B}_4$ 的方向都是垂直于纸面向外，故 O 点的磁感应强度大小为

$$B = B_1 + B_2 + B_3 + B_4 = \frac{\sqrt{2}\mu_0 I}{4\pi b} + \frac{3\mu_0 I}{8a}$$

---

3. 载流螺线管轴线上一点的磁场

有一螺线管（solenoid），其长度为 L，半径为 R，通有电流 I，单位长度的匝数为 n（n 足够大），如图 12-25 所示，计算螺线管轴线上一点 P 的磁感应强度 $\boldsymbol{B}$。

螺线管各匝线圈都是螺旋形的，但在均匀密绕的情况下，可以把它看作许多匝圆形线圈密绕排列而成。在螺线管上取长为 $\mathrm{d}l$ 的线段元，将它看成一个圆电流，对应的电流为 $\mathrm{d}I = nI\mathrm{d}l$，利用式（12-18）得其在 P 点产生的磁场 $\mathrm{d}B$ 为

$$\mathrm{d}B = \frac{\mu_0}{2} \frac{R^2 nI\mathrm{d}l}{(R^2 + l^2)^{3/2}} \tag{12-22}$$

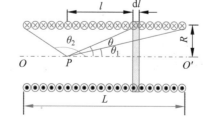

图 12-25　载流螺线管轴线上磁场的计算

式中，l 为 P 点到线段元 $\mathrm{d}l$ 的距离。由图 12-25 可知，

$$l = R\cot\theta$$

求微分得

$$\mathrm{d}l = -R\,\frac{\mathrm{d}\theta}{\sin^2\theta}$$

将上式代入式(12-22),由于所有 dB 的方向都是沿轴线向左,直接对 dB 积分得

$$B = \frac{\mu_0 nI}{2}(\cos\theta_1 - \cos\theta_2) \tag{12-23}$$

此即螺线管轴线上任一点 B 值的表达式,$\boldsymbol{B}$ 的方向可根据电流方向依右手螺旋定则确定。

　　讨论　(1) 当 $R \ll L$ 时,螺线管可视为无限长,$\theta_1 = 0$,$\theta_2 = \pi$,则

$$B = \mu_0 nI \tag{12-24}$$

式(12-24)表明,密绕长直螺线管内部轴线上各点的磁场是相同的。

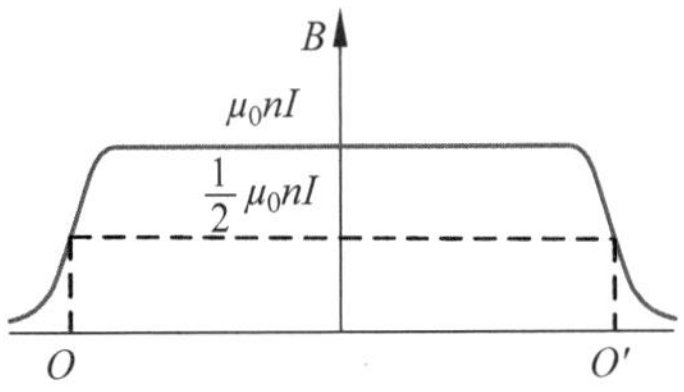

(2) 在长直螺线管任一端的轴线上(即图 12-25 中的 O 和 O' 点),$\theta_2 = \dfrac{\pi}{2}$,$\theta_1 = 0$ 或 $\theta_2 = \pi$,$\theta_1 = \dfrac{\pi}{2}$,则

$$B = \frac{\mu_0}{2}nI$$

图 12-26　螺线管轴线上的磁场分布　长直螺线管轴线上的磁场分布如图 12-26 所示。

思考题

　　12-3　一个静止的点电荷能够在其周围空间中任一点激发电场且不为零,那么一个线电流元是否也能够在它的周围空间任一点激发磁场?

　　12-4　由毕奥-萨伐尔定律可导出,无限长直载流导线在周围空间激发的磁场的磁感应强度为 $B = \dfrac{\mu_0 I}{2\pi r}$,当场点无限接近导线,即 $r \to 0$ 时,$B \to \infty$,应当如何理解?

　　12-5　如图 12-27 所示是某人设计的用通电螺线管来驱动塞子,从而控制水的流出的装置。实验中发现,通电螺线管的磁力不能有效地驱动下面的塞子,对此你如何改进?

　　12-6　在电子仪器中,为了减小与电源相连的两条导线的磁场,通常总是把它们扭在一起,为什么?

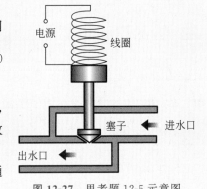

图 12-27　思考题 12-5 示意图

12.5　磁通量　磁场的高斯定理

12.5.1　磁感应线的特点

　　在静电场中引入电场线描述电场分布,类似地,在磁场中引入磁感应线(简称 $\boldsymbol{B}$ 线)来描述磁场的分布。我们在磁场中画一系列曲线,使线上任一点的切线方向和该点处的磁感应强度矢量 $\boldsymbol{B}$ 的方向一致;而通过垂直于 $\boldsymbol{B}$ 的单位面积上的磁感应线的条数等于该点 $\boldsymbol{B}$ 矢量的量值。因而磁感应线密的地方,磁场强;磁感应线疏的地方,磁场弱。用实验很容易把磁感应线显示出来,例如在水平放置的玻璃板上撒上铁屑,使导线穿过玻

璃板并通以电流,铁屑便在磁场作用下变成小磁针,轻轻敲击玻璃板,铁屑就会有规律地排列起来,显示出磁感应线的分布图像。图 12-28 给出用铁屑显示几种不同形状的电流所激发的磁场分布图。

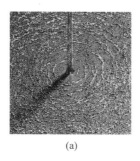 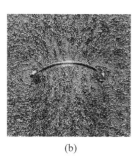 

(a)　　　　　　　　　(b)　　　　　　　　　(c)

图 12-28　用铁屑显示几种典型载流线的磁场分布图
(a) 长直载流线;(b) 载流圆环;(c) 载流螺线管

从磁感应线的图示中可以看出,在任何磁场中,磁感应线是无头无尾的闭合曲线,或者从无限远到无限远。这与电场线截然不同,这是与正负电荷可以被分离,而 N、S 磁极不能被分离的事实相联系的。另外,磁感应线与电流像链环一样,相互贯连,$\boldsymbol{B}$ 线环绕方向与电流方向彼此满足右手螺旋定则,如图 12-20 所示。

12.5.2　磁场的高斯定理

在磁场中,通过一给定曲面的总磁感应线数,称为通过该曲面的磁通量(magntic induction flux),用 Φ 表示。在磁场中任取一曲面 S,将曲面分成许多小面积元 $\mathrm{d}S$(图 12-29),$\mathrm{d}S$ 的法线方向与该点处磁感应强度方向之间的夹角为 θ,则通过面积元 $\mathrm{d}S$ 的磁通量为

$$\mathrm{d}\Phi = B\cos\theta\,\mathrm{d}S = \boldsymbol{B}\cdot\mathrm{d}\boldsymbol{S} \tag{12-25}$$

因此,通过有限曲面 S 的磁通量为

$$\Phi = \iint_{S}\boldsymbol{B}\cdot\mathrm{d}\boldsymbol{S} \tag{12-26}$$

磁通量的单位为韦伯,简称韦,用符号 Wb 表示。

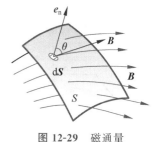

对于闭合曲面来说,一般规定由内向外的方向为面元法线的正方向,这样,磁感应线从闭合面穿出处的磁通量为正,穿入处的磁通量为负。由于磁感应线是闭合的,因此穿入闭合曲面的磁感应线数必然等于穿出闭合曲面的磁感应线数,所以通过任一闭合曲面的总磁通量必然是零,即

图 12-29　磁通量

$$\oiint_{S}\boldsymbol{B}\cdot\mathrm{d}\boldsymbol{S} = 0 \tag{12-27}$$

上式称为磁场的高斯定理,是电磁理论的基本方程之一,它与静电学中的高斯定理 $\oiint_{S}\boldsymbol{E}\cdot\mathrm{d}\boldsymbol{S} = \dfrac{1}{\varepsilon_0}\sum_{(S内)}q_i$ 相对应。 这两个方程的不同反映出静磁场与静电场是两类不同特性的场。静电场是有源场,场线有起点有终点,激发静电场的场源电荷就是电场线的源头或尾闾;而静磁场则为无源场,场线无头无尾,总是闭合的。

例 12-2

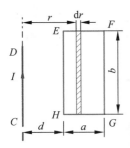

图 12-30 例 12-2 示意图

真空中一无限长直导线 CD，通以电流 $I=10.0$ A，若一矩形 $EFGH$ 与 CD 共面，如图 12-30 所示。其中 $a=d=10.0$ cm，$b=20.0$ cm。求通过矩形 $EFGH$ 面积 S 的磁通量。

解 由于无限长直线电流在面积 S 上各点所产生的磁感强度 $\boldsymbol{B}$ 的大小随 r 的不同而不同，所以计算通过 S 面的磁通量时要用积分。为了便于运算，可将矩形面积 S 划分成无限多与直导线 CD 平行的细长条面积元 $\mathrm{d}S=b\mathrm{d}r$，设其中某一面积元 $\mathrm{d}S$ 与 CD 相距 r，$\mathrm{d}S$ 上各点 $\boldsymbol{B}$ 的大小均相等，$\boldsymbol{B}$ 的方向垂直纸面向里。取 $\mathrm{d}S$ 的方向（也就是矩形面积的法线方向）也垂直纸面向里，则

$$\Phi=\iint_S \boldsymbol{B}\cdot\mathrm{d}\boldsymbol{S}=\iint_S B\cos 0\cdot\mathrm{d}S=\iint_S B\mathrm{d}S=\int_d^{a+d}\frac{\mu_0 I}{2\pi r}b\,\mathrm{d}r=\frac{\mu_0 Ib}{2\pi}\ln r\Big|_{0.1}^{0.2}=\frac{\mu_0 Ib}{2\pi}\ln 2=2.77\times 10^{-7}\ \mathrm{Wb}$$

12.6 安培环路定理及应用

12.6.1 安培环路定理

在研究静电场时知道，电场强度 $\boldsymbol{E}$ 的环流 $\oint_L \boldsymbol{E}\cdot\mathrm{d}\boldsymbol{l}=0$，它说明了静电场的有势性。下面来寻求磁感应强度 $\boldsymbol{B}$ 的环流所遵循的规律，以揭示静磁场的另一重要特性。我们通过真空中长直载流导线周围磁场的特例来计算 $\boldsymbol{B}$ 沿任一闭合路径的线积分，进而得到安培环路定理。

（1）环路是以长直载流导线为圆心，垂直于长直载流导线的圆。

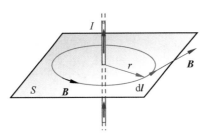

图 12-31 无线长直载流导线 $\boldsymbol{B}$ 的环流

在垂直于导线的平面内作一以导线为圆心、半径为 r 的圆周（图 12-31），圆周上任意一点的磁感应强度 $\boldsymbol{B}$ 的大小为

$$B=\frac{\mu_0 I}{2\pi r}$$

若选择沿圆周的积分路径方向为逆时针方向，则圆周上每一点 $\boldsymbol{B}$ 的方向与线元 $\mathrm{d}\boldsymbol{l}$ 的方向相同，即 $\boldsymbol{B}$ 与 $\mathrm{d}\boldsymbol{l}$ 之间的夹角为 $0°$。这时，$\boldsymbol{B}$ 沿圆周的积分为

$$\oint_L \boldsymbol{B}\cdot\mathrm{d}\boldsymbol{l}=\oint_L B\cos\theta\mathrm{d}l=\oint_L \frac{\mu_0 I}{2\pi r}\mathrm{d}l=\frac{\mu_0 I}{2\pi r}\oint_L \mathrm{d}l$$

而沿圆周积分一周的值刚好是圆周的周长 $2\pi r$，所以上式化为

$$\oint_L \boldsymbol{B}\cdot\mathrm{d}\boldsymbol{l}=\mu_0 I$$

上式表明，在静磁场中，磁感应强度 $\boldsymbol{B}$ 沿闭合路径的线积分，等于此闭合路径所包围的电流与真空中的磁导率的乘积。

若在做上述积分时，保持积分路径的绕行方向不变，而使电流反向，则

$$\oint_L \boldsymbol{B} \cdot \mathrm{d}\boldsymbol{l} = -\mu_0 I = \mu_0(-I)$$

即对于逆时针绕行的回路 L 来讲,电流是负的。

（2）环路为在垂直于载流线的平面内且包围载流导线的任意回路。

在垂直于导线的平面内作一包围载流线的任意环路,如图 12-32 所示。这时,$\boldsymbol{B}$ 沿回路的积分为

$$\oint_L \boldsymbol{B} \cdot \mathrm{d}\boldsymbol{l} = \oint_L B\cos\theta \,\mathrm{d}l = \oint_L \frac{\mu_0 I}{2\pi r} r\,\mathrm{d}\varphi = \mu_0 I$$

若在做上述积分时,保持积分路径的绕行方向不变而使电流反向,则

$$\oint_L \boldsymbol{B} \cdot \mathrm{d}\boldsymbol{l} = -\mu_0 I = \mu_0(-I)$$

（3）环路为不在垂直于载流线的平面内、包围载流导线的任意回路。

如果环路不在垂直于载流线的平面内,如图 12-33 所示,对任一线元 $\mathrm{d}\boldsymbol{l}$,总可以分解为平行于载流线的分量 $\mathrm{d}\boldsymbol{l}_\parallel$ 和垂直于载流线的分量 $\mathrm{d}\boldsymbol{l}_\perp$,因而 $\boldsymbol{B}$ 沿回路的积分为

$$\oint_L \boldsymbol{B} \cdot \mathrm{d}\boldsymbol{l} = \oint_L \boldsymbol{B} \cdot (\mathrm{d}\boldsymbol{l}_\parallel + \mathrm{d}\boldsymbol{l}_\perp) = \oint_L \boldsymbol{B} \cdot \mathrm{d}\boldsymbol{l}_\parallel + \oint_L \boldsymbol{B} \cdot \mathrm{d}\boldsymbol{l}_\perp$$

由于 $\boldsymbol{B} \perp \mathrm{d}\boldsymbol{l}_\parallel$,因此 $\oint_L \boldsymbol{B} \cdot \mathrm{d}\boldsymbol{l}_\parallel = 0$,由（2）的结论可得

$$\oint_L \boldsymbol{B} \cdot \mathrm{d}\boldsymbol{l} = \oint_L \boldsymbol{B} \cdot \mathrm{d}\boldsymbol{l}_\perp = \mu_0 I$$

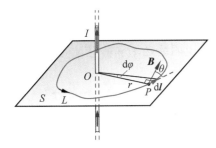

图 12-32　载流线垂直穿过任意回路

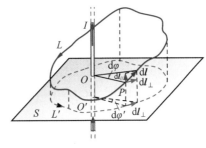

图 12-33　载流线不垂直于回路平面

（4）环路为不包围载流导线的任意回路。

设任意闭合环路位于垂直于载流线的平面内,但电流 I 未穿过此闭合回路,如图 12-34 所示。在闭合曲线 L 上,相对于电流 I 具有同一张角 $\mathrm{d}\varphi$ 的线元有两个,分别设为 $\mathrm{d}\boldsymbol{l}_1$ 和 $\mathrm{d}\boldsymbol{l}_2$,两线元与各自所在处的 $\boldsymbol{B}$ 之间的夹角分别为 θ_1 和 θ_2,其中 $\theta_1 > \dfrac{\pi}{2}$,$\theta_2 < \dfrac{\pi}{2}$。设两线元与载流线的距离分别为 r_1 和 r_2,则两线元的 $\boldsymbol{B} \cdot \mathrm{d}\boldsymbol{l}$ 之和为

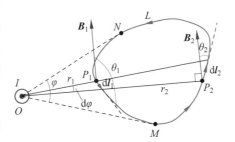

图 12-34　载流线在回路外

$$\boldsymbol{B}_1 \cdot \mathrm{d}\boldsymbol{l}_1 + \boldsymbol{B}_2 \cdot \mathrm{d}\boldsymbol{l}_2 = \frac{\mu_0 I}{2\pi r_1}\cos\theta_1\,\mathrm{d}l_1 + \frac{\mu_0 I}{2\pi r_2}\cos\theta_2\,\mathrm{d}l_2$$

$$= -\frac{\mu_0 I}{2\pi r_1} r_1\,\mathrm{d}\varphi_1 + \frac{\mu_0 I}{2\pi r_2} r_2\,\mathrm{d}\varphi_2 = 0$$

对整个曲线 L 来说,它是由很多这样成对的线元组成的,因此对整个闭合曲线 L,有

$$\oint_L \boldsymbol{B} \cdot \mathrm{d}\boldsymbol{l} = 0$$

由此可见，$\oint_L \boldsymbol{B} \cdot \mathrm{d}\boldsymbol{l}$ 与环路外的电流无关。

（5）环路为包围多条无限长直载流导线的闭合回路。

设空间有 n 条无限长直载流导线，产生的磁场分别为 $\boldsymbol{B}_1, \boldsymbol{B}_2, \boldsymbol{B}_3, \cdots$，其中有 k 条载流导线穿过回路，由磁场的叠加原理，可得

$$\oint_L \boldsymbol{B} \cdot \mathrm{d}\boldsymbol{l} = \oint_L \left(\sum_{i=1}^{k} \boldsymbol{B}_i + \sum_{i=k+1}^{n} \boldsymbol{B}_i \right) \cdot \mathrm{d}\boldsymbol{l} = \oint_L \sum_{i=1}^{k} \boldsymbol{B}_i \cdot \mathrm{d}\boldsymbol{l} = \sum_{i=1}^{k} \oint_L \boldsymbol{B}_i \cdot \mathrm{d}\boldsymbol{l} = \mu_0 \sum_{i=1}^{k} I_i$$

上述结果是从长直载流导线周围的磁场这一特例得出的，但它却具有普遍性。可以证明：在真空的静磁场中，磁感应强度 $\boldsymbol{B}$ 沿任意闭合回路的线积分（环流）等于 μ_0 与该闭合回路所包围的所有电流的代数和的乘积，即

$$\oint_L \boldsymbol{B} \cdot \mathrm{d}\boldsymbol{l} = \mu_0 \sum_{i=1}^{k} I_i \tag{12-28}$$

此即真空中静磁场的环路定理，也称为安培环路定理（Ampere's circuital theorem）。式中电流的正负与积分时在闭合路径上所取的绕行方向有关，如果在闭合路径上所取的绕行方向与电流流向满足右手螺旋关系，则电流取正值，反之则取负值。

应当注意的是，定理中的 I 只是穿过环路的电流，它说明 $\boldsymbol{B}$ 的环流 $\oint \boldsymbol{B} \cdot \mathrm{d}\boldsymbol{l}$ 只和穿过环路的电流有关，而与未穿过环路的电流无关，但是环路上任一点的磁感应强度 $\boldsymbol{B}$ 却是所有电流（无论环路内还是环路外）所激发的磁场在该点叠加后的总磁感应强度。另外，定理仅适用于闭合的载流导线，对于任意设想的一段载流导线是不成立的。

$\boldsymbol{B}$ 矢量的环流一般不等于零，表明磁场不是保守场，不具有有势性，一般不能引进势的概念来描述磁场，这时我们说磁场是涡旋场，也说明静磁场和静电场的特性在本质上是不同的。

在已知电荷分布的情况下，用静电场中的高斯定理可以求出电场的分布（要求电场的分布具有对称性，方可便捷地求解）。类似地，在已知电流分布的情况下，用静磁场中的安培坏路定理可以求出磁场的分布（同样要求磁场的分布具有对称性）。

12.6.2　安培环路定理的应用

1. 无限长均匀载流圆柱的磁场

如图 12-35 所示，半径为 R 的无限长均匀载流圆柱，通有电流 I_0，求距轴线为 r 处的 $\boldsymbol{B}$。

将无限长载流圆柱的电流想象成许多无限长直导线电流的集合。如图 12-36 所示，

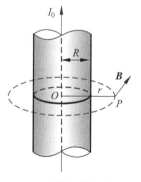

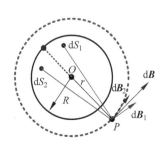

图 12-35　无限长均匀载流圆柱　　　　图 12-36　圆柱的横截面

取圆柱的横截面,在柱外取场点 P 并作连线 OP,在 OP 两侧对称位置取切面为 dS_1 和 dS_2 的两根无限长直导线,其在 P 点产生的 $d\boldsymbol{B}_1$ 和 $d\boldsymbol{B}_2$ 的合磁场 $d\boldsymbol{B} = d\boldsymbol{B}_1 + d\boldsymbol{B}_2$ 垂直于半径 $\boldsymbol{r}$。由于整个柱面可以这样成对地分割为许多对称的无限长直导线,每对长直导线的电流产生的合磁感应强度均垂直于矢径 $\boldsymbol{r}$,因而总电流 I_0 产生的 $\boldsymbol{B}$ 的方向也垂直于 $\boldsymbol{r}$,即柱内外磁场的磁感应线是在垂直轴线平面内以轴线为中心的同心圆,同一圆周上各点 $\boldsymbol{B}$ 的量值相同,方向沿圆周的切线方向。

（1）当 $r > R$,即在圆柱形导线外。取过 P 点的圆周为积分环路,穿过此环路的电流为 I_0,则由安培环路定理可得

$$\oint_L \boldsymbol{B} \cdot d\boldsymbol{l} = B \cdot 2\pi r = \mu_0 I_0$$

即得

$$B = \frac{\mu_0 I_0}{2\pi r}, \quad r > R$$

（2）当 $r < R$,即在圆柱形导线内。在柱内取 r 为半径的圆周作为安培环路,穿过此环路的电流为 $I = \frac{\pi r^2}{\pi R^2} I_0$,则由安培环路定理可得

$$\oint_L \boldsymbol{B} \cdot d\boldsymbol{l} = B \cdot 2\pi r = \mu_0 I = \mu_0 \frac{\pi r^2}{\pi R^2} I_0 = \mu_0 \frac{r^2}{R^2} I_0$$

即得

$$B = \frac{\mu_0 I_0}{2\pi R^2} r, \quad r < R$$

（3）当 $r = R$,即在圆柱形导线表面上,则有

$$B = \frac{\mu_0 I_0}{2\pi R}, \quad r = R$$

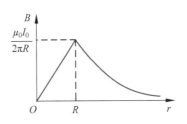

上述结果表明,在圆柱表面上 $\boldsymbol{B}$ 连续并有最大值。根据上述结果,可画出 B 与 r 的关系曲线如图 12-37 所示。

图 12-37　B 与 r 的关系曲线

2. 无限长载流螺线管的磁场

前面由毕奥-萨伐尔定律求出了无限长密绕载流螺线管内轴线上一点的磁感应强度 $B = \mu_0 n I$,方向沿轴线方向。在此用安培环路定理求螺线管内部及外部各点磁感应强度的大小和方向。

1）螺线管内部各点的磁感应强度的大小和方向

（1）用反证法证明无限长载流螺线管内任一点 $\boldsymbol{B}$ 的方向平行于轴线方向。如图 12-38 所示,在载流螺线管内任取一点 P,设该处磁场 $\boldsymbol{B}$ 的方向偏离轴线方向。由于螺线管无

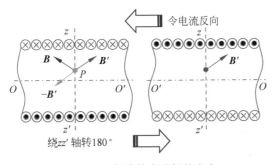

图 12-38　螺线管内磁场的方向

限长,故可认为 P 点位于管内中心位置。过 P 点作直线 zz' 垂直于轴线 OO',以 zz' 为轴将螺线管旋转 $180°$,则 P 点磁场的方向变为 $\boldsymbol{B}'$。这时再令螺线管内电流反向,由毕奥-萨伐尔定律,电流反向,则磁场必反向,即 P 点的磁场方向为 $-\boldsymbol{B}'$ 方向,而此时螺线管的状态和螺线管未绕 zz' 轴转动前的状态完全相同,即 $\boldsymbol{B}$ 和 $-\boldsymbol{B}'$ 应重合。这与前面所得结果矛盾,故 P 点的磁场方向只能取与轴线平行的方向。而 P 点是管内任取的点,类比可知,螺线管内各点磁场的方向均平行于轴线。

（2）用安培环路定理求出管内各点磁感应强度的大小。将安培环路定理用于图 12-39(a) 中的矩形闭合环路 $abcda$,其 bc 段在轴线上,且长度为 l。由 $\oint_L \boldsymbol{B} \cdot \mathrm{d}\boldsymbol{l} = \mu_0 I$ 得

$$\oint_{abcda} \boldsymbol{B} \cdot \mathrm{d}\boldsymbol{l} = \int_a^b \boldsymbol{B} \cdot \mathrm{d}\boldsymbol{l} + \int_b^c \boldsymbol{B} \cdot \mathrm{d}\boldsymbol{l} + \int_c^d \boldsymbol{B} \cdot \mathrm{d}\boldsymbol{l} + \int_d^a \boldsymbol{B} \cdot \mathrm{d}\boldsymbol{l} = 0$$

而 ab、cd 段上 $\boldsymbol{B} \perp \mathrm{d}\boldsymbol{l}$,则 $\int_a^b \boldsymbol{B} \cdot \mathrm{d}\boldsymbol{l} = \int_c^d \boldsymbol{B} \cdot \mathrm{d}\boldsymbol{l} = 0$。 由于螺线管无限长,则 bc 段上各点 $\boldsymbol{B}$ 大小相同,均为 B_{bc},同样认为 da 段上各点 $\boldsymbol{B}$ 的大小相等,均为 $\boldsymbol{B}_{da}$,故有

$$\oint_{abcda} \boldsymbol{B} \cdot \mathrm{d}\boldsymbol{l} = B_{da} \int_d^a \mathrm{d}l - B_{bc} \int_b^c \mathrm{d}l = (B_{da} - B_{bc})l = 0$$

所以

$$B_{da} = B_{bc}$$

又由于轴线上的磁感应强度大小为 $B_{bc} = \mu_0 nI$,因为矩形环路是任取的,因此无限长载流螺线管内任一点的 $\boldsymbol{B}$ 均有相同的数值,即

$$B_{内} = \mu_0 nI$$

方向平行于轴线。

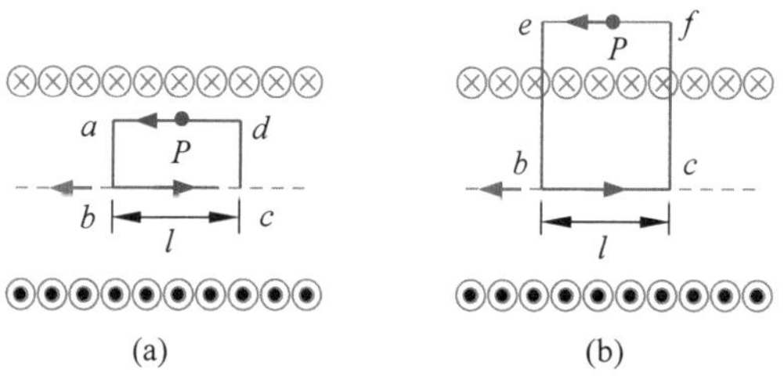

图 12-39　螺线管内外磁场计算

2）螺线管外各点的磁感应强度的大小和方向

用反证法仍可证明无限长载流螺线管外任意一点的 $\boldsymbol{B}$ 的方向仍平行于轴线。将安培环路定理用于图 12-39(b) 的矩形回路 $bcfeb$,环路包围的电流为 $-nIl$,则

$$\oint_{bcfeb} \boldsymbol{B} \cdot \mathrm{d}\boldsymbol{l} = \int_b^c \boldsymbol{B} \cdot \mathrm{d}\boldsymbol{l} + \int_c^f \boldsymbol{B} \cdot \mathrm{d}\boldsymbol{l} + \int_f^e \boldsymbol{B} \cdot \mathrm{d}\boldsymbol{l} + \int_e^b \boldsymbol{B} \cdot \mathrm{d}\boldsymbol{l} = -\mu_0 nIl$$

而 be、cf 段上 $\boldsymbol{B} \perp \mathrm{d}\boldsymbol{l}$,则有

$$\int_c^f \boldsymbol{B} \cdot \mathrm{d}\boldsymbol{l} = \int_e^b \boldsymbol{B} \cdot \mathrm{d}\boldsymbol{l} = 0$$

因此可得

$$\oint_{bcfeb} \boldsymbol{B} \cdot \mathrm{d}\boldsymbol{l} = B_{fe} \int_f^e \mathrm{d}l - B_{bc} \int_b^c \mathrm{d}l = (B_{fe} - B_{bc})l = -\mu_0 nIl$$

又因为 $B_{bc} = \mu_0 nI$,所以管外磁场大小为

$$B_{外} = B_{fe} = 0$$

3. 载流螺绕环的磁场

密绕在圆环上的螺线形线圈叫作螺绕环。设螺绕环的平均半径为 R,而环上每个载

流线圈的半径远小于 R，环上均匀密绕 N 匝线圈(图 12-40(a))，线圈中通有电流 I，求螺绕环内部及外部的磁场分布。由于对称性，环内外磁场的磁感应线是与环共轴的一些同心圆，且同一条磁感应线上各点 $\boldsymbol{B}$ 的量值相等，方向沿圆周的切线方向。

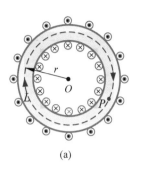(a)   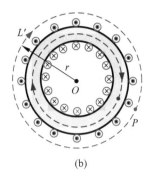(b)

图 12-40 螺绕环内外磁场计算

在环内取某点 P，过 P 点作与环同轴的半径为 r 的圆形环路 L，由于 L 上任一点 $\boldsymbol{B}$ 的量值相等，方向与 d$\boldsymbol{l}$ 相同，故得 $\boldsymbol{B}$ 矢量的环流为

$$\oint_L \boldsymbol{B} \cdot \mathrm{d}\boldsymbol{l} = B\oint_L \mathrm{d}l = 2\pi rB$$

设环上线圈的总匝数为 N，电流为 I，由安培环路定理有

$$\oint_L \boldsymbol{B} \cdot \mathrm{d}\boldsymbol{l} = B \cdot 2\pi r = \mu_0 NI$$

即得

$$B = \frac{\mu_0 NI}{2\pi r}$$

上式说明 B 与 r 成反比，所以环内磁场为非均匀分布。

若场点在螺绕环的平均半径 R 处，即得 $B = \dfrac{\mu_0 NI}{2\pi R}$，令 $n = \dfrac{N}{2\pi R}$，则有 $B = \mu_0 nI$，即在螺绕环的平均半径 R 远大于环上线圈的半径时，可以认为环内各点 B 值大小相等，但方向不同。

将安培环路定理用于环外与环同心的闭合路径 L' 上，如图 12-40(b)所示，由于进入 L' 的电流等于流出 L' 的电流，故有

$$\oint_L \boldsymbol{B} \cdot \mathrm{d}\boldsymbol{l} = BL' = 0$$

所以

$$B = 0$$

说明螺绕环将其所激发的磁场限制在环的内部空间。

思考题

12-7 如图 12-41 所示，三条无限长导线分别通以电流 I_1，I_2，I_3，$I_1 = I_2 = I_3$，则磁感应强度沿回路 L 的环流等于零，即 $\oint_L \boldsymbol{B} \cdot \mathrm{d}\boldsymbol{l} = 0$，且与 I_3 无关，则回路上各点的磁感应强度也等于零？也与 I_3 无关？

12-8 为什么只有磁场分布具有高度对称性时，才能直接用安培环路定理计算磁感应强度 $\boldsymbol{B}$？

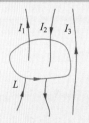

图 12-41 思考题 12-7 用图

12.7　带电粒子在电磁场中的运动

12.7.1　带电粒子在电磁场中所受的力

一个带电荷量为 q 的粒子,以速度 v 在磁场中运动时,磁场将给运动电荷一个力的作用,这个力称为洛伦兹力。如果速度 v 的方向与磁场 B 的方向的夹角为 θ,则洛伦兹力的大小为

$$F = qvB\sin\theta$$

其方向垂直于 v 和 B 所组成的平面,用矢量式表示为

$$F = qv \times B \tag{12-29}$$

式中,q 为可正可负的代数量。当 q 取正值(正电荷)时,F 的方向在 $v \times B$ 的方向上,当 q 取负值(负电荷)时,F 的方向在 $v \times B$ 的反方向上。图 12-42 是电子在磁场中受到洛伦兹力作用发生了偏转的实验照片。

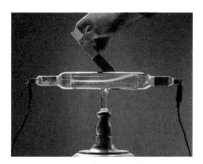

图 12-42　电子在磁场中偏转

当空间除磁场 B 外同时还存在电场 E 时,电荷 q 在空间某点受到的力为电场力和磁场力的矢量和,即

$$F = qE + qv \times B \tag{12-30}$$

从洛伦兹力公式 $F = qv \times B$ 中可以看出,$F \perp v$,它对带电粒子不做功,其作用只改变运动电荷的速度方向,而不改变其速度的大小,这是洛伦兹力的一个重要特征。下面讨论带电粒子受力后的运动情况。

12.7.2　带电粒子在匀强磁场中的运动

一带电量为 $+q$、质量为 m(m 很小,忽略重力)的粒子,以初速度 v 进入均匀磁场 B 中。如果 v 与 B 平行,由 $F = qv \times B$ 知,带电粒子受力为零,即带电粒子进入磁场后不受磁场影响,作匀速直线运动。如果 v 与 B 垂直,由 $F = qv \times B$ 知,带电粒子受力大小为 $F = qvB\sin 90° = qvB$,即带电粒子受恒力作用,力的方向垂直于 $v \times B$ 确定的平面。而力 F 只改变速度 v 的方向,不改变其大小。所以,粒子在垂直于 B 的平面内作匀速圆周运动,圆周运动的向心力就是电荷所受的洛伦兹力(图 12-43),即有

$$F = qvB = m\frac{v^2}{R}$$

因此粒子作圆周运动的半径为

$$R = \frac{mv}{qB} \tag{12-31}$$

故可求出粒子作圆周运动的周期、角速度、频率分别为

$$T = \frac{2\pi R}{v} = \frac{2\pi m}{qB} = \frac{2\pi}{\omega}$$

$$\omega = \frac{qB}{m}$$

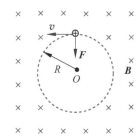

图 12-43　带电粒子在匀强磁场中运动

$$f = \frac{1}{T} = \frac{qB}{2\pi m}$$

12.7.3　磁聚焦

上面讨论了带电粒子在 $\boldsymbol{v}$ 和 $\boldsymbol{B}$ 具有两种特殊方向关系下的运动。如果带电粒子仍处在均匀磁场 $\boldsymbol{B}$ 中,但 $\boldsymbol{v}$ 和 $\boldsymbol{B}$ 成任意夹角 θ,此时 $\boldsymbol{v}$ 可分解为 $v_{/\!/} = v\cos\theta$ 和 $v_{\perp} = v\sin\theta$,它们分别平行和垂直于 $\boldsymbol{B}$。由于 $v_{/\!/}$ 不受磁场力的影响,使粒子作匀速直线运动,而 $v_{\perp}$ 受磁场力的影响而使粒子在垂直于 $\boldsymbol{B}$ 的平面内作圆周运动,即粒子同时参与两个运动,其合成运动的轨迹为一螺旋线,如图 12-44 所示。

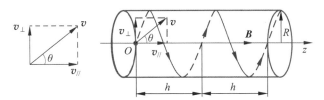

图 12-44　带电粒子在均匀磁场中的螺旋运动

螺旋线的半径($v_{\perp}$ 方向上)为

$$R = \frac{mv_{\perp}}{qB} = \frac{mv\sin\theta}{qB} = v_{\perp}\,T \tag{12-32}$$

螺旋线的螺距(一个周期内 $v_{/\!/}$ 方向的距离)为

$$h = v_{/\!/} \cdot T = v\cos\theta \times \frac{2\pi m}{qB} = \frac{2\pi mv\cos\theta}{qB} \tag{12-33}$$

由式(12-32)、式(12-33)可知,如果有一束速度大小近似相同、方向略有不同,但与磁感应强度 $\boldsymbol{B}$ 的夹角很小的带电粒子流,从同一点发出,由于在 θ 很小的情形下,不同 θ 的正弦值的差别比余弦值的差别要显著得多,所以各粒子因速度的垂直分量不同,在磁场的作用下,将沿不同半径的螺旋线前进,而它们速度的平行分量则近似相等,故螺距近似相等。这样,所有带电粒子将沿各自的螺旋线作半径不同、螺距相同的螺旋运动,绕行一周后汇聚于同一点。这与光束经透镜后聚焦于一点的现象相类似,所以称为磁聚焦 (magnetic focusing)。磁聚焦广泛应用于电真空器件,特别是电子显微镜中。图 12-45 为磁聚焦的原理图。

在非均匀磁场中,速度方向和磁场方向不同的带电粒子也要作螺旋运动,但半径和螺距都将不断发生变化。当带电粒子向磁场较强的方向运动时,螺旋线的半径将随着磁感应强度的增加而不断地减小,如图 12-46 所示。同时,带电粒子在非均匀磁场中受到的洛伦兹力,始终有一指向磁场较弱的方向的分力,此分力阻止带电粒子向磁场较强的

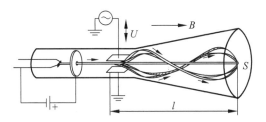

图 12-45　磁聚焦的原理

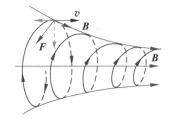

图 12-46　会聚磁场中作螺旋运动的带正电的粒子调向反转

方向运动。这样有可能使粒子沿磁场方向的速度逐渐减小到零,从而迫使粒子逆向运动。如果在一长直圆柱形真空室中形成一个两端很强、中间较弱的磁场(图 12-47),那么两端较强的磁场对带电粒子的运动起着"阻塞"的作用,它能迫使带电粒子局限在一定的范围内作往返运动,这种装置叫作磁塞。由于带电粒子在两端处的运动好像光线遇到镜面发生反射一样,所以这种装置也称为磁镜。这种用磁场来约束带电粒子的运动的方式称为磁约束(magnetic confinement)。在受控热核反应装置中,一般都采用这种磁场把等离子体约束在一定的范围内。

磁约束现象也存在于宇宙空间。因为地球是一个磁体,其磁场为非均匀磁场,从赤道到地磁两极的磁场逐渐增强。因此地磁场是一个天然的磁捕集器。当宇宙射线中的高能电子和质子进入地球不均匀磁场范围内时,就将被地磁场所捕获,并在地磁南北极之间来回振荡,形成一个辐射带,此带是由美国科学家范艾仑(J. A. Van Allen,1914—2006)于 1958 年分析人造卫星探测的资料时发现的,故亦称为范艾仑辐射带(见图 12-48),它相对地球轴对称分布。有时,太阳黑子活动使宇宙中的高能粒子剧增,这些高能粒子在地磁场磁感应线的引导下在地球北极附近进入大气层时将使大气激发,然后辐射发光,从而出现美妙的北极光。

磁镜

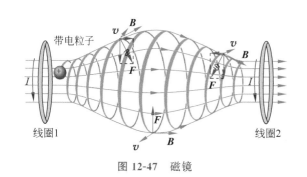

带电粒子
线圈1　　　　　　　　　　　　　线圈2

图 12-47　磁镜

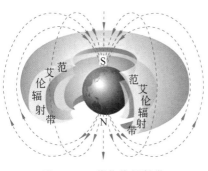

范艾仑辐射带

图 12-48　范艾仑辐射带

12.7.4 霍耳效应

1879 年霍耳(E. Hall,1855—1938,美国)首先观察到,把一载流导体薄板放在磁场中,如果磁场方向垂直于薄板平面,则在薄板的横向两侧面之间会出现微弱电势差(图 12-49)。这一现象称为霍耳效应(Hall effect)。出现的电势差称为霍耳电势差,用符号 U_H 表示。实验表明,霍耳电势差的大小与电流 I 及磁感应强度 B 成正比,而与薄片沿 B 方向的厚度 d 成反比,即

$$U_H \propto \frac{IB}{d}$$

或写成

霍耳效应

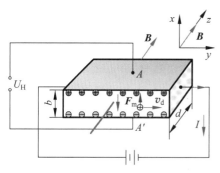

图 12-49　霍耳效应示意图

$$U_H = R_H \frac{IB}{d} \tag{12-34}$$

式中,R_H 是一常量,称为霍耳系数,它仅与导体的材料有关。如果撤去磁场或电流,霍耳电势差也随之消失。

霍耳效应的出现是由于导体中的载流子(形成电流的运动电荷)在磁场中受洛伦兹力的作用而发生横向漂移的结果。设导体板中的载流子的带电量为 q,其漂移速度为 v_d,则载流子在磁场中受的洛伦兹力大小为 $F_m = qv_d B$。在洛伦兹力的作用下,导体板

中的载流子向板的 A 侧面移动,使 A、A' 两侧面上分别有正负电荷的堆积。这时,在 A、A' 之间建立起电场强度为 E_H 的电场,即载流子同时受到一个与洛伦兹力方向相反的电场力 F_e 的作用。随着 A、A' 上电荷的堆积,F_e 不断增大。当电场力增大到等于洛伦兹力时,达到动态平衡。这时有

$$qE_H = qv_d B$$

于是得

$$E_H = v_d B$$

这样霍耳电势差为

$$U_H = E_H b = v_d Bb$$

设单位体积内载流子的数目(载流子数密度)为 n,则电流 $I = qnv_d bd$,代入上式得

$$U_H = \frac{IB}{nqd} \tag{12-35}$$

比较式(12-34)和式(12-35),霍耳系数为

$$R_H = \frac{1}{nq} \tag{12-36}$$

即霍耳系数 R_H 与载流子数密度 n 成反比。

上述讨论是载流子带正电的情况,所得到的霍耳电压和霍耳系数都是正的。如果载流子带负电,则产生的霍耳电压和霍耳系数就是负的。这样,从霍耳电压的正负,可以判断载流子的正负。

在金属导体中,自由电子数密度很大,所以金属导体的霍耳系数很小,对应的霍耳电压也很弱。在半导体中,载流子数密度要小得多,其霍耳系数比金属导体的大得多,即半导体能产生显著的霍耳效应。

霍耳效应在生产中和科研中已有广泛的应用。如利用霍耳效应可以判别半导体材料的导电类型、确定载流子数密度与温度的关系、测量磁场、测量电流等。磁流体发电的原理也是依赖于霍耳效应的。

思考题

12-9 如果一个电子在通过空间某一区域时不偏转,我们能否确定这个区域中没有磁场? 如果一个电子在通过空间某一区域时发生偏转,我们能否确定这个区域中存在磁场?

12-10 正电荷在磁场中某点以速度 v 沿 x 轴正方向运动,试根据它的受力情况判断该点磁感应强度的方向。

(1) F 的方向沿 z 轴正方向,且此时受力最大;

(2) 电荷受力 $F = 0$;

(3) F 的方向沿 z 轴正方向,但受力大小只有最大值的一半。

12-11 宇宙射线是高速带电粒子流(基本上是质子),它们交叉来往于星际空间并从各个方向撞击地球。为什么宇宙射线穿入地球磁场时,比其他任何地方都容易接近两极?

知识拓展

量子霍耳效应和分数霍耳效应

在研究半导体的霍耳效应时,通常把式(12-35)中的霍耳电压 U_H 与垂直于霍耳电场方向的电流的比值称为该样品的霍耳电阻 R_H^*,即

$$R_H^* = \frac{U_H}{I} = \frac{B}{nqd}$$

对某种给定的样品来说,截面尺寸、载流子的电荷量和数密度都是恒定值,所以霍耳电阻与磁感应强度成正比。

1980 年物理学家克里青(K. von Klitzing,1943—　　,德国)等在研究二维电子气(电子的运动被限制在平面内)的霍耳效应时发现,在强磁场(1~10 T)、低温(约几 K)的条件下,霍耳电阻随磁场的增大呈台阶状升高,如图 12-50 所示。台阶的高度为物理常数 h/e^2 与常数 i 的比值,即

$$R_H^* = \frac{B}{nqd} = \frac{h}{ie^2}, \quad i = 1, 2, 3, \cdots$$

式中,e 为电子的电荷量;h 为普朗克常量。可见霍耳电阻与样品的种类、结构、尺寸都无关。这一现象称为量子霍耳效应,对应的电阻称为量子霍耳电阻。克里青因为这一贡献荣获 1985 年诺贝尔物理学奖。

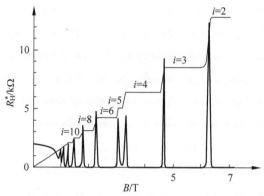

图 12-50　量子霍耳效应实验结果图

由于量子霍耳电阻只精确取决于基本常数 e 和 h,它的自然单位 $h/e^2 = 25\,812.807\ \Omega$,可精确到 10^{-10},国际计量委员会决定从 1990 年起,用量子霍耳效应的 h/e^2 来定义电阻。

1982 年,美籍华裔物理学家崔琦等研究在极低温(约 0.1 K)和超强磁场(大于 10 T)的条件下二维电子气的霍耳电阻时,发现霍耳电阻随磁场的变化出现比 h/e^2 更大的台阶,即台阶不仅出现在 i 为整数时,还出现在 $i = \frac{1}{3}, \frac{2}{3}, \frac{2}{5}, \frac{3}{5}, \frac{4}{5}, \cdots$,即 i 的分母为奇数时,这就是分数量子霍耳效应(图 12-51)。崔琦的这一发现,为物理学新理论的发展作出了重要贡献,他因此与他人分享了 1998 年诺贝尔物理学奖。

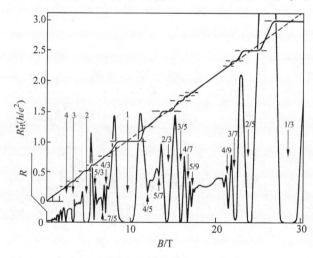

图 12-51　分数霍耳效应实验结果图

值得一提的是,2013 年,中国科学家在磁性掺杂的拓扑绝缘体材料中实现了"量子反常霍耳效应",这一发现为发展新一代的低能耗晶体管和电子学器件提供了可能,该效应的实现可能会加速信息技术革命的进程,对信息技术的进步产生重大的影响。

感悟·启迪

2013 年,由清华大学薛其坤院士领衔的团队首次在实验中观测到量子反常霍耳效应,这意味着,量子霍尔效应研究领域一个期待已久的重要现象已经被中国科学家率先观测到。该研究成果发表在国际权威学术期刊《科学》杂志上,审稿人予以高度评价,称之为"凝聚态物理界一项里程碑式的工作"。这一中国科学家在实验上独立观测到的重要物理现象,被视为全球基础研究领域的重要科学发现,是世界物理学界最为重要的实验进展之一,为后续国际凝聚态物理研究引领了新的方向,为全球科学技术的发展作出了显著贡献。

2019 年,中国科学院院士薛其坤领导的清华大学、中国科学院物理所实验团队完成的"量子反常霍尔效应的实验发现"被授予 2018 年度国家自然科学奖一等奖。2023 年,薛其坤教授因其在量子反常霍耳效应研究中的杰出贡献,荣获凝聚态物理领域最高奖——巴克利奖。这也是该奖自 1953 年设立以来首次颁给中国籍物理学家。

12.8　磁场对载流导线的作用

12.8.1　安培力

磁场对运动电荷的作用力称为洛伦兹力。磁场对载流导体的作用力称为安培力。下面从运动电荷所受的洛伦兹力出发分析安培力的微观机理,同时导出安培力公式。

如图 12-52 所示,任取一电流元 $I\mathrm{d}l$,并认为在该电流元范围内有相同的 $\boldsymbol{B}$。设导体单位体积内有 n 个载流子,则在电流元 $I\mathrm{d}l$ 中运动的载流子数为 $\mathrm{d}N=nS\mathrm{d}l$,其中 S 为电流元的横截面积。导体的载流子为电子,电荷量为 $-e$,每个载流子所受的洛伦兹力为 $\boldsymbol{F}_\mathrm{m}=-e\boldsymbol{v}\times\boldsymbol{B}$,在洛伦兹力的作用下,载流子向下漂移,结果在导体上、下表面分别出现正负电荷,于是就形成了向下的霍耳电场 $\boldsymbol{E}_\mathrm{H}$。这种载流子的堆积过程直到载流子受到的向下的洛伦兹力和向上的霍耳电场力 $\boldsymbol{F}_\mathrm{e}=-e\boldsymbol{E}_\mathrm{H}$ 相等为止,此时霍耳电场为

$$E_\mathrm{H}=-\boldsymbol{v}\times\boldsymbol{B}$$

然后,导体中的正电荷几乎是不动的,因此,它不受洛伦兹力的作用,只受到霍耳电场力 $\boldsymbol{F}_+$ 的作用。导体中正电荷的数目等于负电荷的数目,因此,导体中正电荷所受电场力的大小等于负电荷所受电场力的大小,方向与负电荷所受电场力的方向相反,即 $\boldsymbol{F}_+=e\boldsymbol{v}\times\boldsymbol{B}$。$\mathrm{d}N$ 个正电荷所受的霍耳电场力的合力即为载流导线所受的安培力。因此,电流元 $I\mathrm{d}l$ 受到的安培力为

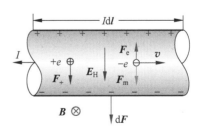

图 12-52　安培力的推导

$$\mathrm{d}\boldsymbol{F}=\mathrm{d}N\boldsymbol{F}_+=\mathrm{d}Ne\boldsymbol{v}\times\boldsymbol{B}=neS\mathrm{d}l\boldsymbol{v}\times\boldsymbol{B}$$

又正电荷运动的方向为电流元 $I\mathrm{d}l$ 的方向,则有

$$neS\boldsymbol{v}\mathrm{d}l=I\mathrm{d}l$$

因此,电流元在磁场中所受的安培力为

$$\mathrm{d}\boldsymbol{F} = I\,\mathrm{d}\boldsymbol{l} \times \boldsymbol{B} \tag{12-37}$$

上式就是安培力公式,也称为安培定律。此式是一小段电流元所受的磁场力,一段有限长的载流导体所受的磁场力等于作用在它各段电流元上的安培力的矢量和,即

$$\boldsymbol{F} = \int_{L}\mathrm{d}\boldsymbol{F} = \int I\,\mathrm{d}\boldsymbol{l} \times \boldsymbol{B} \tag{12-38}$$

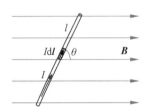

图 12-53　载流直导线所受安培力

下面计算处在均匀磁场中的一段长直载流导线所受的安培力。如图 12-53 所示,直导线长为 l,通有电流 I,放在均匀磁场 $\boldsymbol{B}$ 中,长直载流导线与 $\boldsymbol{B}$ 的夹角为 θ。此时,作用在各电流元上的安培力 $\mathrm{d}\boldsymbol{F}$ 的方向均为垂直图面向里,则作用在长直导线上的合力大小等于各电流元上的各个分力的代数和,即

$$F = \int_{L}\mathrm{d}F = \int_{0}^{l} I\,\mathrm{d}l\,B\sin\theta = IB\sin\theta\int_{0}^{l}\mathrm{d}l = IBl\sin\theta$$

此合力作用在长直导线的中点,方向垂直图面向里。

若载流导线处在非均匀磁场中,则每一小段上所受的安培力 $\mathrm{d}\boldsymbol{F}$ 的大小和方向均不同,求它们的合力比较复杂。但可视情况把 $\mathrm{d}\boldsymbol{F}$ 进行分解,先求出各分量,再求合力 $\boldsymbol{F}$。在直角坐标系下,$\mathrm{d}\boldsymbol{F}$ 的分量为

$$F_x = \int \mathrm{d}F_x, \quad F_y = \int \mathrm{d}F_y, \quad F_z = \int \mathrm{d}F_z$$

有关力的分解与合成可参考力学中的处理方法。

12.8.2　磁场对载流线圈的作用

如图 12-54(a)所示,均匀磁场 $\boldsymbol{B}$ 中有一刚性的矩形平面载流线圈 $abcd$,其边长分别为 l_1 和 l_2,通有电流 I,线圈平面的法线方向(电流方向与线圈平面法线方向之间满足右手定则关系)与磁场 $\boldsymbol{B}$ 成任意角 θ,对边 ab、cd 与 $\boldsymbol{B}$ 垂直。根据安培力公式并参考图 12-54(b),ad 边和 bc 边所受的磁场力大小分别为

$$F_{ad} = F_1 = \int_{o}^{l_1} IB\sin(90^\circ + \theta)\,\mathrm{d}l = IBl_1\cos\theta$$

$$F_{bc} = F_3 = \int_{o}^{l_1} IB\sin(90^\circ - \theta)\,\mathrm{d}l = IBl_1\cos\theta$$

这两个力大小相等而方向相反,并作用在同一直线上,因此互相抵消,合力为零,对刚性线圈不产生影响。ab 边和 cd 边与 $\boldsymbol{B}$ 垂直,它们受力 $\boldsymbol{F}_2$ 和 $\boldsymbol{F}_4$ 的方向如图 12-54 所示($\boldsymbol{F}_2$ 垂直纸面向外,$\boldsymbol{F}_4$ 垂直纸面向里),大小为

$$F_2 = F_4 = \int_{0}^{l_2} IB\,\mathrm{d}l = IBl_2$$

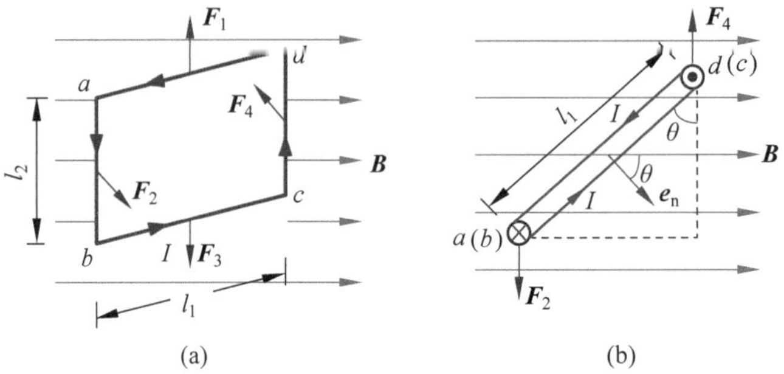

图 12-54　磁场对载流线圈的作用

这一对力的大小相等、方向相反,合力为零,但力的作用线不在同一直线上,会对线圈产生一力偶矩 $\boldsymbol{M}$,由图可知 $\boldsymbol{M}$ 的大小为

$$M = F_2 l_1 \sin\theta = F_4 l_1 \sin\theta$$

而 $S = l_1 l_2$ 为矩形线圈的面积,所以

$$M = IBS \sin\theta$$

若线圈有 N 匝,则

$$M = NIBS \sin\theta$$

前面已定义矢量 $\boldsymbol{p}_m = NIS\boldsymbol{e}_n$ 为载流线圈的磁矩,由此可把载流线圈所受的力偶矩写成如下的矢量形式:

$$\boldsymbol{M} = \boldsymbol{p}_m \times \boldsymbol{B} \tag{12-39}$$

此式类似于电偶极子(电矩 $\boldsymbol{p}_e = q\boldsymbol{l}$)在均匀电场 $\boldsymbol{E}$ 中所受的力偶矩公式,所以载流线圈的磁矩与电偶极子的电矩处于等价的位置。

力偶矩公式 $\boldsymbol{M} = \boldsymbol{p}_m \times \boldsymbol{B}$ 虽然是从矩形线圈导出的,但对均匀磁场中的任意形状的平面线圈均成立。不只是载流线圈具有磁矩,带电粒子(如质子、电子等)也具有磁矩,它们在磁场中所受的力矩也可用上述公式描述。由 $M = p_m B \sin\theta$ 可得如下结论:

(1) 当 $\theta = \dfrac{\pi}{2}$ 时,线圈平面与磁场 $\boldsymbol{B}$ 方向平行,此时 M 取最大值,这一力偶矩有使 θ 减小的趋势;

(2) 当 $\theta = 0$ 时,线圈平面与 $\boldsymbol{B}$ 方向垂直,$\boldsymbol{p}_m$ 与 $\boldsymbol{B}$ 方向相同,这时 $M = 0$,这是线圈的稳定平衡位置;

(3) 当 $\theta = \pi$ 时,$\boldsymbol{p}_m$ 与 $\boldsymbol{B}$ 反向,仍有 $M = 0$,但这一平衡位置不稳定。因此,线圈在磁场中的转动促使线圈磁矩 $\boldsymbol{p}_m$ 的方向与外磁场 $\boldsymbol{B}$ 的方向相同,此时线圈达到稳定平衡状态。

由以上分析我们知道,平面载流线圈在均匀磁场中任意位置上所受的合力均为零,仅受力偶矩的作用。故处在均匀磁场中的平面载流线圈只发生转动,不发生整个线圈的平动。

若平面载流线圈处在非均匀磁场中,一般来说,其所受合力和合力矩均不为零,即线圈除了发生转动外还会发生平动,这种情形的分析在此不作要求。

例 12-3

半径 $R = 0.2$ m,电流 $I = 10$ A 的圆形线圈位于 $B = 1$ T 的均匀磁场中,线圈平面与磁场方向垂直,如图 12-55 所示。线圈为刚性,且无其他力作用。

(1) 求线圈 M、N、P、Q 各处 1 cm 长的电流所受的力(把 1 cm 长的电流近似看成直线段)。

(2) 半圆 MNP 所受的合力如何?

(3) 线圈如何运动?

解 (1) 由安培力公式知,M、N、P、Q 各点力的方向沿该处圆周径向向外,大小为

$$F_M = F_N = F_P = F_Q = ILB = 0.1 \text{ N}$$

(2) 建立直角坐标系 Oxy,在 MNP 半圈上任取一长度元 $\mathrm{d}\boldsymbol{l}$,其上受到的力为 $\mathrm{d}\boldsymbol{F}$,如图 12-55 所示。将 $\mathrm{d}\boldsymbol{F}$ 分解在 x 轴和 y 轴上,有

$$\mathrm{d}F_x = \sin\theta \, \mathrm{d}F, \quad \mathrm{d}F_y = \cos\theta \, \mathrm{d}F$$

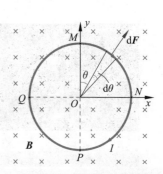

图 12-55　例 12-3 示意图

而
$$dF = IB\,dl$$

在半圆 MNP 上由对称性可知，其对应长度元上的 dF_y 互相抵消，在 y 轴方向的合力 $F_y=0$，故合力只有 x 轴方向的分量，则有

$$F = F_x = \int dF_x = \int_0^\pi IB\sin\theta\,dl$$

而 $dl = R\,d\theta$，代入上式得

$$F = \int_0^\pi IBR\sin\theta\,d\theta = 2IBR = 4\ \text{N}$$

合力 $\boldsymbol{F}$ 的方向与 x 轴方向相同。

（3）同样可得，半圆 PQM 所受合力为 $F' = 4\ \text{N}$，方向指向 x 轴负方向。所以整个线圈所受的合力为零，合力矩也为零，线圈静止不动。

思考题

12-12　两电流元 $I_1\,dl_1$ 和 $I_2\,dl_2$ 相距为 r，但 $I_1\,dl_1$ 垂直于 r，$I_2\,dl_2$ 沿 r 的方向，这两电流元之间的相互作用力是否大小相等，方向相反？如果相互作用力大小不相等，是否违反了牛顿第三定律？

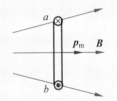

图 12-56　思考题 12-15 示意图

12-13　如何证明任意形状的平面载流线圈在匀强磁场中所受的力偶矩仍由公式 $\boldsymbol{M} = \boldsymbol{p}_m \times \boldsymbol{B}$ 给出？

12-14　若把小线圈静止放在空间 A 处，线圈不动，是否可判定 A 处必无磁场存在？

12-15　如果平面载流线圈处于非均匀磁场中，如辐射形磁场，设线圈的磁矩 $\boldsymbol{p}_m$ 与线圈中心所在处 $\boldsymbol{B}$ 同方向，如图 12-56 所示，试问线圈将怎样运动？

知识拓展

安培力清除太空垃圾的设想

　　世界各国在进行太空竞赛的同时，也导致了太空污染，太空恐怕将沦为大型垃圾场。如果以今天的速度持续发射卫星，几十年后，地球上空的卫星将多得不得了，这些卫星的寿命很短，大约只有 5 年，之后便成为太空垃圾，绕着轨道继续运行，目前在地球轨道上有超过 2.2 万片较大的碎片。人类对太空垃圾的飞行轨道无法控制，只能粗略地预测。这些太空垃圾只需一次碰撞，就可能产生毁灭性的后果。废弃的卫星可能在数千年后，在重力的作用下航出轨道，落入大气层中烧毁。如何尽快清理这些太空垃圾呢？

图 12-57　系绳清理太空垃圾设想图

　　美国航空航天局对清理太空垃圾进行了大胆的设想。他们认为，可在发射卫星时携带一根系绳，当卫星被废弃时，打开导电的系绳，此后卫星拖着系绳在地球磁场中运动，如图 12-57 所示。由于电磁感应，系绳中将产生感应电流，而电流在地球磁场中运动将受到安培力的作用，安培力的方向与卫星运动的方向相反，在这个安培力的拖曳作用下，卫星的速度将很快减小，从而较快地落入大气层中烧毁，这样便可尽快地清除太空垃圾。

知识拓展

磁流体推进的工作原理

　　磁流体推进是利用海水中电流与磁场间的相互作用力使海水运动而产生推力的一种推进方法，可用于船舶、鱼雷、潜艇等水中运动物体，具有振动小、噪声低、操作灵活等优点。

　　磁流体推进是把海水作为导电体，利用磁体在通道内建立磁场，通过电极向海水供电。当海水进入通道经过电流时，海水成为载流体，载流海水在垂直于它的磁场中受到力的作用，力的方向与海水在通道内的运动一致。海水受力的反作用力——推力，推动船舶向前运动。

　　图 12-58 为磁流体推进最简单的矩形通道图，该矩形区域的长、宽、高分别为 l、a、b，两极板间的电势差为 U，穿过绝缘板的磁场的磁感应强度为 $\boldsymbol{B}$，海水的电导率为 σ，则通道内海水的电阻为

$$R = \frac{a}{\sigma bl} \tag{I}$$

通过海水的电流大小为

$$I = \frac{U}{R} \tag{II}$$

相应的电流密度为

$$J = \frac{I}{bl} \tag{III}$$

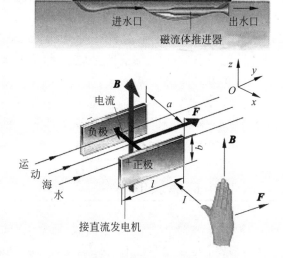

图 12-58　磁流体推进的工作原理图

　　将该矩形通道置于空间坐标系中（见图 12-58），取一体积为 $dV = a\,dy\,dz$ 的微元，将其看作一条载流直导线，其上电流为 $dI = J\,dy\,dz$，则根据左手定则，该微元受到的安培力为 $dF = Ba\,dI$，方向与海水流速方向相同。对整个矩形通道积分，得出海水在通道内所受的总的电磁力为

$$F = \int dF = \int_0^l dy \int_0^b Ba J\,dz = BablJ \tag{IV}$$

结合式（I）～式（IV）可得海水在通道内所受的总电磁力为

$$F = \sigma blBU \tag{V}$$

此力的反作用力作用于船上，推动船向前运动。这里的 F 是在流体速度为零的情况下计算出来的，实际上，推进器的推力还和流体的流速有关。

12.9　磁介质的磁化

12.9.1　磁介质的分类

前面我们讨论了恒定电流激发的磁场,产生磁场的载流导线处在真空中。实际上,任何载流导体都将置于介质中(空气也是一种介质),而任何一种介质在磁场的作用下,都会或多或少地发生变化,此变化反过来又影响原磁场。在磁场作用下能发生变化并能反过来影响磁场的介质称为磁介质(magntic dielectric);磁介质在磁场作用下所发生的变化叫作磁化(magnetism)。

磁介质在外磁场 $\boldsymbol{B}_0$ 的作用下发生磁化,产生一附加磁感应强度(附加磁场)$\boldsymbol{B}'$,这时磁场中任一点的磁感应强度 $\boldsymbol{B}$ 等于 $\boldsymbol{B}_0$ 和 $\boldsymbol{B}'$ 的矢量和,即

$$\boldsymbol{B} = \boldsymbol{B}_0 + \boldsymbol{B}' \tag{12-40}$$

通常把 $\boldsymbol{B}$ 与 $\boldsymbol{B}_0$ 的大小的比值定义为该磁介质的相对磁导率,用 μ_r 表示,即

$$\mu_r = \frac{B}{B_0} \tag{12-41}$$

由于磁介质有不同的磁化特性,它们磁化后所激发的附加磁场会有所不同。一些磁介质磁化后,磁介质中的磁感应强度 B 稍大于 B_0,即 $B > B_0$,$\mu_r > 1$,这类磁介质称为顺磁质(paramagnet),例如锰、铬、铂、氮等都属于顺磁性物质;另一些磁介质磁化后,磁介质中的磁感应强度 B 稍小于 B_0,即 $B < B_0$,$\mu_r < 1$,这类磁介质称为抗磁质(diamagnet),例如水银、铜、铋、硫、氯、氢、银、金、锌、铅等都属于抗磁性物质。一切抗磁质以及大多数顺磁质有一个共同点,那就是它们所激发的附加磁场极其微弱,B 和 B_0 相差很小。还有一类磁介质,它们磁化后所激发的附加磁感应强度 B' 远大于 B_0,使得 $B \gg B_0$,即 $\mu_r \gg 1$,这类能显著地增强磁场的物质,称为铁磁质(ferromagnet),例如铁、镍、钴、钆以及这些金属的合金和铁氧体等物质都是铁磁质。相对于铁磁质来讲,我们也将顺磁质和抗磁质统称为非铁磁质。

12.9.2　顺磁质和抗磁质的磁化

根据物质电结构学说,物质由分子、原子组成,而分子中每个电子都绕原子核作轨道运动,从而具有轨道磁矩;电子本身还有自旋运动,因而具有自旋磁矩。分子中所有电子轨道磁矩和自旋磁矩的矢量和,称为分子的固有磁矩,简称分子磁矩,用符号 $\boldsymbol{p}_m$ 表示。分子磁矩可用一个等效的圆电流来表示,这就是安培的分子电流假说。

1. 顺磁质的磁化

对顺磁质来说,每个分子的固有磁矩 $\boldsymbol{p}_m \neq 0$,但由于分子的无规则热运动,在无外磁场 $\boldsymbol{B}_0$ 作用时,各个分子磁矩的取向是十分混乱的,对顺磁质内任何一个体积元来说,其中各分子的分子磁矩的矢量和 $\sum \boldsymbol{p}_m = 0$,因而对外界不显示磁效应,如图 12-59(a)所示。在外磁场 $\boldsymbol{B}_0$ 的作用下,各分子磁矩 $\boldsymbol{p}_m$ 的大小不改变,但都要受到磁力矩($\boldsymbol{M} = \boldsymbol{p}_m \times \boldsymbol{B}_0$)的作用。在此磁力矩的作用下,各分子磁矩的方向都具有转到与外磁场方向一致的趋势,如图 12-59(b)所示。显然,磁场越强,温度越低,分子磁矩 $\boldsymbol{p}_m$ 取向外磁场方向的可能性就越大,这时,在顺磁体内任取一体积元 ΔV,其中各分子磁矩的矢量和

$\sum \boldsymbol{p}_{\mathrm{m}}$ 将有一定的量值,因而在宏观上呈现出一个与外磁场同方向的附加磁场,这便是顺磁质磁性的来源。

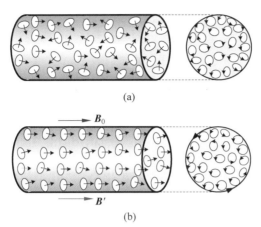

图 12-59 顺磁质中分子磁矩的取向

（a）无外磁场时；（b）有外磁场时

2. 抗磁质的磁化

对抗磁质来说,分子的固有磁矩 $\boldsymbol{p}_{\mathrm{m}}=0$,因而在无外磁场作用时,抗磁质对外界也不显示磁效应。虽然抗磁质分子的固有磁矩 $\boldsymbol{p}_{\mathrm{m}}=0$,但分子中电子的轨道磁矩和自旋磁矩都不等于零,在外磁场 $\boldsymbol{B}_0$ 作用下,分子中各个电子的轨道运动和自旋运动都将发生变化,从而引起一个附加磁矩 $\Delta \boldsymbol{p}_{\mathrm{m}}$,而且附加磁矩 $\Delta \boldsymbol{p}_{\mathrm{m}}$ 的方向总是与外磁场 $\boldsymbol{B}_0$ 的方向相反,如图 12-60 所示。下面分析 $\Delta \boldsymbol{p}_{\mathrm{m}}$ 产生的原因。

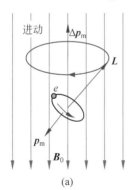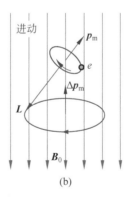

图 12-60 电子在外磁场中的进动和产生的附加磁矩

设电子在外磁场中以图 12-60(a)的方向运动,电子的运动就会产生一个磁矩 $\boldsymbol{p}_{\mathrm{m}}$ 和一个角动量 $\boldsymbol{L}$,其方向如图 12-60(a)所示。在外磁场 $\boldsymbol{B}_0$ 中,磁矩 $\boldsymbol{p}_{\mathrm{m}}$ 就要受到力矩 $\boldsymbol{M}=\boldsymbol{p}_{\mathrm{m}} \times \boldsymbol{B}_0$ 的作用,根据刚体转动定律,在此力矩的作用下,电子转动的角动量就要发生改变,其变化的方向与所受力矩的方向相同,致使角动量 $\boldsymbol{L}$ 以一定的角速度旋转(俯视为顺时针方向),所以,电子除了保持环绕原子核的运动和电子本身的自旋以外,还要附加以外磁场方向为轴线的转动,这种运动称为进动。由于电子带负电荷,所以由电子的进动产生的磁矩 $\Delta \boldsymbol{p}_{\mathrm{m}}$ 方向竖直向上,与外磁场 $\boldsymbol{B}_0$ 的方向相反。

如果电子的旋转方向反向,如图 12-60(b)所示,同样可证明,附加磁矩 $\Delta \boldsymbol{p}_{\mathrm{m}}$ 仍与外磁场 $\boldsymbol{B}_0$ 方向相反。这样,抗磁质内任一体积元中大量分子的附加磁矩的矢量和 $\sum \Delta \boldsymbol{p}_{\mathrm{m}}$ 有一定的量值,结果在抗磁质内激发一个和外磁场方向相反的附加磁场,这就是抗磁性的起源。

顺磁质的磁化机理

抗磁质的磁化机理

抗磁性起源于外磁场对电子轨道运动作用的结果,应该在任何原子或分子的结构中都会产生,因此它是一切磁介质所共有的性质。但在通常情况下,多数顺磁质分子的附加磁矩的矢量和 $\sum \Delta \boldsymbol{p}_m$ 比固有磁矩的矢量和 $\sum \boldsymbol{p}_m$ 小很多,所以这些磁介质主要显示出顺磁性。

12.9.3 磁化强度

为了描述磁介质被磁化的程度,引入磁化强度(magnetization intensity)这一物理量。在磁介质中某点附近取一微小体积 ΔV, ΔV 内所有分子固有磁矩的矢量和 $\sum \boldsymbol{p}_m$ 加上附加磁矩的矢量和 $\sum \Delta \boldsymbol{p}_m$ 与 ΔV 的比值的极限,称为该点的磁化强度,用 $\boldsymbol{M}$ 表示,即

$$\boldsymbol{M} = \lim_{\Delta V \to 0} \frac{\sum \boldsymbol{p}_m + \sum \Delta \boldsymbol{p}_m}{\Delta V} \tag{12-42}$$

对于顺磁质, $\sum \Delta \boldsymbol{p}_m$ 可忽略;对于抗磁质, $\sum \boldsymbol{p}_m = 0$。

磁介质被磁化后,介质内任一点的 $\boldsymbol{M}$ 可以不同,这反映了不同点磁化程度的不同。如果在介质中各点的 $\boldsymbol{M}$ 相同,就称磁介质被均匀磁化。对于真空, $\boldsymbol{M}=0$。在国际单位制中, $\boldsymbol{M}$ 的单位是 A/m。

12.9.4 磁化电流

磁介质被磁化后会引起附加磁场,此附加磁场起源于磁化了的介质内所出现的磁化电流(实质上是分子电流的宏观表现)。这就是说,磁介质的磁化情况,可以用磁化强度 $\boldsymbol{M}$ 来描述,也可以用磁化电流来反映,两者之间必然存在一定的联系。下面选取一个特例来进行讨论。

设有一无限长的载流直螺线管,管内充满均匀磁介质,电流在螺线管内激发均匀磁场。在此磁场中磁介质被均匀磁化,这时磁介质中各个分子电流平面将转到与磁场的方向相垂直的位置,图 12-61 表示磁介质内任一截面上分子电流的排列情况。从图 12-61(c)、(d)可以看出,在磁介质内部任意一点,总是有两个方向相反的分子电流通过,结果相互

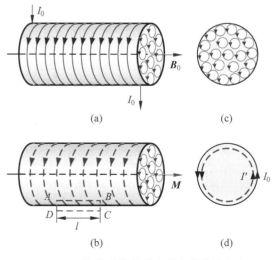

图 12-61 均匀磁化的磁介质中的分子电流

抵消,只有在截面的边缘处,分子电流未被抵消,形成与截面边缘重合的圆电流。对磁介质的整体来说,未被抵消的分子电流是沿着柱面流动的,称为磁化面电流。对顺磁性物质,磁化面电流与螺线管上导线中的电流 I 方向相同;对抗磁性物质,则两者方向相反。图 12-61 所示是顺磁质的情况。

设 α' 为圆柱形磁介质表面上单位长度的磁化面电流(磁化电流面密度),S 为磁介质的截面积,l 为所选取的一段磁介质的长度。在长度 l 上,磁化面电流的总量值为 $I' = l\alpha'$,因此在这段磁介质总体积 Sl 中的总磁矩为

$$\left| \sum \boldsymbol{p}_{\mathrm{m}} \right| = I'S = \alpha'Sl$$

按 $\boldsymbol{M}$ 的定义有

$$M = \frac{\left| \sum \boldsymbol{p}_{\mathrm{m}} \right|}{V} = \frac{\alpha'Sl}{Sl} = \alpha' \tag{12-43}$$

即磁介质表面某处磁化电流面密度的大小等于该处磁化强度的量值,这和电介质中电极化强度与极化电荷面密度的关系相似。

式(12-43)给出了磁介质表面上某点的磁化电流面密度与该点处磁化强度的关系,下面进一步讨论通过任一曲面的磁化电流与磁化强度的关系,为此我们仍用前面的特例来计算磁化强度对闭合回路的线积分 $\oint_L \boldsymbol{M} \cdot \mathrm{d}\boldsymbol{l}$。

在如图 12-61(b)所示的圆柱形磁介质的边界附近,取一长方形闭合回路 $ABCD$,AB 边在磁介质内部,它平行于柱体轴线,长度为 l,BC、AD 两边垂直于柱面。在磁介质内部各点,$\boldsymbol{M}$ 都沿 AB 方向,大小相等,在柱外各点处有 $\boldsymbol{M}=0$。所以 $\boldsymbol{M}$ 沿 BC、CD、DA 三边的积分为零,因而 $\boldsymbol{M}$ 对闭合回路 $ABCD$ 的积分等于 $\boldsymbol{M}$ 沿 AB 边的积分,即

$$\oint_L \boldsymbol{M} \cdot \mathrm{d}\boldsymbol{l} = \int_A^B \boldsymbol{M} \cdot \mathrm{d}\boldsymbol{l} = Ml$$

将式(12-43)代入上式后得

$$\oint_L \boldsymbol{M} \cdot \mathrm{d}\boldsymbol{l} = \alpha'l = I' \tag{12-44}$$

式中,I' 是通过以闭合回路 $ABCD$ 为边界的任意曲面的总磁化电流(磁化电流强度)。上式表明磁化强度对闭合回路的线积分等于通过回路所包围的面积内的总磁化电流。式(12-44)从均匀磁化介质及长方形闭合回路的特例导出,但却是在任何情况都普遍适用的关系式。

12.9.5 磁介质中的安培环路定理　磁场强度

前面讨论了真空中静磁场 $\boldsymbol{B}$ 的环流所满足的规律,即安培环路定理,下面讨论有磁介质存在时静磁场的环流所满足的规律。设 L 为磁介质中的任一闭合曲线,由于磁化,L 内除了有传导电流 I_0 外,还有磁化引起的磁化电流 I',这时 $\boldsymbol{B}$ 的安培环路定理写为

$$\oint_L \boldsymbol{B} \cdot \mathrm{d}\boldsymbol{l} = \mu_0 \left(\sum I_0 + I' \right)$$

式中,I_0 是传导电流;I' 是磁化电流。为了将上式简化,将 $I' = \oint_L \boldsymbol{M} \cdot \mathrm{d}\boldsymbol{l}$ 代入上式,有

$$\oint_L \boldsymbol{B} \cdot \mathrm{d}\boldsymbol{l} = \mu_0 \left(\sum I_0 + \oint_L \boldsymbol{M} \cdot \mathrm{d}\boldsymbol{l} \right)$$

整理得

$$\oint_L \left(\frac{\boldsymbol{B}}{\mu_0} - \boldsymbol{M} \right) \cdot \mathrm{d}\boldsymbol{l} = \sum I_0$$

引入辅助性矢量

$$H = \frac{B}{\mu_0} - M \tag{12-45}$$

则上式变为

$$\oint_L H \cdot \mathrm{d}l = \sum I_0 \tag{12-46}$$

式(12-46)称为有磁介质时的安培环路定理。其中的 H 称为磁场强度,其为一宏观矢量点函数(对应电介质中的 D),在国际单位制中,其单位为安培/米(A/m)。上式说明,磁场强度沿任意闭合回路的线积分等于该回路内所包围的传导电流的代数和。对于具有一定对称性分布的磁场,可用其方便地求出 H 的分布,再求出 B 的分布。

式(12-45)反映了磁介质中任一点处磁感应强度 B、磁场强度 H 和磁化强度 M 之间的普遍关系,无论磁介质是否均匀,即使是对于铁磁质均适用,通常将其变换成

$$B = \mu_0 H + \mu_0 M \tag{12-47}$$

上式表明,磁化强度 M 不仅与磁介质的特性有关,还与磁介质所在处的磁场有关。大量实验表明,在各向同性的非铁磁质中,每一点的磁化强度 M 与该点的磁场强度 H 的方向平行,大小成正比,即

$$M = \chi_m H \tag{12-48}$$

式中,比例系数 χ_m 只与磁介质的性质有关,称为磁介质的磁化率(magnetic susceptibility)。如果磁介质是均匀的,则 χ_m 为常量;如果磁介质不均匀,则 χ_m 是空间位置的函数。对于顺磁质,$\chi_m > 0$,磁化强度 M 和磁场强度 H 的方向相同;对于抗磁质,$\chi_m < 0$,磁化强度 M 和磁场强度 H 的方向相反。将式(12-48)代入式(12-47)中得

$$B = \mu_0 H + \mu_0 M = \mu_0 (1 + \chi_m) H \tag{12-49}$$

其中

$$\mu_r = 1 + \chi_m \tag{12-50}$$

于是式(12-49)写为

$$B = \mu_0 \mu_r H = \mu H \tag{12-51}$$

上式为磁介质中的性质方程。其中 $\mu = \mu_0 \mu_r$,称为磁介质的磁导率。由于真空中 $M = 0$,由式(12-47)得 $B = \mu_0 H$,这说明真空相当于 $\mu_r = 1$ 的磁介质,所以称真空为一种特殊的磁介质(也是特殊的电介质)。

顺磁质和抗磁质的磁化率的值都很小,其相对磁导率几乎等于1,它们磁化以后产生的附加磁场只对原磁场产生微弱的影响。

铁磁质中任一点的 B、M、H 三矢量之间的普遍关系仍由式(12-47)给出,但大量实验发现,磁介质中任一点的 B 与 H 以及 M 与 H 之间没有线性的正比关系,甚至不存在单值关系。

例 12-4

在均匀密绕的螺绕环内充满均匀的顺磁质,已知螺绕环中的传导电流为 I,单位长度上的匝数为 n,环的横截面半径比环的平均半径小得多,磁介质的相对磁导率为 μ_r。求环内的磁场强度、磁感应强度以及磁化强度。

解　如图 12-62 所示,在环内任取一点,过该点作一与螺绕环同心、半径为 r 的圆形环路。由对称性分析知,在所取圆形环路上各点磁场强度的大小相等,方向沿环路切向。由有磁介质时的安培环路定理得

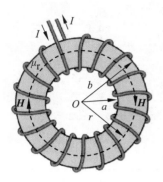

图 12-62　螺绕环内的磁场

$$\oint_L \boldsymbol{H} \cdot \mathrm{d}\boldsymbol{l} = NI$$

即

$$H \cdot 2\pi r = NI$$

式中，N 是螺绕环上线圈的总匝数，于是有

$$H = \frac{NI}{2\pi r} = nI$$

当环内充满均匀磁介质时，环内的磁感应强度为

$$\boldsymbol{B} = \mu \boldsymbol{H} = \mu_0 \mu_r \boldsymbol{H}$$

如果环内是真空（$\mu_r = 1$），环内的磁感应强度为 $\boldsymbol{B}_0 = \mu_0 \boldsymbol{H}$，则 $\boldsymbol{B}$ 和 $\boldsymbol{B}_0$ 大小的比值为 $B/B_0 = \mu_r$。这说明，当环内充满均匀磁介质后，环内的磁感应强度变为环内是真空时的 μ_r 倍。特别指出，只有在均匀磁介质充满整个磁场空间时，才有 $B/B_0 = \mu_r$ 的关系。

上面求出了磁场强度 $\boldsymbol{H}$，求出了磁感应强度 $\boldsymbol{B}$，那么，由式（12-45）可求出磁化强度 $\boldsymbol{M}$，即

$$\boldsymbol{M} = \frac{\boldsymbol{B}}{\mu_0} - \boldsymbol{H}$$

在螺绕环内充满均匀的顺磁质时，$\boldsymbol{B}$ 和 $\boldsymbol{H}$ 的方向一致，所以 $\boldsymbol{M}$ 的大小为

$$M = \frac{B - \mu_0 H}{\mu_0} = (\mu_r - 1)H$$

例 12-5

如图 12-63 所示，一个绝对磁导率为 μ_1 的无限长均匀磁介质圆柱体，半径为 R_1，其中均匀地流过传导电流 I。在它外面包有一半径为 R_2 的无限长同轴圆柱面，其上流过与前者方向相反的电流 I。两者之间充满绝对磁导率为 μ_2 的均匀磁介质。求空间 $\boldsymbol{H}$ 及 $\boldsymbol{B}$ 的分布。

解　（1）当 $r < R_1$ 时，在圆柱体内，过任一点作一与磁介质轴线同轴，半径为 r 的环路，由对称性知，圆周上各点 $\boldsymbol{H}$ 大小相等，方向沿圆周的切向。由有磁介质时的安培环路定理，得

$$\oint_L \boldsymbol{H} \cdot \mathrm{d}\boldsymbol{l} = \sum I_0$$

$$H \cdot 2\pi r = \frac{I}{\pi R_1^2} \cdot \pi r^2 = \frac{r^2}{R_1^2} I$$

所以

$$H = \frac{r}{2\pi R_1^2} I$$

$$B = \mu_1 H = \frac{\mu_1 r I}{2\pi R_1^2}$$

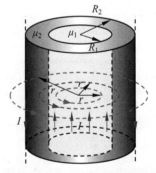

图 12-63　例 12-5 示意图

（2）当 $R_1 < r < R_2$ 时，同样，在磁导率为 μ_2 的磁介质中作一个半径为 r、与圆柱同轴的环路，由于此时回路中只穿过磁导率为 μ_1 的磁介质中流过的电流，所以有

$$H \cdot 2\pi r = I$$

即得

$$H = \frac{I}{2\pi r}$$

$$B = \mu_2 H = \frac{\mu_2 I}{2\pi r}$$

（3）当 $r > R_2$ 时,同样,有

$$H \cdot 2\pi r = 0$$

即得

$$H = 0$$
$$B = 0$$

12.9.6 铁磁质

在各类磁介质中,铁磁性物质的应用最为广泛。在 20 世纪初期,铁磁性材料主要用在电机制造业和通信器件中,自 20 世纪 50 年代以来,随着电子计算机和信息科学的发展,应用铁磁性材料进行信息储存和记录(它不仅可储存数字信息,还可以存储随时间变化的信息;不仅可用作计算机的存储器,还可用于录音和录像),已发展成为引人注目的系列新技术,并且还期待有更新的发展和应用,这主要因为铁磁质有一些特殊的性质:①磁化后能产生特别强的附加磁场 $\boldsymbol{B}'$,使铁磁质中的 $\boldsymbol{B}$ 远大于 $\boldsymbol{B}_0$,其 $\mu_\mathrm{r} = B/B_0$ 值可达几百、甚至几千以上;②铁磁质的磁化强度 $\boldsymbol{M}$ 和磁感应强度 $\boldsymbol{B}$ 的方向不总是平行的,大小也不是简单的正比关系,即铁磁质的磁导率 μ 以及磁化率 χ_m 不是常量,而是与磁场强度 H 有复杂的函数关系;③磁化强度随外磁场而变,其变化落后于外磁场的变化,而且在外磁场撤销后,铁磁质仍能保留部分磁性;④一定的铁磁材料存在一特定的临界温度,称为居里点(Curie point)。例如,铁的居里点是 1 040 K,镍的居里点是 631 K,钴的居里点是 1 388 K。当温度在居里点以上时,它们的磁性发生突变,磁导率或磁化率和磁场强度 H 无关,这时铁磁质转化为顺磁质。

1. 铁磁性的起因

铁磁质的磁性不能用顺磁质的磁化理论来解释,因为铁磁性元素的单个原子并不具有任何特殊磁性。例如:铁原子与铬原子的结构大致相同,但铁是典型的铁磁质,而铬是普通的顺磁质;甚至还可用非铁磁性物质来制成铁磁性的合金。另外,还应注意到铁磁质总是固相的。这些事实说明,铁磁性是一种与固体的结构状态有关的性质。

根据物质的原子结构观点,在铁磁质内电子间存在着非常强的交换耦合作用,这个相互作用促使相邻原子中电子的自旋磁矩平行排列起来,形成一个自发磁化达到饱和状态的微小区域,这些自发磁化的微小区域称为磁畴(magnetic domain)。每个磁畴都有一定的磁矩,是由电子自旋磁矩自发取向一致而产生的,与电子的轨道运动无关。在没有外磁场作用时,每个磁畴的磁矩的取向无规律性,单位体积内的磁矩矢量和 $\boldsymbol{M}$ 为零,在宏观上物体不显示磁性,如图 12-64 所示。

在外磁场 $\boldsymbol{B}_0$ 的作用下,磁畴发生变化(图 12-65):①当外磁场较弱时,凡是磁矩方向与外磁场方向相同或相近的磁畴都要扩大自己的体积(畴壁向外移动);②当外磁场较强时,每个磁畴的磁矩方向都不同程度地向外磁场方向取向,外磁场越强,取向程度越

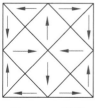

图 12-64　磁畴

无外磁场　外磁场　外磁场　外磁场　外磁场

图 12-65　磁畴在外磁场中变化

大。这时单位体积内的磁矩矢量和 M 不为零,且 M 与 B 方向相同。铁磁质在外磁场中的磁化程度非常大,它所引起的附加磁场比外磁场在数值上一般要大几十倍到数千倍,甚至达到数百万倍。

根据铁磁质中存在磁畴的观点,可解释高温和振动的去磁作用,因为铁磁质的磁化过程和温度有关。我们知道,磁畴是原子中电子自旋磁矩的自发有序排列而形成的,随着温度的升高,分子的热运动加剧,从而使铁磁质中自发磁化的区域遭到破坏,磁畴被逐渐瓦解,即铁磁质的磁化能力逐渐减小。当温度升高到某一温度(居里点)时,铁磁性会完全消失,铁磁质退化成顺磁质。

2. 磁化曲线　磁滞回线

由式(12-50)可知,顺磁质的磁导率 μ 很小,并且是一个常量,不随外磁场而变化,即顺磁质中 B 和 H 之间的关系为线性关系,如图 12-66 所示。对铁磁质来讲,不但它的磁导率比顺磁质的磁导率大很多,而且当外磁场变化时,它的磁导率还随磁场强度 H 的改变而变化。图 12-67 中的 ONP 曲线段是由实验测得的某一铁磁质开始磁化时的 B-H 关系曲线,也称为起始磁化曲线。从图中可以看出,B 与 H 之间为非线性关系,具体表现为:当 H 从零逐渐增大时,B 急剧增加,这是磁畴在外磁场作用下迅速沿外磁场方向排列的结果;到达 N 点以后,再增加 H 时,B 的增加比较缓慢;当到达 P 点以后,再增加 H 时,B 的增加非常缓慢,呈现出磁化已经达到饱和的状态。P 点所对应的 B 值称为饱和磁感应强度 B_m,此时,铁磁质中所有的磁畴几乎都沿外磁场方向排列起来了,这时的磁场强度通常用 $+H_m$ 表示。

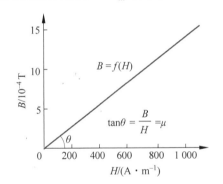

图 12-66　顺磁质的 B-H 曲线

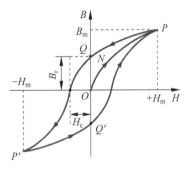

图 12-67　磁滞回线

磁滞回线

由于 B 与 H 有非线性关系,如果仍用式 $B/H=\mu$ 来定义铁磁性材料的磁导率的值,则对应于起始磁化曲线上每一个 H 值都有一个相应的 μ 值,即铁磁质的 μ 值不再是常量。

上面所讨论的磁化曲线只反映了铁磁性材料在磁场强度由零逐渐增强时的磁化特性,在这个过程中,磁感应强度 B 由零增加到饱和值 B_m。在实际应用中,铁磁性材料多处在交变磁场中,这时 H 的大小和方向作周期性的变化,铁磁质的磁化特性又将如何变化呢?

如图 12-67 所示,设铁磁性材料已沿起始磁化曲线 ONP 段磁化到饱和,磁化达到饱和状态之后使 H 减小,这时 B 的值也要减小,但不沿原来的曲线下降,而是沿着另一条曲线 PQ 下降,对应的 B 值比原来的值大,说明铁磁质磁化过程是不可逆过程。这种 B 的变化落后于 H 的变化的现象,叫作磁滞(magnetic hysteresis)。当 $H=0$ 时,磁感应强度并不等于零,而保留一定的大小 B_r(图 12-67 中的线段 OQ),B_r 叫作剩余磁感应强度,简称剩磁(remanent magnetism)。为了消除剩磁,通常加上一反方向的磁场,当反向磁场 H 等于某一定值 H_c 时,B 变为零。这个 H_c 值称为材料的矫顽力(coercive force)。矫顽力 H_c 的大小反映了铁磁材料保存剩磁状态的能力。如再增强反方向的磁场,材料又可被反向磁化达到反方向的饱和状态至 P' 点,以后再逐渐减小反方向的磁场至零值时,B 和 H 的关系将沿 $P'Q'$ 线段变化。这时再引入正向磁场,当正向磁场增加到 $+H_m$ 时,$B\text{-}H$ 曲线就沿 $Q'P$ 变化,从而完成一个循环过程,即 $B\text{-}H$ 曲线形成一个闭合回线,此闭合曲线常称为磁滞回线(magnetic hysteresis loop)。研究铁磁质的磁性需要测量它的磁滞回线,各种不同的铁磁性材料有不同的磁滞回线,主要是磁滞回线的宽窄不同和矫顽力的大小有别。

实验指出,当铁磁性材料在交变磁场的作用下反复磁化时将会发热,因为铁磁体反复磁化时,磁体内分子的状态不断改变,分子的振动加剧,温度升高。而使分子振动加剧的能量是由产生磁化场的电流的电源提供的,这部分能量转变成热量而散失掉,这种在反复磁化过程中能量的损失叫作磁滞损耗。理论和实践表明,磁滞回线所包围的面积越大,磁滞损耗也越大。电器设备中的这种损耗是十分有害的,必须尽量使它减小。此外,铁磁体在交变磁化磁场的作用下,其形状会随之改变,称为磁致伸缩(magnetostriction)效应,这种特性在超声技术中常被用来作为电磁能和机械能的转换器件。

3. 铁磁性材料

不同铁磁性材料的磁化性能各不相同,一种磁性材料是否适用于某种用途,工程上常常是依据它的磁滞回线来决定。根据磁滞回线的不同,可以将铁磁性材料区分为软磁材料和硬磁材料。

软磁材料的特点是矫顽力小($H_c < 10^2$ A/m),磁滞损耗低。其磁滞回线成细长条形状(图 12-68(a)),磁滞特性不显著,可以近似地用它的起始磁化曲线来表示其磁化特性。这种材料容易磁化,也容易退磁,适用于交变磁场,可用来制造变压器、继电器、电磁铁、电机以及各种高频电磁元件的铁芯。

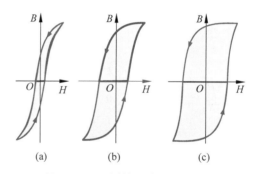

图 12-68　不同铁磁质的磁滞回线
(a) 软磁材料；(b) 硬磁材料；(c) 矩磁铁氧体材料

硬磁材料的特点是矫顽力大($H_c > 10^2$ A/m),剩磁 B_r 也比较大。这种材料的磁滞回线所包围的面积肥大,磁滞特性显著(图 12-68(b)),因此硬磁材料经过磁化后仍能保留很强的剩磁,并且这种剩磁不易消除,这种硬磁材料适合于制成永久磁体。例如,磁电式电表、永磁扬声器、耳机、小型直流电机以及雷达中的磁控管等用的永久磁体都是由硬磁材料做成的。

现代电机中常用的一种铁氧体材料的磁滞回线近似呈矩形(图 12-68(c)),故称这种材料为矩磁材料。其特点是一旦被磁化,其剩余磁感应强度接近于非常稳定的饱和值 B_r,矫顽力很大。若矩磁材料在不同方向的磁场下磁化,总是处于 B_r 或 $-B_r$ 两种不同的剩磁状态。通常计算机中采用二进位制,只有"0"和"1"两个数码,因此可用这种材料的两种剩磁状态($+B_r$ 和 $-B_r$)分别代表两个数码,起到"记忆"的作用。这种特性使矩磁材料得到广泛的应用,可作为电子计算机、自动控制等新技术中制作存储、开关等元件。目前广泛采用的矩磁材料是锰-镁和锂-锰铁氧体。

思考题

12-16　磁介质中的磁场安培环路定理 $\oint_L \boldsymbol{H} \cdot d\boldsymbol{l} = \sum I_0$，$\sum I_0$ 为穿过闭合回路 L 的传导电流的代数和，则是否 $\boldsymbol{H}$ 只与传导电流有关，与磁化电流无关？为什么要引入物理量 $\boldsymbol{H}$？

习题

12-1　如图 12-69 所示，几种载流导线在平面内分布，电流均为 I，求它们在 O 点处的磁感应强度 $\boldsymbol{B}$。

（1）高为 h 的等边三角形载流回路在三角形的中心 O 处的磁感应强度大小为 _____，方向 _____。

（2）一条无限长的直导线中间弯成圆心角为 $120°$，半径为 R 的圆弧形，圆心 O 点的磁感应强度大小为 _____，方向 _____。

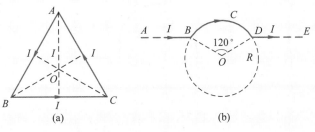

图 12-69　习题 12-1 用图

12-2　载流导线形状如图 12-70 所示（图中直线部分导线延伸到无穷远），求点 O 处的磁感强度 $\boldsymbol{B}$。
（1）在图 12-70(a)中，$\boldsymbol{B}_O =$ _____；（2）在图 12-70(b)中，$\boldsymbol{B}_O =$ _____；（3）在图 12-70(c)中，$\boldsymbol{B}_O =$ _____。

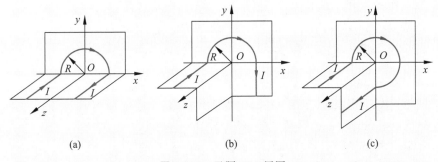

图 12-70　习题 12-2 用图

12-3　已知磁感应强度为 $B = 2.0\ \text{Wb/m}^2$ 的均匀磁场，方向沿 x 轴正向，如图 12-71 所示，则通过 $abcd$ 面的磁通量为 _____，通过 $befc$ 面的磁通量为 _____，通过 $aefd$ 面的磁通量为 _____。

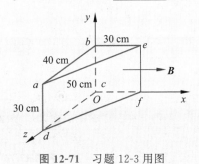

图 12-71　习题 12-3 用图

12-4　磁场中某点处的磁感应强度为 $\boldsymbol{B}=0.40\boldsymbol{i}-0.20\boldsymbol{j}$（T），一电子以速度 $\boldsymbol{v}=0.50\times10^6\boldsymbol{i}+1.0\times10^6\boldsymbol{j}$（m/s）通过该点，则作用于该电子上的磁场力 $\boldsymbol{F}=$ _____。

12-5　如图 12-72 所示，真空中有两圆形电流 I_1 和 I_2 以及三个环路 L_1、L_2、L_3，则安培环路定理的表达式分别为 $\oint_{L_1}\boldsymbol{B}\cdot\mathrm{d}\boldsymbol{l}=$ _____，$\oint_{L_2}\boldsymbol{B}\cdot\mathrm{d}\boldsymbol{l}=$ _____，$\oint_{L_3}\boldsymbol{B}\cdot\mathrm{d}\boldsymbol{l}=$ _____。

12-6　一通有电流 I 的导线，弯成如图 12-73 所示的形状，置于磁感应强度为 $\boldsymbol{B}$ 的均匀磁场中，$\boldsymbol{B}$ 的方向垂直纸面向里，则此导线受到的安培力大小为 _____，方向为 _____。

12-7　一无限长圆柱体均匀通有电流 I，圆柱体周围充满均匀抗磁质，与圆柱体表面相邻的介质表面上的磁化电流大小为 I'，方向与 I 的方向相反。沿图 12-74 中所示闭合回路，则三个线积分的值分别为 $\oint_l\boldsymbol{H}\cdot\mathrm{d}\boldsymbol{l}=$ _____，$\oint_l\boldsymbol{B}\cdot\mathrm{d}\boldsymbol{l}=$ _____，$\oint_l\boldsymbol{M}\cdot\mathrm{d}\boldsymbol{l}=$ _____。

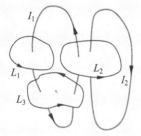

图 12-72　习题 12-5 用图

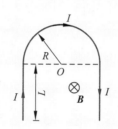

图 12-73　习题 12-6 用图

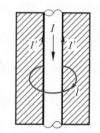

图 12-74　习题 12-7 用图

12-8　如图 12-75 所示，有两条无限长直载流导线平行放置，电流分别为 I_1 和 I_2，L 是空间一闭合曲线，I_1 在 L 内，I_2 在 L 外，P 是 L 上的一点，现将 I_2 在 L 外向 I_1 移近时，则有［　　］。

A. $\oint_L\boldsymbol{B}\cdot\mathrm{d}\boldsymbol{l}$ 与 $\boldsymbol{B}_P$ 同时改变

B. $\oint_L\boldsymbol{B}\cdot\mathrm{d}\boldsymbol{l}$ 与 $\boldsymbol{B}_P$ 都不改变

C. $\oint_L\boldsymbol{B}\cdot\mathrm{d}\boldsymbol{l}$ 不变，$\boldsymbol{B}_P$ 改变

D. $\oint_L\boldsymbol{B}\cdot\mathrm{d}\boldsymbol{l}$ 改变，$\boldsymbol{B}_P$ 不变

12-9　半径为 R_1 的圆形载流线圈与边长为 R_2 的正方形载流线圈，通有相同的电流 I，若两线圈中心 O_1 与 O_2 的磁感应强度大小相同，则半径 R_1 与边长 R_2 之比为［　　］。

A. $\sqrt{2}\pi:8$　　　　B. $\sqrt{2}\pi:4$　　　　C. $\sqrt{2}\pi:2$　　　　D. $1:1$

12-10　半径均为 r 的两条无限长的圆柱形导体部分重叠，重叠部分构成真空空腔，左右两部分导体中各通有相反的电流，电流密度均为 J，两圆柱体轴线之间的距离为 d，如图 12-76 所示。两载流导体之间中点 A 点的磁感应强度为［　　］。

A. $\dfrac{\mu_0}{2}Jd$，方向为 $+y$ 轴方向

B. $\dfrac{\mu_0}{2\pi r}Jd^2$，方向为 $+y$ 轴方向

C. $\dfrac{2\mu_0}{\pi r}Jd^2$，方向为 $-y$ 轴方向

D. $\dfrac{\mu_0}{2\pi d}Jr^2$，方向为 $-y$ 轴方向

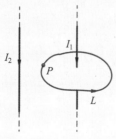

图 12-75　习题 12-8 用图

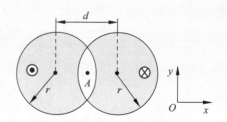

图 12-76　习题 12-10 用图

12-11 如图 12-77 所示,在一磁感应强度为 $\boldsymbol{B}$ 的均匀磁场中,有一与 $\boldsymbol{B}$ 垂直的半径为 R 的圆环,则穿过以该圆环为边界的任意两曲面 S_1,S_2 的磁通量 Φ_1,Φ_2 分别为〔　　〕。

A. $-\pi R^2 B$,$-\pi R^2 B$

B. $-\pi R^2 B$,$\pi R^2 B$

C. $\pi R^2 B$,$-\pi R^2 B$

D. $\pi R^2 B$,$\pi R^2 B$

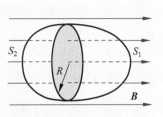

图 12-77　习题 12-11 用图

12-12 对于磁介质中的安培环路定理 $\oint_L \boldsymbol{H} \cdot \mathrm{d}\boldsymbol{l} = \sum I_0$,下列说法中,正确的是〔　　〕。

A. $\boldsymbol{H}$ 只是穿过闭合环路的电流所激发,与环路外的电流无关

B. $\sum I_0$ 是环路内、外电流的代数和

C. 安培环路定律只在具有高度对称的磁场中才成立

D. 只有磁场分布具有高度对称性时,才能用它直接计算磁场强度的大小

12-13 一质量为 m,带电量为 q 的粒子在均匀磁场中运动,下列说法正确的是〔　　〕。

A. 速度相同,电量分别为 $+q$,$-q$ 的两个粒子,它们所受磁场力的方向相反,大小相等

B. 只要速率相同,在磁场中所受的洛伦兹力就一定相同

C. 该带电粒子受洛伦兹力的作用,其动能和动量都不变

D. 洛伦兹力总是垂直于速度方向,因此带电粒子运动的轨迹必定为一圆形

12-14 通有电流 I 的正方形线圈 $MNOP$,边长为 a(图 12-78),放置在均匀磁场中,已知磁感应强度 $\boldsymbol{B}$ 沿 z 轴方向,则线圈所受的磁力矩 $\boldsymbol{M}$ 为〔　　〕。

A. $I a^2 B$,沿 y 轴负方向

B. $\dfrac{1}{2} I B a^2$,沿 z 轴方向

C. $I a^2 B$,沿 y 轴方向

D. $\dfrac{1}{2} I B a^2$,沿 y 轴方向

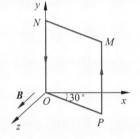

图 12-78　习题 12-14 用图

12-15 半径为 R 的圆柱形无限长载流直导体置于均匀无限大磁介质中,若导体中流过的恒定电流为 I,磁介质的相对磁导率为 μ_r($\mu_r < 1$),则磁介质内的磁化强度大小为〔　　〕。

A. $\dfrac{\mu_r I}{2\pi r}$
　　　　B. $\dfrac{(\mu_r-1)I}{2\pi r}$
　　　　C. $-\dfrac{(\mu_r-1)I}{2\pi r}$
　　　　D. $\dfrac{I}{2\pi r(\mu_r-1)}$

12-16 北京正负电子对撞机的储存环是周长为 240 m 的近似圆形轨道。当环中电子流强度为 8 mA 时,在整个环中有多少电子在运行?已知电子的速率接近光速。

12-17 设想在银这样的金属中,导电电子数等于原子数。当直径为 1 mm 的银线中通过 30 A 的电流时,电子的漂移速率是多大?若银线温度为 20℃,按经典电子气模型,其中自由电子的平均速率是多大?银的摩尔质量取 $M_{\mathrm{mol}} = 0.1$ kg/mol,密度 $\rho = 10^4$ kg/m^3。

12-18 已知导线中的电流按 $I = t^2 - 5t + 6$(SI)的规律随时间 t 变化,计算在 $t = 1$ s 到 $t = 3$ s 的时间内通过导线截面的电荷量。

12-19 已知两同心薄金属球壳,内外球壳半径分别为 a 和 b($a < b$),中间充满电容率为 ε 的材料,材料的电导率 σ 随外电场变化,且 $\sigma = kE$,其中 k 是常数。现将两球壳维持恒定电压 U,求通过两球壳间的电流和两球壳间的电场强度。

12-20　四条平行的载流无限长直导线,垂直地通过一边长为 a 的正方形顶点,每条导线中的电流都是 I,方向如图 12-79 所示,求正方形中心的磁感应强度 B。

12-21　如图 12-80 所示,已知地球北极地磁场磁感应强度 B 的大小为 6.0×10^{-5} T,如设想此地磁场是由地球赤道上一圆电流所激发的,此电流有多大? 流向如何?

12-22　两条导线沿半径方向被引到铁环上 A,D 两点,并与很远处的电源相接,电流方向如图 12-81 所示,铁环半径为 R,求环中心 O 处的磁感应强度。

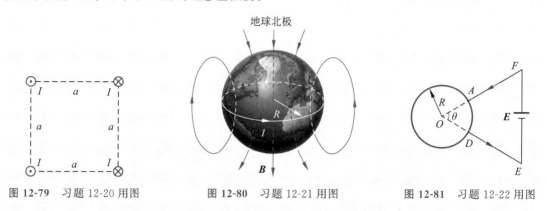

图 12-79　习题 12-20 用图　　　　图 12-80　习题 12-21 用图　　　　图 12-81　习题 12-22 用图

12-23　一无限长半径为 R 的半圆柱金属薄片中,自下而上均匀地有电流 I 通过,如图 12-82 所示,试求半圆柱轴线上任一点 P 的磁感应强度 B。

12-24　一个半径为 R 的塑料圆盘,表面均匀带电 $+Q$,如果圆盘绕通过圆心并垂直于盘面的轴线以角速度 ω 匀速转动,求:(1)圆心 O 处的磁感应强度;(2)圆盘的磁矩。

12-25　如图 12-83 所示,长为 0.1 m、带电量为 1.0×10^{-10} C 的均匀带电细杆,以速率 1.0 m/s 沿 x 轴正方向运动。当细杆运动到与 y 轴重合的位置时,细杆的下端到坐标原点 O 的距离为 $l=0.1$ m,试求此时杆在原点 O 处产生的磁感应强度 B。

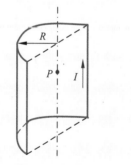

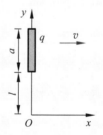

图 12-82　习题 12-23 用图　　　　　　　图 12-83　习题 12-25 用图

12-26　一橡皮传输带(视为无限大平面)以速度 v 匀速向右运动,如图 12-84 所示,橡皮带上均匀带有电荷,电荷面密度为 σ。求橡皮带中部上方靠近表面一点处的磁感应强度 B 的大小。

12-27　如图 12-85 所示,一均匀带电长直圆柱体,电荷体密度为 ρ,半径为 R。若圆柱绕其轴线匀速旋转,角速度为 ω,求:(1)圆柱体内距轴线 r 处的磁感应强度的大小;(2)两端面中心的磁感应强度的大小。

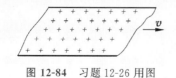

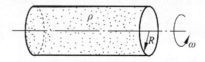

图 12-84　习题 12-26 用图　　　　　　　图 12-85　习题 12-27 用图

12-28　一很长的同轴电缆,由一圆柱形导体和一同轴圆筒状导体组成,其尺寸如图 12-86 所示。在这两导体中通有大小相等、流向相反的电流 I。求离轴线为 r 处的磁感应强度:(1)$r<R_1$;(2)$R_1<r<R_2$;(3)$R_2<r<R_3$;(4)$r>R_3$。

12-29　一半径为 a 的无限长圆柱形导体,均匀通过的电流为 I,电流方向垂直纸面向外,现在此载流无限长圆柱中间挖去两直径为 a 的无限长圆柱。无限长载流导体的横截面如图 12-87 所示。求挖去两直径为 a 的无限长圆柱后,此载流导体在到圆柱中心 O 点的距离都为 r 的 P_1 和 P_2 点产生的磁感应强度大小。

12-30　一条很长的半径为 R 的铜导线载有电流 10 A,在导线内部通过中心线作一平面 S(长为 1 m,宽为 $2R$),如图 12-88 所示。试计算通过 S 平面内的磁通量。

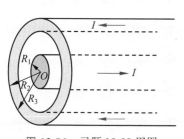

图 12-86　习题 12-28 用图

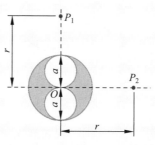

图 12-87　习题 12-29 用图

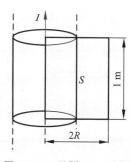

图 12-88　习题 12-30 用图

12-31　如图 12-89 所示,N 匝线圈均匀密绕在截面为矩形的整个木环上(木环的内外半径分别为 R_1,R_2,厚度为 h),求:(1)线圈通入电流 I 后,环内外磁场的分布;(2)通过环管截面的磁通量。

12-32　一无限长直载流导线,通有电流 50 A,在离导线 0.05 m 处有一电子以速率 1.0×10^7 m/s 运动。已知电子电荷的数值为 1.6×10^{-19} C,求下列情况下作用在电子上的洛伦兹力:(1)设电子的速度 $\boldsymbol{v}$ 平行于导线,如图 12-90(a)所示;(2)设 $\boldsymbol{v}$ 垂直于导线并指向导线,如图 12-90(b)所示;(3)设 $\boldsymbol{v}$ 垂直于导线和电子所构成的平面。

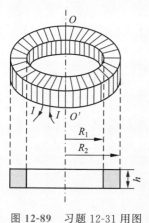

图 12-89　习题 12-31 用图

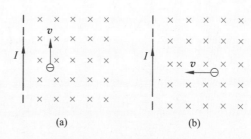

图 12-90　习题 12-32 用图

12-33　带电粒子在过饱和的液体中运动时,会留下一串气泡显示出粒子运动的径迹。设在气泡室有一质子垂直于磁场飞过,留下一个半径为 3.5 cm 的圆弧径迹,测得磁感应强度为 0.20 T,求此质子的动量和动能。

12-34　一质子以 1.0×10^7 m/s 的速度射入磁感应强度为 $B=1.5$ T 的均匀磁场中,其速度方向与磁场方向成 30°。计算:(1)质子作螺旋运动的半径;(2)螺距;(3)旋转频率。

12-35　如图 12-91 所示,一铜片厚为 $d=1.0$ mm,放在 $B=1.5$ T 的磁场中,磁场方向与铜片表面垂直。已知铜片中自由电子数密度为 8.4×10^{22} 个/cm³,每个电子的电荷为 $e=1.6\times10^{-19}$ C,当铜片中通有 $I=200$ A 的电流时,求:(1)铜片两侧的电势差 $U_{aa'}$;(2)铜片宽度 b 对 $U_{aa'}$ 有无影响? 为什么?

12-36　如图 12-92 所示,任意形状的一段导线 AB 中通有从 A 到 B 的电流 I,导线放在与均匀磁场 $\boldsymbol{B}$ 垂直的平面上,设 A,B 间的直线距离为 l,试证明:导线 AB 所受的安培力等于从 A 到 B 载有同样电流的直导线(长为 l)所受的安培力。

12-37　如图 12-93 所示,在长直导线 AB 旁有一矩形线圈 $CDEF$,导线中通有电流 $I_1=20$ A,线圈中通有电流 $I_2=10$ A。已知 $d=1$ cm,$a=9$ cm,$b=20$ cm,求:(1)导线 AB 的磁场对矩形线圈每边的作用力;(2)矩形线圈所受的合力及合力矩。

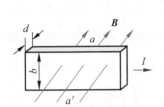

图 12-91　习题 12-35 用图

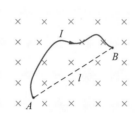

图 12-92　习题 12-36 用图

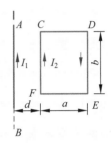

图 12-93　习题 12-37 用图

12-38　一半径为 $R=0.1$ m 的半圆形闭合线圈,载有电流 $I=10$ A,放在均匀磁场中,磁场方向与线圈面平行,如图 12-94 所示,已知 $B=0.5$ T。求:(1)在图示位置时线圈的磁矩;(2)以线圈的直径为转轴,线圈受到的力矩;(3)当线圈平面从图示位置转到与磁场垂直的位置时,磁力矩所做的功。

12-39　螺绕环中心周长为 $l=10$ cm,环上均匀密绕线圈 $N=200$ 匝,线圈中通有电流 $I=100$ mA。(1)求管内的磁感应强度 B_0 和磁场强度 H_0;(2)若管内充满相对磁导率为 $\mu_r=4200$ 的磁介质,则管内的 B 和 H 是多少?(3)在(2)的前提下,磁介质内由导线中电流产生的 B_0 和由磁化电流产生的 B' 各是多少?

12-40　如图 12-95 所示,一条同轴线由半径为 R_1 的长导线和套在它外面的内半径为 R_2、外半径为 R_3 的同轴导体圆筒组成,中间充满磁导率为 μ 的各向同性均匀非铁磁绝缘材料。传导电流 I 沿导线向上流去,由圆筒向下流回,在它们的截面上电流都是均匀分布的。求同轴线内外的磁感应强度的分布。

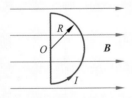

图 12-94　习题 12-38 用图

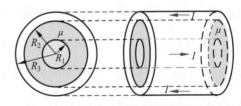

图 12-95　习题 12-40 用图

第 13 章

电磁感应及电磁场基本方程

前 面讨论了静电场及恒定电流的磁场,电场和磁场都与时间无关,并且彼此独立。本章将讨论随时间变化的电场和磁场,而变化的电场和变化的磁场总是联系在一起,彼此制约,互相激发。本章首先讨论电磁感应(electromagnetic induction)现象及其基本规律,这些基本规律有楞次定律、法拉第电磁感应定律以及动生电动势和感生电动势;其次,介绍电磁感应的一些主要应用,以及在理论上和实践上都有重要意义的电磁感应现象——自感现象和互感现象;再次,讨论磁场的能量以及随时间变化的电场激发磁场的问题,在此基础上简要阐述电磁场的物质性并给出麦克斯韦方程组;最后,讨论电磁波的形成及性质。

13.1 电磁感应的基本定律

13.1.1 电磁感应现象

1820 年,奥斯特的电流磁效应实验说明电流在其周围激发磁场,此实验发现以后,也使人们很自然地想到,磁场是否也会引起电流呢? 也就是所谓的"磁生电"问题。这个问题提出以后,一大批著名物理学家(如:安培、菲涅耳、科拉顿等)都投身于"磁生电"的实验和研究中。

> **感悟·启迪**
>
> 在探究"磁生电"问题的诸多实验中,瑞士科学家科拉顿做了这样一个实验:他用一个螺线管和电流计连成一个闭合回路,为了使磁铁不至于影响电流计中的小指针,他把螺线管和电流计分别放在两个房间里,他一次次地将磁铁插入螺线管,再迅速地跑到另一个房间去观察电流计的指针是否偏转,结果没有观察到,实际上指针是偏转了的。这是一个很遗憾的实验,它说明在物理学的研究中,着重抓主要因素就好,同时也说明了团队合作的重要性。

法拉第(M. Faraday,1791—1867,英国)在前人实验的基础上进行了深入思考,他不断改进实验,反复细心观察,经过整整十年的努力,终于在 1831 年取得了突破性的成功。1831 年 8 月 29 日,法拉第发现了人类历史上第一个"磁生电"的现象。他在软铁环上绕着两个彼此用布隔开的线圈 *A* 和 *B*,线圈 *B* 和一只电流计相连组成闭合电路,如图 13-1 所示。

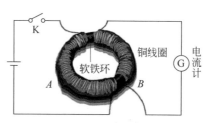

图 13-1 电磁感应现象

当线圈 A 和一组伏打电池相连接或断开时,电流计都会发生偏转。但线圈 A 继续通电时,这种效应却不继续存在,电流计的指针不会发生偏转。这个实验使法拉第意识到,这就是他寻找了十年的"磁生电"现象,并注意到这是一种瞬时效应(暂态过程)。接下来法拉第做了各种各样的实验都证实了"磁生电"的现象。他将所做实验归类,并于 1831 年 11 月 24 日向英国皇家科学院报告了他的关于"磁生电"的第一篇重要论文。在论文中,他总结出以下五种情况都可以产生电流:①正在变化着的电流;②正在变化着的磁场;③运动着的恒定电流;④运动着的磁铁;⑤在磁场中运动着的导体。也就是在这篇论文中,法拉第把上述现象正式命名为"电磁感应"现象。在此现象中产生的电流称为感应电流(induced current)。

电磁感应现象的发现,是电磁学领域内最重大的成就之一。在理论上,它揭示了电场与磁场间的联系与转化,且电磁感应定律本身是麦克斯韦电磁理论的基本组成部分之一;在实践上,为电工、电子技术奠定了理论基础,为人类获取巨大而廉价的电能开辟了道路。

产生感应电流的具体方法很多,归纳起来可以分为以下两类。

(1) 磁场不变,导体回路或回路的一部分作切割磁感应线运动。如图 13-2 所示,一个接有电流计的导体 ab,放置在由磁体激发的均匀的恒定磁场 **B** 中。当导体 ab 作切割磁感应线运动时,电流计的指针发生偏转,表明导体框中产生了电流;导体 ab 滑动越快,电流计指针偏转的角度越大,表明导体中的电流增强了;当导体 ab 停止滑动时,电流计指针回到平衡位置,表明导体中没有电流。当导体 ab 反方向运动时,电流计指针偏转方向相反,说明电流方向相反。这种方式的特点是组成回路的导体全部或一部分作切割磁感应线运动。

(2) 导体回路不动,回路周围的磁场发生变化。如图 13-3 所示,螺线管 A 与电流计 G 组成闭合电路,在 A 附近有一个通电螺线管 A′。当调节滑动变阻器 R 使 A′ 中的电流增加,从而使 A 周围的磁场增强时,电流计的指针发生偏转;磁场增加越快,指针偏转角度越大;当磁场停止变化时,指针回到平衡位置。当调节 R 使 A′ 中的电流减小,从而减小 A 周围的磁场时,电流计的指针反向偏转。

图 13-2　电磁感应实验一

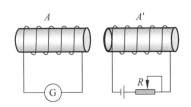

图 13-3　电磁感应实验二

与(2)属于同一类型的方法有:在 A′ 的电源接通或断开的瞬间,将 A 置于交变的磁场中等。这类方法的特点是一定要有磁场的变化,只有在磁场的变化过程中才有感应电流产生。

把产生感应电流的方法分为两类,这绝不是形式,而是具有实质性的分类方法。今后将会看到,它们的物理实质或者说两类方法推动导体中电荷运动的机制是不同的。第一类方法中的是洛伦兹力,第二类方法中的是感生电场力。

产生感应电流的实验装置多种多样,并各有其特点。法拉第发现,无论采用哪一类

电磁感应 1

电磁感应 2

电磁感应 3

电磁感应 4

电磁感应 5

方法,它们的共同点是使导体回路中的磁通量 $\Phi = \iint \boldsymbol{B} \cdot \mathrm{d}\boldsymbol{S}$ 发生变化,切割磁感应线引起了面积 S 的改变或磁场变化引起了 $\boldsymbol{B}$ 的改变,结果都导致 Φ 的改变。所以,穿过导体回路的磁通量的变化,是回路中产生感应电流的唯一条件。

感悟·启迪

　　从奥斯特实验提出"磁生电"问题到法拉第电磁感应现象的发现充分说明:世界上的一切事物都处在相互联系之中,整个世界就是一个普遍联系的有机整体。

13.1.2　楞次定律

　　1833 年,楞次(H. F. E. Lentz,1804—1865,俄国)在法拉第工作的基础上,对大量电磁感应实验进行了概括总结,得出判断感应电流方向的规律,即楞次定律。它的具体表述为:感应电流的磁通量总是力图阻碍引起感应电流的磁通量的变化。这里"阻碍"变化的含义是:当原磁通量增加时,感应电流的磁通量与原来的磁通量方向相反(阻碍它的增加);当原磁通量减少时,感应电流的磁通量与原来的磁通量方向相同(阻碍它的减少),如图 13-4 所示。

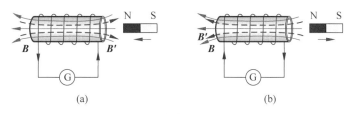

图 13-4　判断感应电流的方向
(a) 原磁通量增加;(b) 原磁通量减少

　　楞次定律是能量转换和守恒定律在电磁感应现象中的反映。如图 13-4(a)所示,当磁铁的 N 极由右向左插入线圈时,磁通量在 $\boldsymbol{B}$ 方向上(向左)增加,根据楞次定律,将产生感应电流 I,此 I 产生的磁通量(同一线圈闭合回路上的磁通量)应阻碍其增加,那么 I 产生的磁通量应向右,即 I 产生的 $\boldsymbol{B}'$ 与 $\boldsymbol{B}$ 相反。从能量转换和守恒的角度看,当 N 极插入时,要受到感应电流 I 产生的磁场的阻碍,此时必须要有外力做功来反抗阻碍,方能使 N 极插入线圈。从功能角度看,在整个过程中,外力做功到哪去了呢?此机械能是不会消失的。实际上外力的功转化为产生的感应电流的焦耳热(机械能转化为线圈中感应电流的电能,并转化为电路中的焦耳热)。所以整个过程按楞次定律来理解符合普遍的能量守恒定律,这也反过来说明了楞次定律的正确性。

13.1.3　法拉第电磁感应定律

　　从前面知道,闭合电路中要有持续的电流,则回路中必然要有电动势存在。在这里,磁通量 Φ 变化,在回路中产生了感应电流,则回路中必有电动势。我们把这种直接由电磁感应产生的电动势叫作感应电动势。

　　在电磁感应现象中,不管什么原因,只要穿过回路的磁通量发生变化,就一定要产生感应电动势。前面的所有实验都是通过观察回路中是否具有感应电流来判断是否有电磁感应现象的,这是因为感应电流比感应电动势易于显示,易于观察。但感应电动势比感应电流更能反应电磁感应现象的本质,因为它不受电路是否闭合和回路中电阻大小的影响,只与磁通量的变化情况有关,故电磁感应现象的本质是在导体中产生了感应电动势。

　　为了反映感应电动势与磁通量的变化之间的定量关系,引入法拉第电磁感应定律。它的具体表述为:导体回路中的感应电动势 $\mathcal{E}$ 与穿过该回路的磁通量 Φ 随时间的变化率的负值成正比,即

$$\mathcal{E} = -\frac{\mathrm{d}\Phi}{\mathrm{d}t} \tag{13-1}$$

在约定的正负符号法则下,式中的负号反映了感应电动势的方向,它是楞次定律的数学表述。

　　由式(13-1)确定感应电动势方向的符号法则如下:①$\mathcal{E}$、Φ 都是具有正负的代数量;②写成式(13-1)时,$\mathcal{E}$、Φ 正方向有如下约定:感应电动势 $\mathcal{E}$ 与磁通量 Φ 的正方向互成右手螺旋关系,如图 13-5 所示。$\mathcal{E}$、Φ 值为正,说明其实际方向与约定的正方向相同,否则相反。下面分四种情况说明由上式判断感应电动势方向的方法。

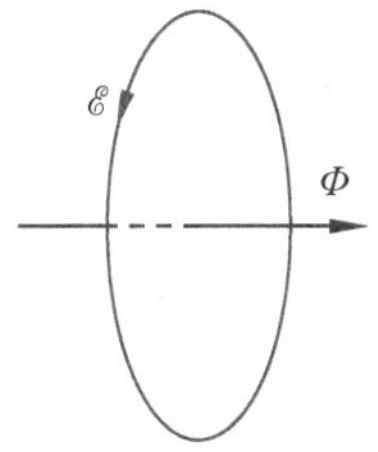

图 13-5　$\mathcal{E}$、Φ 的正方向约定关系

　　在下面的讨论中,如图 13-6 所示规定向下为 Φ 正方向,即 e_n 方向,约定的 $\mathcal{E}$ 正方向与 e_n 方向满足右手螺旋关系,即图中线圈的顺时针方向。

　　(1) $\Phi > 0$ 且 $\dfrac{\mathrm{d}\Phi}{\mathrm{d}t} > 0$

　　$\Phi > 0$ 说明磁通量实际方向与规定的正方向相同,即向下。$\dfrac{\mathrm{d}\Phi}{\mathrm{d}t} > 0$ 说明这个向下的磁通量绝对值随时间增大。由法拉第电磁感应定律,$\dfrac{\mathrm{d}\Phi}{\mathrm{d}t} > 0$ 时 $\mathcal{E} < 0$,即 $\mathcal{E}$ 的实际方向与约定的正方向相反。由 $\mathcal{E}$ 的实际方向可得感应电流 I 的实际方向,即为逆时针方向,I 激发的磁通量 Φ' 向上,如图 13-6(a)虚线所示。

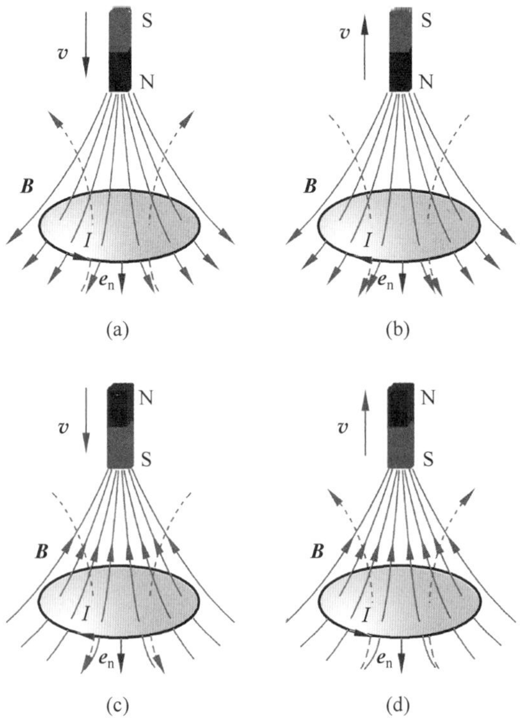

(a)　(b)

(c)　(d)

图 13-6　感应电动势的方向与 Φ 的变化之间的关系

（2）$\Phi>0$ 且 $\dfrac{\mathrm{d}\Phi}{\mathrm{d}t}<0$

$\Phi>0$ 说明磁通量实际方向与规定的正方向相同，即向下。$\dfrac{\mathrm{d}\Phi}{\mathrm{d}t}<0$ 说明这个向下的磁通量绝对值随时间减小。由法拉第电磁感应定律，$\dfrac{\mathrm{d}\Phi}{\mathrm{d}t}<0$ 时 $\mathcal{E}>0$，即 $\mathcal{E}$ 的实际方向与约定的正方向相同，由 $\mathcal{E}$ 的实际方向可得感应电流 I 的实际方向，即为顺时针方向，I 激发的磁通量 Φ' 向下，如图 13-6(b) 虚线所示。

（3）$\Phi<0$ 且 $\dfrac{\mathrm{d}\Phi}{\mathrm{d}t}<0$

$\Phi<0$ 说明磁通实际方向与规定的正方向相反，即向上；$\dfrac{\mathrm{d}\Phi}{\mathrm{d}t}<0$ 说明这个向上的磁通量绝对值随时间增加。由法拉第电磁感应定律，$\dfrac{\mathrm{d}\Phi}{\mathrm{d}t}<0$ 时 $\mathcal{E}>0$，由 $\mathcal{E}$ 的实际方向可得感应电流 I 的实际方向，即为顺时针方向，I 激发的磁通量 Φ' 向下，如图 13-6(c) 虚线所示。

（4）$\Phi<0$ 且 $\dfrac{\mathrm{d}\Phi}{\mathrm{d}t}>0$

$\Phi<0$ 说明磁通量实际方向与规定的正方向相反，即向上；$\dfrac{\mathrm{d}\Phi}{\mathrm{d}t}>0$ 说明这个向上的磁通量绝对值随时间减小。由法拉第电磁感应定律，$\dfrac{\mathrm{d}\Phi}{\mathrm{d}t}>0$ 时 $\mathcal{E}<0$，由 $\mathcal{E}$ 的实际方向可得感应电流 I 的实际方向，即为逆时针方向，I 激发的磁通量 Φ' 向上，如图 13-6(d) 虚线所示。

由法拉第电磁感应定律得到的 $\mathcal{E}$ 的方向和由楞次定律得到的方向是完全一致的，但在实际问题中，我们常用法拉第电磁感应定律求感应电动势 $\mathcal{E}$ 的数值（绝对值），用楞次定律确定其方向。

物理学家简介

法　拉　第

迈克尔·法拉第（Michael Faraday，1791—1867，英国）（图 13-7）于 1791 年 9 月 22 日出生在英国纽因顿的一个贫苦家庭，父亲是个铁匠，由于家境贫穷，因此他只好靠自学求取知识。14 岁时，他成为书本装订商及销售人乔治·雷伯的门生。7 年学徒生涯中，他读过大量书籍，在这些大量的阅读之中，法拉第渐渐树立起对科学的兴趣。

1812 年，法拉第旁听了汉弗里·戴维爵士等的演讲。之后将自己在听演讲中细心抄录并旁征博引、内容达 300 页的笔记精心装订，在当年圣诞节前寄给戴维过目，并希望能在戴维那里谋一个职位，戴维立刻给予他相当友善且正面的答复。之后不久，法拉第成为戴维的秘书，从此开始了他的科学生涯。

图 13-7　法拉第

法拉第的科学成就主要在电学和化学方面。他在电学方面的最重要的贡献是：1831 年发现了电磁感应定律；另外，还把磁场线和电场线的重要概念引入物理学；1845 年发现了法拉第效应的现象；还发现了静电屏蔽，并利用该原理制成了法拉第笼等。法拉第在多个化学领域中都有成果：发现了诸如苯等化学物质；发明氧化数；首次实现将氯等气体液化；发现了电解定律等。为了纪念他在科学上的成就，电容的单位以其名字命名。

法拉第

例 13-1

长直导线中通有交变电流 $I = I_0\sin\omega t$，其中 I 表示瞬时电流，I_0 为电流振幅，ω 是角频率，I_0 和 ω 均为常量。在长直导线旁平行放置一矩形线圈，线圈平面与直导线在同一平面内。线圈长为 l，宽为 b，线圈靠近直导线的一边到直导线的距离为 d（图 13-8）。求任一瞬时线圈中的感应电动势。

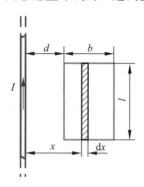

解 在某一瞬时，线圈距直导线为 x 处的磁感应强度为

$$B = \frac{\mu_0 I}{2\pi x}$$

设顺时针的转向为矩形线圈的绕行正方向，通过图 13-8 中阴影面积的磁通量为

$$\mathrm{d}\Phi = B\cos 0°\mathrm{d}S = \frac{\mu_0 I}{2\pi x}l\,\mathrm{d}x$$

通过整个线圈所围面积的磁通量为

$$\Phi = \int \mathrm{d}\Phi = \int_d^{d+b} \frac{\mu_0 I}{2\pi x}l\,\mathrm{d}x = \frac{\mu_0 l I_0 \sin\omega t}{2\pi}\ln\left(\frac{d+b}{d}\right)$$

图 13-8 例 13-1 示意图

则线圈内的感应电动势为

$$\mathscr{E} = -\frac{\mathrm{d}\Phi}{\mathrm{d}t} = -\frac{\mu_0 l I_0}{2\pi}\ln\left(\frac{d+b}{d}\right)\frac{\mathrm{d}}{\mathrm{d}t}(\sin\omega t) = -\frac{\mu_0 l I_0 \omega}{2\pi}\ln\left(\frac{d+b}{d}\right)\cos\omega t$$

上式表明，线圈中的感应电动势随时间按余弦规律变化，其方向也随余弦值的正负作逆时针、顺时针转向的变化。

思考题

13-1 有一铜环和一木环，两环的形状、尺寸完全相同，现用两根相同的磁棒以相同的速度分别插入铜环和木环，在任一时刻磁棒与环的相对位置一样。问：通过这两个环的磁通量是否相同？ 如果不同，通过哪个环的磁通量大？ 如果同时拔出，情况又如何？

13-2 如图 13-9 所示，当开关 K 闭合的瞬间，金属坏会跳起，为什么？

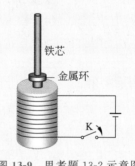

铁芯

金属环

K

图 13-9 思考题 13-2 示意图

13.2 动生电动势

电磁感应定律说明，无论什么原因，只要穿过闭合回路的磁通量发生变化，回路中就会产生感应电动势。但磁通量变化的原因有所不同，据此可将电磁感应现象中产生的电动势分为两大类。当磁场 $\boldsymbol{B}$ 不变，而闭合回路所围面积发生变化时，由此引起的电动势称为动生电动势（motional electromotive force）；当闭合回路不动，即所围面积不变，而磁场 $\boldsymbol{B}$ 变化时，由此引起的电动势称为感生电动势（induced electromotive force）。下面

以导体在磁场中作切割磁感应线运动为例,分析产生动生电动势的原因。

13.2.1　动生电动势的形成

将如图 13-10 所示的闭合回路 $abcd$,放入均匀磁场 $\boldsymbol{B}$ 中,导体 ab 段以速度 $\boldsymbol{v}$ 向右运动,导体中向右运动的电子要受到洛伦兹力的作用。由式 $\boldsymbol{F} = -e\boldsymbol{v} \times \boldsymbol{B}$ 知,$\boldsymbol{F}$ 的方向向下,导体中的电子向下运动,所以感应电流的方向为逆时针方向。

回路中产生了感应电流,回路中必然有电动势存在,而产生感应电流 I 的电动势存在于 ab 段上,即 ab 段为电源。而电动势的值是非静电力对单位正电荷所做的功,在这里非静电力是洛伦兹力,所以动生电动势的大小为单位正电荷从 a 运动到 b 时洛伦兹力的功,即

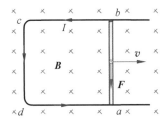

图 13-10　动生电动势

$$\mathscr{E} = \int_a^b \frac{1}{e} \boldsymbol{F}_+ \cdot \mathrm{d}\boldsymbol{l} = \int_a^b \frac{1}{e} (e\boldsymbol{v} \times \boldsymbol{B}) \cdot \mathrm{d}\boldsymbol{l}$$

$$= \int_a^b \frac{1}{e} evB \, \mathrm{d}l = vBl$$

$\mathscr{E}$ 的方向由 a 指向 b(即正电荷运动的方向)。

由此可见,产生动生电动势 $\mathscr{E}$ 的原因为洛伦兹力。虽然这个结论是从特例(直导线在 $\boldsymbol{B}$ 中作匀速平移)中导出的,但可以证明:对于任意形状的导线,当它在任意恒定的 $\boldsymbol{B}$ 中作任意运动时,与动生电动势相对应的非静电力都是洛伦兹力。

由上述讨论可得,动生电动势的一般表达式为

$$\mathscr{E}_{动} = \mathscr{E}_{ab} = \int_a^b (\boldsymbol{v} \times \boldsymbol{B}) \cdot \mathrm{d}\boldsymbol{l} \tag{13-2}$$

若求出 $\mathscr{E}_{ab} > 0$,则电动势方向由 a 指向 b,即 b 端电势高于 a 端。

13.2.2　动生电动势的计算

对于闭合回路,直接找出 Φ 及其变化,即可用 $\mathscr{E} = -\dfrac{\mathrm{d}\Phi}{\mathrm{d}t}$ 求得 $\mathscr{E}$。对于非闭合回路,可作辅助线构成一闭合回路,再用 $\mathscr{E} = -\dfrac{\mathrm{d}\Phi}{\mathrm{d}t}$ 求解;也可直接用 $\mathscr{E}_{ab} = \int_a^b (\boldsymbol{v} \times \boldsymbol{B}) \cdot \mathrm{d}\boldsymbol{l}$ 进行求解。

例 13-2

如图 13-11 所示,一长直导线中通有电流 $I = 10$ A,有一长度为 $l = 0.2$ m 的金属棒 AC,以 $v = 2$ m/s 的速度平行于长直导线作匀速运动,棒的 A 端距导线 $a = 0.1$ m,求金属棒中的动生电动势。

解　金属棒处在通电导线产生的非均匀磁场中,在金属棒距长直导线 x 处取长度元 $\mathrm{d}x$,$\mathrm{d}x$ 处的磁场可看作是均匀的,且有 $B = \dfrac{\mu_0 I}{2\pi x}$。长度元 $\mathrm{d}x$ 上的动生电动势为

$$\mathrm{d}\mathscr{E} = -Bv \, \mathrm{d}x = -\frac{\mu_0 I}{2\pi x} v \, \mathrm{d}x$$

由于磁场在金属棒上任一长度元处产生的动生电动势的方向相同,故金属棒中的总电动势为

$$\mathscr{E}_{AC} = -\int_a^{a+l} \frac{\mu_0 I}{2\pi x} v \, \mathrm{d}x = \frac{-\mu_0 I}{2\pi} v \ln \frac{a+l}{a} = -4.4 \times 10^{-6} \text{ V}$$

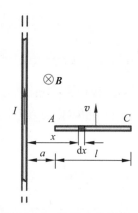

图 13-11　例 13-2 示意图一

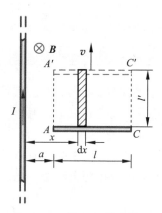

图 13-12　例 13-2 示意图二

电动势的方向由 C 指向 A，即 A 为高电势端。

此题也可用作辅助线的方法进行求解，如图 13-12 所示。设经 t 时间后导线 AC 运动到 $A'C'$，运动距离为 l'。作辅助线，形成闭合回路 $A'C'CAA'$，则在 t 时间内通过图中阴影面积的磁通量为

$$\mathrm{d}\Phi = \frac{\mu_0 I}{2\pi x} l' \mathrm{d}x$$

在 t 时间内通过整个闭合回路所围面积的磁通量为

$$\Phi = \int \mathrm{d}\Phi = \int_a^{a+l} \frac{\mu_0 I}{2\pi x} l' \mathrm{d}x = \frac{\mu_0 l' I}{2\pi} \ln\left(\frac{a+l}{a}\right)$$

因此，产生的动生电动势为

$$\mathscr{E} = -\frac{\mathrm{d}\Phi}{\mathrm{d}t} = -\frac{\mu_0 I}{2\pi} v \ln\left(\frac{a+l}{a}\right) = -4.4 \times 10^{-6}\ \mathrm{V}$$

负号表示和选定的回路正方向相反。同样可得出，A 为高电势端。

例 13-3

长度为 L 的金属杆 OP 放在均匀磁场 $\boldsymbol{B}$ 中，OP 与转轴 OO' 之间的夹角为 θ，$\boldsymbol{B}$ 平行于 OO'，如图 13-13 所示。当金属杆 OP 绕 OO' 以角速度 ω 转动时，求金属杆 OP 中产生的电动势。

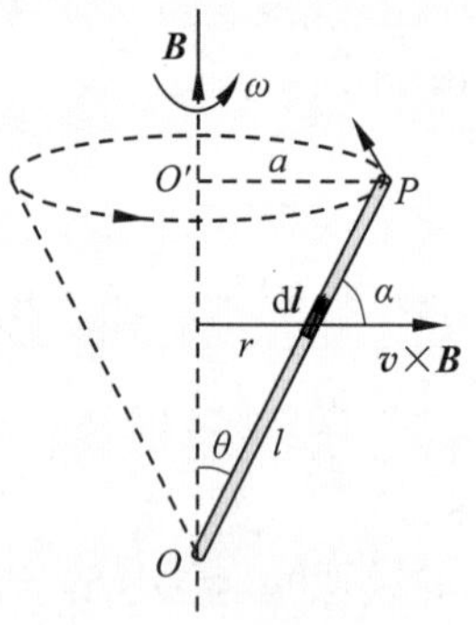

图 13-13　例 13-3 示意图

解　在金属杆 OP 上任取长度元 $\mathrm{d}l$，长度元到 O 点的距离为 l，到转轴 OO' 之间的垂直距离为 r，如图 13-13 所示。由动生电动势的计算公式，金属杆 OP 产生的电动势为

$$\begin{aligned}\mathscr{E}_{OP} &= \int_O^P (\boldsymbol{v} \times \boldsymbol{B}) \cdot \mathrm{d}\boldsymbol{l} = \int_0^L vB\cos\alpha \mathrm{d}l = \int_0^L \omega Br\cos\alpha \mathrm{d}l \\ &= \int_0^L \omega Br\cos(90° - \theta)\mathrm{d}l = \int_0^L \omega B\sin^2\theta l \mathrm{d}l \\ &= \frac{1}{2}\omega BL^2\sin^2\theta\end{aligned}$$

上式可改写为

$$\mathscr{E}_{OP} = \frac{\omega B}{2}\left(\frac{a}{\sin\theta}\right)^2 \sin^2\theta = \frac{1}{2}\omega Ba^2$$

式中，a 为金属杆 OP 在垂直于磁场方向的投影。由此可见，金属杆 OP 在匀强磁场中旋转产生的电动势可等效为长度为 a 的杆以相同的角速度，在相同的磁场中旋转产生的动生电动势。

13.2.3　交流发电机

电能是现代社会最主要的能源之一。发电机是将其他形式的能源转换成电能的机械设备,它是动生电动势的一个应用实例。图 13-14 是交流发电机的简单原理图,在永磁铁的两极间有一个近似均匀的磁场 B,线圈在磁场中以匀角速度 ω 转动,其产生的交流电通过滑环引出的导线向外输出。下面计算线圈中产生的电动势的大小。

设线圈 $ABCD$ 在磁场中以匀角速度 ω 转动,如图 13-15 所示。当线圈平面的法线方向 e_n 与磁感应强度 B 之间的夹角为 θ 时,通过线圈平面的磁通量为

$$\Phi = BS\cos\theta$$

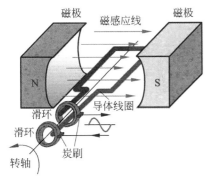

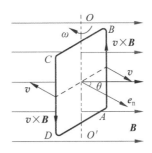

交流发电机工作原理

图 13-14　交流发电机原理图　　　图 13-15　线圈在磁场中转动

当线圈以 OO' 为轴转动时,夹角 θ 随时间改变,所以 Φ 也随时间改变。根据法拉第电磁感应定律(设有 N 匝线圈)可得,线圈中产生的电动势大小为

$$\mathscr{E} = -N\frac{\mathrm{d}\Phi}{\mathrm{d}t} = NBS\sin\theta\frac{\mathrm{d}\theta}{\mathrm{d}t}$$

式中,$\dfrac{\mathrm{d}\theta}{\mathrm{d}t}$ 是线圈转动时的角速度 ω,线圈作匀角速转动,则 ω 为恒量。设在 $t=0$ 时,$\theta=0$,则在 t 时刻,$\theta=\omega t$,故有

$$\mathscr{E} = NBS\omega\sin\omega t \tag{13-3}$$

令 $NBS\omega = \mathscr{E}_0$,它表示线圈平面平行于磁场方向的瞬时感应电动势,也就是线圈中感应电动势(动生电动势)的幅值,故上式改写为

$$\mathscr{E} = \mathscr{E}_0\sin\omega t \tag{13-4}$$

由式(13-4)可知,在匀强磁场内作匀角速转动的线圈中产生的电动势是随时间周期性变化的,周期为 $2\pi/\omega$。在两个连续的半周期中,电动势的方向相反,这种电动势叫作交变电动势。在交变电动势的作用下,线圈中将形成交变电流。由于线圈内自感应现象的存在(见 13.4 节),交变电流的变化要比交变电动势的变化推迟一些,设其相位落后 φ,则线圈内的交变电流可表示为

$$I = I_0\sin(\omega t - \varphi) \tag{13-5}$$

这就是发电机的基本工作原理。

这种简单的发电方法在一些小型的发电装置上也有一些应用。自行车用发电机是利用自行车运动过程中车轮的运动带动发电机发电的一个典型例子,它为夜间行车提供照明用电的是一个小型发电装置,其结构如图 13-16 所示。实际的大型发电机的工作原理是旋转磁场,从而使磁场发生改变,而线圈不动。

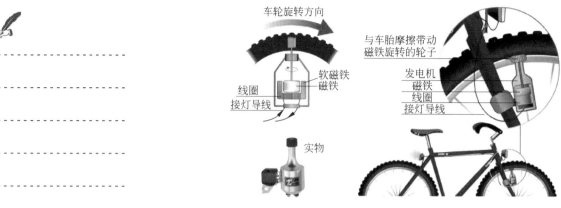

图 13-16　自行车用发电机

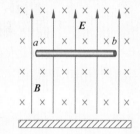

图 13-17　思考题 13-4 示意图

思考题

13-3 在图 13-10 中,金属棒 ab 在光滑的导轨上以速度 v 向右运动,各导体形成一个矩形闭合回路 abcda。根据楞次定律,回路中感应电流的方向是逆时针方向,即金属棒 ab 中的感应电流是自 a 流向 b。有人认为:电荷总是从高电势流向低电势,因此 a 点的电势应高于 b 点的电势,这种说法是否正确? 为什么?

13-4 如图 13-17 所示,均匀金属棒 ab 位于桌面上方且与电磁场正交,电场方向竖直向上,磁场方向垂直纸面向里,当金属棒从水平状态由静止开始自由下落(不计空气阻力)时,a、b 端落到桌面上的先后顺序如何?

13.3　感生电动势和感生电场

13.3.1　感生电场的概念与感生电动势的计算

实验表明,当空间中的磁场发生变化时,即使导体回路不动,在导体回路中也能引起感应电流,此时回路中存在的感应电动势称为感生电动势。

产生动生电动势的原因归结为导体中的电子受洛伦兹力作用的结果,那么产生感生电动势的原因是什么,也即在此种情况下推动电荷运动形成电流的非静电力是什么呢? 它肯定不是洛伦兹力,因为导体回路不动,也不会是库仑力,因为库仑力只与电荷分布有关,而与磁场变化没有关系,那么电荷还能受其他什么力呢?

1. 感生电场的提出

麦克斯韦(James Clerk Maxwell,1831—1879,英国)突破了“只有电荷周围空间才有电场”的习惯性思维,大胆假设“变化的磁场在周围空间会激发电场”,并把这个电场称为感生电场。

根据上述假设可知,推动导体中电荷定向运动形成感生电动势(或感应电流)相应的非静电力就是感生电场给予电荷的感生电场力。若空间同时存在电荷和变化的磁场,则空间任一点的总电场为静电场 E_s 和感生电场 E_k 的矢量和,即 $E = E_s + E_k$。

麦克斯韦的假设从理论上揭示了电场和磁场的联系,并已为近代科学实验所证实。例如,应用感生电场加速电子的电子感应加速器就是麦克斯韦提出的“感生电场”存在的

麦克斯韦

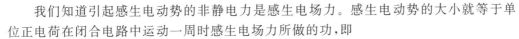

最重要的例证之一。

2. 感生电场的性质

我们知道引起感生电动势的非静电力是感生电场力。感生电动势的大小就等于单位正电荷在闭合电路中运动一周时感生电场力所做的功,即

$$\mathcal{E}_{\text{感}} = -\frac{\mathrm{d}\Phi}{\mathrm{d}t} = \oint_L \boldsymbol{E}_\mathrm{k} \cdot \mathrm{d}\boldsymbol{l}$$

其中,Φ 是穿过以 L 为边界的任一曲面 S 的磁通量,积分路径 L 的方向与 Φ 的正方向成右手螺旋关系,且 $\Phi = \iint_S \boldsymbol{B} \cdot \mathrm{d}\boldsymbol{S}$,故

$$\oint_L \boldsymbol{E}_\mathrm{k} \cdot \mathrm{d}\boldsymbol{l} = -\frac{\mathrm{d}}{\mathrm{d}t} \iint_S \boldsymbol{B} \cdot \mathrm{d}\boldsymbol{S} = -\iint_S \frac{\partial \boldsymbol{B}}{\partial t} \cdot \mathrm{d}\boldsymbol{S} \tag{13-6}$$

式(13-6)就是感生电场的环路定理。通常情况下,感生电场强度的环路积分不为零,这说明,感生电场 $\boldsymbol{E}_\mathrm{k}$ 不是势场,因此称之为涡旋电场(eddy field),它始终与磁感应强度 $\boldsymbol{B}$ 随时间 t 的变化率联系在一起。在此基础上,麦克斯韦假设

$$\oiint \boldsymbol{E}_\mathrm{k} \cdot \mathrm{d}\boldsymbol{S} = 0 \tag{13-7}$$

此式即为感生电场的高斯定理。此结果说明感生电场是无源场,感生电场的电场线是无头无尾的闭合曲线。

静电场 $\boldsymbol{E}_\mathrm{s}$ 是有源无旋场,静电场的电场线起源于正电荷,终止于负电荷,在静电场中可以引入电势概念;而感生电场 $\boldsymbol{E}_\mathrm{k}$ 是有旋无源场,感生电场的电场线是无头无尾的连续曲线,感生电场不能引入电势概念;导体放在感生电场 $\boldsymbol{E}_\mathrm{k}$ 中要产生感生电动势,导体放在静电场 $\boldsymbol{E}_\mathrm{s}$ 中要产生静电感应现象。

13.3.2 电子感应加速器的基本原理

1940 年,克斯特(D. W. Kerst,1911—1993,美国)在美国伊利诺伊大学建成了世界上第一台电子感应加速器(betatron),可把电子加速到 2.3 MeV。电子感应加速器的基本原理是利用变化的磁场所激发的感生电场来加速电子,它为感生电场的客观存在提供了有力的证据(图 13-18)。图 13-19 是电子感应加速器的结构原理图。在电磁铁的两极之间有一环形真空室,电磁铁在交变电流的作用下,在两极

图 13-18 第一台电子感应加速器

之间产生一个由中心向外逐渐减弱并具有对称分布的交变磁场,此交变磁场在环形真空室内激发感生电场,其电场线是一系列绕磁感应线的同心圆,如图 13-19(b)中的虚线所示。在此前提下,若用电子枪将电子沿切线方向射入环形真空室,电子在真空室中将受到感生电场的作用而被加速,同时,电子还受到真空室所在处磁场的洛伦兹力的作用,使电子在一定半径 R 的圆形轨道上作圆周运动。根据感生电场的环路定理及感生电场分布的对称性,可求得感生电场强度的大小为

$$E_\mathrm{k} = \frac{1}{2\pi R} \frac{\mathrm{d}\Phi}{\mathrm{d}t} \tag{13-8}$$

电子作圆周运动的向心力为洛伦兹力,即有

$$Bev = \frac{mv^2}{R}$$

为了使电子在环形真空室中按一定的轨道运动,电磁铁在真空室处激发的磁感应强

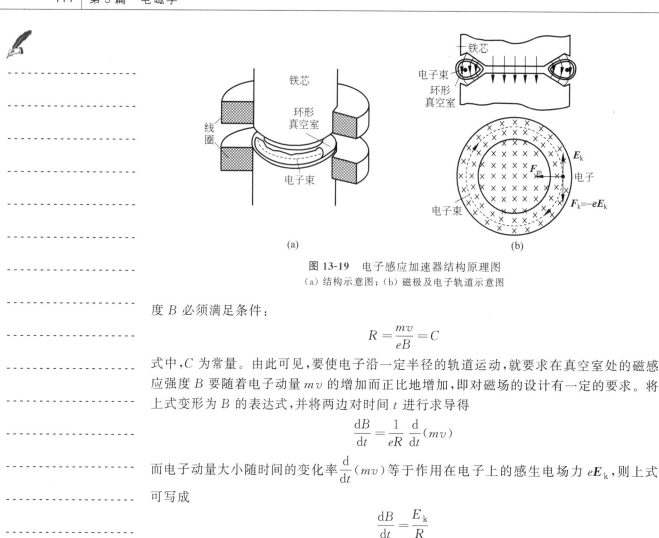

图 13-19 电子感应加速器结构原理图
（a）结构示意图；（b）磁极及电子轨道示意图

度 B 必须满足条件：

$$R = \frac{mv}{eB} = C$$

式中，C 为常量。由此可见，要使电子沿一定半径的轨道运动，就要求在真空室处的磁感应强度 B 要随着电子动量 mv 的增加而正比地增加，即对磁场的设计有一定的要求。将上式变形为 B 的表达式，并将两边对时间 t 进行求导得

$$\frac{\mathrm{d}B}{\mathrm{d}t} = \frac{1}{eR}\frac{\mathrm{d}}{\mathrm{d}t}(mv)$$

而电子动量大小随时间的变化率 $\frac{\mathrm{d}}{\mathrm{d}t}(mv)$ 等于作用在电子上的感生电场力 eE_k，则上式可写成

$$\frac{\mathrm{d}B}{\mathrm{d}t} = \frac{E_k}{R}$$

将式（13 8）代入上式得

$$\frac{\mathrm{d}B}{\mathrm{d}t} = \frac{1}{2\pi R^2}\frac{\mathrm{d}\Phi}{\mathrm{d}t}$$

设电磁铁之间的圆形区域内的平均磁感应强度为 $\bar{B}$，则通过电子圆形轨道所围面积的磁通量为 $\Phi = \pi R^2 \bar{B}$，代入上式得

$$\frac{\mathrm{d}B}{\mathrm{d}t} = \frac{1}{2}\frac{\mathrm{d}\bar{B}}{\mathrm{d}t} \tag{13-9}$$

上式说明，$\bar{B}$ 和 B 都在改变，但应始终保持 $B = \dfrac{\bar{B}}{2}$ 的关系，这是使电子维持在恒定的圆形轨道上加速时磁场必须满足的条件。在电子感应加速器的设计中，两极间的空隙从中心向外逐渐增大，就是为了使磁场的分布能满足这一要求。

在实际应用中，电子感应加速器是在磁场随时间按正弦规律变化的条件下工作的，由交变磁场激发的感生电场方向也随时间而变，图 13-20 给出了一个周期内感生电场方向的变化情况。从图中可以看出，只有在第 1 个和第 4 个这两个 1/4 周期中电子才可能被加速。但是，在第 4 个 1/4 周期中作为向心力的洛伦兹力由于 B 的变向而背离圆心，这就不能维持电子在恒定轨道上作圆周运动。因此，只有在第 1 个 1/4 周期中，电子

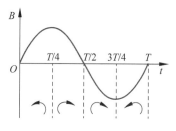

图 13-20 一个周期内感生电场的方向

才能被加速。由于从电子枪入射的电子速率很大,实际上在第 1 个 1/4 周期的短时间内电子已绕行了几十万圈而获得了相当高的能量,所以在第 1 个 1/4 周期末,就可利用特殊的装置使电子脱离轨道射向靶子,以作为科研、工业探伤或医疗之用。

13.3.3　涡电流

前面讨论感应电动势和感应电流时,我们考虑的导体或导体回路实际上都是导线回路。但是在一些电器设备中,常常遇到大块的金属体在磁场中运动,或者处在迅速变化的磁场中,这时,在金属体内部也要产生感应电流,这种电流在金属体内部自成闭合回路呈涡旋形,称为涡电流(eddy current),简称涡流。

感应线圈通过交变电流时在金属工件内部激起的涡电流如图 13-21 所示,此涡流是由变化磁场激发的感生电场引起的。

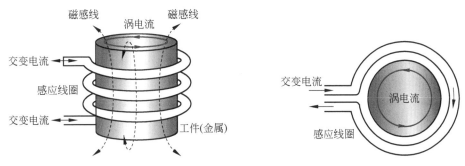

图 13-21　涡流

1. 涡流热效应的应用与危害

由于大块金属或铁芯的电阻很小,因此涡电流可以达到很高的数值,在铁芯中将产生大量的焦耳-楞次热。另外涡流产生的焦耳热与外加交流电的频率的平方成正比关系,所以使用外加的高频交变电流时,铁芯内由于涡电流将放出巨大的热量。可以利用涡流的热效应制成高频感应炉,对其他金属加热或冶炼特种合金和特种钢等。日常生活中所用的电磁灶就是利用交变磁场在铁锅底部产生的涡电流而发热的。

涡电流产生的热效应虽然有着广泛的应用,但是在有些情况下也有很大的弊端。例如对变压器和电机的工作非常不利。一方面,热效应使铁芯升温,危及线圈绝缘材料的寿命甚至烧毁绝缘材料,还可能导致变压器或电机的损坏;另一方面,涡流发热使能量损失,降低了变压器和电机的工作效率。为了减小涡流,常将变压器和电机的铁芯用许多很薄的硅钢片(硅钢片越薄越好)叠加而成(不能用整块铁芯代替),并在每块硅钢片之间涂上绝缘材料,隔断涡流的通路。

感应加热

2. 涡流磁效应的应用——电磁阻尼

如图 13-22(a)所示,在 N、S 极之间有一个摆动的铜板 A。当电磁铁未通电流时(无 B),A 要摆动很多次才停下来;电磁铁一旦通以电流(有 B,且 A 中的 B 变化),A 很快停止摆动。这是由于 A 在摆动过程中 A 中的磁场变化引起了涡流。如图 13-22(b)所示,设 A 从竖直位置开始向右摆动,则 A 的右半部分 B 减少,涡流沿逆时针方向,而 A 的左半部分 B 增加,涡流沿顺时针方向。涡流受到的磁场的安培力作用而阻碍 A 板的运动,故 A 板很快停下来。这种阻尼起源于电磁感应,称为电磁阻尼(electromagnetic damping)。

电磁阻尼常用在电学测量仪表中。如磁电式电流计的线圈常绕在一个封闭的铝框上,测量时,铝框随线圈在磁场中一起转动,铝框中由于感应电流而受到的安培力,同样

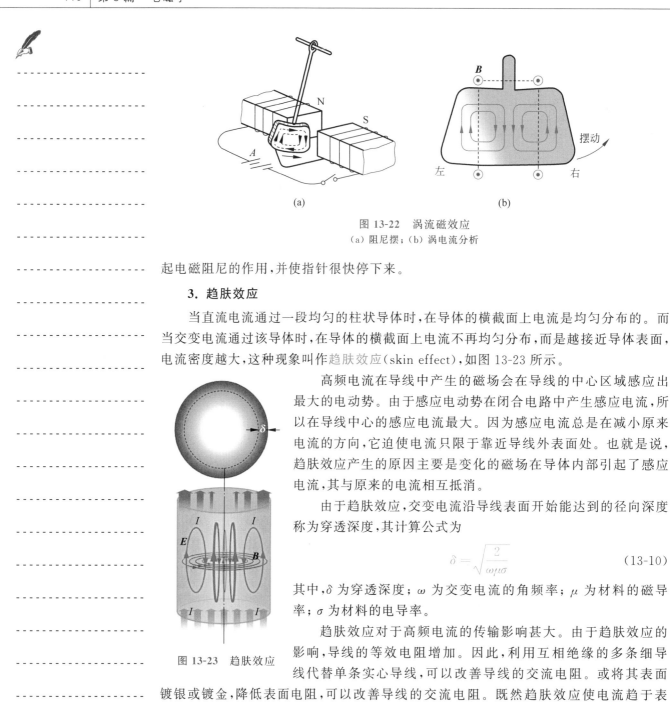

图 13-22 涡流磁效应
（a）阻尼摆；（b）涡电流分析

起电磁阻尼的作用，并使指针很快停下来。

3. 趋肤效应

当直流电流通过一段均匀的柱状导体时，在导体的横截面上电流是均匀分布的。而当交变电流通过该导体时，在导体的横截面上电流不再均匀分布，而是越接近导体表面，电流密度越大，这种现象叫作趋肤效应（skin effect），如图 13-23 所示。

高频电流在导线中产生的磁场会在导线的中心区域感应出最大的电动势。由于感应电动势在闭合电路中产生感应电流，所以在导线中心的感应电流最大。因为感应电流总是在减小原来电流的方向，它迫使电流只限于靠近导线外表面处。也就是说，趋肤效应产生的原因主要是变化的磁场在导体内部引起了感应电流，其与原来的电流相互抵消。

由于趋肤效应，交变电流沿导线表面开始能达到的径向深度称为穿透深度，其计算公式为

$$\delta = \sqrt{\frac{2}{\omega \mu \sigma}} \tag{13-10}$$

其中，δ 为穿透深度；ω 为交变电流的角频率；μ 为材料的磁导率；σ 为材料的电导率。

图 13-23 趋肤效应

趋肤效应对于高频电流的传输影响甚大。由于趋肤效应的影响，导线的等效电阻增加。因此，利用互相绝缘的多条细导线代替单条实心导线，可以改善导线的交流电阻。或将其表面镀银或镀金，降低表面电阻，可以改善导线的交流电阻。既然趋肤效应使电流趋于表面流动，那么，将其制作成空心导线，其导电效果与实心导线基本相当，但是可以节省材料。趋肤效应使电流趋于表面流动的特性，可应用于金属表面热处理，通常称表面淬火。

知识拓展

电 磁 炮

电磁炮（图 13-24）是利用电磁发射技术制成的一种先进的动能杀伤武器。与传统的大炮将火药燃气压力作用于弹丸不同，电磁炮利用的是电磁系统中电磁场的作用力，其作用的时间要长得多，可大大提高弹丸的速度和射程。自 20 世纪 80 年代初期以来，电磁炮在未来武器的发展计划中，已成为越来越重要的部分，因而引起了世界各国军事家的极大关注。

目前,国外所研制的电磁炮,根据结构和原理的不同,可分为以下几种类型:①线圈炮;②轨道炮;③电热炮;④重接炮。

图 13-24　电磁炮

线圈炮的基本原理是:当炮筒中的线圈通入瞬时强电流时,穿过闭合线圈的磁通量会发生变化,从而置于线圈中的金属炮弹会产生感生电流,感生电流的磁场将与通电线圈的磁场相互作用,使金属炮弹飞速射出。

思考题

13-5　感生电场与静电场有哪些异同?

13-6　将一块磁铁放入一根很长的竖直铜管中下落,若不计空气阻力,试定性分析磁铁进入铜管上部、中部和下部的运动情况。

13-7　将一磁铁水平地插入一闭合线圈中,一次迅速地插入,一次缓慢地插入,两次插入前后的位置相同,试问:(1)两次插入过程中,线圈中的感应电流是否相同?通过线圈的感应电量是否相同?(2)不计其他阻力,在两次插入的过程中,手对磁铁所做的功是否相同?

13.4　自感和互感

13.4.1　自感电动势　自感

我们知道,线圈中只要磁通量发生变化,就会产生感应电动势。而这个磁通量的变化,可以是外界的原因引起的,也可以是线圈自身的形变或自身的电流变化造成的。在这里主要讨论线圈自身电流变化引起周围磁场变化所带来的后果。这个后果就是在自身线圈中产生了自感电动势(self-inductive electromagnetic force),在附近其他线圈中产生了互感电动势。

自感现象

由于线圈本身电流变化,从而在自身线圈中产生感生电动势的现象叫作自感(self-induction)。这种由自感现象产生的感生电动势叫作自感电动势,线圈中相应的电流叫作自感电流。

不同的线圈产生自感现象的能力是不同的,下面引入一个物理量来描述线圈产生自感的能力。

设导体回路由 N 匝密绕线圈串联而成,回路中的电流为 I,对于这样的线圈,电流 I

在各匝线圈中产生的磁通量是基本相同的。当线圈中电流发生变化时,根据法拉第电磁感应定律,整个线圈产生的自感电动势为

$$\mathscr{E}_L = -N\frac{d\Phi}{dt} = -\frac{d\Psi}{dt} \tag{13-11}$$

式中,$\Psi = N\Phi$ 是电流 I 在自身线圈中引起的磁通匝链数(简称磁链),它与磁感应强度 B 成正比,按毕奥-萨伐尔定律,B 与 I 成正比(有铁芯的情况除外),所以 Ψ 与 I 成正比,即

$$\Psi = LI \tag{13-12}$$

式中,比例系数 L 称为线圈的自感系数(coefficient of self-induction),简称自感或电感。上式表明,自感系数 L 在数值上等于单位电流在自身线圈中引起的磁链。自感系数的国际单位为亨利,用 H 表示。常用的自感单位有毫亨(mH)和微亨(μH),它们之间的关系为

$$1\ \text{mH} = 10^{-3}\ \text{H}, \quad 1\ \mu\text{H} = 10^{-6}\ \text{H} \tag{13-13}$$

实验表明:在回路附近无铁磁质存在时,L 只依赖于线圈的几何形状、大小、匝数和磁介质的特性以及填充情况,与电流无关(铁磁质除外)。也就是说,L 是由线圈的自身特点决定的,是描述线圈自身性质的物理量。

若回路的几何形状可变,而且回路附近有铁磁质时,相应于每一个电流值 I,也有相应的 Ψ 值,但 Ψ 和 I 之间并不是简单的线性关系。

将式(13-12)代入式(13-11)得回路中的自感电动势为

$$\mathscr{E}_L = -\frac{d\Psi}{dt} = -L\frac{dI}{dt} \tag{13-14}$$

式(13-14)表明,自感电动势与电流的变化率成正比,对于相同的电流变化率,L 越大的线圈,产生的自感电动势越大,所以 L 从侧面反映了线圈产生自感的能力。

把上式改写成

$$L = -\frac{\mathscr{E}_L}{\dfrac{dI}{dt}} \tag{13-15}$$

式(13-15)表示,回路中的自感系数在量值上等于回路中的电流每单位时间改变一单位时,在自身回路中产生的自感电动势。这是自感 L 的另一种定义,并且此式是定义 L 的普遍关系式,这个 L 值是在 dt 时间内,当电流从 I 改变到 $I+dI$ 时(即与电流值 I 相应的)的自感值。这个关系式不论回路是否密绕,也不论回路周围有没有铁磁性介质都能适用。当 L 不变时,定义式(13-15)与式(13-12)一致。

从式(13-14)还可以看出,当 L 一定时,$\dfrac{dI}{dt}$ 越大,则 $\mathscr{E}_L$ 越大,而其方向又是相反的,所以 $\mathscr{E}_L$ 力图阻碍原磁通量的变化,即 $\mathscr{E}_L$ 阻碍电流的变化 $\dfrac{dI}{dt}$。因此,L 越大,线圈阻碍电流变化作用的 $\mathscr{E}_L$ 也越大。这类似于力学中,质量 m 越大,阻碍物体运动的惯性越大,故称 L 为电磁惯性。

L 一般由实验测定,只有少数几种特殊情况可由定义计算。

例 13-4

如图 13-25 所示,细长螺线管体积为 V,单位长度的匝数为 n,求它的自感系数。

解　穿过每匝线圈的磁通量为

$$\Phi = BS = \mu_0 nIS$$

因此自感磁链为

$$\Psi = N\Phi = nl\Phi = \mu_0 n^2 lSI = \mu_0 n^2 IV$$

故螺线管的自感为

$$L = \frac{\Psi}{I} = \mu_0 n^2 V$$

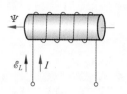

图 13-25　例 13-4 示意图

若螺线管内充满磁导率为 μ 的均匀磁介质,则螺线管的自感为 $L = \mu n^2 V$。

例 13-5

如图 13-26 所示,设有一电缆,它由两个"无限长"的圆筒状的导体组成,电缆中沿内圆筒和外圆筒流过的电流 I 大小相等,方向相反。设内外圆筒的半径分别为 R_1、R_2,求电缆单位长度的自感系数。

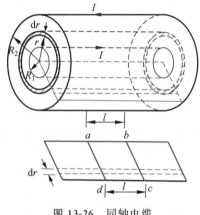

图 13-26　同轴电缆

解　由安培环路定理知,在内圆筒之内以及外圆筒之外的空间中,**B** 均为零。在内外两圆筒之间,距轴线距离为 r 处的磁感应强度为

$$B = \frac{\mu_0 I}{2\pi r}$$

考虑长度为 l 的部分电缆:在两圆筒之间取一面积 $abcd$,在其中取一面积元,通过面积元 $l\,dr$ 的磁通量为

$$d\Phi = Bl\,dr = \frac{\mu_0 I}{2\pi} l\,\frac{dr}{r}$$

所以两圆筒之间的总磁通量为

$$\Phi = \int d\Phi = \int_{R_1}^{R_2} \frac{\mu_0 Il}{2\pi}\,\frac{dr}{r} = \frac{\mu_0 Il}{2\pi}\ln\frac{R_2}{R_1}$$

因此,单位长度电缆的自感系数为

$$L = \frac{\Phi}{lI} = \frac{\mu_0}{2\pi}\ln\frac{R_2}{R_1}$$

13.4.2　互感电动势　互感

有相邻的两个线圈,由于一个线圈的电流变化,在另一个线圈中引起感生电动势的现象称为互感(mutual induction)。因互感产生的电动势叫作互感电动势,相应的电流

叫作互感电流。互感现象与自感现象一样,都是由电流变化而引起的电磁感应现象,可用讨论自感现象类似的方法来进行研究。

1. 互感

如图 13-27 所示,设两线圈中分别通有电流 I_1 和 I_2,则线圈 1 中的总磁通量为

$$\Phi_1 = \Phi_{11} + \Phi_{21}$$

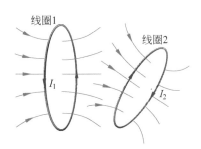

图 13-27 互感线圈

其中,Φ_{11} 是电流 I_1 在线圈 1 中引起的磁通量;Φ_{21} 是电流 I_2 在线圈 1 中引起的磁通量。

当线圈 1 有 N_1 匝时,线圈 1 中的总磁链为

$$\Psi_1 = N_1 \Phi_1 = N_1 \Phi_{11} + N_1 \Phi_{21} = \Psi_{11} + \Psi_{21}$$

其中,Ψ_{11} 是线圈 1 的自感磁链,Ψ_{21} 是线圈 2 对线圈 1 的互感磁链。由法拉第电磁感应定律,当两线圈中电流发生变化时,线圈 1 中产生的总感应电动势(包括自感电动势和互感电动势)为

$$\mathscr{E}_1 = -\frac{\mathrm{d}\Psi_1}{\mathrm{d}t} = -\left(\frac{\mathrm{d}\Psi_{11}}{\mathrm{d}t} + \frac{\mathrm{d}\Psi_{21}}{\mathrm{d}t}\right) \tag{13-16}$$

由式(13-12)可知,$\Psi_{11} = L_1 I_1$,同样可认为,$\Psi_{21} \propto I_2$(有铁芯的情况除外),写成等式为

$$\Psi_{21} = M_{21} I_2 \tag{13-17}$$

式中,M_{21} 为比例系数。将式(13-17)和 $\Psi_{11} = L_1 I_1$ 代入式(13-16)得

$$\begin{cases} \mathscr{E}_1 = -\left(L_1 \dfrac{\mathrm{d}I_1}{\mathrm{d}t} + M_{21} \dfrac{\mathrm{d}I_2}{\mathrm{d}t}\right) \\ M_{21} = \dfrac{\Psi_{21}}{I_2} \end{cases} \tag{13-18}$$

同样地,由于 I_1 和 I_2 的变化,在线圈 2 中也产生了感应电动势,写为

$$\begin{cases} \mathscr{E}_2 = -\left(L_2 \dfrac{\mathrm{d}I_2}{\mathrm{d}t} + M_{12} \dfrac{\mathrm{d}I_1}{\mathrm{d}t}\right) \\ M_{12} = \dfrac{\Psi_{12}}{I_1} \end{cases} \tag{13-19}$$

可以证明,对任意两个线圈,总有 $M_{12} = M_{21} = M$,M 称为两线圈间的互感系数,简称互感,它在数值上等于一个线圈的单位电流在另一个线圈中引起的磁链。M 越大,互感电动势 $\mathscr{E}_{21} = -M\dfrac{\mathrm{d}I_2}{\mathrm{d}t}$ 或 $\mathscr{E}_{12} = -M\dfrac{\mathrm{d}I_1}{\mathrm{d}t}$ 也越大,所以,M 反映了线圈产生互感现象的能力。

实验表明,M 只依赖于线圈的几何形状、大小、匝数、相对位置和磁介质的特性以及填充情况,而与电流无关(铁磁质除外)。M 是由两线圈自身特点所决定的,是描述互感性质的物理量。如果回路周围有铁磁性物质,则 Ψ_{21} 与 I_2 之间、Ψ_{12} 与 I_1 之间无简单的线性正比关系。

例 13-6

有一对共轴圆线圈,如图 13-28 所示,两个圆线圈各有 N 匝,半径分别为 R 和 r,相距为 l。设 $R \gg r$,求两线圈的互感。

解 设大线圈中通有电流 I,则大线圈的电流在小线圈处产生的磁感应强度为

$$B = \frac{\mu_0}{2} \frac{NIR^2}{(R^2 + l^2)^{3/2}}$$

因为 $R \gg r$，所以小线圈处的磁场可以认为是均匀的，穿过小线圈的磁链为

$$\Psi_{12} = NBS = \frac{\mu_0 N^2 I R^2}{2(R^2 + l^2)^{3/2}} \cdot \pi r^2$$

两线圈的互感为

$$M = \frac{\Psi_{12}}{I} = \frac{\mu_0 \pi R^2 r^2 N^2}{2(R^2 + l^2)^{3/2}}$$

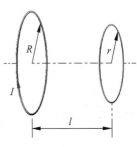

图 13-28　共轴圆线圈的互感

2. 互感线圈的串联

两个有互感耦合的线圈串联后等效为一个自感线圈，下面分情况进行具体讨论。

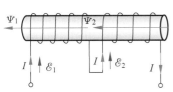

图 13-29　两线圈顺接

（1）两线圈顺接

两线圈按照如图 13-29 所示的方式连接时，两线圈电流的磁通量互相加强，每个线圈的磁链都等于自感磁链和互感磁链之和，即

$$\begin{cases} \Psi_1 = \Psi_{11} + \Psi_{21} \\ \Psi_2 = \Psi_{22} + \Psi_{12} \end{cases}$$

因两线圈中的电流相等，所以两线圈中产生的感生电动势分别为（即自感电动势和互感电动势之和）

$$\mathscr{E}_1 = -\left(L_1 \frac{\mathrm{d}I}{\mathrm{d}t} + M \frac{\mathrm{d}I}{\mathrm{d}t} \right) = -(L_1 + M) \frac{\mathrm{d}I}{\mathrm{d}t}$$

$$\mathscr{E}_2 = -\left(L_2 \mathrm{d} \frac{\mathrm{d}I}{\mathrm{d}t} + M \frac{\mathrm{d}I}{\mathrm{d}t} \right) = -(L_2 + M) \frac{\mathrm{d}I}{\mathrm{d}t}$$

顺接后两线圈中的总电动势 $\mathscr{E}$ 等于每个线圈的电动势之和，即

$$\mathscr{E} = \mathscr{E}_1 + \mathscr{E}_2 = -(L_1 + L_2 + 2M) \frac{\mathrm{d}I}{\mathrm{d}t} \tag{13-20}$$

上式说明，两个线圈顺接即串联等效于一个自感线圈，对比 $\mathscr{E} = -L \dfrac{\mathrm{d}I}{\mathrm{d}t}$，其自感系数为

$$L = L_1 + L_2 + 2M \tag{13-21}$$

即顺接而成的等效线圈的自感系数大于两个线圈的自感系数之和。

（2）两线圈逆接

两线圈按照如图 13-30 所示的方式连接时，两线圈电流的磁通量互相削弱，故两线圈中产生的感生电动势分别为

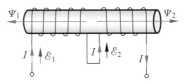

图 13-30　两线圈逆接

$$\mathscr{E}_1 = -\left(L_1 \frac{\mathrm{d}I}{\mathrm{d}t} - M \frac{\mathrm{d}I}{\mathrm{d}t} \right) = -(L_1 - M) \frac{\mathrm{d}I}{\mathrm{d}t}$$

$$\mathscr{E}_2 = -\left(L_2 \frac{\mathrm{d}I}{\mathrm{d}t} - M \frac{\mathrm{d}I}{\mathrm{d}t} \right) = -(L_2 - M) \frac{\mathrm{d}I}{\mathrm{d}t}$$

逆接后等效线圈的总电动势为

$$\mathscr{E} = \mathscr{E}_1 + \mathscr{E}_2 = -(L_1 + L_2 - 2M) \frac{\mathrm{d}I}{\mathrm{d}t} \tag{13-22}$$

其自感系数为

$$L = L_1 + L_2 - 2M \tag{13-23}$$

即逆接而成的等效线圈的自感系数小于两线圈的自感系数之和。

如果两线圈间没有互感耦合，即 $M=0$，$L=L_1+L_2$，这时没有必要再区分顺接和逆接，即两个无互感耦合的线圈串联而成的等效线圈的自感系数等于每个线圈的自感系数之和。

若两线圈间存在"完全耦合"（即 $\Phi_{11}=\Phi_{12}$，$\Phi_{22}=\Phi_{21}$），可以证明互感系数为 $M=\sqrt{L_1L_2}$，它们串联而成的等效线圈的自感系数为 $L=L_1+L_2\pm2\sqrt{L_1L_2}$。

思考题

13-8 当断开电路开关时，开关的两触头之间常有火花发生，如果在电路中串接一电阻小、电感大的线圈，在断开电路时，火花会发生得更厉害，请解释原因。

13-9 对于一个无铁芯的线圈，是否可由自感系数的定义式 $L=\dfrac{\Psi}{I}$ 得出结论：通过线圈中的电流越大，自感系数越小？为什么？

13-10 有两个金属环，其中一个的半径略小于另一个，为了得到最大的互感，应怎样放置？

13.5 磁场的能量

13.5.1 通电电感器的磁能

前面已经介绍，当电容器充电后，将储存一定的能量，其值为 $W_e=\dfrac{1}{2}CU^2$。对应于电容器，常把自感线圈称为电感器。如图 13-31 所示，当电感器通以电流时，由于自感现象，电路中的电流 i 并不立刻从零增加到稳定值 I，而要经过一段时间 t。在 t 内，电流 i 增大，因而在电感器中将产生自感电动势，而它对电流的增加起阻碍作用。所以要保证电流的增长，外电源除供给其他元件电能外，还必须克服自感电动势做功（从而消耗其电能），这部分功将以能量的形式储存在电感器中，成为电感器的磁能。

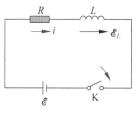

图 13-31　电感器的充电

要得出一个自感系数为 L、载有电流 I 的电感器所储存的磁能，只需计算电感器的电流从零增加到稳定值 I 的过程中，外电源克服自感电动势所做的功（即 $\mathscr{E}_L$ 所做的负功）即可求得。

设某一瞬时，电感器中的电流为 i，此时产生的自感电动势为 $\mathscr{E}_L=-L\dfrac{\mathrm{d}i}{\mathrm{d}t}$，在 $\mathrm{d}t$ 时间内，外电源克服自感电动势所做的功为

$$\mathrm{d}W=-i\mathscr{E}_L\,\mathrm{d}t=iL\dfrac{\mathrm{d}i}{\mathrm{d}t}\cdot\mathrm{d}t=iL\,\mathrm{d}i$$

在电流从零增长到稳定值 I 的整个过程中，外电源克服自感电动势所做的总功为

$$W=\int\mathrm{d}W=\int_0^I iL\,\mathrm{d}i=\dfrac{1}{2}LI^2$$

这部分功以能量的形式储存在电感器中，成为电感器的磁能。可见，对于自感系数为 L 的电感器，当建立稳定电流 I 时其储存的磁能为

$$W_m=\dfrac{1}{2}LI^2 \tag{13-24}$$

式中，W_m 称为电感器的自感磁能，且恒为正值。当电流一定时，电感器的自感系数越大，它储存的自感磁能就越多。所以，L 可以用来表征电感器储存磁能的本领。

13.5.2 磁场能量的计算

电感器的磁能储存在磁场中,是磁场的能量。下面通过变换,将电感器的磁能用表征磁场的场量 $\boldsymbol{B}$ 和 $\boldsymbol{H}$ 来表示,就像前面将电场能量用场量 $\boldsymbol{E}$ 和 $\boldsymbol{D}$ 表示一样。

考虑一个很长的直螺线管,管内充满磁导率为 μ 的均匀磁介质。管中磁场看作是均匀分布的且认为磁场全部集中在管内。设通过螺线管的电流为 I,则螺线管内的磁感应强度及磁场强度分别为

$$H_{内} = nI$$

$$B_{内} = \mu n I$$

而螺线管的自感系数为

$$L = \mu n^2 V$$

其中 n 为螺线管单位长度的匝数;V 为螺线管内磁场空间的体积。因此螺线管储存的磁能可表示为

$$W_{\mathrm{m}} = \frac{1}{2} L I^2 = \frac{1}{2} \mu n^2 V I^2 = \frac{1}{2} B H V$$

由于磁场完全均匀分布在螺线管体积 V 内,上式表明磁能也均匀分布在体积 V 内,所以磁场的能量密度为

$$w_{\mathrm{m}} = \frac{W_{\mathrm{m}}}{V} = \frac{1}{2} B H = \frac{1}{2} \boldsymbol{B} \cdot \boldsymbol{H} \tag{13-25}$$

虽然上式是从螺线管中均匀磁场的特例导出的,但它是一个普遍成立的表达式,只须将 $\boldsymbol{B}$、$\boldsymbol{H}$ 看成是空间位置的函数即可。

对于非均匀的磁场,求总磁场能量 W_{m},就是将上式对磁场存在的空间 V 进行积分,即

$$W_{\mathrm{m}} = \frac{1}{2} \iiint_V (\boldsymbol{B} \cdot \boldsymbol{H}) \mathrm{d}V \tag{13-26}$$

式(13-24)和式(13-26)是相等的,即

$$\frac{1}{2} L I^2 = \frac{1}{2} \iiint_V (\boldsymbol{B} \cdot \boldsymbol{H}) \mathrm{d}V$$

如果能按上式右边积分先求出电流回路的磁场能量,再根据上式就可求出回路的自感系数,这是计算自感系数的一种重要方法。

例 13-7

如图 13-32 所示,无限长同轴电缆的内筒半径为 R_1,外筒半径为 R_2,两筒之间充满均匀磁介质,其相对磁导率为 μ_{r},电流 I 从外筒流出,内筒流入,忽略两筒厚度,求:(1)两筒间的磁场能量密度分布;(2)单位长度同轴电缆所储存的磁场能量;(3)单位长度同轴电缆的自感系数。

解 (1)由于磁场分布具有对称性,由安培环路定理得,两筒之间的磁场分布为

$$H = \frac{I}{2\pi r}$$

$$B = \frac{\mu_0 \mu_{\mathrm{r}} I}{2\pi r}$$

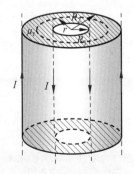

图 13-32 同轴电缆

因此磁场的能量密度为

$$w_m = \frac{1}{2}BH = \frac{\mu_0 \mu_r I^2}{8\pi^2 r^2}$$

（2）单位长度同轴电缆内储存的磁场能量为

$$W_m = \iiint w_m dV = \int_{R_1}^{R_2} \frac{\mu_0 \mu_r I^2}{8\pi^2 r^2} \cdot 2\pi r dr = \frac{\mu_0 \mu_r I^2}{4\pi} \ln \frac{R_2}{R_1}$$

（3）单位长度上同轴电缆的自感磁能为

$$W_m = \frac{1}{2}LI^2$$

两式比较得

$$L = \frac{\mu_0 \mu_r}{2\pi} \ln \frac{R_2}{R_1}$$

思考题

13-11 磁能的两种表达式 $W_m = \frac{1}{2}LI^2$ 和 $W_m = \frac{1}{2}BHV$ 的物理意义有什么不同？式中 V 表示均匀磁场所占的体积。

13.6　位移电流　麦克斯韦方程组的积分形式

13.6.1　位移电流

麦克斯韦把恒定磁场的安培环路定理推广到非恒定电流的情况时，出现了矛盾。为了解决这一矛盾，麦克斯韦引入位移电流（displacement current）的假说。

在恒定电流的情况下，无论回路周围有无磁介质，安培环路定理

$$\oint_L \boldsymbol{H} \cdot d\boldsymbol{l} = \iint_S \boldsymbol{J} \cdot d\boldsymbol{S} = I$$

都成立。式中，I 是穿过以闭合曲线 L 为边界的任意曲面的传导电流；$\boldsymbol{J}$ 为传导电流密度。对如图 13-33 所示的电路，由恒定电流的条件 $\oint_S \boldsymbol{J} \cdot d\boldsymbol{S} = 0$ 知

$$\oint_L \boldsymbol{H} \cdot d\boldsymbol{l} = I = \iint_S \boldsymbol{J} \cdot d\boldsymbol{S} = \iint_{S_1} \boldsymbol{J} \cdot d\boldsymbol{S} = \iint_{S_2} \boldsymbol{J} \cdot d\boldsymbol{S}$$

其中，S_1、S_2 是以 L 为周界的两个任意曲面。

将安培环路定理用于含有电容 C 的非恒定电流电

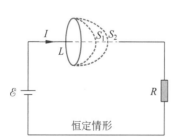

图 13-33　恒定电流电路

路时，如图 13-34 所示，取 S_1、S_2 面，有

$$\oint_L \boldsymbol{H} \cdot d\boldsymbol{l} = \iint_{S_1} \boldsymbol{J} \cdot d\boldsymbol{S} = I$$

$$\oint_L \boldsymbol{H} \cdot d\boldsymbol{l} = \iint_{S_2} \boldsymbol{J} \cdot d\boldsymbol{S} = 0$$

可见,在非恒定电流的情形下,安培环路定理不成立。麦克斯韦发现并分析了这个矛盾后指出,矛盾的根源在于传导电流不连续,电流密度线不闭合。为了解决这一问题,在图 13-34 中取由 S_1 和 S_2 组成的闭合曲面 S(其包围了电容器的一个极板),对 S 写出电流的连续性方程:

$$\oiint\limits_{S} \boldsymbol{J} \cdot \mathrm{d}\boldsymbol{S} = -\frac{\mathrm{d}q_0}{\mathrm{d}t} \neq 0$$

此式说明,流进 S 的电流,等于单位时间极板上增加的电荷量;反之,流出 S 的电流,等于单位时间极板上减少的电荷量。极板上的电荷变化,会在极板间产生变化的电场,麦克斯韦假设这时高斯定理仍成立,即有

$$\oiint\limits_{S} \boldsymbol{D} \cdot \mathrm{d}\boldsymbol{S} = q_0$$

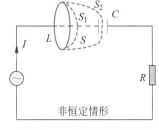

图 13-34　非恒定电流电路

式中,$\boldsymbol{D}$、q_0 都随时间 t 变化,将上式两边对时间求导数得

$$\frac{\mathrm{d}}{\mathrm{d}t}\oiint\limits_{S} \boldsymbol{D} \cdot \mathrm{d}\boldsymbol{S} = \frac{\mathrm{d}q_0}{\mathrm{d}t}$$

由于 S 面静止,因此上式左边对曲面 S 的积分和对时间求导数可以交换次序,再结合电流的连续性方程得

$$\oiint\limits_{S} \frac{\partial \boldsymbol{D}}{\partial t} \cdot \mathrm{d}\boldsymbol{S} = \frac{\mathrm{d}q_0}{\mathrm{d}t} = -\oiint\limits_{S} \boldsymbol{J} \cdot \mathrm{d}\boldsymbol{S}$$

因为是对同一闭合曲面 S 积分,移项得

$$\oiint\limits_{S} \left(\boldsymbol{J} + \frac{\partial \boldsymbol{D}}{\partial t} \right) \cdot \mathrm{d}\boldsymbol{S} = 0$$

或写成

$$\iint\limits_{S_1} \left(\boldsymbol{J} + \frac{\partial \boldsymbol{D}}{\partial t} \right) \cdot \mathrm{d}\boldsymbol{S} = \iint\limits_{S_2} \left(\boldsymbol{J} + \frac{\partial \boldsymbol{D}}{\partial t} \right) \cdot \mathrm{d}\boldsymbol{S}$$

令

$$\boldsymbol{J}_全 = \boldsymbol{J} + \frac{\partial \boldsymbol{D}}{\partial t} \tag{13-27}$$

称为全电流密度。令

$$\boldsymbol{J}_\mathrm{d} = \frac{\partial \boldsymbol{D}}{\partial t} \tag{13-28}$$

称为位移电流密度。由此可得 $\oiint\limits_{S} \boldsymbol{J}_全 \cdot \mathrm{d}\boldsymbol{S} = 0$,这说明全电流密度线 $\boldsymbol{J}_全$ 是连续的。

式(13-28)表明,位移电流密度 $\boldsymbol{J}_\mathrm{d}$ 的大小等于电位移矢量 $\boldsymbol{D}$ 随时间的变化率,$\boldsymbol{J}_\mathrm{d}$ 的方向与电位移矢量 $\boldsymbol{D}$ 变化的方向相同。如果令 $\Phi_D = \iint\limits_{S} \boldsymbol{D} \cdot \mathrm{d}\boldsymbol{S}$ 表示通过任意曲面的电位移矢量通量,则

$$\iint\limits_{S} \frac{\partial \boldsymbol{D}}{\partial t} \cdot \mathrm{d}\boldsymbol{S} = \frac{\mathrm{d}\Phi_D}{\mathrm{d}t} = \frac{\mathrm{d}}{\mathrm{d}t}\iint\limits_{S} \boldsymbol{D} \cdot \mathrm{d}\boldsymbol{S}$$

根据电流的定义,麦克斯韦把 $\dfrac{\mathrm{d}\Phi_D}{\mathrm{d}t}$ 叫作位移电流,以 I_d 表示,即

$$I_\mathrm{d} = \iint\limits_{S} \frac{\partial \boldsymbol{D}}{\partial t} \cdot \mathrm{d}\boldsymbol{S}$$

这样一来,在恒定电流情形下,传导电流线 $\boldsymbol{J}$ 连续,$\oiint_S \boldsymbol{J} \cdot \mathrm{d}\boldsymbol{S} = 0$;在非恒定电流情形下,引入位移电流,全电流线 $\boldsymbol{J}_{\text{全}}$ 连续,$\oiint_S \boldsymbol{J}_{\text{全}} \cdot \mathrm{d}\boldsymbol{S} = 0$。 此时,安培环路定理写为

$$\oint_L \boldsymbol{H} \cdot \mathrm{d}\boldsymbol{l} = \iint_S \left(\boldsymbol{J} + \frac{\partial \boldsymbol{D}}{\partial t} \right) \cdot \mathrm{d}\boldsymbol{S} = \iint_S \boldsymbol{J}_{\text{全}} \cdot \mathrm{d}\boldsymbol{S} \tag{13-29}$$

式中,S 是以 L 为周界的非闭合曲面。非恒定电流情形时的安培环路定理也叫全电流定理。它是宏观电磁场的普适规律之一,恒定电流情况下的安培环路定理是它的特例。

根据位移电流的定义,只要在电场中每一点的电位移矢量发生变化,就有相应的位移电流密度存在,但在通常情况下,导体中的电流主要是传导电流,位移电流可以忽略不计;而在电介质中,主要是位移电流,传导电流可以忽略不计。

传导电流和位移电流是两个不同的概念,它们只有在激发磁场方面是等效的,因此都称为电流,但在其他方面存在根本的区别。如从其形成来看,传导电流是电荷的定向运动形成的,而位移电流是真空中电场的变化引起的;传导电流通过导体时产生焦耳热,并服从焦耳定律,而在真空中的位移电流不产生热效应,在有耗介质中,位移电流的热损耗(即介质吸收)不遵从焦耳定律。

13.6.2　电磁场的物质性

位移电流的引入,深刻揭示了电场和磁场的内在联系,反映了自然现象的对称性。法拉第电磁感应定律说明变化的磁场能产生涡旋电场;位移电流的论点说明变化的电场能激发涡旋磁场。而充满变化电场的空间,同时充满变化的磁场;充满变化磁场的空间,同时充满变化的电场。两种变化的场互相联系着,形成统一的电磁场。

电磁场是独立于人们意识之外的客观存在,这已为大量实验所证实。在前面讨论静电场和恒定电流的磁场时,总是把电磁场和场源(电荷和电流)合在一起研究,因为在这些情况中电磁场和场源是有机地联系着的,没有场源时电磁场也就不存在了。但在场源随时间变化的情况中,电磁场一经产生,即使场源消失,它还可以继续存在。这时变化的电场和变化的磁场相互转化,并以一定的速度按照一定的规律在空间传播,这说明电磁场具有完全独立存在的性质,反映了电磁场为物质存在的一种形态。

现代的实验也证实了电磁场具有一切物质所具有的基本属性,即具有质量、动量和能量等。前面我们已经分别介绍了电场的能量密度 $\frac{1}{2}DE$ 和磁场的能量密度 $\frac{1}{2}BH$,对于一般情况下的电磁场来说,既有电场能量,又有磁场能量,其电磁能量密度为

$$w_{\mathrm{m}} = \frac{1}{2}(DE + BH) \tag{13-30}$$

根据相对论的质能关系式,在电磁场不为零的空间,单位体积的场的质量为

$$m = \frac{w_{\mathrm{m}}}{c^2} = \frac{1}{2c^2}(DE + BH) \tag{13-31}$$

1899 年,俄国物理学家列别捷夫(P. N. Lebedev,1866—1912)发现光对固体的压力,从而为光的电磁理论提供了实验依据。这个实验不仅说明电磁场和实物之间有动量传递,它们满足动量守恒定律,并且还以无可辩驳的事实证明了场的物质性。对于平面电磁波,单位体积的电磁场的动量 p 和能量密度 w_{m} 间有如下关系:

$$p = \frac{w_{\mathrm{m}}}{c} \tag{13-32}$$

上面的讨论说明电磁场和实物物质一样,都具有质量、动量和能量,因此我们确认电磁场是另一种形式的物质,场物质不同于通常由电子、质子、中子等基本粒子所构成的实物物质。电磁场以波的形式在空间传播,而以粒子的形式和实物相互作用,参与作用的"粒子"就是光子。光子没有静止质量,而电子、质子、中子等基本粒子却具有静止质量。实物可以以任意的速度(但不大于光速)在空间运动,其速度相对于不同的参考系也不同。但电磁场在真空中的速度总是 3×10^8 m/s,且其传播速度在任何参考系中都相同。一个实物的微粒所占据的空间不能同时为另一个微粒所占据,但几个电磁场可以互相叠加,可以同时占据同一几何空间。实物和场虽有以上区别,但在某些情况下它们之间可以发生相互转化。例如一个带负电的电子和一个带正电的正电子可以转化为光子,即电磁场,而光子也可以转化为一对电子和正电子。按照现代科学的观点,粒子(实物)和场都是物质存在的形式,它们分别从不同方面反映了客观真实。

13.6.3　麦克斯韦方程组的积分形式

麦克斯韦在感生电场及位移电流两个假设的基础上,建立了统一的电磁理论。下面给出麦克斯韦电磁场方程的积分形式。

1. 电场的性质

电荷和变化的磁场均在周围空间激发电场,所激发的电场性质不同,但高斯定理对静电场及运动电荷的电场均适用。由于变化磁场激发的电场是涡旋场,其电位移矢量线是闭合的,所以对闭合曲面的电通量无贡献。在一般情况下,对于电荷及变化磁场激发的电场,如用 **D** 表示总电位移矢量,则可得介质中电场的高斯定理为

$$\oint_S \boldsymbol{D} \cdot \mathrm{d}\boldsymbol{S} = \sum q_0 = \iiint_V \rho \mathrm{d}V \tag{13-33}$$

上式说明,在任何电场中,通过任何闭合曲面的电位移矢量通量等于此闭合曲面内自由电荷的代数和。电荷是电场的源。

2. 磁场的性质

电流及变化的电场都在其周围空间激发磁场,它们所激发的磁场都是涡旋场,磁感应线是闭合的。在任何磁场中,通过任何闭合曲面的磁通量总是等于零的。因此,磁场的高斯定理写为

$$\oint_S \boldsymbol{B} \cdot \mathrm{d}\boldsymbol{S} = 0 \tag{13-34}$$

3. 变化的电场与磁场的联系

经麦克斯韦修正后,磁场的安培环路定理表示为

$$\oint_L \boldsymbol{H} \cdot \mathrm{d}\boldsymbol{l} = \iint_S \left(\boldsymbol{J} + \frac{\partial \boldsymbol{D}}{\partial t} \right) \cdot \mathrm{d}\boldsymbol{S} = \iint_S \boldsymbol{J}_{\text{全}} \cdot \mathrm{d}\boldsymbol{S} \tag{13-35}$$

上式揭示了变化的电场与磁场的联系,它表明在任何磁场中,磁场强度沿任意闭合曲线的线积分等于通过以此闭合曲线为边界的任意曲面的全电流。

4. 变化的磁场与电场的联系

对于总的电场 **E**,其环路定理表示为

$$\oint_L \boldsymbol{E} \cdot \mathrm{d}\boldsymbol{l} = -\frac{\mathrm{d}\Phi}{\mathrm{d}t} = -\iint_S \frac{\partial \boldsymbol{B}}{\partial t} \cdot \mathrm{d}\boldsymbol{S} \tag{13-36}$$

上式揭示了变化的磁场与电场的联系,它表明在任何电场中,电场强度沿任意闭合曲线

的线积分等于通过此闭合曲线所包围面积的磁通量随时间的变化率的负值。

式(13-33)~式(13-36)称为有介质时麦克斯韦方程组的积分形式。利用数学方法，可从麦克斯韦方程组的积分形式得到其微分形式，这里不再介绍了。

麦克斯韦方程组反映了电场与磁场的一些对称性：即变化的电场能够产生磁场，变化的磁场能够产生电场。同时，也反映了电场和磁场的不对称性：由于至今没有发现磁荷，所以有电荷产生电场，但没有磁荷产生磁场，有电流产生磁场，但没有磁流（磁荷的运动）产生电场。如果一旦发现磁荷存在，麦克斯韦方程组将被修改成完全对称的形式。

在应用麦克斯韦方程去解决实际问题时，常常要涉及电磁场与物质之间的相互作用，为此要考虑介质对电磁场的影响，这种影响反映在电磁场量和表征介质电磁特性的物理量 ε、μ 之间的关系，对于各向同性介质，有

$$D = \varepsilon E, \quad B = \mu H$$

在非均匀介质中，还要考虑电磁场量在界面上的边值关系；在变化的电磁场问题中，还要考虑 E 和 B 的初始条件。这样，原则上通过解麦克斯韦方程组，可以求得任一时刻的 $E(x,y,z,t)$ 和 $B(x,y,z,t)$，也就确定了任一时刻的电磁场的分布。

麦克斯韦方程组是宏观电磁理论的基础，它非常完善地解决了带电体的所有电磁现象，包括电路问题、天线的电磁辐射，甚至生化过程中电离原子或分子间的作用等。一个多世纪以来，由电磁学发展起来的电力工业和电子技术，已构成了近代第二次技术革命的核心内容。目前由电磁学发展起来的电子技术已应用在电力工程、通信工程、计算机技术等多学科领域，同时电磁理论也已广泛应用于国防、工业、农业、医疗、卫生等领域，并深入到人们的日常生活中，今天电磁问题的研究及其成果的广泛运用，已成为人类社会现代化的标志之一。1931 年，爱因斯坦在纪念麦克斯韦诞辰 100 周年的文章中写道："自从牛顿奠定理论物理的基础以来，物理学公理基础的最伟大的变革，是由法拉第和麦克斯韦的电磁现象方面的工作所引起的。""这样一次伟大的变革是同法拉第、麦克斯韦和赫兹的名字永远联系在一起的，这次革命的最伟大部分出自麦克斯韦。"美国著名的物理学家费曼在他所著的《费曼物理学讲义》中写道："从人类历史的漫长远景来看——即使过一万年之后回头来看——毫无疑问，在 19 世纪中发生的最有意义的事件将判定是麦克斯韦对于电磁定律的发现。与这一重大科学事件相比之下，同一个十年中发生的美国内战（1861—1865 年）将会降低为一个地区性琐事而黯然失色。"

但是，麦克斯韦方程组在处理高能基本粒子的电磁相互作用时仍有一定的局限性，必须进一步考虑到量子力学规律，即采用量子电动力学的方法，这些内容超出了本书的范围，有兴趣的读者可以参阅相关书籍。

感悟·启迪

麦克斯韦方程组的对称性不仅仅是数学形式的对称性，它的内涵表明，物理理论的和谐统一的美实际上是自然界的和谐统一美的理论形态。英国物理学家狄拉克认为："让一个方程具有美感要比符合实验更为重要。"法国科学家彭加勒曾说："科学家研究自然，是因为他从中能得到乐趣，他之所以能得到乐趣，是因为她美。"

思考题

13-12　位移电流的实质是什么？传导电流和位移电流有什么本质区别？

13-13　麦克斯韦方程组是建立在哪些实验定律的基础上的？麦克斯韦方程组中各方程的物理意义是什么？

13.7 电磁波

根据麦克斯韦电磁理论,若在空间某区域有变化的电场(或变化的磁场),则在临近区域将产生变化的磁场(或变化的电场),此变化的磁场(或变化的电场)又在较远区域产生新的变化的电场(或变化的磁场),并在更远的区域产生新的变化的磁场(或变化的电场),这种变化的电场和变化的磁场不断地交替产生,由近及远以有限的速度在空间传播形成电磁波。要产生电磁波,需要一个电场或磁场作周期性变化的振荡电路作为波源。

13.7.1 LC 电路的电磁振荡

如图 13-35 所示的电路,先使电源给电容器充电,然后将电键 S 接通 LC 回路,在电路刚被接通的瞬间,电容器两极板上的电荷最多,极板间的电场也最强,电场的能量全部集中在电容器的两极板间,如图 13-36(a)所示。

当电容器通过线圈放电时,因线圈自感的存在,电路中的电流将逐渐增大到最大值,两极板上的电荷相应地逐渐减小到零。在此过程中,电流在自感线圈中激起磁场,到放电结束时,电容器两极板间的电场能量全部转换成线圈中的磁场能量,如图 13-36(b)所示。

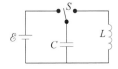

图 13-35 LC 振荡电路

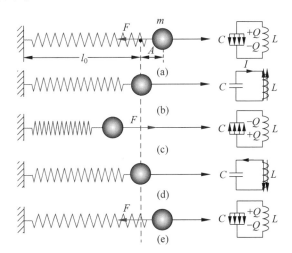

图 13-36 LC 回路与弹簧振子振动的类比

(a) $t=0$; (b) $t=\dfrac{T}{4}$; (c) $t=\dfrac{T}{2}$; (d) $t=\dfrac{3}{4}T$; (e) $t=T$

当电容器放电结束时,电路中的电流达到最大值。这时,电感要对电容器进行反方向的充电。由于线圈的自感作用,随着电流的逐渐减弱到零,电容器两极板上的电荷又相应地逐渐增加到最大值。同时,磁场能量又全部转换成电场能量,如图 13-36(c)所示。

然后,电容器又通过线圈放电,电路中的电流逐渐增大,不过这时电流的方向与图 13-36(b)中的方向相反,电场能量又全部转换成线圈中的磁场能量,如图 13-36(d)所示。

此后,电容器又被电感充电,回复到原状态,如图 13-36(e)所示,这完成了一个完全的振荡过程。

由此可知,在 LC 电路中,电荷和电流都随时间作周期性的变化,相应地电场能量和磁场能量也随时间作周期性的变化,而且不断地相互转换着。如果电路中没有任何能量损耗(如电阻的焦耳热、电磁辐射等),那么这种变化将在电路中一直持续下去,这种电磁振荡称为无阻尼自由振荡。图 13-36 中对应地画出了弹簧振子的振动过程,从上面的分析,并结合图 13-36 可以看出,电磁振荡中的电荷及电流对应机械振动中的位移和速度,自感对应于惯性;磁场能量对应于动能,电场能量对应于势能。

下面定量研究无阻尼自由振荡,找出电容器极板上的电荷和电路中的电流随时间变化的规律。

设在某一时刻,电容器极板上的电荷量为 q,电路中的电流为 i,并取图 13-35 中 LC 回路的顺时针方向为电流的正方向。线圈两端的电势差应和电容器两极板之间的电势差相等,即

$$L\frac{\mathrm{d}i}{\mathrm{d}t} = \frac{q}{C}$$

考虑到电流的方向是使电容器上的电荷减少,把 $i = -\dfrac{\mathrm{d}q}{\mathrm{d}t}$ 代入上式得

$$\frac{\mathrm{d}^2 q}{\mathrm{d}t^2} = -\frac{1}{LC}q \tag{13-37}$$

令 $\omega^2 = \dfrac{1}{LC}$,得

$$\frac{\mathrm{d}^2 q}{\mathrm{d}t^2} = -\omega^2 q$$

显然,这和机械振动的简谐振动方程完全相似,此微分方程的解为

$$q = Q_0 \cos(\omega t + \varphi_0) \tag{13-38}$$

式中,Q_0 为极板上电荷量的最大值,φ_0 是振荡的初相位,Q_0 和 φ_0 的数值由初始条件决定;ω 是振荡的角频率。无阻尼自由振荡的频率和周期分别为

$$\begin{cases} \nu = \dfrac{\omega}{2\pi} = \dfrac{1}{2\pi\sqrt{LC}} \\ T = 2\pi\sqrt{LC} \end{cases} \tag{13-39}$$

将式(13-38)对时间求导数,可得电路中任一时刻的电流为

$$i = \frac{\mathrm{d}q}{\mathrm{d}t} = -\omega Q_0 \sin(\omega t + \varphi_0)$$

令 $\omega Q_0 = I_0$ 表示电流的幅值,则上式为

$$i = -I_0 \sin(\omega t + \varphi_0) = I_0 \cos\left(\omega t + \varphi_0 + \frac{\pi}{2}\right) \tag{13-40}$$

式(13-38)和式(13-40)表明,在 LC 振荡电路中,电荷和电流都作简谐运动,是等幅振荡;同时,电荷和电流的振荡频率相同,电流的相位比电荷的相位超前 $\dfrac{\pi}{2}$,如图 13-37 所示。

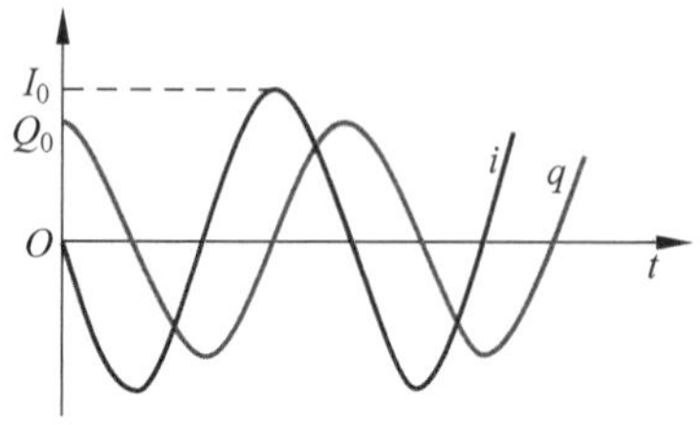

下面考虑 LC 振荡电路中的能量。在任一时刻 t,电容器极板上的电荷量为 q,相应的电场能量为

$$W_e = \frac{q^2}{2C} = \frac{Q_0^2}{2C}\cos^2(\omega t + \varphi_0)$$

设此时的电流为 i,那么线圈内的磁场能量为

$$W_m = \frac{1}{2}Li^2 = \frac{L\omega^2 Q_0^2}{2}\sin^2(\omega t + \varphi_0)$$

图 13-37 电荷量和电流的等幅振荡

把上面两式相加,并应用 $\omega^2 = \dfrac{1}{LC}$ 的关系,即得总能量为

$$W = W_e + W_m = \frac{Q_0^2}{2C}\cos^2(\omega t + \varphi_0) + \frac{Q_0^2}{2C}\sin^2(\omega t + \varphi_0) = \frac{Q_0^2}{2C} \qquad (13\text{-}41)$$

上式说明,在无阻尼自由振荡电路中,尽管电能和磁能都随时间而变化,但总的电磁能量却保持不变。

13.7.2　电磁波的产生和传播

我们知道,振荡电路中的电流是周期性地变化着的,因此,根据麦克斯韦电磁理论,振荡电路能够辐射电磁波。但在普通的振荡电路中(图 13-38(a))振荡电流的频率很低,而且电场和磁场几乎分别局限在电容器和自感线圈内,不利于电磁波的辐射,辐射功率也极小。因此,我们可以把电容器两极板间距离拉开增大,同时把自感线圈放开拉直,最后成一直线,如图 13-38(b)～(d)所示。这样电场和磁场就分散在周围空间。由于 L 和 C 的减少,提高了电路的振荡频率,因而它能够辐射电磁波,并向四周空间传播。这样的直线形的电路,电流在其中往复振荡,两端出现正负交替的等量异号电荷,称为振荡偶极子。任何振动电荷或电荷系统都是发射电磁波的波源,如天线中振荡的电流、原子或分子中电荷的振动都会在其周围产生电磁波。

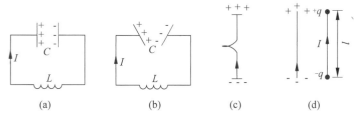

图 13-38　增高振荡电流的频率并开放电磁场的方法

1888 年,赫兹应用上述类似的振荡偶极子,实现了电磁波的发送和接收。如图 13-39 所示,A、B 是中间留有小空隙(约 0.1 mm)的两铜棒,分别接到高压感应线圈的两电极上,感应线圈上的周期性电压加到两铜棒间的空气隙上,当电压升高到空气被击穿时,电流就往复地通过空气隙而产生火花,这时就相当于一个振荡偶极子,发射间断性的作减幅振荡的电磁波。如果用一个不接感应线圈的相同结构的偶极子 C、D 来接收,适当调节接收偶极子的位置、取向和长度,可以使它发生共振,在气隙间产生放电火花,这证实了振荡偶极子能够发射电磁波。

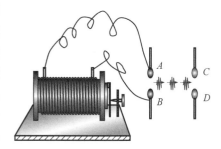

图 13-39　赫兹实验

下面讨论振荡偶极子周围的电磁场,设振荡偶极子是由一对等量异号电荷组成的,其距离随时间按余弦规律变化,由于正、负电荷相对于它们的公共中心作简谐运动,则其电场线的变化如图 13-40 所示。为分析简单起见,只分析振荡偶极子附近的一条电场线的形状。设 $t=0$ 时,正、负电荷重合,然后分别作简谐运动,两电荷间的电场线如图 13-40(a)～(c)所示,当振动半个周期时,正、负电荷又重合,其电场线便成为闭合状,如图 13-40(d)所示,此后,正、负电荷的位置相互对调,形成新的方向相反的电场线,如图 13-40(e)所示。图 13-41 表示振荡偶极子周围电磁场的一般情况,曲线代表电

场线,"×"(叉)和"·"(点)分别表示向纸面穿入和由纸面穿出的磁感应线,这些磁感应线是环绕偶极子轴线的同心圆。从图中可以看出,在靠近偶极子附近的电场和磁场的分布是很复杂的。在较远的区域,电场线形成闭合线,这一区域称为辐射区,其间电场是涡旋场,涡旋电场在其周围激发涡旋磁场,这个变化的磁场又产生变化的电场,两者不断地相互激发,形成由近及远传播的电磁波。

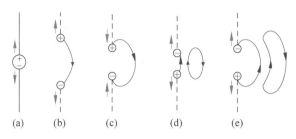

(a)　　(b)　　(c)　　(d)　　(e)

图 13-40　不同时刻振荡偶极子附近的电场线

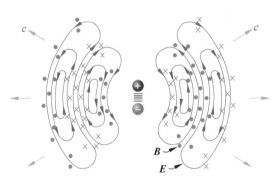

图 13-41　振荡偶极子周围的电磁场

13.7.3　电磁波的性质

把电磁波的一般性质总结如下:

(1) 电磁波的电场和磁场都垂直于波的传播方向,三者两两相互垂直,所以电磁波是横波。E、H 和波的传播方向构成右手螺旋关系,即从 E 向 H 转动,其右手螺旋的前进方向即为波的传播方向(图 13-42)。

电磁波

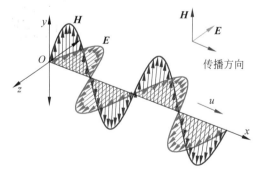

图 13-42　平面简谐电磁波

(2) 沿给定方向传播的电磁波,E 和 H 分别在各自平面内振动,这种特性称为偏振。

(3) E 和 H 都在作周期性的变化,而且相位相同,即同时同地达到最大,同时同地减到最小。

（4）任一时刻，在空间任一点，E 和 H 在量值上的关系为

$$\sqrt{\varepsilon}E = \sqrt{\mu}H \qquad (13\text{-}42)$$

或

$$E = uB$$

（5）电磁波的传播速度为

$$u = \frac{1}{\sqrt{\varepsilon\mu}} \qquad (13\text{-}43)$$

即传播速度取决于介质的电容率 ε 和磁导率 μ。如果 ε 和 μ 与电磁波的频率有关，则在介质中不同频率的电磁波具有不同的传播速度，这就产生了电磁波在介质中的色散现象。在真空中，电磁波的波速等于真空中的光速。

习题

13-1 如图 13-43 所示，矩形线圈 abcd 左半边放在匀强磁场中，右半边在磁场外，当线圈以 ab 边为轴向纸外转过 60° 的过程中，线圈中_____产生感应电流（填"会"或"不会"），原因是_____。

13-2 产生动生电动势的非静电力是_____力，产生感生电动势的非静电力是_____力。

13-3 用绝缘导线绕一圆环，环内有一用同样材料导线折成的内接正方形线框，如图 13-44 所示，把它们放在磁感应强度为 **B** 的匀强磁场中，磁场方向与线框平面垂直，当匀强磁场均匀减弱时，圆环中与正方形线框中感应电流大小之比为_____。

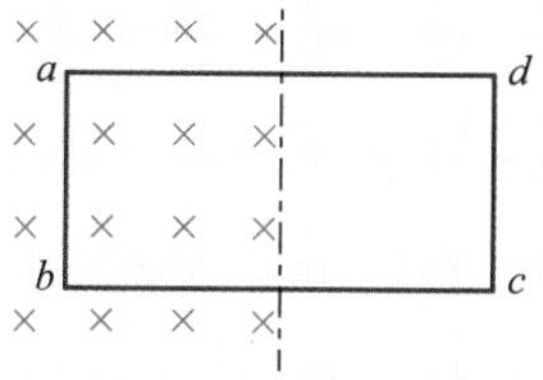

图 13-43　习题 13-1 用图

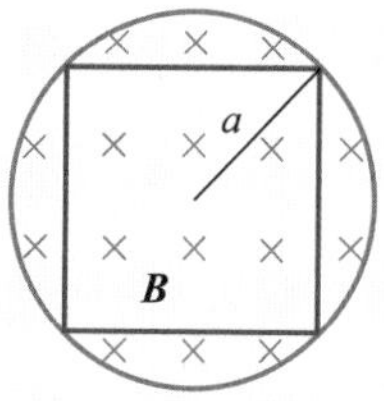

图 13-44　习题 13-3 用图

13-4 半径为 0.10 m 的圆形回路，放在磁感应强度为 1.0 T 的匀强磁场中，回路平面与磁场垂直，当回路半径以恒定的速率 $\dfrac{\mathrm{d}r}{\mathrm{d}t} = 0.8$ m/s 收缩，则刚开始时回路中的感应电动势大小为_____。

13-5 一架两翼之间的距离为 30 m 的飞机，以 250 m/s 的速度平行于地面飞行，如果地磁场垂直于地面的分量大小为 6×10^{-5} T，则两翼之间的电势差为_____。

13-6 如图 13-45 所示，一架直升机的螺旋桨的旋翼长为 3 m，在水平飞行过程中，旋翼旋转的角速度为 300 r/min，假如垂直于地面的地磁场分量为 5×10^{-5} T，则旋翼末端到中心之间的感应电动势为_____。

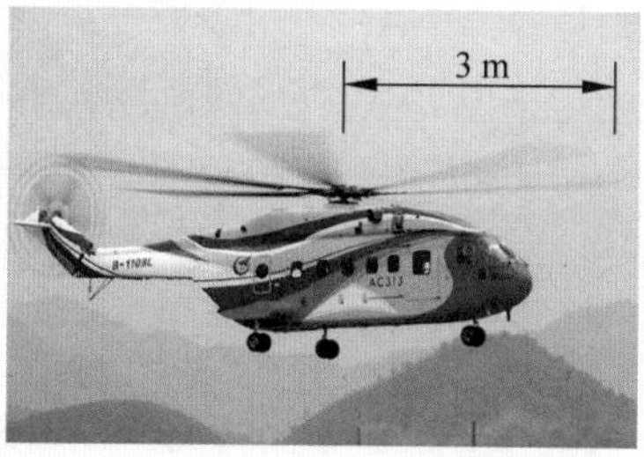

13-7 有两个长直密绕螺线管，它们的长度及线圈匝数相同，半径分别为 r_1 和 r_2，管内充满均匀介质，其磁导率分别为 μ_1 和 μ_2。设 $r_1 : r_2 = 1 : 2$，$\mu_1 : \mu_2 = 2 : 1$，当将两只螺线管串联在电路中通电且电流稳定后，其自感系数之比为 $L_1 : L_2 =$ _____，磁能之比为 $W_{m1} : W_{m2} =$ _____。

图 13-45　习题 13-6 用图

13-8 麦克斯韦电磁理论提出的两个基本观点即两个基本假设分别是_____和_____。反映电磁场基本性质和规律的积分形式的麦克斯韦方程组为

$$\oint_S \boldsymbol{D} \cdot d\boldsymbol{S} = \sum_{i=0}^{n} q_0 \qquad\qquad\text{(a)}$$

$$\oint_L \boldsymbol{E} \cdot d\boldsymbol{l} = -\frac{d\Phi}{dt} = -\iint_S \frac{\partial \boldsymbol{B}}{\partial t} \cdot d\boldsymbol{S} \qquad\qquad\text{(b)}$$

$$\oint_S \boldsymbol{B} \cdot d\boldsymbol{S} = 0 \qquad\qquad\text{(c)}$$

$$\oint_L \boldsymbol{H} \cdot d\boldsymbol{l} = \iint_S \left(\boldsymbol{J} + \frac{\partial \boldsymbol{D}}{\partial t} \right) \cdot d\boldsymbol{S} = \iint_S \boldsymbol{J}_{\text{全}} \cdot d\boldsymbol{S} \qquad\qquad\text{(d)}$$

试判断下列结论是包含于或等效于哪一个麦克斯韦方程式的,将其代号填入空白处。

(1) 变化的磁场一定伴随有电场:_____;

(2) 磁感应线是无头无尾的:_____;

(3) 电荷总伴随有电场:_____。

13-9 如图 13-46 所示,均匀磁场被局限在无限长圆柱形空间内,且成轴对称分布,图为此磁场的截面,磁场按 dB/dt 随时间变化,圆柱体外一点 P 的感应电场 $\boldsymbol{E}_k$ 应[   ]。

A. 等于零

B. 不为零,方向向上或向下

C. 不为零,方向向左或向右

D. 不为零,方向向内或向外

E. 无法判定

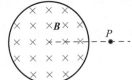

图 13-46 习题 13-9 用图

13-10 如图 13-47 所示,在水平地面下有一条沿东西方向铺设的水平直导线,导线中通有自东向西的稳定、强度较大的直流电流。现用一闭合的检测线圈(线圈中串有灵敏电流计,图中未画出)检测此通电直导线的位置,若不考虑地磁场的影响,在检测线圈位于水平面内,从距直导线很远处由北向南沿水平地面通过导线的上方并移至距直导线很远处的过程中,俯视检测线圈,其中的感应电流的方向是[   ]。

A. 先顺时针后逆时针　　　　　　　　B. 先逆时针后顺时针

C. 先顺时针后逆时针,然后再顺时针　　D. 先逆时针后顺时针,然后再逆时针

13-11 北半球海洋某处,地磁场磁感应强度水平分量 $B_1 = 0.8 \times 10^{-4}$ T,竖直分量 $B_2 = 0.5 \times 10^{-4}$ T,海水向北流动。海洋工作者测量海水的流速时,将两极板竖直插入此处海水中,保持两极板正对且垂线沿东西方向,两极板相距 $L = 20$ m,如图 13-48 所示。与两极板相连的电压表(可看作理想电压表)示数为 $U = 0.2$ mV,则[   ]。

A. 西侧极板电势高,东侧极板电势低　　B. 西侧极板电势低,东侧极板电势高

C. 海水的流速大小为 0.125 m/s　　　　D. 海水的流速大小为 0.2 m/s

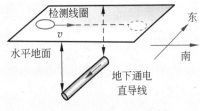

图 13-47 习题 13-10 用图

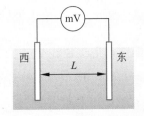

图 13-48 习题 13-11 用图

13-12 关于由变化的磁场所产生的感生电场(涡旋电场),下列说法正确的是[   ]。

A. 感生电场的电场线起于正电荷,终止于负电荷

B. 感生电场的电场线是一组闭合曲线

    C. 感生电场为保守场

    D. 感生电场的场强 E_k 沿闭合回路的线积分为零

13-13 对于位移电流,下述说法正确的是[   ]。

    A. 位移电流的物理本质是变化的电场,但也能激发磁场

    B. 位移电流是由线性变化的磁场产生的

    C. 位移电流的热效应服从焦耳-楞次定律

    D. 位移电流只在平板电容器中存在

13-14 在相距 $2d+a$ 的平行长直载流导线中间放置一固定的 Ⅱ 字形支架,如图 13-49 所示。该支架由硬导线和一电阻串联而成,且与载流导线在同一平面内。两长直导线中电流的方向相反,大小均为 I。金属杆 DE 垂直嵌在支架两臂导线之间,以速度 v 在支架上滑动,求此时 DE 中的感应电动势。

13-15 一长直电流 I 与直导线 $ab(ab=l)$ 共面,如图 13-50 所示。ab 以速度 v 沿垂直于长直电流 I 的方向向右运动,求在图示位置时导线 ab 中的动生电动势。

13-16 如图 13-51 所示,长度为 L 的铜棒 AC,以角速率 ω 顺时针绕通过支点 O 且垂直于铜棒的轴转动,支点 O 距端点 A 的距离为 a。设磁感应强度为 B 的均匀磁场与轴平行,求棒 AC 两端的电势差 U_{AC}。

图 13-49 习题 13-14 用图   图 13-50 习题 13-15 用图   图 13-51 习题 13-16 用图

13-17 如图 13-52 所示,在水平放置的光滑平行导轨上,放置质量为 m 的金属杆,其长度为 $ab=l$,导轨一端由一电阻相连(其他电阻忽略),导轨又处于大小为 B、方向竖直向里的均匀磁场中,当杆以初速度为 v_0 向右运动时,求金属杆能够移动的距离。

13-18 如图 13-53 所示,在光滑水平桌面上,有一长度为 L、质量为 m 的匀质金属棒,绕一端在桌面上旋转,棒的另一端在半径为 L 的光滑金属圆环上滑动,接触良好。旋转中心的一端与圆环之间连接一电阻 R(不影响棒转动),若在垂直桌面加一均匀磁场 B,当 $t=0$ 时,金属棒位于 $\theta=0$ 处,获得的初角速度为 ω_0。求:(1)任意时刻 t 金属棒的角速度 ω;(2)金属棒停下来时转过的角度 θ(其他电阻、摩擦力不计)。

 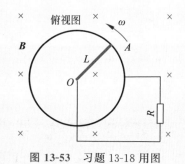

图 13-52 习题 13-17 用图   图 13-53 习题 13-18 用图

13-19　通过一个金属圆环的磁通量随时间的变化关系为 $\Phi = 3(at^3 - bt^2)$（SI），其中 $a = 2.00\ \text{s}^{-3}$，$b = 6.00\ \text{s}^{-2}$。金属环的电阻 $R = 3.00\ \Omega$。求金属环内感应电流的最大值。

13-20　如图 13-54 所示，一单匝圆形线圈位于 xOy 平面内，其中心位于原点 O，半径为 a，电阻为 R，平行于 z 轴有一匀强磁场，假设 R 极大。求：当磁场依照 $B = B_0 e^{-at}$ 的关系变化直至降为零时，通过该线圈的电流和电荷量。

13-21　一无限长直导线，通有电流 I，在它旁边放有一共平面的矩形金属框，边长分别为 a 和 b，电阻为 R，如图 13-55 所示。当线圈绕 OO' 轴转过 $180°$ 时，试求流过线框截面的感应电量。

13-22　如图 13-56 所示，一均匀磁场与矩形导体回路面法线单位矢量 $\boldsymbol{e}_\text{n}$ 间的夹角为 $\theta = \dfrac{\pi}{3}$，已知磁感应强度 B 随时间线性增加，即 $B = kt\,(k > 0)$，回路的 ab 边长为 l，以速度 v 向右运动，设 $t = 0$ 时，ab 边在 $x = 0$ 处。求任意时刻回路中感应电动势的大小和方向。

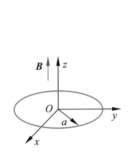

图 13-54　习题 13-20 用图

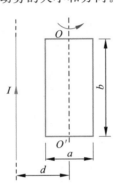

图 13-55　习题 13-21 用图

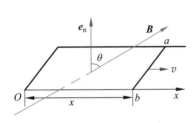

图 13-56　习题 13-22 用图

13-23　如图 13-57 所示，在与均匀磁场垂直的平面内有一折成 α 角的 V 形导线框，其 MN 边可以自由滑动，并保持与其他两边接触。今使 $MN \perp ON$，当 $t = 0$ 时，MN 由 O 点出发，以匀速 v 平行于 ON 滑动，已知磁场随时间的变化规律为 $B = \dfrac{t^2}{2}$，求线框中的感应电动势与时间的关系。

13-24　如图 13-58 所示，长直导线中通有电流 $I = 5\ \text{A}$，另有一矩形线圈共 1000 匝，宽度为 $a = 10\ \text{cm}$，长度为 $l = 20\ \text{cm}$，以速度 $v = 2\ \text{m/s}$ 向右平动。(1)求当 $d = 10\ \text{cm}$ 时线圈中的感应电动势；(2)若线圈不动，而长导线中通有交变电流 $I = 5\sin 100\pi t\ (\text{A})$，则线圈内的感应电动势为多大？

13-25　圆柱形匀强磁场中同轴放置一金属圆柱体，半径为 R，高为 h，电阻率为 ρ，如图 13-59 所示。若匀强磁场以 $\dfrac{\mathrm{d}B}{\mathrm{d}t} = k\,(k > 0,\ k$ 为恒量$)$ 的规律变化，求圆柱体内涡电流的热功率。

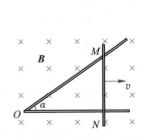

图 13-57　习题 13-23 用图

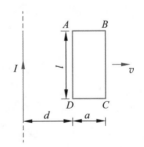

图 13-58　习题 13-24 用图

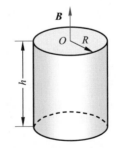

图 13-59　习题 13-25 用图

13-26　如图 13-60 所示，在半径为 R 的圆柱形空间有垂直于纸面向内的变化的均匀磁场 $\boldsymbol{B}$ $\left(\dfrac{\mathrm{d}B}{\mathrm{d}t} > 0\right)$，金属棒 $ab = bc = R$，求金属棒 ac 上的感应电动势。

13-27　如图 13-61 所示,两条平行的输电线半径为 a,二者中心相距为 D,电流一入一出且大小相等。若忽略导线内的磁场,求证这两条输电线单位长度的自感为 $L = \dfrac{\mu_0}{\pi} \ln \dfrac{D-a}{a}$。

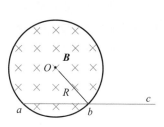

图 13-60　习题 13-26 用图

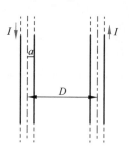

图 13-61　习题 13-27 用图

13-28　如图 13-62 所示,螺线管的管心是两个套在一起的同轴圆柱体,其横截面积分别为 S_1 和 S_2,管长为 l,匝数为 N,所填充磁介质的磁导率分别为 μ_1 和 μ_2,求螺线管的自感(设管的截面很小)。

13-29　一矩形线圈长度为 $l = 20$ cm,宽度为 $b = 10$ cm,由 100 匝表面绝缘的导线绕成,放置在一根长直导线的旁边,并和直导线在同一平面内,该直导线是一个闭合回路的一部分,其余部分离线圈很远,其影响可忽略不计。求在图 13-63(a)、(b)两种情况下,线圈与长直导线间的互感。

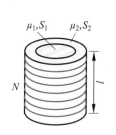

图 13-62　习题 13-28 用图

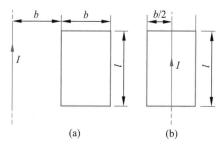

图 13-63　习题 13-29 用图

13-30　有一螺绕环,其横截面的半径为 a,中心线的半径为 R,$R \gg a$,其上由表面绝缘的导线密绕两个线圈,一个有 N_1 匝,另一个有 N_2 匝,试求:(1)两个线圈的自感 L_1 和 L_2;(2)两个线圈的互感 M;(3)M 与 L_1 和 L_2 的关系。

13-31　未来可能会利用超导线圈中持续大电流建立的磁场来储存能量。要储存 1 kW·h 的能量,利用 1.0 T 的磁场,需要多大体积的磁场? 若利用线圈中 500 A 的电流储存上述能量,则该线圈的自感系数应为多大?

13-32　半径为 R 的圆柱形长直导体,均匀流过电流 I。(1)试证明:导体内单位长度储存的磁能为 $\dfrac{\mu_0 I^2}{16\pi}$(设导体的相对磁导率 $\mu_r \approx 1$)。(2)在导体外部磁场中,与导体内部磁能相等的范围是多大?

13-33　(1)试证明平行板电容器两极板之间的位移电流可写为 $I_d = C \dfrac{dU}{dt}$,其中 C 是电容器的电容,U 是两极板间的电势差。(2)要在 1.0 μF 的电容器内产生 1.0 A 的位移电流,加在电容器上的电压变化率应是多大?

第 **6** 篇

波 动 光 学

波动光学(wave optics)认为光的本性为波,是以波动理论研究光的传播及其与物质相互作用的光学分支,内容包括光的干涉、光的衍射和光的偏振等。波动光学无论在理论上,还是在应用方面都是光学中非常重要的组成部分,同时在物理学中也占有重要的地位。

早在 17 世纪,胡克和惠更斯就创立了光的波动说。惠更斯曾利用波前概念正确解释了光的反射定律、折射定律和晶体中的双折射现象。但 17 世纪以后的一百多年间,光的微粒说一直占统治地位,波动说则不为多数人所接受。直到 1800 年,托马斯·杨提出了反对微粒说的几条论据,并于 1801 年首先用双缝演示了光的干涉现象,同时第一次提出了波长概念,并成功地测量了光波波长。1809 年马吕斯发现了光发生反射时的偏振现象,随后菲涅耳和阿拉果利用杨氏双缝干涉实验装置完成了线偏振光的叠加实验,托马斯·杨和菲涅耳借助于光为横波的假设,成功地解释了这个实验。1815 年,菲涅耳建立的理论后经菲涅耳补充,发展为惠更斯-菲涅耳原理,他用此原理计算了光在各种类型的孔和直边的衍射图样,令人信服地解释了衍射现象。1818 年关于阿拉果斑的争论更加强了菲涅耳衍射理论的地位。至此,用光的波动理论解释光的干涉、衍射和偏振等现象均获得了巨大成功,从而确立了波动理论的牢固地位。

宇航员修理哈勃空间望远镜

19 世纪 60 年代,麦克斯韦建立电磁理论,预言了电磁波的存在并给出了电磁波的波速公式。1888 年海因里希·鲁道夫·赫兹用实验证实了电磁波的存在,并指出电磁波同光一样,能产生反射、折射、干涉、衍射和偏振等现象。光与电磁现象的一致性使人们确信光是电磁波的一种,光的古典波动理论与电磁理论融为一体,产生了光的电磁理论。根据这一理论成功解释了光的吸收、色散和散射等分子光学现象。这种经典的电磁理论是有缺陷的,在光与物质相互作用的问题上涉及微观粒子的行为,则必须用量子理论才能得到彻底的解决。

波动光学的研究成果使人们对光的本性的认识得到了深化。在应用领域,以干涉原理为基础的干涉计量技术为人们提供了精密测量和检验的手段,其精度提高到了前所未有的程度;衍射理论指出了提高光学仪器分辨本领的途径;衍射光栅已成为分离光谱线以进行光谱分析的重要色散元件;各种偏振元件和仪器用来对岩矿晶体进行检验和测量等,所有这些构成了应用光学的主要内容。20 世纪 50 年代开始,特别在激光器问世后,波动光学又派生出傅里叶光学、纤维光学和非线性光学等新分支,大大地扩展了波动光学的研究和应用范围。

名人名言

研究真理可以有三个目的：当我们探索时，就要发现到真理；当我们找到时，就要证明真理；当我们审查时，就要把它同谬误区别开来。

——帕斯卡（法国）

科学是使人精神变得勇敢的最好途径。

——布鲁诺（意大利）

科学的唯一目的是减轻人类生存的苦难，科学家应为大多数人着想。

——伽利略（意大利）

我们最好把自己的生命看作前人生命的延续，是现在共同生命的一部分，同时也是后人生命的开端。如此延续下去，科学就会一天比一天灿烂，社会就会一天比一天更美好。

——华罗庚（中国）

思想永远是宇宙的统治者。

——柏拉图（希腊）

为了能够作真实和正确的判断，必须使自己的思想摆脱任何成见和偏执的束缚。

——罗蒙诺索夫（俄国）

第 14 章

光的干涉

———切波都能发生干涉,包括水波、声波、光波等。波的干涉(interference of waves)现象是波动独有的特征,如果是波,在一定条件下就必然会产生干涉现象。1801年,英国物理学家托马斯·杨(Thomas Young,1773—1829)在实验室里成功地观察到了光的干涉,对于光的波动说起到了不可磨灭的作用。本章讨论光的一些重要的干涉现象。

14.1 光波 单色光的相干性

14.1.1 原子的发光原理

近代物理理论和实验都表明,原子由原子核和核外电子构成,电子只能位于一些特定的分立轨道上,表现为原子具有不连续的能量值,这些分立的能量值称为能级(energy level)。原子处于最低能级的状态称为基态(ground state),其他较高能级的状态称为激发态(state of excitation)。原子通常处于稳定的基态 E_1,如果受到外界的作用,就会吸收一定的能量从基态跃迁到能量较高的激发态 E_2,如图 14-1 所示。处在激发态的原子是不稳定的,会自发或者受激后跃迁回到基态或较低能态,并以发光的形式释放出能量,这就是原子发光的简单机理,如图 14-2 所示。

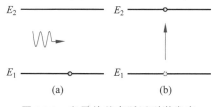

图 14-1 电子从基态跃迁到激发态

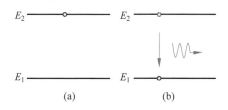

图 14-2 电子从激发态跃迁到基态

自发辐射与受激辐射

14.1.2 光波

1. 光波

光波(light wave)是一种电磁波,是由同相振荡且互相垂直的电场与磁场在空间中以波的形式运动。对于平面电磁波,其传播方向垂直于电场与磁场构成的平面(图 14-3),因此,光波是横波。由维纳实验的理论分析可以证明,对人的眼睛或感光仪器起作用的是

电场强度 E,而磁场强度 H 的作用甚小。因此我们把电场强度 E 称为光矢量,光波中常说的振动矢量指的是电场强度 E。

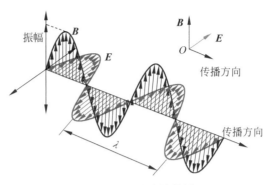

图 14-3 电磁波的传播

电磁波可以按照频率分类,从低频率到高频率包括无线电波、微波、红外线、可见光、紫外光、X 射线(伦琴射线)和 γ 射线等。能引起人眼视觉的电磁波称为可见光,它的波长约在 $390\sim760$ nm 的狭窄范围内,对应的频率范围为 $7.5\times10^{14}\sim4.1\times10^{14}$ Hz。波长和频率与颜色有关,可见光中紫光频率最大,波长最短,红光则刚好相反。像红外线、紫外线、X 射线等都属于不可见光,红外线频率比红光低,波长更长;紫外线、X 射线等频率比紫光高,波长更短(图 14-4)。

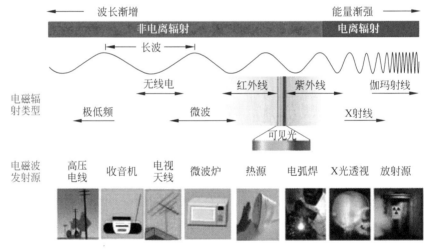

图 14-4 电磁波谱示意图

2. 光强

波的传播总是伴随着能量的传递,传递的能量一般用平均能流密度描述,其物理意义为:单位时间内通过与传播方向垂直的单位面积的光的能量的平均值。人眼的视网膜或光电管、感光板、传感器等所感受或监测到的光的强弱都是由能流密度的大小来决定的,因此,光的强度(简称光强)就是电磁波的平均能流密度。波动所传递的平均能流密度与振幅的平方成正比,所以,电磁波的强度正比于电场强度振幅 E_0 的平方。由于在波动光学中,只关心光波所到之处的相对光强,因而通常只需计算光波在各处的振幅的平方值,而不需要计算各处的光强的绝对值,计算结果表明,在同一介质中,如将其比例系数计为 1,则可将光强写为

$$I = E_0^2 \tag{14-1}$$

这里的 I 为光的平均相对强度,简称为光强(light intensity)。

14.1.3 单色光与复色光

一般常见的光都是由不同波长的单色光所混合而成的复色光(polychromatic light),所谓单色光(monochromatic light),是指白光或太阳光经三棱镜折射所分离出的光谱色光——红、橙、黄、绿、蓝、靛、紫等 7 个颜色的光(图 14-5),因为这种被分解的色光,即使再一次通过三棱镜也不会再分解为其他的色光,所以将这种不能再分解的色光叫作单色光;而由单色光所混合的光称为复色光。自然界中的太阳光及人工制造的日光灯等所发出的光都是复色光。

经由三棱镜获得的七色光中的每种色光并非真正意义上的单色光,它们都有相当宽的频率(或波长)范围,如波长为 $622\sim760$ nm 范围内的光都称为红光。如果某种色光的频率范围越窄,其单色性越好。氦氖激光器辐射的光波是一种单色性很好的单色光,其波长为 632.8 nm。

图 14-5 复色光被分解为单色光

理想的单色光是单一频率(或波长)的光,不能产生色散,还能保证在观察的时间间隔内波动不间断,具有唯一的初相位。

14.1.4 光的叠加与光的干涉

在几列波相遇而互相交叠的区域中,某点的振动是各列波单独传播时在该点的振动的合成,这是波的叠加原理。对于光来说,在线性光学的范畴内,光的叠加满足上述叠加原理,而非线性光学,不在本书讨论的范围。

设两束频率相同、光振动方向相同的单色光波在空间中的光矢量方程分别为

$$E_1 = E_{01}\cos(\omega t + \varphi_1) \tag{14-2}$$

$$E_2 = E_{02}\cos(\omega t + \varphi_2) \tag{14-3}$$

式中,ω 为光振动的角频率;E_{01},E_{02} 分别为两光波的振幅;φ_1,φ_2 分别为振动的初相位。光波在某点叠加后的合振动为

$$E = E_1 + E_2 = E_0\cos(\omega t + \varphi) \tag{14-4}$$

式中,E_0 为合振幅;φ 为合振动的初相位。两个这样的振动叠加后依然是同频率、同方向的简谐振动。其合振幅的平方为

$$E_0^2 = E_{01}^2 + E_{02}^2 + 2E_{01}E_{02}\cos\Delta\varphi \tag{14-5}$$

其中,相位差 $\Delta\varphi = \varphi_2 - \varphi_1$。

光的频率极高,光波振幅的瞬时值无法测定,实际可观测到的总是在较长时间内的平均值,如果设观察时间或仪器响应时间为 τ(τ 远大于光波的振动周期 T),则上述两列光在叠加后的光强为

$$I = \frac{1}{\tau}\int_0^\tau E_0^2 \mathrm{d}t = \frac{1}{\tau}\int_0^\tau (E_{01}^2 + E_{02}^2 + 2E_{01}E_{02}\cos\Delta\varphi)\mathrm{d}t$$

$$= I_1 + I_2 + 2\sqrt{I_1 I_2}\,\overline{\cos\Delta\varphi} \tag{14-6}$$

式中,I_1、I_2 分别为两束光单独存在时在叠加处产生的光强。

（1）非相干叠加

如果两束光分别由两个独立的普通光源发出，在一段时间内到达空间某一点的波列很多，使得在该点的振动不连贯，每列波动的初相位是彼此独立的，因此在一段时间内这点振动的相位差 $\Delta\varphi$ 也是变化的。在时间 τ 内，通过某点的光波波列数量是大量的，可认为初相位在 $0\sim2\pi$ 均匀变化，其相位差 $\Delta\varphi$ 也在 $0\sim2\pi$ 均匀变化，故

$$\overline{\cos\Delta\varphi} = \frac{1}{\tau}\int_0^\tau \cos\Delta\varphi\,\mathrm{d}t = \frac{1}{2\pi}\int_0^{2\pi}\cos\Delta\varphi\,\mathrm{d}\varphi = 0 \tag{14-7}$$

从而得到

$$I = I_1 + I_2 \tag{14-8}$$

上式表明，叠加后的总光强是两列光的强度的简单相加，这种情况称为非相干叠加。

（2）相干叠加

如果两列光波的波列长度无限长，或者在我们所观察时间内相位差都不变化，且与时间无关，在这种情况下，$\cos\Delta\varphi$ 在周期内的平均值就是它本身，于是，叠加后的总光强为

$$I = I_1 + I_2 + 2\sqrt{I_1 I_2}\cos\Delta\varphi \tag{14-9}$$

式中各项都不是时间的函数，$\cos\Delta\varphi$ 仅与两列波的初相位及相遇点的位置有关。不同的相遇点，它的取值可以不一样，光强在空间不同点的值也不同，$\cos\Delta\varphi$ 称为干涉项。

当在空间某一点时，相位差 $\Delta\varphi = 2k\pi$，$k = 0, \pm1, \pm2, \cdots$，光强有极大值，其值为

$$I_{\max} = I_1 + I_2 + 2\sqrt{I_1 I_2} \tag{14-10}$$

两列光波在该点叠加后的光强得到加强，称为干涉加强或相长。其中的 k 称为干涉级次。

当在空间某一点时，相位差 $\Delta\varphi = (2k+1)\pi$，$k = 0, \pm1, \pm2, \cdots$，光强有极小值，其值为

$$I_{\min} = I_1 + I_2 - 2\sqrt{I_1 I_2} \tag{14-11}$$

两列光波在该点叠加后的光强被削弱，称为干涉相消。

空间其他点的光强在上述两个光强即极大值与极小值之间，在这范围内，振动强度在不同的点取值不同，并随余弦函数周期变化，而这种改变只受空间的影响而不随时间变化的现象称为干涉。这种波的叠加称为相干叠加，光强出现周期性分布的整体图像，称为干涉图样。

综上所述，满足频率相同、光振动方向一致、在相遇点相位差恒定的两列光波为相干波，它们所满足的条件为相干条件。

14.1.5　光程与光程差

1. 光程与光程差

光在空间传播时，很难直接得到各点振动的相位，为便于讨论，我们引入光程（optical path）和光程差（optical path difference）的概念。光程是指介质的折射率和路程的乘积，用 Δ 表示，即

$$\Delta = nr \tag{14-12}$$

两光程的差称为光程差，用 δ 表示，即

$$\delta = n_2 r_2 - n_1 r_1 \tag{14-13}$$

当光在真空中传播时，其光程等于路程（$n=1$）；在介质中传播时，光程为

$$\Delta = nr = \frac{c}{v}r = c\,\frac{r}{v} = ct \tag{14-14}$$

上式说明,光程为光在相同时间内在真空中行走的路程。显然,光程不会小于路程,这是因为折射率 $n \geqslant 1$。

光程是一个很重要的概念,因为光在介质中传播的速度不一样,在相同时间间隔内通过的路程也不一样。我们借助光程的概念,得到其在不同介质中的光程,就可以直接加以比较。

由波动理论可知,波在某点的振动相位不仅与振源的初相位有关,还与光程有关,即

$$\varphi = \varphi_0 - \omega \frac{r}{v} = \varphi_0 - \frac{2\pi}{\lambda} nr \tag{14-15}$$

对相干光源,初相位差将保持不变,为简单起见,取初相位差为零,即 $\varphi_{01} = \varphi_{02}$。这时两相干光波的相位差 $\Delta\varphi$ 只与光波在空间的传播情况有关,则得

$$\Delta\varphi = \frac{2\pi}{\lambda}(n_2 r_2 - n_1 r_1) = \frac{2\pi}{\lambda}\delta \tag{14-16}$$

这时相位差仅取决于光程差。通过计算光程差研究光的干涉现象是处理干涉问题的基本方法。

2. 薄透镜的等光程性

在干涉和衍射实验中,常用到薄透镜,理论和实验表明,薄透镜不会产生附加的光程差,下面以凸透镜为例加以说明。

如图 14-6 所示,一束平行光线经过凸透镜后会聚于像方焦平面上一点 F',形成一个亮点,这一事实说明 F' 点处各光线是同相的。由于平行光线的同相面与光线垂直,所以从与入射平行光内任一光线垂直的平面算起,直到会聚点,各光线的光程差是相等的。由此可见,虽然通过透镜不同地方的光线的几何路程不同,但它们的光程是相等的,也就是说,透镜可以改变光线的传播方向,但不附加光程差。

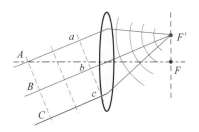

图 14-6　薄透镜不产生附加光程差

薄透镜等光程性

> **知识拓展**

中国古代对光的认识

根据古籍记载,我国古代对光的认识大多集中在光的直线传播、光的反射、大气光学、成像理论等多个方面。

在春秋战国时,《墨经》已记载了小孔成像的实验:"景,光之人,煦若射,下者之人也高;高者之人也下,足蔽下光,故成景于上,首蔽上光,故成景于下……。"该书指出小孔成倒像的根本原因是光的"煦若射","煦"即照射,照射在人身上的光线,就像射箭一样。《墨经》在 2 000 多年前关于小孔成像的描述与今天的几何光学所述完全吻合。

在公元前 2000 年夏初的齐家文化时期已经出现铜镜。《墨经》中有关于平面镜、凸面镜和凹面镜成像规律的细致描述。

殷商时期,出现了有关虹的象形文字,对虹的形状和出现的季节、方位,不少书有所记载;关于海市蜃楼,到宋朝,对其原理已有较正确的认识。

> **思考题**

14-1　有人说:"光程和光程差分别就是光波通过的几何路程和几何路程差。"这种说法对吗?

14-2　两个独立的相同频率的普通光源发出的光波叠加时,为什么不能得到光的干涉图样?

14.2　分波面干涉

14.2.1　获取相干光的条件和方法

1. 普通光源发出的光的特点

物理学上称自身能够发出一定波长范围的电磁波(包括可见光与紫外线、红外线、X光线等不可见光)的物体为光源,光源可以分为自然光源和人造光源。光源通常是指能发出可见光的发光体,如太阳、恒星、灯以及燃烧着的物质等。

光是由光源中的原子或分子的状态发生变化时辐射出来的。在一批发出辐射的原子里,由于能量的损失或周围原子的作用,辐射过程常常中断,持续时间很短,约为 10^{-8} s,而人眼观察现象所需的最低时间为 10^{-1} s,此后,另一批原子发光,但已有新的初相位和电场振动方向。可以认为,一般情况下各原子发光是随机的,无固定初相位,电场的振动方向在垂直于传播方向的平面内可以任意取向。普通光源是大量不同原子在不同时刻先后独立发出的光,在人眼观察的最短时间内有大量的具有不同初相位且 E 矢量方向不确定的光波,显然,这些光波不能满足干涉条件,所以一般普通光源所发出的光波不能相干,因此观察不到干涉现象。

光源所发出的是大量的、间断的、各波列独立的光波,这是光源与机械波源的本质区别。机械波源能够发出的是初相位唯一、振动方向固定、不间断的一列波动,因此,两个独立的机械波源能够构成相干波源,但两个频率相同的钠光灯不能构成相干光源;即使是同一个单色光源的两部分发出的光,也不能产生干涉现象,因为不能保证有恒定的相位差。

2. 获取相干光的条件和方法

要由一般光源获得一组相干光波,必须借助于一定的光学装置(干涉装置)将一个光源中同一批原子发出的光波(源波)分为若干个光波(成员波)。由于光波来自同一批原子,所以,当源波的初相位改变时,各成员波的初相位都随之发生相同的改变,从而保持它们之间的相位差不变。同时,各成员波的振动方向亦与源波一致,因而在考察点它们的振动方向也大体相同。这样,就能得到满足相干条件的相干波,从而出现干涉现象。

获取相干光常用的方法有两种:分波面法(wavefront-splitting interference)和分振幅法(amplitude splitting interference)。

分波面法是将点光源的波面分割为两部分,使之分别通过两个光具组,经反射、折射或衍射后交叠起来,在一定区域形成干涉。由于波面上任一部分都可看作新光源,而且同一波面的各个部分有相同的相位,所以这些被分离出来的部分波面可作为初相位相同的光源,无论点光源的相位改变得如何快,这些光源的初相位差却是恒定的。杨氏双缝干涉装置、菲涅耳双面镜和劳埃德镜等都属于分波面干涉装置。

当一束光投射到两种透明介质的分界面上,一部分光发生反射,另一部分光发生折射,这种分光方法叫作分振幅法。最简单的分振幅干涉装置是薄膜,由于透明薄膜的上下表面对入射光(incident light)的依次反射会产生一系列反射光波,当这些反射光(reflected light)波在空间相遇时就会产生干涉现象。由于薄膜的上下表面的反射光来自同一入射光的两部分,只是经历不同的路径而有恒定的相位差,因此它们是相干光。另一种重要的分振幅干涉装置是迈克耳孙干涉仪。

14.2.2 杨氏双缝干涉

1. 杨氏双缝干涉装置

1801 年,托马斯·杨最早提出获得稳定干涉现象的实验装置,以明确的形式确立了光波的叠加原理,用光的波动性解释了干涉现象。在普通单色光源(如钠光灯)前面,先放置一个开有狭缝 S 的屏,再放置一个开有两个相距很近的狭缝 S_1 和 S_2 的屏,S、S_1 和 S_2 三条狭缝互相平行。只要它们的位置安排适当,就可以在较远的接收屏上观测到一组明、暗相间的干涉条纹,如图 14-7 所示。为了提高干涉条纹的亮度,单色光源可用激光来替代,而且可用目镜直接观测干涉条纹。今天,激光已经具有高度相干性和高亮度的特性,因此利用激光束直接照射双缝,就可以在屏幕上获得一组非常清晰可见的干涉条纹。

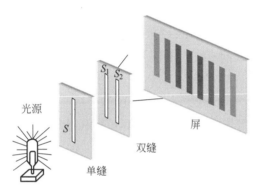

图 14-7　杨氏双缝干涉装置

杨氏双缝干涉实验所依据的是惠更斯原理,该原理指出波面(或波前)上每一面元都可看成是发出球面子波(wavelet)的波源。按照惠更斯原理,杨氏双缝干涉实验中的小狭缝可看成是单色光源,而 S_1 和 S_2 是从 S 的波面或波前上分离出来的两个小面元所构成的子波源,它们所发出的球面子波是满足相干条件的,在它们交叠的区域中将出现干涉现象。

杨氏双缝干涉 1

2. 干涉条纹的位置

对于杨氏双缝干涉实验的干涉图样,下面定量分析单色光在屏幕上形成的明、暗相间的干涉条纹(interference fringe)所应满足的条件。如图 14-8 所示,设 S_1 和 S_2 间的距离为 d,双缝所在平面与屏幕平行,两者之间的垂直距离为 D,在屏幕上任取一点 P,它与 S_1 和 S_2 的距离分别为 r_1 和 r_2,若 O' 为 S_1 和 S_2 的中点,OO' 垂直于屏幕面,点 P 与点 O 的距离为 x,在通常情况下,双缝到屏幕间的距离远大于双缝间的距离,即 $D \gg d$。

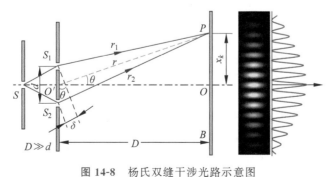

图 14-8　杨氏双缝干涉光路示意图

由 S_1 和 S_2 发出的光到达屏上点 P 的光程差 δ 为

$$\delta = r_2 - r_1 \approx d\sin\theta \approx d\tan\theta = d\,\frac{x}{D} \tag{14-17}$$

当 $\delta = k\lambda, k = 0, \pm 1, \pm 2, \cdots$ 时，P 处的光强最大，为亮纹或明纹，则第 k 级明纹的坐标位置为

$$x_k = \frac{D}{d}k\lambda \tag{14-18}$$

杨氏双缝干涉 2

当 $\delta = (2k+1)\dfrac{\lambda}{2}, k = 0, \pm 1, \pm 2, \cdots$ 时，P 处的光强最小，为暗纹，则第 k 级暗纹的坐标位置为

$$x_k = \frac{D}{d}(2k+1)\frac{\lambda}{2} \tag{14-19}$$

若 δ 既不为半波长的偶数倍，也不为半波长的奇数倍，则点 P 处既不是最亮的，也不是最暗的。

杨氏双缝干涉 3

从式(14-18)及式(14-19)可看出，干涉条纹的分布特点为：条纹两侧关于中央对称排列；条纹与狭缝平行；条纹间距彼此相等，如图 14-7 所示。两相邻明纹或暗纹的间距都是

$$\Delta x = x_{k+1} - x_k = \frac{D}{d}\lambda \tag{14-20}$$

如果已知 d 与 D，只要测定条纹的间距 Δx，就可利用上式推算出光波的波长 $\lambda = \dfrac{d}{D}\Delta x$。

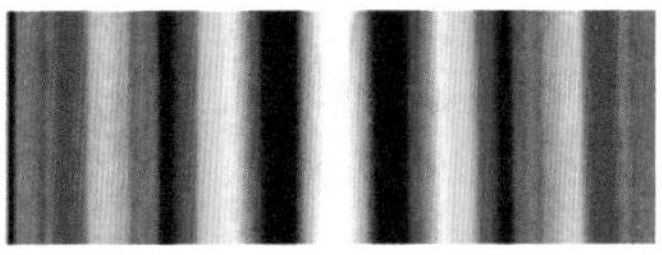

图 14-9　白光入射时的干涉图样

托马斯·杨由此式算出了光波波长，这是人类历史上第一次由实验测得光的波长。当以白光入射时，由于 $\Delta x \propto \lambda$，则在中央明纹(仍是白色)的两侧将出现彩色条纹，如图 14-9 所示。

物理学家简介

托马斯·杨

托马斯·杨(Thomas Young,1773—1829)(图 14-10)是英国医生兼物理学家，光的波动说的奠基人之一。1773 年 6 月 13 日生于萨默塞特郡的米菲尔顿。他从小就有神童之称，兴趣十分广泛。19 岁时进入伦敦的圣巴塞罗缪医学院学医，21 岁时，即以他的第一篇医学论文成为英国皇家学会会员。为了进一步深造，他到爱丁堡大学和剑桥大学继续学习，后来又到德国哥廷根大学留学。在那里，他受到一些德国自然哲学家的影响，开始怀疑光的微粒说。1801 年，他进行了著名的杨氏双缝干涉实验，为光的波动说的复兴奠定了基础。1829 年 5 月 10 日，他在伦敦逝世。他的主要科学成就如下：

图 14-10　托马斯·杨

1801 年他引入叠加原理，把惠更斯的波动理论和牛顿的色彩理论结合起来，成功地解释了规则光栅产生的色彩现象。1803 年，他又用波动理论解释了障碍物影子具有彩色毛边的现象。1820 年他用比较完善的波动理论对光的偏振做出了比较满意的解释。他还第一个测量了 7 种颜色光的波长。他曾从生理角度说明了人眼的色盲现象；他还建立了三原色原理，指出一切色彩都可以从红、绿、蓝这三种原色的不同比例的混合而得到。托马斯·杨对弹性力学很有研究。后人为了纪念他的贡献，把纵向弹性模量称为杨氏模量。他还首先使用运动物体的能量一词来代替活力。1814 年

托马斯·杨

他开始研究考古发现的古埃及石碑,他用了几年时间破译了碑上的文字,对考古学做出了贡献。

　　托马斯·杨之所以能取得如此多的科学成就,源于他对科学真理的敏锐思考,敢于发表自己的见解,向权威挑战。正如在他出版的《声和光的实验和探索纲要》一书中写道:"尽管我仰慕牛顿的大名,但是我并不因此而认为他是万无一失的。我遗憾地看到,他也会弄错,而他的权威有时甚至可能阻碍科学的进步。"

例 14-1

　　如图 14-11 所示,用波长为 λ 的单色光照射双缝干涉实验装置,并将一折射率为 n,劈角为 α(α 很小)的透明劈尖 b 插入光线 2 中,设缝光源 S 和屏 C 上的 O 点都在双缝 S_1 和 S_2 的中垂线上,问:要使 O 点的光强由最亮变为最暗,劈尖 b 至少应向上移动多少距离 d(只遮住 S_2)?

　　解　设 O 点最亮时,光线 2 在劈尖 b 中传播距离为 l_1,则由双缝 S_1 和 S_2 分别到达 O 点的光线的光程差满足下式:

$$(n-1)l_1 = k\lambda$$

设 O 点由此时最亮第一次变为最暗时,光线 2 在劈尖 b 中传播的距离为 l_2,则由双缝 S_1 和 S_2 分别到达 O 点的两光程差满足下式:

$$(n-1)l_2 = k\lambda + \frac{1}{2}\lambda$$

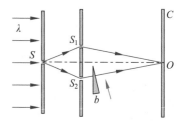

图 14-11　例 14-1 示意图

联立以上两式得

$$(n-1)(l_2-l_1) = \frac{1}{2}\lambda$$

由图 14-11 可求出

$$l_2 - l_1 = d\tan\alpha$$

则劈尖 b 应向上移动的最小距离为

$$d = \lambda/[2(n-1)\tan\alpha] \approx \lambda/[2(n-1)\alpha]$$

14.2.3　其他分波面干涉装置

　　杨氏双缝干涉装置虽然得到了稳定的可见光干涉条纹,但却受到光源的单色性、狭缝间的相对位置、狭缝的宽度等的限制,因此无法获得十分理想的干涉条纹,为此又出现其他的分波面双光束干涉装置,其中的典型代表是菲涅耳双面镜和劳埃德镜。

　　菲涅耳双面镜(Fresnel bimirror)由两块交角很小的平面反射镜组成。如图 14-12 所示,单色缝光源 S 与两反射镜 M_1 和 M_2 的交线平行,所发出的光波经 M_1 和 M_2 反射后得两束反射光,它们是从同一入射波前分出的,可看作从虚光源 S_1 和 S_2 发出的相干光波,S_1 和 S_2 是缝光源 S 由两反射镜所生成的虚像。在两反射光束的重叠区产生干涉,其条纹性质与杨氏双缝干涉条纹的相同,如图 14-12 所示。改变两平面镜的夹角 θ,即改变 S_1 和 S_2 的间距,可改变干涉条纹的间距。

　　劳埃德镜(Lloyd's mirror)是一块下表面涂黑的平玻璃片或者是金属板,从一狭缝 S_1 发出的单色光,以掠入射角(近 90° 的入射角)入射到劳埃德镜上,经其反射后,光的波阵面改变方向,反射光就像是光源的虚像 S_2 发出的一样,两者构成一对相干光源,它们发出的光在屏上相遇,产生明暗相间的干涉条纹,如图 14-13 所示。

菲涅耳双镜实验

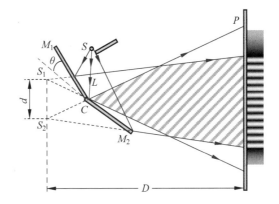

图 14-12　菲涅耳双面镜实验装置示意图

劳埃德镜实验

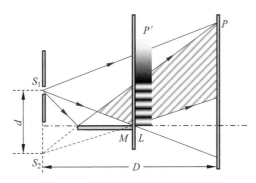

图 14-13　劳埃德镜实验装置示意图

劳埃德镜的实验结果与杨氏双缝干涉的相似,但是当光屏紧靠平玻璃片时,在与玻璃片接触的 L 处为暗纹,这个实验结果,揭示了光波在不同介质表面反射后,出现了半波损失。所谓半波损失,是指光从光速较大的光疏介质射向光速较小的光密介质时,反射光的相位较之入射光的相位跃变了 π,相当于反射光与入射光之间附加了半个波长的光程差。劳埃德镜的实验结果说明存在半波损失这　事实,因此具有重要的意义。

例 14-2

射电信号的接收。如图 14-14 所示,离湖面 $h = 0.5$ m 处有一电磁波接收器,其位于 C 处,当一射电星从地平面渐渐升起时,接收器断续接收到一系列的信号极大值。已知射电星发射的电磁波波长为 $\lambda = 20.0$ cm,求第一次测到信号极大值时,射电星的方位与湖面所成的角 α。

解　由图 14-14 可知,这个装置类似劳埃德镜,1、2 两束光在 C 处干涉,考虑半波损失,其光程差为

$$\delta = AC - BC + \frac{\lambda}{2} = AC(1 - \cos 2\alpha) + \frac{\lambda}{2}$$

由图 14-14 可得

$$AC = \frac{h}{\sin \alpha}$$

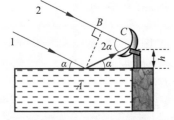

图 14-14　例 14-2 示意图

联立上述两式得

$$\delta = \frac{h}{\sin \alpha}(1 - \cos 2\alpha) + \frac{\lambda}{2}$$

由于干涉极大时,有

$$\delta = k\lambda$$

则得

$$\sin\alpha = \frac{(2k-1)\lambda}{4h}$$

取 $k=1$ 求得

$$\alpha_1 = \arcsin\frac{\lambda}{4h}$$

代入数据,得

$$\alpha_1 = \arcsin\frac{20.0\ \text{cm}}{4\times0.5\ \text{m}} = \arcsin0.1$$

即

$$\alpha_1 = 5.74°$$

注意 考虑半波损失时,附加光程差取 $\pm\dfrac{\lambda}{2}$ 均可,符号不同,k 的取值也不同,但对问题实质无影响。

思考题

14-3 若将杨氏双缝干涉装置中的狭缝改为小孔后,干涉图样有什么变化?

14-4 在杨氏双缝干涉实验中,当缝间距不断增大时,干涉条纹如何变化?为什么?当狭缝光源在垂直于轴线的方向上向下或向上移动时,干涉条纹将如何变化?

14-5 在杨氏双缝干涉实验中,如果一条狭缝稍稍加宽一些,屏上的干涉条纹有什么变化?

14-6 在杨氏双缝干涉实验中,如果在上方的狭缝后面贴一片薄的透明云母片,干涉条纹的间距有没有变化?中央条纹的位置有没有变化?

14.3 分振幅干涉

分振幅干涉一般都是由薄膜产生的干涉。薄膜可以是透明固体、液体或由两块玻璃所夹的气体薄层。入射光经薄膜上表面反射后得第一束光,折射光经薄膜下表面反射,又经上表面折射后得第二束光,这两束光在薄膜的同侧,由同一入射光波分出,是相干光。对两表面互相平行的平面薄膜,干涉条纹定域在无穷远,通常借助于会聚透镜在其像方焦平面内观察;对楔形薄膜,干涉条纹定域在薄膜附近。薄膜干涉原理广泛应用于光学表面的检验,微小的角度或线度的精密测量,增减反射膜和干涉滤光片的制备等。

等倾干涉(interference of equal inclination)和等厚干涉(interference of equal thickness)是薄膜干涉的两种典型形式。

14.3.1 等倾干涉

单色发光平面通过上下表面平行的薄膜所引起的干涉为等倾干涉,其装置示意图如图 14-15 所示。单色光源是有一定大小的发光平面 P,即扩展光源,将它置于透镜 L_1 的焦平面上。发光平面上任一发光点(如 S_1,S_2,…)所发出的光经平行平面透明介质薄膜(薄膜的折射率为 n_2;薄膜厚度为 e,其上、下方的介质的折射率分别为 n_1 和 n_3)反射后,最后会聚于透镜 L_2 的焦平面上的一点(如 S_1',S_2',…)。薄膜各处的厚度虽然相同,但从不同的发光点所发出的光束对膜表面却有不同的倾角,因此每一发光点发出的每束光经过薄膜上下表面反射后的光程差有所不同,亦即 S_1' 和 S_2' 各点光的强弱不同。对于从同一发光点发出的光线,它们对膜表面有相同的倾角,它们的反射光线经透镜 L_2 会聚后相交于焦平面上的同一圆周上。因此,形成的等倾条纹是一组明暗相间的同心圆环。显然,等倾干涉图样是两面平行的薄膜在扩展单色光源照明下在无限远处(透镜的焦平面上)所产生的干涉现象。薄膜可以是玻璃板或云母片,也可以是空气薄板,如法布里-珀罗干涉仪或迈克耳孙干涉仪的情形。

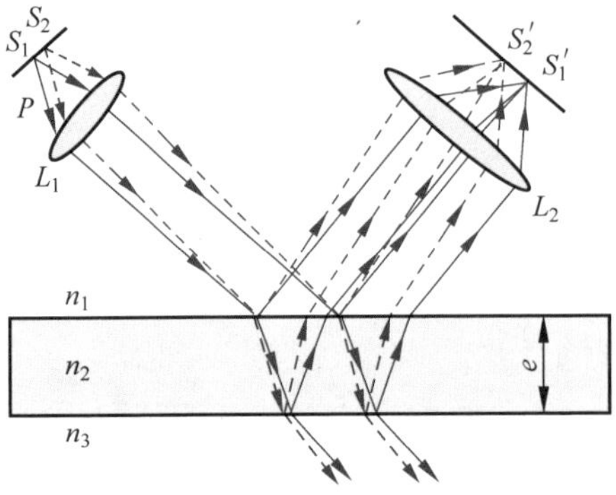

图 14-15　等倾干涉示意图

要确定条纹的光强,就要讨论干涉光的光程差。光源各点于各方向上发出的光,由 L_1 转化为沿不同方向入射薄膜的平行光,每束平行光经薄膜的上、下两表面发生反射,再会聚到 L_2 的焦平面上相干叠加。对于一束平行光可用一条直线表示,如图 14-16 所示,a、b 为一束平行光入射到均匀介质的薄膜并经薄膜反射后的两束反射光,作虚线 DC 垂直于反射光线 a 和 b,则 DC 为反射光的一个波面。由于薄透镜的等光程性,即同一点或同一波面发出通过均匀介质并在透镜后同时会聚于一点的任何光线的光程都是相同的,由几何关系和折射定律可得 a、b 两光束的光程差为

$$\delta = n_2(AB + BC) - n_1 AD + \delta' \qquad (14\text{-}21)$$

式中,δ' 为附加光程差,其值为 $\dfrac{\lambda}{2}$(也可取 $-\dfrac{\lambda}{2}$)或零,具体的取值由光束在薄膜上、下表面反射时有无半波损失决定。当满足 $n_1 > n_2 > n_3$ 或 $n_1 < n_2 < n_3$ 时,不存在附加光程差,其他情况两束反射光之间都存在附加光程差,从图 14-16 可以看出 $AB = BC = \dfrac{e}{\cos\gamma}$,$AD = AC\sin i = 2e\tan\gamma\sin i$,又 $n_1\sin i = n_2\sin\gamma$,代入式(14-21),整理得

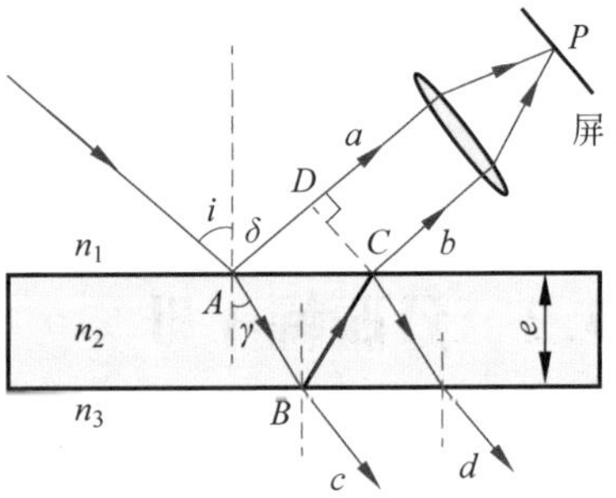

图 14-16　等倾干涉光程差

$$\delta = 2e\sqrt{n_2^2 - n_1^2\sin^2 i} + \delta' \qquad (14\text{-}22)$$

由式(14-22)可知,对于厚度均匀、置于确定透明介质中的薄膜,光程差 δ 只与入射角 i 有关。因此,凡入射角相同的光经薄膜两表面反射形成的反射光在相遇点有相同的光程差,也就是说,凡入射角相同的,就形成同一条纹,故这些倾角不同的光束经薄膜反射所形成的干涉图样是一些明暗相间的同心圆环。这种干涉称为等倾干涉。由前面分析可知,光程差 δ 为波长 λ 的整数倍时,条纹为亮纹;光程差 δ 为波长 λ 的半整数倍时,条纹为暗纹,即亮纹满足的条件为

$$\delta = 2e\sqrt{n_2^2 - n_1^2\sin^2 i} + \delta' = k\lambda, \quad k = 1, 2, 3, \cdots \qquad (14\text{-}23)$$

暗纹满足的条件为

$$\delta = 2e\sqrt{n_2^2 - n_1^2\sin^2 i} + \delta' = (2k+1)\frac{\lambda}{2}, \quad k = 0, 1, 2, 3, \cdots \qquad (14\text{-}24)$$

等倾干涉实验装置如图 14-17 所示。M 是半透明的平面玻璃片,它把来自扩展光源的光反射向薄膜 G,并让从薄膜反射回来的一部分光透过,再射到透镜 L 上,透镜 L 把光束会聚于它的焦平面 F。在焦平面上,可看到一组等倾圆环条纹,每一个圆环与光源各点发出的在薄膜表面的入射点不同、入射角相同的光相对应。

由式(14-23)和式(14-24)知,当 e、n_1、n_2 一定时,入射角 i 越小,光程差越大,干涉级次越高(k 越大);入射角 i 越大,光程差越小,干涉级次越低(k 越小)。因此,干涉圆环半径越大,对应的入射角也越大,所以中心条纹的干涉级次最高。圆环条纹间距为中央大、边缘小。圆环条纹间距还与光源发出的光的波长、膜的厚度、膜的折射率及膜上方介质的折射率有关。此外,等倾干涉条纹只呈现在会聚平行光的透镜的焦平面上,不用透镜时产生的干涉条纹应在无限远处,所以我们说等倾干涉条纹定域于无限远处。

图 14-18 是实验得到的等倾干涉图样。它是一系列同心圆环,呈现内疏外密的特点,内环级次比外环级次高。当薄膜厚度增大时,圆环从中心冒出,向外扩张,条纹间距变密;反之,当薄膜厚度减小时,圆环向内收缩,在中心消失,条纹间距变疏。

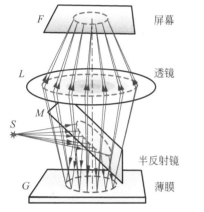

图 14-17　等倾干涉实验装置图

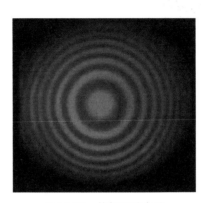

图 14-18　等倾干涉条纹

等倾干涉

对透射光来说,也有干涉现象。应用与计算图 14-16 中反射光束 a、b 的光程差同样的方法,可计算得到图 14-16 中透射光束 c、d 的光程差仍满足式(14-22),只是当 $n_1 > n_2 > n_3$ 或 $n_1 < n_2 < n_3$ 时,有附加光程差,其他情况无附加光程差,这刚好和反射光束的情况相反。由此可见,当反射光相互加强时,透射光将相互减弱,当反射光相互减弱时,透射光将相互加强。

以上所讨论的是单色光的干涉情形,如果光源是复色光源,显然所看到的干涉图样将是彩色的。

例 14-3

如图 14-19 所示,观察到折射率 $n = 1.33$ 的薄油膜的反射光呈波长为 500 nm 的绿光,且这时法线和视线的夹角 $i = 45°$。(1)求膜最薄的厚度为多少?(2)若垂直注视观察,此膜呈何颜色?

解　(1)由于膜的两侧均为空气,因此存在由半波损失引起的附加光程差 $\frac{\lambda}{2}$。

由式(14-23)可得,干涉明纹的条件为

$$\delta = 2e\sqrt{n^2 - \sin^2 i} + \frac{\lambda}{2} = k\lambda$$

将 $n = 1.33$, $i = 45°$, $\lambda = 500$ nm, $k = 1$ 代入上式可得膜最薄的厚度

$$e = \frac{500}{4}\frac{1}{\sqrt{1.33^2 - 0.5}}\text{ nm} = 111\text{ nm}$$

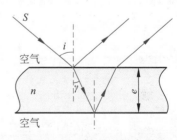

图 14-19　例 14-3 示意图

（2）若垂直注视观察，对应于 $i=0$，干涉明纹条件为

$$2ne + \frac{\lambda'}{2} = k'\lambda'$$

则

$$\lambda' = \frac{2ne}{k' - 0.5}$$

在可见光范围内，400 nm$<\lambda'<$760 nm，将波长代入，有 $0.81<k'<1.24$，故取 $k'=1$，于是 $\lambda'=4ne=$ 590 nm，为深黄色。

从中可知，对于同一油膜，从不同的方向看，油膜颜色是不一样的，这是一种薄膜等倾干涉的现象。

14.3.2　增透膜和增反膜

在光学仪器中，光学元件表面的反射光不仅影响光学元件的通光能量，还会在仪器中形成杂散光，影响光学仪器的成像质量。为了解决这些问题，通常在光学元件的表面镀上一定厚度的单层膜或多层膜，目的是减小光学元件表面的反射光，这样的膜叫作光学增透膜。

一般情况下，当光入射到给定材料的光学元件表面时，所产生的反射光与透射光能量确定，在不考虑吸收、散射等其他因素时，反射光与透射光的总能量等于入射光的能量，即满足能量守恒定律。当光学元件表面镀膜后，在不考虑膜的吸收及散射等其他因素时，反射光和透射光与入射光仍满足能量守恒定律。对增透膜而言，若能使膜的两表面产生的两束反射光正好满足干涉相消的条件，那么反射光的能量减小，透射光的能量必将增大。由此可见，增透膜的作用是使得光学元件表面反射光与透射光的能量重新分配，分配的结果是透射光能量增大，反射光能量减小。

现代光学透镜通常镀有单层或多层氟化镁的增透膜，单层增透膜可使反射减少至 1.5%，多层增透膜则可让反射降低至 0.25%。镀了单层增透膜的镜片通常呈蓝紫色或红色，镀多层增透膜的镜片则呈淡绿色或暗紫色。

增反膜与增透膜类似，同样也是利用薄膜干涉，使反射光和透射光的能量重新分配。增反膜要求反射光的能量尽可能地多，因此，增反膜的厚度要求由薄膜两表面反射的两束相干光干涉加强。电影放映机中的冷光镜就采用增反膜，冷光镜的内侧涂有氧化镁、硫化锌等组成的多层介质膜，可使入射光中 85% 以上的红外线透射出去，95% 以上的可见光反射回来，这样既可增加银幕上的光照度，还可避免烧坏电影胶片。

例 14-4

某型号照相机镜头的折射率 $n_3=1.50$，上面均匀地镀一层透明的氟化镁（MgF_2）增透膜，MgF_2 的折射率为 $n_2=1.38$，问薄膜的厚度为多少？

解　由于光在膜的上下两表面均为光疏到光密介质，即满足 $n_1<n_2<n_3$，因此没有 $\frac{\lambda}{2}$ 的附加光程差。反射光干涉相消的条件为

$$\delta = 2n_2 e = (2k + 1)\frac{\lambda}{2}$$

则

$$e = (2k+1)\frac{\lambda}{4n_2}, \quad k = 0,1,2,\cdots$$

若选择普通照相机底片最敏感的波长 550 nm，则

$$e = \frac{(2k+1)\times 550\times 10^{-9}}{4\times 1.38} = (2k+1)\times 10^{-7} \text{ m}, \quad k = 0,1,2,\cdots$$

取 $k=0$，得最薄的 MgF_2 增透膜厚度为 $e = 100$ nm。

14.3.3　等厚干涉

平行光入射到厚度变化、折射率均匀的薄膜上、下表面形成的干涉为等厚干涉。由于薄膜厚度相同的地方形成同一条干涉条纹，故称等厚干涉。下面介绍两种典型的等厚干涉。

1. 劈尖干涉

介质薄膜的两个表面由稍有倾斜的两平面构成，这样的薄膜称为劈尖。如图 14-20 所示，单色点光源 S 置于透镜 L_1 的焦点上，使平行光束以一定的方向照射薄膜，由于薄膜的上下表面不平行，那么由薄膜两表面反射的两束平行光就将以不同的方向前进，由于薄膜很薄，在薄膜表面附近它们就会相遇而发生相干叠加，呈现干涉条纹。

现在计算这两束反射光通过表面上任一点时的光程差。在入射光束中除考虑光线 a 之外，还考虑通过 C 点的光线 c。在反射光束中分别选择光线 c_1 和 a_1 也都通过 C 点。作垂直于光线 c 的直线 AD，则 A,D 两点都在入射光束 ac 的同一波面上，故有相同的相位。放置透镜 L_2 于反射光中，C' 为 C 点的像，根据透镜的等光程性，所以从 C 到 C' 的任何光线之间没有附加的光程差。但从 A 经薄膜内 B 点到达 C 点和从 D 直接到达 C 点，二者是有光程差的。若薄膜很薄，且两个平面表面的夹角很小，则可认为 A、C 两点处薄膜的厚度几乎相等，光程差仍可认为近似地等于等倾干涉的光程差，即

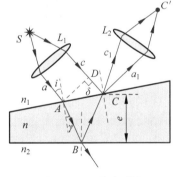

图 14-20　劈尖干涉

$$\delta = 2e\sqrt{n^2 - \sin^2 i} + \frac{\lambda}{2}$$

式中，e 表示 C 点处的薄膜厚度。对于薄膜表面不同的入射点而言，i 都是相同的（都来自同一点光源 S 经透镜发出的平行光束），但 e 不同，故薄膜表面各点经过透镜 L_2 所成的像明暗不同，这是一些平行于劈尖棱边的直线条纹，这种条纹叫作等厚干涉条纹。e 越大的点，干涉级数 k 越高，零级条纹在尖劈的棱边（$e=0$）处。当薄膜很薄时，只要光在薄膜面上的入射角不大，就可认为等厚干涉条纹定域于薄膜表面，一般薄膜干涉就是指这种情况。

实际中入射光束采用最多的是正入射方式，这时 $i=0$，亮纹条件为

$$e = \frac{1}{2n}\left(k - \frac{1}{2}\right)\lambda, \quad k = 1,2,3,\cdots \tag{14-25}$$

暗纹条件为

$$e = \frac{k}{2n}\lambda, \quad k = 0,1,2,\cdots \tag{14-26}$$

劈尖干涉

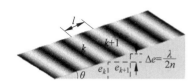

图 14-21　劈尖干涉条纹

由此可见,劈尖相交的棱边处为暗条纹,劈尖干涉条纹为一系列明暗相间的条纹,如图 14-21 所示。两条相邻的明条纹或两条相邻的暗条纹之间的厚度差为

$$\Delta e = \frac{\lambda}{2n} \qquad (14-27)$$

两条相邻的明条纹或两条相邻的暗条纹之间的间距为

$$l = \frac{\Delta e}{\sin\theta} = \frac{\lambda}{2n\sin\theta} \qquad (14-28)$$

若光源为一发光面,则必须考虑到由不同的发光点发出的光有不同的入射角。每一发光点都产生自己的一组等厚干涉条纹,但各组条纹是不相干的,总的图样取决于这些不相干的条纹的叠加。结果是比较复杂的,此时形成的条纹略有弯曲。在日光照射下,肥皂泡的彩色图样便是最典型的例子,水面的油污和金属表面上极薄的氧化层,也都显示出灿烂的彩色图样。另外在许多昆虫,诸如蜻蜓、孔雀、蝉和甲虫等的翼上,也可以看到彩色的干涉图样,如图 14-22 所示。由于这些薄膜厚度往往是不均匀变化的,故干涉条纹是不规则的曲线。

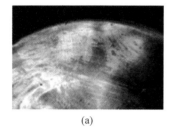

(a)　　　　　　　　　(b)　　　　　　　　　(c)

图 14-22　生活中的等厚干涉现象
(a) 生锈钢炊具表面；(b) 蚌类壳表面；(c) 孔雀的翼

当薄膜的厚度很薄时,又会发生不同的现象。若 e 远小于 λ,则反射后两相干光束之间的光程差主要为薄膜两表面反射时的附加光程差,而与在薄膜中的几何路程长短即入射角的大小无关。在这种情况下光程差永远等于 $\frac{\lambda}{2}$,即永远发生干涉相消。这个现象可采用肥皂薄膜来观察。取一洁净的线框,浸入肥皂溶液中,取出时,使框面竖直,肥皂膜由于重力作用而逐渐变薄,起初看见彩色条纹之间的距离逐渐增加,最后彩色条纹消失,在反射光中已看不见薄膜。在透射光中,由于没有附加光程差,所以看起来薄膜透明无色,如图 14-23 所示。

图 14-23　框架中的肥皂膜

例 14-5

把待测金属丝夹在两块平玻璃的一端,形成空气劈尖,如图 14-24 所示。用钠光灯($\lambda = 589.3$ nm)垂直劈尖上表面入射,测得干涉条纹间距为 $\Delta l = 0.2$ mm 且自棱边数起劈尖上共有 41 条暗纹,求细丝直径 d 及劈尖夹角 θ。

解　此空气劈尖的暗纹满足的条件为

$$\delta = 2e + \frac{\lambda}{2} = (2k+1)\frac{\lambda}{2}, \quad k = 0, 1, 2, \cdots$$

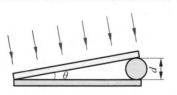

图 14-24　例 14-5 示意图

相邻暗纹对应的劈尖高度差为

$$\Delta e = e_{k+1} - e_k = \frac{\lambda}{2}$$

因为劈尖棱是暗纹,则劈尖上 41 条暗纹共有暗纹间距 41-1=40 个。所以

$$d = 40 \times \frac{\lambda}{2} = 11.79 \ \mu m$$

又由图 14-24 中的几何关系,有

$$\Delta e = \Delta l \sin\theta$$

再由小角关系 $\sin\theta \approx \theta$,故劈尖夹角为

$$\theta = \frac{\lambda}{2\Delta l} = 1.47 \times 10^{-3} \ rad$$

2. 牛顿环

牛顿环(Newton rings)又称"牛顿圈",是一种薄膜干涉现象。观察牛顿环的装置由一个曲率半径很大的凸透镜的凸面和一平板玻璃接触组成,凸透镜的凸球面和玻璃平面之间形成一个厚度连续变化的圆尖劈形空气薄膜,当平行光垂直射向平凸透镜时,从劈尖形空气膜上、下表面反射的两束光相互叠加而产生干涉。在日光下或用白光照射时,可以看到接触点为一暗点,其周围为一些明暗相间的同心彩色圆环;而用单色光照射时,则表现为一些明暗相间的同心单色圆环。这些圆环的距离不等,随离中心点的距离的增加而逐渐变窄。它们是由球面上和平面上反射的光线相互干涉而形成的干涉条纹。牛顿环是牛顿在 1675 年首先观察到的,故名。

下面通过计算得出牛顿环的干涉条纹所满足的规律。牛顿环干涉装置的示意图如图 14-25 所示,R 为平凸透镜凸面的曲率半径,r 为某一干涉圆环的半径,半径为 r 处的空气层厚度为 d,入射光垂直入射。由图 14-25 可知

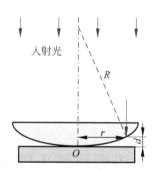

$$r^2 = R^2 - (R-d)^2 = 2Rd - d^2$$

因为 $R \gg d$,所以可忽略 d^2,得

$$d = \frac{r^2}{2R}$$

图 14-25 牛顿环干涉装置的示意图

牛顿环

由干涉原理可得明纹和暗纹的形成条件为

$$\delta = 2d + \frac{\lambda}{2} = \begin{cases} k\lambda, & k=1,2,3,\cdots \quad (明纹) \\ (2k+1)\frac{\lambda}{2}, & k=0,1,2,\cdots \quad (暗纹) \end{cases}$$

由此得暗环半径和明环半径分别为

$$r = \sqrt{kR\lambda}, \quad k=0,1,2,\cdots \tag{14-29}$$

$$r = \sqrt{\left(k-\frac{1}{2}\right)R\lambda}, \quad k=1,2,3,\cdots \tag{14-30}$$

牛顿环的圆心在接触点 O,干涉条纹分布是内疏、外密,如图 14-26 所示。当平凸透镜与平玻璃是点接触时,从反射光看到的牛顿环中心是暗的,从透射光看到的牛顿环中心是明的。牛顿环是典型的等厚薄膜干涉,中间的级次低,边缘的级次高。由于同一半径的圆环处空气膜厚度相同,上、下表面反射光的光程差相同,因此干涉图样呈圆环状。分析可以得出,当平凸透镜向上移动时,牛顿环向中心一个一个消失,反之则从中心一个

一个冒出。

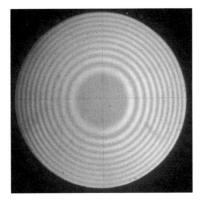

图 14-26　牛顿环

牛顿虽然发现了牛顿环,并做了精确的定量测定,可以说已经走到了光的波动说的边缘,但由于过分偏爱他的微粒说,始终无法正确解释这个现象。事实上,这个实验倒可以成为光的波动说的有力证据之一。直到 19 世纪初,英国科学家托马斯·杨才用光的波动说圆满地解释了牛顿环实验。

牛顿环的应用很多。例如,利用牛顿环能够判断透镜表面的凸凹,精确检验光学元件表面的质量,测量透镜表面的曲率半径和液体的折射率,测定光波的波长等。

感悟·启迪

光的干涉是指两束或多束光相互叠加,在满足一定条件下,在空间产生的明暗交替变化的现象。这一现象告诉我们,在团队工作中,每个成员都有自己的特长和优势,每个成员的意见和贡献都会相互影响,最终形成一个丰富多样的团队。只有充分发挥每个成员的潜力,并通过合作与交流,才能取得最好的工作效果,实现协同创新。

思考题

14-7　薄膜干涉在生产及生活中有哪些应用?

14-8　日常生活中常见的薄膜干涉有哪些?

14-9　当劈尖的角度增加时,干涉条纹有何变化?当劈尖内介质的折射率增加时,干涉条纹有何变化?

14-10　等倾干涉图样和牛顿环都是内疏外密的同心圆环,试说明这两种干涉条纹的不同之处。若增加薄膜的厚度,这两种条纹将如何变化?为什么?

14-11　日光照射在窗玻璃上,也会分别在玻璃的两个界面上反射,为什么观察不到干涉现象?

14.4　迈克耳孙干涉仪

迈克耳孙干涉仪(图 14-27)是光学干涉仪中最常见的一种,其发明者是美国物理学家阿尔伯特·亚伯拉罕·迈克耳孙。迈克耳孙干涉仪的原理是一束入射光分为两束后各自被对应的平面镜反射回来,这两束光从而能够发生干涉。干涉中两束光的不同光程可以通过调节干涉臂长度以及改变介质的折射率来实现,从而能够形成不同的干涉图样。迈克耳孙和爱德华·威廉姆斯·莫雷使用这种干涉仪于 1887 年进行了著名的迈克耳孙-莫雷实验,这一实验没有观察到以太相对于地球的运动。

如图 14-28 所示,在一台标准的迈克耳孙干涉仪中,从光源 S 到凸透镜的焦平面或眼睛 E 之间存在两条光路:一束光被光学分束器 G_1(半透半反镜)反射后入射到上方的

图 14-27　迈克耳孙干涉仪

平面镜后反射回分束器,经分束器反射后得到光线 1′;另一束光透射过分束器 G_1 再透射过补偿板 G_2 后入射到右侧的平面镜,之后反射回补偿板 G_2 与分束器 G_1 后再次被分束器反射得到光线 2′。注意到两束光在干涉过程中穿过分束器的次数是不同的,从右侧平面镜反射的那束光只穿过一次分束器,而从上方平面镜反射的那束光要经过三次,这会导致两者光程差的变化,这往往需要在右侧平面镜的路径上加一块和分束器同样材料与厚度的补偿板,从而能够消除由这个因素导致的光程差。

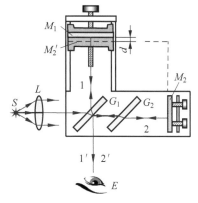

迈克耳孙干涉仪

经分束器反射后得到的光线 1′ 和 2′ 发生干涉,通过人眼睛即可看到干涉条纹,也可通过凸透镜成像到光屏上。在干涉过程中,如果在 E 处两束光的光程差是零或光波长的整数倍,则为明纹;如果在 E 处光程差是半波长的奇数倍,则为暗

图 14-28　迈克耳孙干涉仪构造及光路

纹。当两平面镜严格垂直时为等倾干涉,可以在屏幕上接收到圆环形的等倾条纹;而当两平面镜不严格垂直时是等厚干涉,可以在屏幕上接收到以等厚交线为中心的对称直等厚条纹。在光波的干涉中能量被重新分布,干涉相消位置的光能量被转移到干涉相长的位置,而总能量保持不变。

迈克耳孙干涉仪的最著名结论是它在迈克耳孙-莫雷实验中对以太风观测中所得到的零结果,拨开了 19 世纪末经典物理学天空中的"乌云",为狭义相对论的基本假设提供了实验依据。除此之外,由于激光干涉仪能够非常精确地测量干涉中的光程差,在当今的引力波探测中,迈克耳孙干涉仪以及其他种类的干涉仪都得到了相当广泛的应用。地面激光干涉引力波探测器的基本原理就是通过迈克耳孙干涉仪来测量由引力波引起的激光的光程变化。我国首颗探月卫星"嫦娥一号"首次进行深空探测,用于对月球表面有用成分及物质类型的含量与分布的分析的干涉成像光谱仪,其基本理论依据正是来自迈克尔孙干涉仪。在激光干涉空间天线中,应用迈克耳孙干涉仪原理的基本构想也已经被提出。迈克耳孙干涉仪还被应用于寻找太阳系外行星的探测中,虽然在这种探测中马赫-曾德尔干涉仪的应用更加广泛。迈克耳孙干涉仪还在延迟干涉仪,即光学差分相移键控解调器的制造中有所应用,这种解调器可以在波分复用网络中将相位调制转换成振幅调制。

物理学家简介

迈克耳孙

迈克耳孙(Albert Abraban Michelson,1852—1931,美国)(图 14-29)于 1852 年 12 月 19 日出生于普鲁士斯特雷诺(现属波兰),后随父母移居美国,1837 年毕业于美国海军学院,曾任芝加哥大学教授,美国科学促进协会主席,美国科学院院长,还被选为法国科学院院士和伦敦皇家学会会员。1931 年 5 月 9 日在帕萨迪纳逝世。

图 14-29　迈克耳孙

迈克耳孙主要从事光学和光谱学方面的研究,他以毕生精力从事光速的精密测量,在他的有生之年,一直是光速测定的国际中心人物。他发明了一种用以测定微小长度、折射率和光波波长的干涉仪(迈克耳孙干涉仪),在研究光谱线方面起着重要的作用。1887 年他与美国物理学家 E. W. 莫雷合作,进行

了著名的迈克耳孙-莫雷实验,这是一个最重大的否定性实验,它动摇了经典物理学的基础。他研制出了许多高分辨率的光谱学仪器,如高分辨率的衍射光栅和测距仪。迈克耳孙首倡用光波波长作为长度基准,提出在天文学中利用干涉效应的可能性,并且用自己设计的星体干涉仪测量了恒星参宿四的直径。

由于创制了精密的光学仪器和利用这些仪器所完成的光谱学与基本度量学研究,迈克耳孙于 1907 年获诺贝尔物理学奖。

例 14-6

若在迈克耳孙干涉仪的可动反射镜移动 0.620 mm 的过程中,观察到干涉条纹移动了 2 300 条,则所用光波的波长为多少?

解 设迈克耳孙干涉仪空气膜厚度变化为 Δd,对应于可动反射镜的移动,干涉条纹每移动一条,厚度变化 $\dfrac{\lambda}{2}$,现移动 2 300 条,厚度变化为

$$\Delta d = 2\,300 \times \frac{\lambda}{2} = 0.620 \text{ mm}$$

代入已知数据,则得 $\lambda = 539.1$ nm。

习题

14-1 在杨氏双缝干涉实验中,两缝分别被折射率为 n_1 和 n_2、厚度均为 e 的透明薄膜遮盖,波长为 λ 的平行单色光垂直照射到双缝上,在屏中央处,两束相干光的相位差为_____。

14-2 用一定波长的单色光进行双缝干涉实验时,欲使屏上的干涉条纹间距变大,可采用的方法是:_____或_____。

14-3 相十光是指_____,获得相干光的两种方法是_____法和_____法。杨氏双缝干涉实验是利用_____获得相干光的,薄膜干涉是利用_____获得相干光的。

14-4 把杨氏双缝干涉实验装置放在折射率为 n 的水中,两缝间距离为 d,双缝到屏的距离为 $D(D \gg d)$,所用单色光在真空中的波长为 λ,则屏上干涉条纹中相邻的明纹之间的距离是_____。

14-5 在劈尖的干涉实验中,相邻明纹间的距离_____(填"相等"或"不等"),当劈尖的角度增加时,相邻明纹间的距离将_____(填"增加"或"减小"),当劈尖内介质的折射率增加时,相邻明纹间的距离将_____(填"增加"或"减小")。

14-6 如图 14-30 所示,波长为 λ 的平行单色光垂直照射到两个劈尖上,两劈尖角分别为 θ_1 和 θ_2,折射率分别为 n_1 和 n_2,若二者分别形成的干涉条纹的明条纹间距相等,则 θ_1, θ_2, n_1 和 n_2 之间的关系是_____。

14-7 用波长为 λ 的单色光垂直照射如图 14-31 所示的劈尖膜($n_1 > n_2 > n_3$),观察到反射光干涉,且从劈尖顶开始算起,第 2 条明条纹中心所对应的膜厚度 $e = $_____。

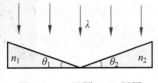

图 14-30　习题 14-6 用图

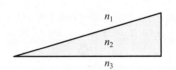

图 14-31　习题 14-7 用图

14-8 若待测透镜的表面已确定是球面,可用观察等厚条纹半径变化的方法来确定透镜球面半径比标准样品所要求的半径是大还是小。如图 14-32 所示,若轻轻地从上往下按样品,则图_____中的条纹半径将缩小,而图_____中的条纹半径将增大。

14-9 若在迈克耳孙干涉仪的可动反射镜移动 0.620 mm 的过程中,观察到干涉条纹移动了 2 300 条,则所用光波的波长为_____。

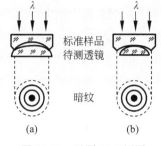

图 14-32 习题 14-8 用图

14-10 在相同的时间内,一束波长为 λ 的单色光在空气中和在玻璃中 [　]。

    A. 传播的路程相等,走过的光程相等

    B. 传播的路程相等,走过的光程不相等

    C. 传播的路程不相等,走过的光程相等

    D. 传播的路程不相等,走过的光程不相等

14-11 单色平行光垂直照射在薄膜上,经上下两表面反射的两束光发生干涉,如图 14-33 所示,若薄膜的厚度为 e,且 $n_1 < n_2, n_2 > n_3$,λ_1 为入射光在 n_1 中的波长,则两束反射光的光程差为 [　]。

    A. $2n_2 e$ B. $2n_2 e - \dfrac{\lambda_1}{2n_1}$

    C. $2n_2 e - \dfrac{1}{2} n_1 \lambda_1$ D. $2n_2 e - \dfrac{1}{2} n_2 \lambda_1$

图 14-33 习题 14-11 用图

14-12 在杨氏双缝干涉实验中,以白光为光源,在屏幕上观察到了彩色干涉条纹,若在双缝中的一缝前放一红色滤光片(只能透过红光),另一缝前放一绿色滤光片(只能透过绿光),这时 [　]。

    A. 只有红色和绿色的双缝干涉条纹,其他颜色的双缝干涉条纹消失

    B. 红色和绿色的双缝干涉条纹消失,其他颜色的干涉条纹依然存在

    C. 任何颜色的双缝干涉条纹都不存在,但屏上仍有光亮

    D. 屏上无任何光亮

14-13 在杨氏双缝干涉实验中,两条缝的宽度原来是相等的,若其中一缝的宽度略变窄,则 [　]。

    A. 干涉条纹的间距变宽

    B. 干涉条纹的间距变窄

    C. 干涉条纹的间距不变,但原极小处的强度不再为零

    D. 不再发生干涉现象

14-14 把一平凸透镜放在平玻璃上,构成牛顿环装置,当平凸透镜慢慢地向上平移时,由反射光形成的牛顿环 [　]。

    A. 向中心收缩,条纹间隔变小   B. 向中心收缩,环心呈明暗交替变化

    C. 向外扩张,环心呈明暗交替变化   D. 向外扩张,条纹间隔变大

14-15 如图 14-34(a)所示,一光学平板玻璃 A 与待测工件 B 之间形成空气劈尖,用波长 $\lambda = 500$ nm（1 nm $= 10^{-9}$ m）的单色光垂直照射,看到的反射光的干涉条纹如图 14-34(b)所示,有些条纹弯曲部分的顶点恰好与其右边条纹的直线部分的切线相切,则工件的上表面缺陷是 [　]。

    A. 不平处为凸起纹,最大高度为 500 nm

    B. 不平处为凸起纹,最大高度为 250 nm

    C. 不平处为凹槽,最大深度为 500 nm

    D. 不平处为凹槽,最大深度为 250 nm

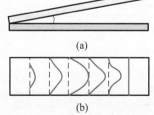

图 14-34 习题 14-15 用图

14-16 在杨氏双缝干涉实验中,双缝间距为 0.6 mm,双缝到屏的距离为 1.5 m,实验测得条纹间距为 1.5 mm。求光波波长。

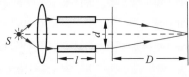

图 14-35 习题 14-17 用图

14-17 图 14-35 为用双缝干涉来测定空气折射率 n 的装置。实验前,在长度为 l 的两个相同密封玻璃管内都充以 1 atm 的空气。现将上管中的空气逐渐抽去,(1)光屏上的干涉条纹将向什么方向移动;(2)当上管中空气完全抽走而形成真空时,发现屏上波长为 λ 的干涉条纹移过 N 条,计算空气的折射率。

14-18 在宇航员头盔上镀有对红外线高反射率的高反射膜,它是选用折射率介于空气和光学元件之间的透明胶,已知红外线在真空中的波长为 $\lambda = 900$ nm,透明头盔的折射率为 $n_3 = 1.6$,选用的透明胶的折射率为 $n_2 = 1.5$,则所镀透明胶的厚度至少为多少?

14-19 折射率为 1.60 的两块标准平面玻璃板之间形成一个劈尖(劈尖角 θ 很小)。用波长 $\lambda = 600$ nm (1 nm $= 10^{-9}$ m)的单色光垂直入射,产生等厚干涉条纹。假如在劈尖内充满 $n = 1.40$ 的液体时,相邻明纹的间距比劈尖内是空气时的间距缩小 $\Delta l = 0.5$ mm,那么劈尖角 θ 应是多少?

14-20 用钠光灯发出的波长为 5.893×10^{-7} m 的光做牛顿环实验,测得 k 级暗纹的半径为 4.0×10^{-3} m,测得 $k+5$ 级暗纹的半径为 6.0×10^{-3} m,求凸透镜的曲率半径 R 和 k 的值。

14-21 在牛顿环装置的平凸透镜和平玻璃板之间充满折射率 $n = 1.33$ 的透明液体(设平凸透镜和平玻璃板的折射率都大于 1.33)。凸透镜的曲率半径为 300 cm,波长 $\lambda = 650$ nm 的平行单色光垂直照射到牛顿环装置上,凸透镜顶部刚好与平玻璃板接触,求:(1)从中心向外数第 10 个明环所在处的液体厚度 e_{10};(2)第 10 个明环的半径 r_{10}。

14-22 白光照射到折射率为 1.33 的肥皂膜上,若从 45°方向观察薄膜呈现绿色($\lambda = 500$ nm),试求薄膜的最小厚度。若从垂直方向观察,肥皂膜正面呈现什么颜色?

第 15 章

光的衍射

衍 射和干涉一样都是波动的基本特征,光的衍射(diffraction of light)和光的干涉一样表明了光具有波动性。衍射的实质依然是相干叠加,但研究的方式和方法与干涉有很大的区别。干涉是指那些分立的有限多的光束的相干叠加,而衍射总是指波阵面上连续分布的无限多子波源发出的光波的相干叠加。

15.1 惠更斯-菲涅耳原理

15.1.1 光的衍射现象

光在传播过程中遇到障碍物或小孔(窄缝)时,它会偏离直线路径传播而绕过障碍物边缘进入几何阴影内传播,这种现象称为光的衍射。衍射时产生的明暗条纹或光环,叫作衍射图样。衍射现象具有下面两个鲜明的特点:

(1) 若光束在衍射屏上的某一方位受到限制,则其在远处屏幕上的衍射强度就沿该方位扩展开来。

(2) 小孔的线度越小,光束受限制得越厉害,则衍射范围越弥漫。当小孔线度远远大于光波长 λ 时,衍射效应很不明显,光波近似于直线传播。当小孔线度逐渐变小时,衍射效应逐渐明显,在远处便出现亮暗分布的衍射图样。当小孔线度小到可以同光波长相比拟时,衍射效应极为明显,衍射范围弥漫整个视场,过渡为散射情形。理论表明,小孔横向线度 ρ 与衍射角 $\Delta\theta$ 之间存在反比关系。

衍射是一切波所共有的传播行为,但只有在障碍物或小孔(窄缝)的尺寸与波的波长相差不大时才会发生"明显"衍射。因此,日常生活中声波的衍射、水波的衍射、广播段无线电波的衍射是随时随地发生的,易为人觉察,而光的衍射现象却不易为人们所觉察,这是因为可见光的波长很短,通常物体都比它大得多。即使如此,在日常生活中,还是能看到一些光的衍射现象。例如:如果天空布满高积云,日光或月光透过高积云的时候就会在日、月周围形成一系列外红内蓝的彩色光环,这个光环就叫作"华"。太阳外面的华叫作"日华",月亮外面的华叫作"月华",图 15-1 是一张月华的照片。华的形成是因为光线通过云里水滴或小冰晶时产生了衍射。从稠密的树叶形成的小孔中穿过的太阳光,能形成辐射状的光芒,是因为太阳光经过小孔后发生了衍射。拿一根羽毛放在眼睛和灯光之间,透过羽毛的缝隙看灯光,就可以看到灯周围有彩色光环,这是因为光线经过极细的羽毛缝隙时发生了衍射。隔着指缝观察灯泡发的光,能在指缝间看到很细的明暗相间的条纹,条纹走向与指缝平行,这是狭缝衍射的结果。将单色光照射到剃须刀片,在刀片的边缘会产生明暗相间的条纹,这种衍射称为边缘衍射,如图 15-2 所示。

图 15-1　月华照片

图 15-2　剃须刀片的衍射现象

常见的衍射包括：单缝衍射、圆孔衍射、圆板衍射及泊松亮斑等。采用单色光照射时，只能看到衍射图样有明暗的差别，如果采用复色光照射，则能看到彩色的衍射图样。

15.1.2　惠更斯-菲涅耳原理内容

1. 惠更斯原理

如图 15-3 所示，波面 S 上的每一点（面元）都是一个次级球面波的次波源，次波源向外发出次波，次波的波速与频率等于初级波的波速和频率，此后每一时刻的次波波面的包络面 S' 就是该时刻总的波动的波面。波面 S 上的每一点都是次波波源，所发出的次波为球面次波（wavelet）。惠更斯原理（Huygens principle）的核心思想是：介质中任一处的波动状态是次波在该点处的叠加结果。

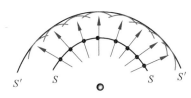

图 15-3　惠更斯原理

光的直线传播、反射、折射等都能由惠更斯原理进行较好的解释。此外，惠更斯原理还可解释晶体的双折射现象。但是，原始的惠更斯原理是比较粗糙的，用它只能定性地解释衍射现象，而且由惠更斯原理还会得出存在倒退波的结论，这显然是不合理的。

由于惠更斯原理的次波假设不涉及波的时空周期特性——波长、振幅和相位，虽然惠更斯原理能说明波在障碍物后面偏离直线传播的现象，但实际上，光的衍射现象要细微的多，衍射现象中会出现明暗相间的条纹，表明各点波的振幅大小不等，对此惠更斯原理就无法解释了。因此必须能够定量计算光所到达的空间范围内任何一点波的振幅，才能更精确地解释衍射现象。

2. 惠更斯-菲涅耳原理的内容

菲涅耳（Augustin-Jean Fresnel，1788—1827，法国）在惠更斯原理的基础上，补充了描述次波的基本特征——相位和振幅的定量表示式，并增加了“次波相干叠加”（wavelet coherent stack）的原理，从而发展成为惠更斯-菲涅耳原理（Huygens-Fresnel principle）。

惠更斯-菲涅耳原理可以正确解释光的衍射现象，其具体内容为：波阵面 S 上的每个面元 dS，可看成一个新的振源（次波源），它们向全空间发出次波，波场中任意点 P 的扰动是所有次波到达该点的次级扰动的相干叠加，如图 15-4 所示。

波面 S 上的一面积元 dS 所发出的各次波的振幅和相位满足下面四个假设：

（1）在波动理论中，波面是一个等相位面。因而可以认为 S 面上各面元 dS 所发出的所有次波都有相同的初相位（可令其为零）。

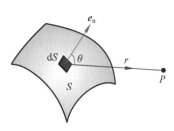

图 15-4　惠更斯-菲涅耳原理

（2）次波在空间某点 P 处所引起的振动的振幅与面积元 dS 到 P 点的距离 r 成反比。这表明次波是球面波。

（3）从面元 dS 所发出的次波在到达 P 点时的振幅正比于 dS 的面积，且与倾角 θ 有关，其中 θ 为 dS 的法线 e_n 与 dS 到 P 点的连线 r 之间的夹角，即从 dS 发出的次波到达 P 点时的振幅随 θ 的增大而减小（倾斜因子 $K(\theta)$）。古斯塔夫·罗伯特·基尔霍夫（Gustav Robert Kirchhoff，1824—1887，德国）给出了倾斜因子的表达式为 $K(\theta)=\dfrac{1}{2}(1+\cos\theta)$。

（4）次波在 P 点处的相位，由光程决定。面积元 dS 所发出的次波在 P 点的振动为

$$dE \propto \frac{K(\theta)}{r}\cos\left[2\pi\left(\frac{t}{T}-\frac{r}{\lambda}\right)\right]dS \tag{15-1}$$

因此，波面 S 所发出的次波在 P 点的振动为

$$E = C\int_S \frac{K(\theta)}{r}\cos\left[2\pi\left(\frac{t}{T}-\frac{r}{\lambda}\right)\right]dS \tag{15-2}$$

应用惠更斯-菲涅耳原理，原则上可以解决所有的衍射问题，但不规则曲面的积分运算是相当麻烦的，因此在具体的运算中，可采取半波带法（half wave band method）进行讨论。

感悟·启迪

菲涅耳是一位法国工程师，对光学很感兴趣，因反对拿破仑而被关押，正是在被关押的几个月里，他专攻光学研究，其中关于衍射的结论引发了光学革命。由此可见，兴趣是最好的老师，在面对困难和逆境时，不气馁，不回避，积极探索，终会取得成功。

惠更斯-菲涅耳原理的建立，说明一个伟大理论的诞生绝不是少数几个极具天赋的科学家在头脑里凭空创造出来的。只有善于继承又勇于创新的科学家才有可能抓住机会，做出突出贡献。

思考题

15-1　用手掌放在眼前，就能挡住视线不能看见物体，而用同样的方法，将手掌放在耳前，则仍能听见声音，为什么？

15-2　（1）为什么无线电波能绕过建筑物，而光波却不能？（2）为什么隔着山可以听到中波段的电台广播，而电视广播却很容易被高大建筑物挡住？

15-3　光的干涉与衍射有什么区别与联系？

15.2　夫琅禾费单缝衍射

光的衍射现象分为两类：一类是菲涅耳衍射（Fresnel diffraction）；另一类是夫琅禾费衍射（Fraunhofer diffraction）。当光源和观察屏（或二者之一）与障碍物之间的距离是有限远时的衍射（其光波的波阵面不是平面，即为发散光束的衍射）称为菲涅耳衍射，这类衍射的讨论较困难；光源和观察屏与障碍物之间的距离都是无限远时的衍射（其入射光波和衍射光波都是平面波）称为夫琅禾费衍射，这类衍射的讨论较容易。因此，在本章主要讲述夫琅禾费衍射。

15.2.1　实验装置和现象

有一狭缝,缝的宽度 a 远小于它的长度,这就是单缝。单色点光源 S 位于透镜 L' 的焦点上,单色平行光垂直入射到单缝上,由缝平面上各面元发出的向不同方向传播的平行光束,被透镜 L 会聚到其焦平面处的观察屏上,在屏上可以观察到一组平行于单缝的明暗相间的衍射条纹。图 15-5 显示了夫琅禾费单缝衍射(Fraunhofer single slit diffraction)实验装置、光路及其衍射图样,图中 θ 称为衍射角。

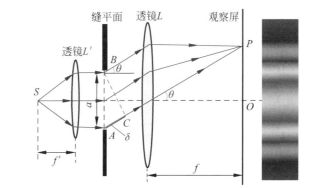

图 15-5　夫琅禾费单缝衍射实验装置、光路及其衍射图样

由图 15-5 可以看出夫琅禾费单缝衍射衍射图样的特点:图样是一组与狭缝平行的明暗相间的条纹,正对狭缝的是中央明纹,两侧对称分布着各级明暗条纹;但条纹的分布是不均匀的,且明纹光强的分布也是不均匀的,中央明纹光强最大亦最宽,其他明纹的光强随着级数的增大而迅速减小。

15.2.2　夫琅禾费单缝衍射的光强

下面利用菲涅耳半波带法讨论夫琅禾费单缝衍射的光强分布。在图 15-5 中,衍射角 $\theta=0$ 的一束平行光经透镜 L 后同相位地到达 O 点,所以 O 点振幅为各分振动振幅之和,合振幅最大,光强最强,这是单缝衍射的中央明纹,为主极大。衍射角 θ 不为零的一束平行光,经透镜会聚于屏上的 P 点。由于透镜的等光程性,单缝的两条边缘光束 $A \rightarrow P$ 和 $B \rightarrow P$ 的光程差 $\delta=AC$,可由图 15-5 所示的几何关系得到

$$\delta = a\sin\theta \tag{15-3}$$

在波阵面上截取一个条状带,使它上下两边缘发的光在屏上 P 处的光程差为 $\dfrac{\lambda}{2}$,此带称为半波带。

当 $\delta=a\sin\theta=2 \cdot \dfrac{\lambda}{2}$ 时,可将缝分为两个"半波带",如图 15-6 所示。两相邻半波带上对应点发出的光在 P 处干涉相消形成暗纹,为极小值。

当 $\delta=a\sin\theta=3 \cdot \dfrac{\lambda}{2}$ 时,可将缝分成三个"半波带",如图 15-7 所示。两相邻半波带上对应点发出的光在 P 处干涉相消后剩下的那个半波带上对应点发出的光在 P 处相干叠加,形成明纹。P 处近似为明纹中心,为次极大。

一般地,如果某个衍射角 θ 能使 AC 被划分为偶数个半波带,各个波带的作用成对抵消,则在这个方向上出现暗纹。该衍射角 θ 满足:

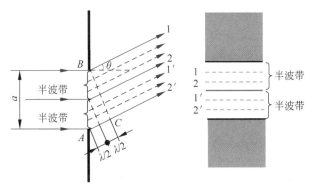

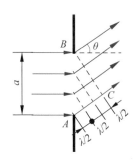

图 15-6　菲涅耳半波带法图一　　　　　图 15-7　菲涅耳半波带法图二

$$a\sin\theta = \pm 2k \cdot \frac{\lambda}{2}, \quad k = 1,2,3,\cdots \tag{15-4}$$

式中，k 为衍射级次。如果某个衍射角 θ 能使 AC 被划分为奇数个半波带，各个波带的作用成对抵消后，总要剩下一个半波带的光在 P 点没有被抵消，因而在这个衍射角的方向上出现明纹。该衍射角 θ 满足：

$$a\sin\theta = \pm(2k+1) \cdot \frac{\lambda}{2}, \quad k = 0,1,2,3,\cdots \tag{15-5}$$

用菲涅耳半波带法求出的暗纹和中央明纹（中心）的位置是准确的，其余明纹中心的位置较实际位置稍有偏离。菲涅耳半波带法是一种近似的求解方法。

15.2.3　衍射图样的特点分析

夫琅禾费单缝衍射的光强分布曲线如图 15-8 所示。由菲涅耳半波带法所得出的结论可以大致说明夫琅禾费单缝衍射的光强分布中极大值和极小值的位置，而要定量计算夫琅禾费单缝衍射的光强大小的分布就要应用惠更斯-菲涅耳原理通过积分讨论。

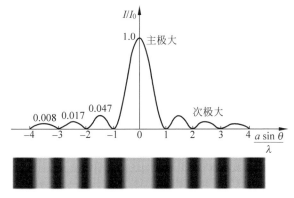

图 15-8　夫琅禾费单缝衍射的光强的分布

中央两侧第 1 级暗条纹之间的区域，称为零极（或中央）明纹，它满足条件

$$-\lambda < a\sin\theta < \lambda \tag{15-6}$$

一般情况下，该范围的衍射角 θ 可适用小角近似，则中央明纹的半角宽度 $\Delta\theta$ 为

$$\Delta\theta = \frac{\lambda}{a} \tag{15-7}$$

对应的中央明纹的宽度 Δl 为

$$\Delta l = 2f\Delta\theta = 2f\frac{\lambda}{a} \tag{15-8}$$

式中,f 为单缝后的会聚透镜 L 的焦距。除中央明纹外的其他各级明纹的宽度为中央明纹宽度的一半。

从上面的结论可以看出,改变单缝的宽度和衍射光的波长,衍射条纹会随之发生变化。若缝越窄,条纹分散的越开,衍射现象越明显;反之,条纹向中央靠拢。衍射条纹的宽度随入射光波波长的减小而变窄。因为衍射角相同的光线会聚在观察屏的相同位置上,所以上下移动单缝,条纹的位置不变。

如果用白光作光源,每种色光都会形成一组衍射图样,都在光屏上直接叠加,这时中

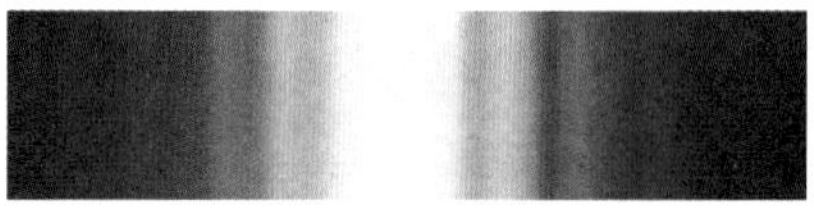

图 15-9 白光的单缝夫琅禾费衍射图样

央为白色明条纹,其两侧各级都为彩色条纹,如图 15-9 所示。在两侧某一级的彩色条纹中,各种单色光的条纹将按波长排列,衍射角最小的是紫色条纹,最大的是红色条纹,形成衍射光谱。

例 15-1

在某个单缝衍射实验中,光源发出含有两种波长 λ_1 和 λ_2 的光,垂直入射于单缝上。假如 λ_1 的第 1 级衍射极小与 λ_2 的第 2 级衍射极小相重合,试问:(1)这两个波长之间有何关系?(2)在这两种波长的光所形成的衍射图样中,是否还有其他级次的衍射极小相重合?

解 (1)由单缝衍射暗纹形成的条件式(15-4)得

$$a\sin\theta_1 = \lambda_1, \quad a\sin\theta_2 = 2\lambda_2 \tag{I}$$

由题意可知

$$\theta_1 = \theta_2, \quad \sin\theta_1 = \sin\theta_2$$

代入式(I)可得

$$\lambda_1 = 2\lambda_2 \tag{II}$$

(2)若 λ_1 的 k_1 级极小的衍射角为 θ_1,则有

$$a\sin\theta_1 = k_1\lambda_1, \quad k_1 = 1,2,\cdots$$

将式(II)代入上式,即得

$$\sin\theta_1 = 2k_1\lambda_2/a$$

若 λ_2 的 k_2 级极小的衍射角为 θ_2,则有

$$a\sin\theta_2 = k_2\lambda_2, \quad k_2 = 1,2,\cdots$$

即得

$$\sin\theta_2 = k_2\lambda_2/a$$

若 $k_2 = 2k_1$,则 $\theta_1 = \theta_2$,即 λ_1 的任一 k_1 级极小都与 λ_2 的 $2k_1$ 级极小重合。

物理学家简介

夫 琅 禾 费

夫琅禾费

夫琅禾费 (J. V. Fraunhofer,1787—1826,德国)(图 15-10)1787 年 3 月 6 日生于慕尼黑附近的斯特劳宾,父亲是玻璃工匠,夫琅禾费幼年当学徒,后来自学了数学和光学。1806 年开始在光学作坊当光学机工,1818 年任经理,1823 年担任慕尼黑科学院物理陈列馆馆长和慕尼黑大学教授,并当选为慕尼黑科学院院士。夫琅禾费自学成才,一生勤奋刻苦,终身未婚,1826 年 6 月 7 日因肺结核在慕尼黑逝世。

夫琅禾费集工艺家和理论家的才干于一身,把理论与丰富的实践经验结合起来,对光学和光谱学做出了重要贡献。1814 年,他用自己改进的分光系统,发现并研究了太阳光谱中的暗线(现称为夫琅禾费谱线),利用衍射原理测出了它们的波长。他设计和制造了消色差透镜,首创用牛顿环方法检查光学表面的加工精度及透镜形状,对应用光学的发展起了重要的影响。他所制造的大型折射望远镜等光学仪器负有盛名。他发表了平行光单缝及多缝衍射的研究成果(后人称之为夫琅禾费衍射),做了光谱分辨率的实验,第一个定量地研究了衍射光栅,用其测量了光的波长,以后又给出了光栅方程。

图 15-10　夫琅禾费

思考题

15-4　通过一个单狭缝,用眼睛直接观察远处与缝平行的光源,看到的衍射图样是菲涅耳衍射图样还是夫琅禾费衍射图样?为什么?

15-5　在单缝夫琅禾费衍射中,增大波长与增大缝宽,衍射条纹如何变化?

15-6　在单缝衍射图样中,离中央明纹越远的明纹亮度越小,试用半波带法说明。

15-7　能用振幅矢量的方法求解夫琅禾费单缝衍射的光强分布吗?

15.3　夫琅禾费圆孔衍射　光学仪器的分辨本领

15.3.1　夫琅禾费圆孔衍射

　　夫琅禾费圆孔衍射(Fraunhofer round hole diffraction)与夫琅禾费单缝衍射仅是衍射屏的几何形状不同。将夫琅禾费单缝衍射实验中的狭缝换成小圆孔,就能得到夫琅禾费圆孔衍射图样,此时在观察屏上可看到一些明暗相间的同心圆环,图 15-11 给出了夫琅禾费圆孔衍射的实验装置及衍射图样。

　　在夫琅禾费圆孔衍射的衍射图样中,圆环中心的亮斑最亮,称为艾里斑(Airy disc),它集中了约 84% 的衍射光能,其他明纹的光强随着级数的增大而迅速下降,如图 15-12 所示。

夫琅禾费圆孔衍射 1

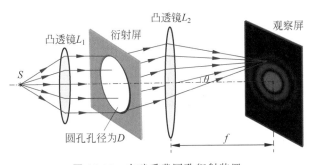

图 15-11　夫琅禾费圆孔衍射装置

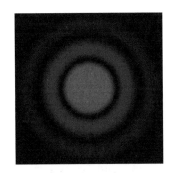

图 15-12　夫琅禾费圆孔衍射条纹

夫琅禾费圆孔衍射 2

　　下面对夫琅禾费圆孔衍射图样进行分析。第 1 级暗环对应的衍射角为艾里斑的半角宽度,通过理论计算得

$$\theta = \sin\theta = 0.61\frac{\lambda}{r} = 1.22\frac{\lambda}{D} \tag{15-9}$$

式中,r 为衍射圆孔的半径,D 为其直径。若 f 为透镜的焦距,则艾里斑对透镜光心的张角为

$$2\theta = 2\sin\theta = \frac{d}{f} = 2.44\frac{\lambda}{D} \tag{15-10}$$

式中,d 为艾里斑的直径,$d = 2f\theta$。

15.3.2　光学仪器的分辨本领

　　大多数光学仪器所用透镜的边缘都是圆形的,按照波动光学的观点,透镜相当于一个圆孔。由于物体(光源)所发出的光经过圆孔并不聚焦成为几何像,而是产生一衍射图样,如点光源经过圆孔后成的像为一中心光斑(艾里斑)和周围明暗相间的同心圆环。因此,圆孔的夫琅禾费衍射对透镜的成像质量有直接影响,衍射限制了光学仪器的放大率和成像清晰度。

　　用透镜观察远处两物点时,在透镜焦平面的屏上将产生两个衍射圆环条纹。由于这两个物点光源是不相干的,所以屏上的总光强是两个衍射条纹的光强直接相加。光学仪器(人眼)能否从总光强分布中辨认出两个物点的像,取决于两个亮度很大的艾里斑的重叠程度,重叠过多就不能分辨出两个物点。图 15-13 给出两物点能被清晰地分辨、恰能被分辨及不能被分辨的几种情形。

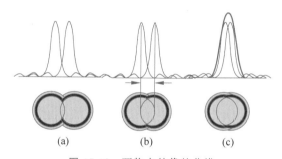

图 15-13　两物点的像的分辨
(a) $\delta\varphi > \theta_0$,能分辨; (b) $\delta\varphi = \theta_0$,恰能分辨; (c) $\delta\varphi < \theta_0$,不能分辨

　　对于光学仪器(透镜)的分辨极限,遵从瑞利判据(Rayleigh criterion)。瑞利判据的内容为:若一点光源的衍射图样的中央最亮处刚好与另一点光源的衍射图样的第一个最暗处相重合,则这两个点光源恰能为这一光学仪器所分辨。

　　满足瑞利判据的两物点间的距离,就是光学仪器所能分辨的最小距离,此时它们对透镜中心所张的角 θ_0 称为最小分辨角,对于直径为 D 的圆孔衍射图样来说,它就是艾里斑的半角宽度,即

$$\theta_0 = 1.22\frac{\lambda}{D} \tag{15-11}$$

光学仪器中将最小分辨角的倒数称为光学仪器的分辨本领(resolution capability),则

$$R = \frac{1}{\theta_0} = \frac{D}{1.22\lambda} \tag{15-12}$$

显然,增大透镜孔径 D 或减小入射光的波长 λ 均可提高光学仪器的分辨本领。

　　天文望远镜的入射光波长不能人为选择,因此,为提高分辨本领,物镜的直径都较大。目前世界上最大的光学望远镜物镜的直径为 39 m。被誉为"中国天眼"的 500 m 口径球面射电望远镜(FAST)(图 15-14)于 2016 年 9 月 25 日落成并启用,是具有中国自主

知识产权、世界最大单口径、最灵敏的射电望远镜,其组成的球形反射面相当于 30 个足球场的大小,与号称"地面最大的机器"的德国埃菲尔斯伯格 100 m 口径望远镜相比,其灵敏度能提高约 10 倍,与被评为"人类 20 世纪十大工程之首"的美国阿雷西博 300 m 口径射电望远镜相比,"中国天眼"的灵敏度是其 2.25 倍。截至 2024 年 4 月,"中国天眼"发现的新脉冲星数量已突破 900 颗,是国际上同时期其他望远镜发现脉冲星总数的 3 倍以上。

图 15-14　FAST

在正常照明下,人眼瞳孔直径约为 3 mm,对 $\lambda = 550$ nm 的黄绿光,$\theta_0 \approx 1'$,可分辨约 9 m 远处的相距 2 mm 的两个点。

为扩大人的视野,人类发明了显微镜。为提高显微镜的分辨本领,人们在显微镜上采用极短波长的光。目前,穿透式电子显微镜(图 15-15)采用波长远小于可见光的电子波(电子波的波长为 $10^{-2} \sim 10^{-1}$ nm),能分辨相距 10^{-10} m 的两个物点,因而能用于观察和分析物质内部的细微组织结构。图 15-16 是在穿透式电子显微镜下观察到的气管纤毛细胞。

图 15-15　穿透式电子显微镜

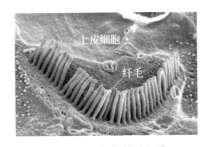

图 15-16　气管纤毛细胞

感悟·启迪

"工匠精神"

以南仁东为代表的科学家和工程技术人员发扬"工匠精神",历时 23 年,为"中国天眼"的建设做出了巨大的贡献。"工匠精神"不仅是一种工作态度,也是一种人生态度,代表着一种时代的精神气质:坚定、踏实、严谨、专注、坚持、敬业、精益求精……,如果人人都能将这样的品质在内心沉淀,有干一行爱一行、爱一行钻一行的韧劲,有对工作只管付出不求回报的奉献精神,定能在平凡的岗位上书写不平凡的人生。

例 15-2

人眼的最小分辨角约为 $1'$，教室中最后一排学生到黑板之间的距离为 15 m，学生能分辨出黑板上的两条黄线（波长为 589.3 nm）的最小距离是多少？此时人眼瞳孔的直径约为多大？

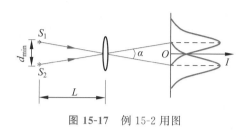

图 15-17　例 15-2 用图

解　当两条黄线恰可被分辨时，两艾里斑中心到人眼的张角为最小分辨角 α。由图 15-17 中的几何关系可得

$$\alpha = \theta_{\min} = \frac{d_{\min}}{L}$$

由于最后一排同学到黑板的距离为 $L = 15$ m，则得

$$d_{\min} = L\alpha = 15 \times \frac{1}{180} \times \frac{\pi}{60}\ \text{m} \approx 4.3 \times 10^{-3}\ \text{m}$$

又根据瑞利判据可得

$$\alpha = \theta_{\min} = 1.22\frac{\lambda}{D}$$

则人眼的瞳孔直径约为

$$D = 1.22\frac{\lambda}{\theta_{\min}} \approx 2.47\ \text{mm}$$

知识拓展

点　彩　画

图 15-18 是修拉（Georges Seurat，1859—1891，法国）创作于 19 世纪晚期的油画《大碗岛星期天的下午》，画中人物庄重典雅，衣纹厚重且有质感，层次变化丰富。画面大部分为暖色，反映了午后阳光之强烈。阳光透过树林，在树上明暗分明。整幅画以右边的夫妇为透视点，体现了西方聚点透视法。这幅画最大的特点就是画面上布满了精密、细致排列的小圆点。如果你离作品足够近，你就可以看到这些色彩点，但是如果你走远些，这些色彩点就会最终混在一起，让人无法分辨。此外，你所看到的画面上任何一处的色彩也会随着你的移动而发生变化。

图 15-18　油画《大碗岛星期天的下午》

从物理的角度来说，点彩画中的两相邻的色彩点和两个光源一样，设想这些点有不同的颜色，如果你站在作品的正前方，这些点以恰好的距离进入你的视线，从而在你的视网膜上形成可分辨的影像，即艾里斑，这样，你可以看到画面点的本色。当你移动到离画作远一些的位置，色彩点最终产生重叠影像，你再也无法分辨出它们了。大脑所反映的颜色，并非色彩的本色或者所有色彩的简单融合。点画派画家利用人们的视觉系统创造出了艺术的斑斓色彩。

思考题

15-8　要分辨出天空遥远的双星，为什么要用直径很大的天文望远镜？

15-9　使用蓝色激光较使用红色激光在光盘上进行数据读写有何优越性？

15-10　孔径相同的微波望远镜和光学望远镜相比较，哪个望远镜的分辨本领大？为什么？

15.4　光栅衍射及光栅光谱

15.4.1　光栅衍射现象

任何装置,只要它能起到等宽而又等间隔地分割波阵面的作用,就可当作衍射光栅(diffraction grating)。光栅(grating)是光学结构周期性分布的衍射屏,光栅是根据衍射原理制成的一种分光元件。光栅的类型很多,包括全息光栅、反射光栅、透射光栅等,常用的有透射光栅和反射光栅两类,透射光栅用于透射光的衍射,反射光栅用于反射光的衍射。在玻璃上划刻痕可制作透射光栅,刻痕处因漫反射而不透光;在金属表面划刻痕,可制作反射光栅,如图 15-19 所示。

透射光栅实际上是一排密集均匀而又平行的狭缝。设透光狭缝宽度为 a,相邻狭缝间不透光的宽度为 b,则其光栅常数(grating constant)d 为

$$d = a + b \tag{15-13}$$

d 就是相邻两缝对应点之间的距离,它是表征光栅性能的一个重要常数。一般用于可见光和紫外光区的光栅大多要在每 1 mm 内刻 300～1 200 条痕,对一块 100 mm×100 mm 的光栅,要刻划 30 000 条或 120 000 条刻痕,因此光栅的狭缝是很密集的。用金刚石尖端在玻璃板或金属板上刻划等间距的平行的一系列刻痕,就制成了一个光栅。

一束平行单色光垂直照射在光栅上,如图 15-20 所示,通过每一狭缝向不同方向的衍射光通过透镜聚集在屏幕上不同的位置,屏幕放在透镜的焦平面上。显然,通过光栅不同缝后的光要发生干涉,而通过每个缝的光又都要发生衍射,所以在屏上出现的应是同一单缝衍射因子调制下的所有缝的干涉条纹,称为光栅衍射条纹。光栅衍射是衍射和干涉的综合结果。

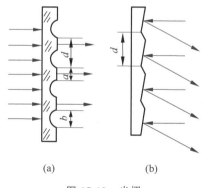

图 15-19　光栅
(a) 透射光栅;(b) 反射光栅

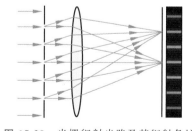

图 15-20　光栅衍射光路及其衍射条纹

光栅衍射

15.4.2　光栅的衍射规律

1. 光栅方程

如图 15-21 所示平行单色光垂直照射在有 N 条缝的光栅上,通过光栅后,任意相邻两个缝沿 θ 方向发射的两束光束间的光程差都相等,其值为

$$\delta = d\sin\theta \tag{15-14}$$

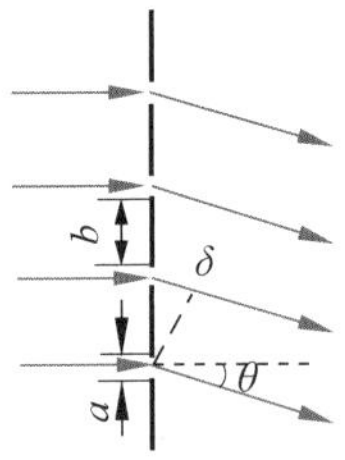

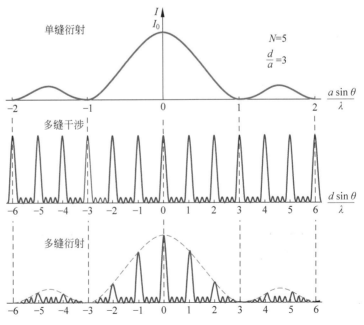

图 15-21 相邻缝间光程差

按照干涉理论,当

$$\delta = d\sin\theta = k\lambda, \quad k = 0, \pm 1, \pm 2, \pm 3, \cdots \quad (15\text{-}15)$$

时,N 束透射光干涉加强,在屏上出现明条纹。方程(15-15) 称为光栅方程(grating equation),式中 k 为衍射级次。满足光栅方程的明纹称为主明纹或主极大明条纹。

2. 暗纹条件

如果从 N 条缝发出的光束的相位差之和是 2π 的整数倍,即光程差满足

$$N\delta = Nd\sin\theta = k'\lambda, \quad k' = \pm 1, \pm 2, \pm 3, \cdots$$

或

$$d\sin\theta = \frac{k'}{N}\lambda, \quad k' = \pm 1, \pm 2, \pm 3, \cdots \quad (15\text{-}16)$$

时,N 束光干涉相消,在屏上出现暗条纹。式(15-16)称为暗纹条件公式。

比较式(15-15)和式(15-16),可以得到对 k' 的取值的限制:$k' \neq kN$。$k' = kN$ 属于出现主极大明条纹的情况。

式(15-15)和式(15-16)中的 k 与 k' 应分别取如下值:$k = 0, \pm 1, \pm 2, \cdots, k' = \pm 1, \pm 2, \pm 3, \cdots, \pm(N-1); \pm(N+1), \pm(N+2), \cdots, \pm(2N-1); \pm(2N+1), \cdots$,即在相邻两主极大明条纹之间,有 $N-1$ 个暗条纹,在两个相邻的暗条纹之间有光强不为零的次极大明条纹存在,在相邻两主极大明条纹之间,有 $N-2$ 个次极大明条纹,但位于主极大之间的区域光强总有部分抵消,因此实际光强很小,当 N 很大时,次极大明条纹的强度非常弱,几乎看不到,只能看见尖锐明亮的明条纹。

3. 光栅衍射的强度分布

光栅衍射的光强分布如图 15-22 所示,其公式可以由多光束干涉和夫琅禾费单缝衍射分析而得,如下所示:

$$I = I_0 \left(\frac{\sin u}{u}\right)^2 \frac{\sin^2 Nv}{\sin^2 v} \quad (15\text{-}17)$$

光栅强度分布

图 15-22 光栅衍射的光强分布

其中，$u = \dfrac{\pi a \sin\theta}{\lambda}$；$v = \dfrac{\pi d \sin\theta}{\lambda}$。式(15-17)的前一部分与单缝衍射的光强分布公式相同，表示单缝衍射的光强分布，它来源于单缝衍射，是整个衍射图样的轮廓，称为单缝衍射因子。后一部分表示多光束干涉光强，它来源于缝间干涉，称为缝间干涉因子。

由于光栅的缝数 N 总是很大，明条纹细锐，衍射角 θ 可以精确测定，从而由光栅方程可以求出单色光波波长。

4. 缺级现象

当改变光栅缝数 N、缝宽 a、光栅常数 d 和波长 λ 等参量时，单缝衍射因子、缝间干涉因子及合成的衍射光强分布也会随之发生相应的变化。在某些条件下，会出现缺级现象。所谓缺级，是指多光束干涉图样受单缝衍射的调制，衍射条纹以单缝衍射光强分布曲线为包络线，在满足单缝衍射极小、多缝干涉极大条件

$$\begin{cases} d\sin\theta = k\lambda, & k = 0, \pm1, \pm2, \pm3, \cdots \\ a\sin\theta = k'\lambda, & k' = \pm1, \pm2, \pm3, \cdots \end{cases}$$

时，k 级干涉主极大的位置正好是 k' 级衍射极小，因而形成 k 级主极大不会出现的现象。k 和 k' 的关系为

$$k = \frac{d}{a} k' \tag{15-18}$$

该式说明，当 d/a 为整数时，就会发生缺级现象，且缺级的级次为 d/a 的整数倍。图 15-22 给出 $d/a = 3$ 时的缺级情况。

15.4.3　光栅光谱

当垂直入射衍射光栅的光为白光时，各种不同波长的光将产生各自分开的主极大明条纹。屏幕上除 0 级主极大位置对所有波长都相同外，其余极大值位置各自按自己的规律出现，因此，除中央仍为白光外，其两侧将形成各级由紫到红对称排列的彩色光带，这些光带的整体称为衍射光谱(grating spectrum)。对于第 1 级光谱，由于波长短的光衍射角小，波长长的光衍射角大，所以紫光靠近零级主极大，红光则远离零级主极大。在第 2 级和第 3 级光谱中，发生了重叠现象，且级数越高，重叠情况越复杂，实际上很难观察到单独 1 级的光谱，如图 15-23 所示。

光盘的凹槽形成一个衍射光栅，在白光下能观察到入射光被分离成彩色光谱，如图 15-24 所示。

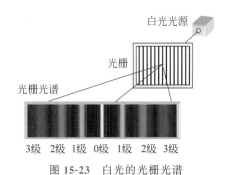

图 15-23　白光的光栅光谱

图 15-24　光盘的白光光谱

例 15-3

用含有两种波长 $\lambda = 600$ nm 和 $\lambda' = 500$ nm 的复色光垂直入射到每毫米有 200 条刻痕的光栅上,光栅后面置一焦距 $f = 50$ cm 的凸透镜,在透镜焦平面处置一屏幕,求以上两种波长的光的第 1 级谱线的间距 Δx。

解　对于第 1 级谱线,有

$$x_1 = f\tan\theta_1, \quad \sin\theta_1 = \lambda/d$$

中央区域的条纹对透镜的张角可视为很小,则有 $\sin\theta \approx \tan\theta$,所以

$$x_1 = f\tan\theta_1 \approx f\lambda/d$$

因此波长为 λ 和 λ' 的光的第 1 级谱线之间的距离为

$$\Delta x = x_1 - x'_1 = f(\tan\theta_1 - \tan\theta'_1)$$

由此可求得

$$\Delta x = f(\lambda - \lambda'_1)/d = 1 \text{ cm}$$

例 15-4

一衍射光栅,每厘米有 200 条透光狭缝,每条透光狭缝的宽度 $a = 2 \times 10^{-3}$ cm,在光栅后放一焦距 $f = 1$ m 的凸透镜,现以 $\lambda = 600$ nm 的单色平行光垂直照射光栅,求:(1)透光狭缝的夫琅禾费单缝衍射中央明条纹宽度为多少?(2)在该宽度内,有几个光栅衍射主极大?(3)此时能观察到多少条谱线?

解　(1)由夫琅禾费单缝衍射暗纹条件公式及几何关系,可得

$$a\sin\theta = k'\lambda, \quad \tan\theta = x/f$$

当 $x \ll f$ 时,$\tan\theta \approx \sin\theta \approx \theta$,$ax/f = k'\lambda$,取 $k' = 1$ 有

$$x = f\lambda/a = 0.03 \text{ m}$$

所以中央明纹宽度为

$$\Delta x = 2x = 0.06 \text{ m}$$

(2)由光栅方程可得

$$d\sin\theta = k\lambda$$

将 $\tan\theta = x/f$ 代入,并利用 $\tan\theta \approx \sin\theta$,可得

$$k = \frac{(a+b)x}{f\lambda}$$

因每厘米有 200 条透光缝,计算得光栅常数 $d = 5 \times 10^{-3}$ cm,将所有已知数据代入上式得 $k = 2.5$。取 $k = 2$,共有 $k = 0, \pm 1, \pm 2$ 这 5 个主极大。

(3)由光栅方程得最大的主极大级次为

$$k_{max} = \frac{d}{\lambda} = \frac{5 \times 10^{-5}}{600 \times 10^{-9}} = 83$$

光栅的缺级为

$$k = \frac{d}{a}k' = \frac{5 \times 10^{-5}}{2 \times 10^{-5}}k' = 2.5k', \quad k' = \pm 1, \pm 2, \pm 3, \cdots$$

所以,级次 $\pm 5, \pm 10, \pm 15, \cdots, \pm 80$ 缺级,共 32 条谱级缺级,可能观察到的谱线条数为 $2k_{max} + 1 - 32 = 135$ 条。

15-11　利用光栅和单缝都可测量光波的波长,为什么利用光栅测量更好呢?

15-12　刻录后的光盘呈现不同颜色,并且从不同的角度看,彩色光的强度和颜色会发生变化,这是为什么?

15.5　X 射线衍射

15.5.1　X 射线

1895 年,伦琴(W. C. Roentgen,1845—1923,德国)在研究阴极射线管时,发现在阳极 A 和阴极 K 之间加数十千伏的电压时,阴极灯丝产生的电子在电场作用下被加速并以高速射向阳极靶,高速电子与阳极靶碰撞后,阳极发射出一种有穿透力的肉眼看不见的射线,如图 15-25 所示。由于在当时它的本质是一个"未知数",故称为 X 射线(X-ray)。这一伟大发现很快在医学上获得非凡的应用——X 射线透视技术,伦琴也因此获得 1901 年的第一届诺贝尔物理学奖。

伦琴

1912 年,劳厄(M. Von Laue,1879—1960,德国)以晶体为光栅,发现了晶体的 X 射线衍射现象,证实了 X 射线的电磁波性质和晶体原子周期排列的性质,劳厄因此获得 1914 年诺贝尔物理学奖。此后,对 X 射线的研究在科学技术上给晶体学及其相关学科带来突破性的飞跃发展。由于 X 射线的重大意义和价值,所以它也称为伦琴射线。

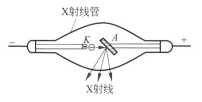

图 15-25　X 射线管

X 射线和可见光一样属于电磁辐射,但其波长比可见光短得多,介于紫外线与 γ 射线之间,为 $0.001\sim10$ nm 的范围。X 射线和其他电磁波一样,能产生反射、折射、散射、干涉、衍射、偏振和吸收等现象。但是,在通常实验条件下,很难观察到 X 射线的反射。对于所有的介质,对 X 射线的折射率 n 都很接近于 1(但小于 1),所以它几乎不能被偏折到任一有实际用途的程度,不可能像可见光那样用透镜成像。因为 $n \approx 1$,所以只有在极精密的工作中才需考虑折射对 X 射线作用介质的影响。X 射线能产生全反射,但是其掠射角极小,一般不超过 $20'\sim30'$。

在物质的微观结构中,原子和分子的距离(0.1~1 nm)正好处于 X 射线的波长范围内,所以物质(特别是晶体)对 X 射线的散射和衍射能够传递极为丰富的微观结构信息。可以说,大多数关于 X 射线光学性质的研究及其应用都集中在散射和衍射现象上,尤其是衍射方面。X 射线衍射(X-ray diffraction)方法是当今研究物质微观结构的主要方法。

15.5.2　X 射线衍射规律

利用透射劳厄法进行 X 射线晶体衍射实验的原理如图 15-26 所示。从 X 射线管发出的连续 X 射线经过一个铅屏就能得到一束准直 X 射线,这束准直的连续 X 射线照射到晶体上,被晶体的晶格衍射后,在感光板上就会得到衍射斑点,称为劳厄斑(Laue pattern)。图 15-27 是 NaCl 单晶的 X 射线衍射劳厄斑。

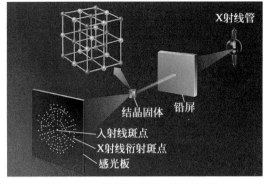

图 15-26　X 射线衍射实验原理图　　　　图 15-27　NaCl 单晶劳厄斑

X 射线照射到晶体上发生衍射现象是 X 射线被晶体散射的一种特殊表现。晶体的基本特征是其微观结构（原子、分子或离子的排列）具有周期性，如图 15-28 所示。当 X 射线被散射时，散射波中与入射波波长相同的相干散射波互相干涉，在一些特定的方向上互相加强，产生衍射线。晶体可能产生衍射的方向取决于晶体微观结构的类型（晶胞类型）及其基本尺寸（晶面间距，晶胞参数等）；而衍射强度取决于晶体中各组成原子的元素种类及其分布排列的坐标。晶体衍射方法是目前研究晶体结构最有力的方法。

图 15-28　晶体结构中的三维空间点阵

反映 X 射线衍射强度在空间随方向变化与晶体结构之间关系的方程为布拉格方程。设有一组晶面，间距为 d，一束平行 X 射线入射到该晶面族上，掠射角为 θ，如图 15-29 所示。间距为 d 的相邻两个晶面上两散射线的光程差为 $2d\sin\theta$，当光程差为波长 λ 的整数倍时，相干散射波就能互相加强从而产生衍射极大。由此得晶面族产生衍射极大的条件为

$$2d\sin\theta = k\lambda \tag{15-19}$$

式中，$k=1,2,3,\cdots$，称为衍射级次。式（15-19）称为布拉格方程，是晶体学中最基本的方程之一。

根据布拉格方程，我们可以把晶体对 X 射线的衍射看作"反射"，因为晶面产生衍射时，入射线、衍射线和晶面法线的关系符合镜面对可见光的反射定律。但是，这种"反射"并不是任意入射角都能产生的，只有符合布拉格方程的条件才能发生，故又常称为"选择反射"。据此，每当我们观测到一束衍射线，就能立即得出产生这个衍射

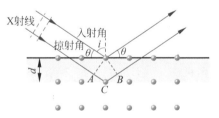

图 15-29　两层晶面原子对 X 射线的反射

的晶面族的取向，并且由掠射角 θ 便可依据布拉格方程计算出这组平行晶面的间距。

产生 X 射线晶格衍射是有条件的。由布拉格方程可知，$\sin\theta < 1$，k 的最小值为 1，要进行晶体衍射，所用 X 射线的波长必须满足 $\lambda < 2d$。但是 λ 不能太小，否则掠射角也会很小，衍射线将集中在出射光路附近的很小的角度范围内，导致观测无法进行。晶面间距一般在 1 nm 以内，此外考虑波长大于 0.2 nm 的 X 射线在空气中衰减很严重，所以在晶体衍射工作中常用的 X 射线波长范围是 0.05～0.2 nm。对于一组晶面，它可能产生的衍射数目 k 取决于晶面间距 d，因为它必须满足 $k\lambda < 2d$。晶体中可能参与衍射的晶面族也是有限的，它们必须满足 $d > \dfrac{\lambda}{2}$，即只有那些晶面间距大于入射 X 射线波长一半

的晶面才能发生衍射。

　　X 射线不仅开创了研究晶体结构的新领域,还可用作光谱分析,在科学研究和工程技术上有着广泛的应用。

　　X 射线除了应用在 X 射线透视技术外,还应用在数字减影血管造影、X 射线计算机辅助断层扫描成像(X-CT)等诸多领域。将 X 射线作为研究手段,在医学和分子生物学领域也不断有新的突破。1953 年英国的威尔金斯、沃森和克里克利用 X 射线的结构分析得到了遗传基因脱氧核糖核酸(DNA)的双螺旋结构,荣获了 1962 年度诺贝尔生理学或医学奖。

物理学家简介

威廉·劳伦斯·布拉格

　　威廉·劳伦斯·布拉格(William Lawrence Bragg,1890—1971,英国)(图 15-30)爵士,是一位出生于澳大利亚的英国物理学家和 X 射线晶体学家。他最著名的成就是对 X 射线衍射的研究。他与其父威廉·亨利·布拉格(William Henry Bragg,1862—1942)在 1913—1914 年的工作中创立了一个极重要和极有意义的科学分支——X 射线晶体结构分析。他们共同发现了关于 X 射线衍射的布拉格公式,可以基本测定晶体的构造。由于他们在 X 射线研究晶体结构所做出的杰出贡献,他们共同获得 1915 年度诺贝尔物理学奖。他是历史上最年轻的诺贝尔物理学奖获奖者,获奖时年仅25 岁。

图 15-30　劳伦斯·布拉格

　　1911 年,他从剑桥大学毕业并留在剑桥大学的卡文迪许实验室工作。1914 年被选为三一学院自然科学研究员和讲师,同年荣获巴纳德奖章,1918年获得大英帝国勋章和军功十字勋章,于 1931 年获英国皇家学会的休斯奖章,1946 年获皇家学会的皇家奖章,1948 年获美国矿物学会的罗布林奖章。1919 年任曼彻斯特大学的兰沃西荣誉物理学教授一直到 1937 年。他在 1921年被选为皇家学会会员,1937—1938 年任国家物理实验室主任,从 1938—1953 年任剑桥大学卡文迪许实验物理学教授,1958—1960 年任频率顾问委员会主席。他于 1941 年被封为爵士,并获剑桥大学文学硕士学位。他获得都柏林大学、利兹大学、巴黎大学等许多学校的荣誉科学博士学位,还获得了科隆大学的荣誉哲学博士学位以及圣安得鲁斯大学的荣誉法律博士学位。他是英国很多团体的名誉成员,同时又是美国、法国、瑞典、中国、荷兰、比利时等国的科学院名誉院士,还是法国矿物和结晶学会名誉会员。

例 15-5

　　已知 NaCl 晶体的主晶面间距为 2.82×10^{-10} m,对某单色 X 射线的布拉格第 1 级强反射的掠射角为 15°,求入射 X 射线的波长和第 2 级强反射的掠射角。

　　解　根据布拉格公式,有

$$2d\sin\theta = k\lambda$$

将 $k=1, \theta_1 = 15°, d = 2.82 \times 10^{-10}$ m 代入上式,得

$$\lambda = 2d\sin\theta_1 = 1.46 \times 10^{-10} \text{ m}$$

当 $k=2$,有

$$2d\sin\theta_2 = 2\lambda$$

代入相关数据,得

$$\theta_2 = \arcsin\left(\frac{2\lambda}{2d}\right) = \arcsin 0.5177 = 31.2°$$

思考题

15-13 对 X 射线,能否用普通光栅作为衍射元件?

习题

15-1 波长为 600 nm 的单色平行光,垂直入射到缝宽为 $a=0.60$ mm 的单缝上,缝后有一焦距 $f'=60$ cm 的透镜,在透镜焦平面上观察衍射图样。则中央明纹的宽度为_____,两个第 3 级暗纹之间的距离为_____。

15-2 在单缝夫琅禾费衍射实验中,设第 1 级暗纹的衍射角很小,若钠黄光($\lambda_1 \approx 589.0$ nm)中央明纹宽度为 4.0 mm,则蓝紫色光($\lambda_2 = 442.0$ nm)的中央明纹宽度为_____。

15-3 汽车两盏前灯相距 l,与观察者相距 $S=10$ km。夜间人眼瞳孔直径 $D=5.0$ mm,人眼敏感波长为 $\lambda=550$ nm,若只考虑人眼的圆孔衍射,则人眼可分辨出汽车两前灯时,两前灯的最小间距 $l=$_____ m。

15-4 光栅衍射是_____和_____的总效应。

15-5 波长为 $\lambda=550$ nm 的单色光垂直入射于光栅常数为 $d=2\times10^{-4}$ cm 的平面衍射光栅上,可能观察到光谱线的最高级次为第_____级。

15-6 用波长为 λ 的单色平行红光垂直照射在光栅常数为 $d=2.00\times10^{-4}$ cm 的光栅上,用焦距 $f=0.500$ m 的透镜将光会聚在屏上,测得光栅衍射图像的第 1 级谱线与透镜主焦点的距离为 $l=0.1667$ m,则可知该入射的红光波长 $\lambda=$_____ nm。

15-7 用波长为 λ 的单色平行光垂直入射在一块多缝光栅上,其光栅常数为 $d=3$ μm,缝宽为 $a=1$ μm,则在单缝衍射的中央明纹中共有_____条谱线(主极大)。

15-8 在夫琅禾费单缝衍射实验中,波长为 λ 的单色光垂直入射在宽度为 $a=4\lambda$ 的单缝上,对应于衍射角为 30°的方向,单缝处波阵面可分成的半波带数目为[   ]。

    A. 2 个   B. 4 个   C. 6 个   D. 8 个

15-9 一束波长为 λ 的平行单色光垂直入射到一单缝 AB 上,如图 15-31 所示,在屏幕 D 上形成衍射图样,如果 P 是中央亮纹一侧第一个暗纹所在的位置,则 BC 的长度为[   ]。

    A. λ B. $\lambda/2$ C. $3\lambda/2$ D. 2λ

15-10 在如图 15-32 所示的夫琅禾费单缝衍射装置中,设中央明纹的衍射角范围很小,若使单缝宽度 a 变为原来的 3/2,同时使入射的单色光的波长 λ 变为原来的 3/4,则屏幕 C 上单缝衍射条纹中央明纹的宽度 $\Delta x'$ 将变为原来的[   ]。

    A. 3/4 倍   B. 2/3 倍   C. 1/2 倍   D. 2 倍

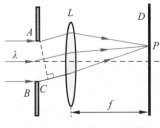

图 15-31 习题 15-9 用图

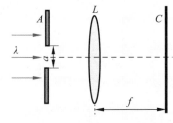

图 15-32 习题 15-10 用图

15-11 假设你用望远镜观测很难分辨的双星。你决定使用彩色滤光片来最大限度地提高分辨率,应选滤光片的颜色为[   ]。

    A. 蓝色   B. 绿色   C. 黄色   D. 红色

15-12　一定波长的单色光垂直入射到一衍射光栅上,在屏幕上只能出现零级和 1 级主极大,欲使屏幕上出现更高级次的主极大,应该[　　]。

　　　　A. 换一个光栅常数较小的光栅　　　　B. 换一个光栅常数较大的光栅

　　　　C. 将光栅向靠近屏幕的方向移动　　　　D. 将光栅向远离屏幕的方向移动

15-13　波长为 500 nm 的单色光垂直入射到光栅常数为 1.0×10^{-4} cm 的平面衍射光栅上,第 1 级衍射主极大所对应的衍射角为[　　]。

　　　　A. 60°　　　　　　B. 30°　　　　　　C. 45°　　　　　　D. 75°

15-14　一束平行单色光垂直入射在光栅上,当光栅常数 $(a+b)$ 为下列哪种情况时(a 表示每条缝的宽度),$k=3、6、9$ 等级次的主极大均不出现。这种情况是[　　]。

　　　　A. $a+b=2a$　　　B. $a+b=3a$　　　C. $a+b=4a$　　　D. $a+b=6a$

15-15　在夫琅禾费单缝衍射中,狭缝宽度为 0.2 mm,屏幕被放置在距透镜 2 m 外的地方。如果最小值到中心最大值的两侧各为 5 mm,求光波的波长。

15-16　一单色平行光垂直入射一单缝,其衍射第 3 级明纹位置恰好与波长为 600 nm 的单色光垂直入射该缝时衍射的第 2 级明纹位置重合,试求该单色光的波长。

15-17　(1) 在夫琅禾费单缝衍射实验中,垂直入射的光有两种波长 $\lambda_1 = 400$ nm 和 $\lambda_2 = 760$ nm,已知单缝宽度为 $a = 1.0 \times 10^{-2}$ cm,透镜焦距为 $f = 50$ cm,求两种光第 1 级明纹中心之间的距离。

　　(2) 若用光栅常数 $d = 1.0 \times 10^{-3}$ cm 的光栅替换单缝,其他条件和(1)相同,求两种光第 1 级主极大之间的距离。

15-18　据说间谍卫星上的照相机能清楚识别地面上汽车的牌照号码。

　　(1) 如果需要识别的牌照上的字划间的距离为 5 cm,在 160 km 高空的卫星上的照相机的角分辨率应多大?

　　(2) 此照相机的孔径需要多大? 设光的波长为 500 nm。

15-19　月球距地面的距离大约为 3.86×10^5 km,假设月光波长按 $\lambda = 550$ nm 计算,那么在地球上用直径 $D = 5$ m 的天文望远镜观察月球表面,能分辨的最小距离为多少?

15-20　已知 7×50 双筒望远镜的放大倍数为 7,物镜直径为 50 mm。

　　(1) 根据瑞利判据,这种望远镜的角分辨率多大? 设入射光波长为 550 nm。

　　(2) 眼睛瞳孔的最大直径为 7.0 mm,求出眼睛对上述入射光的角分辨率。并将所求得人眼的角分辨率除以 7 后和望远镜的角分辨率对比,然后判断用这种望远镜观察时实际起分辨作用的是眼睛还是望远镜。

15-21　一束平行光垂直入射到某个光栅上,该光束有两种波长的光 $\lambda_1 = 440$ nm 和 $\lambda_2 = 660$ nm,实验发现,两种波长的谱线(不计中央明纹)第二次重合于衍射角 $\theta = 60°$ 的方向上,求此光栅的光栅常数 d。

15-22　波长为 $\lambda = 600$ nm 的单色光垂直入射到一光栅上,测得第 2 级主极大的衍射角为 30°,且第 3 级缺级。

　　(1) 光栅常数 d 等于多少?

　　(2) 透光缝可能的最小宽度 a 等于多少。

　　(3) 在选定了上述 d 和 a 之后,求在衍射角 $-\frac{1}{2}\pi < \theta < \frac{1}{2}\pi$ 范围内可能观察到的全部主极大的级次。

15-23　在 X 射线衍射实验中,用波长从 0.095～0.130 nm 连续变化的 X 射线以 30° 入射到晶体表面。若晶体的晶格常数 $d = 0.275$ nm,则在反射方向上有哪些波长的 X 射线可形成衍射极大?

第 16 章

光的偏振

光 的干涉和衍射证实了光的波动性,但是不能确定光波是横波还是纵波,因此还要对光的波动性作进一步的分析和讨论。光的偏振(polarization of light)就是对光波的振动方向相对于传播方向的特性的讨论。由光的电磁特性可知,光波是横波。光的横波特性表现出什么样的现象呢? 这是本章的主要内容。

16.1　光的偏振性　马吕斯定律

横波的振动矢量垂直于波的传播方向振动,以绳形成的横波为例,如果在它的传播方向上放上带有狭缝的木板,只要狭缝的方向与绳的振动方向相同,绳上的横波就可以毫无阻碍地传播过去;如果把狭缝的方向旋转90°,绳上的横波就不能通过,如图 16-1 所示,这种现象叫作偏振。纵波的振动矢量沿传播方向振动,所以用同样的实验来观察,无论狭缝的方向如何,都不会影响纵波中质元的振动,纵波都能毫无阻碍地传播过去,因此,纵波不可能有偏振,如图 16-2 所示。

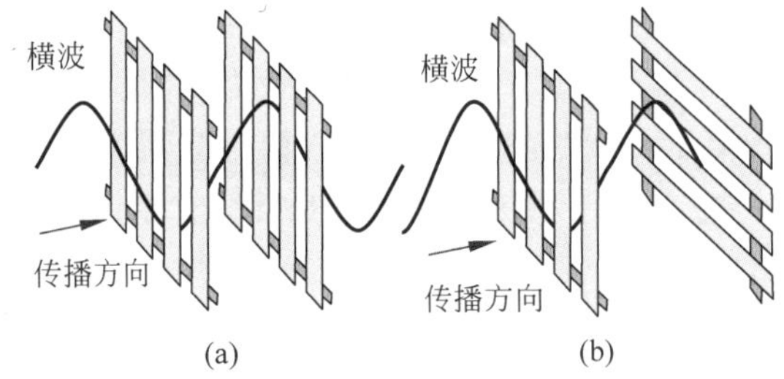

图 16-1　横波的偏振性
(a) 第二个为竖直狭缝;(b) 第二个为水平狭缝

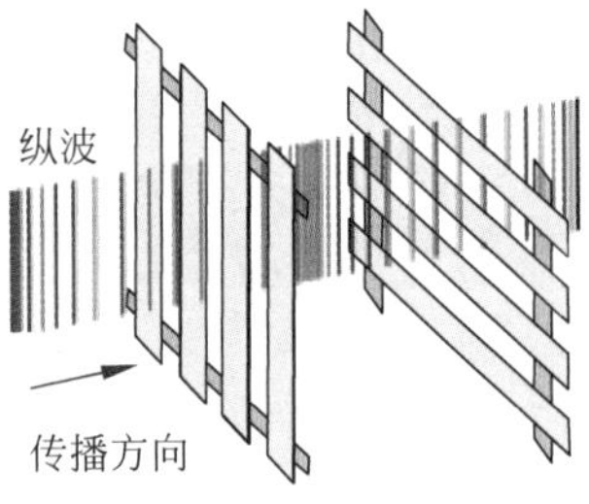

图 16-2　纵波的偏振性

总结上面实验可得,偏振是波的振动方向关于传播方向的不对称性,它是横波区别于纵波的一个最明显的标志。光波电矢量(也称光矢量)的振动方向相对于光的传播方向失去对称性的现象叫作光的偏振。只有横波才能产生偏振现象,故光的偏振是光的波动性的又一例证。1809 年,马吕斯(Etienne Louis Malus,1775—1812,法国)在实验中发现了光的偏振现象。生活中光的偏振性显示五种现象,对应于五种偏振光:自然光、部分偏振光、线偏振光、圆偏振光和椭圆偏振光。

16.1.1　自然光

如果在垂直于传播方向的平面内,光矢量沿一切可能的方向振动,且任一方向上具有相同的振幅,这种光矢量的振动方向对称于传播方向的光称为自然光(natural light),它是非偏振光,光矢量振动所在平面构成振动平面。

由于普通光源发光的间歇性和随机性,其大量原子发光的光矢量的振动方向不一定相同,波列长度不一定相同,初相位也不一定相同,这些光波叠加的统计效果构成了自然光。因此,一般光源所发出的光为自然光。自然光的振动方向包含在整个振动平面。根据统计平均,自然光没有优势的振动方向,各个振动方向的强度相等。一束自然光可分解为两束振动方向相互垂直的、等幅的、不相干的偏振光(图 16-3),其光矢量大小和光强分别满足:

$$E_x = E_y \tag{16-1}$$

$$I = I_x + I_y = 2I_x = 2I_y \tag{16-2}$$

由上所述,自然光也可以用如图 16-4 所示的方法表示。

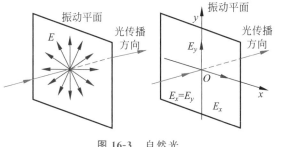
图 16-3　自然光

图 16-4　自然光的表示法

16.1.2　偏振光

光矢量的振动方向不对称于传播方向的光称为偏振光。除自然光外,其他偏振态的光都是偏振光。

1. 线偏振光

如果在垂直于光传播方向的平面内,光矢量只沿一个固定的方向振动,若迎着光传播的方向观察,其振动方向始终保持在同一直线上,这种光称为线偏振光(linearly polarized light),或称平面偏振光。线偏振光可沿两个相互垂直的方向分解为两束振动方向相互垂直的、相同相位的偏振光,如图 16-5 所示。

与自然光类似,线偏振光也可以用如图 16-6 所示的方法表示。

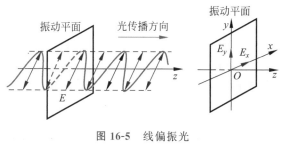
图 16-5　线偏振光

图 16-6　线偏振光的表示法

2. 部分偏振光

如果在垂直于光传播方向的平面内,光矢量沿一切可能的方向振动,但不同方向上的振幅不等,且在两个互相垂直的方向上振幅具有最大值和最小值,这种光称为部分偏振光(partial polarized light)。部分偏振光和自然光一样,实际上是由许多振动方向不同的线偏振光组成的。线偏振光和自然光是两种特殊情形,介于二者之间的一般情形是部

椭圆偏振光

分偏振光。部分偏振光可沿两个相互垂直的方向分解为两束振动方向相互垂直的、振幅不等的、无固定相位关系的偏振光,如图 16-7 所示。

与自然光类似,线偏振光也可以用如图 16-8 所示的方法表示。

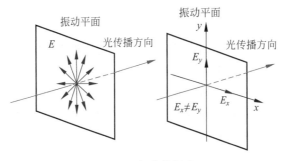

图 16-7　部分偏振光

图 16-8　部分偏振光的表示法

3. 椭圆偏振光

如果在垂直于光传播方向的平面内,光矢量绕传播方向均匀转动,且其端点描出一个椭圆轨迹,这种光称为椭圆偏振光(elliptically polarized light)。迎着光线方向看,凡光矢量顺时针旋转的称右旋椭圆偏振光,凡光矢量逆时针旋转的称左旋椭圆偏振光。椭圆偏振光中的旋转光矢量是由两个频率相同、振动方向互相垂直、有固定相位差的光矢量振动合成的结果,如图 16-9 所示。

4. 圆偏振光

如果在垂直于光传播方向的平面内,光矢量绕传播方向均匀转动,且其端点描出一个圆轨迹,这种光称为圆偏振光(circularly polarized light),它是椭圆偏振光的特殊情形,如图 16-10 所示。在我们的观察时间段中平均后,圆偏振光看上去是与自然光一样的。但是圆偏振光的偏振方向是按一定规律变化的,而自然光的偏振方向变化是随机的,没有规律的。

圆偏振光

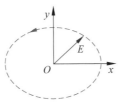

图 16-9　椭圆偏振光

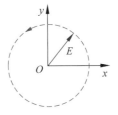

图 16-10　圆偏振光

从自然光获得线偏振光的常用方法有四种:利用各向同性介质界面的反射和折射;利用各向异性介质的二向色性;利用晶体的双折射;利用物质的散射。

线偏振光可以用光的偏振元件——波晶片(波片)产生圆偏振光和椭圆偏振光。

16.1.3　马吕斯定律

1. 起偏和检偏

从自然光获得线偏振光的过程称为起偏,使用的光学元件为起偏器(polarizer)。而人眼是"偏振盲",人眼观看不同偏振态的光的感觉是一样的。因此,要确定光的偏振态需借助光学仪器,检验线偏振光的过程称为检偏,使用的光学元件为检偏器(analyser)。起偏器和检偏器所用的光学元件是相同的,统称为偏振片(polaroid)。无论进入偏振片的光是什么偏振态的,偏振片只允许沿某一方向振动的偏振光通过,该方向叫作偏振片的透振方向。

2. 马吕斯定律

马吕斯在研究光的偏振现象时发现了光的偏振现象的经验定律。

如图 16-11 所示,一束自然光连续穿过两个偏振片 P_A 和 P_B,P_A 和 P_B 的透振方向分别为 MM' 和 NN',它们的夹角为 α。显然,P_A 为起偏器,P_B 为检偏器。自然光通过 P_A 后为平行于 MM' 的线偏振光,再通过 P_B 后为平行于 NN' 的线偏振光。

将自然光分解为平行于 MM' 和垂直于 MM' 方向振动的线偏振光,只有平行于 MM' 振动的线偏振光才能透过偏振片,故自然光透过偏振片后强度减为原来的一半。假设入射的自然光强度为 I_0,透过偏振片 P_A 后的强度为 I_A,则有

$$I_A = \frac{1}{2} I_0 \tag{16-3}$$

入射偏振片 P_B 的是振动方向与 NN' 成 α 角的线偏振光,按照矢量分解,将入射光的光矢量在平行和垂直于 NN' 的方向分解,如图 16-12 所示。若入射光的振幅为 A_0,则透过偏振片 P_B 的线偏振光的振幅 A 为 A_0 在平行于 NN' 的方向上的投影,即

$$A = A_0 \cos\alpha \tag{16-4}$$

因此,出射光强 I 为

$$I = A^2 = A_0^2 \cos^2\alpha \tag{16-5}$$

这个关系式就是马吕斯定律(Malus law)。

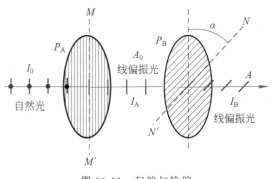

图 16-11　起偏与检偏

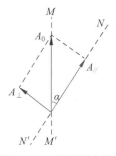

图 16-12　马吕斯定律

起偏与检偏

当改变 α 角的大小时,出射光强 I 也将随之变化。在偏振片 P_B 的后面置一光屏,屏上有光斑出现,然后以光的传播方向为轴旋转偏振片 P_B,光屏上光斑的亮度会随之变化,旋转一周后,在光屏上将出现两次光斑最亮(光强极大)和两次没有光斑(消光)的情况。若入射光不是线偏振光,则在光屏上不会出现消光(光强为零)的情况,因此,在这种情况下出现消光现象就是判定入射光为线偏振光的依据。这也就是偏振片充当检偏器的原因,上述操作过程也是检验线偏振光的实验过程。

16.1.4　偏振的应用

1. 在摄影镜头前加上偏振镜消除反光

在拍摄表面光滑的物体,如玻璃器皿、水面、陈列橱柜、油漆表面、塑料表面等,常常会出现耀斑或反光,这是由于光线的偏振而引起的。拍摄时镜头前加一偏振镜,并适当地旋转偏振镜面,能够阻挡这些偏振光,借以消除或减弱这些光滑物体表面的反光或亮斑。图 16-13 中使用偏振片拍摄得到的图像明显消除了玻璃反光留下的景物,更清晰地

看到室内的景物。在拍摄时,要通过取景器一边观察一边转动镜面,以便观察消除偏振光的效果。当观察到被摄物体的反光消失时,就可以停止转动镜面。

图 16-13　镜头使用偏振片拍摄消除被摄物表面反光

2. 摄影时控制天空亮度,使蓝天变暗

由于蓝天中存在大量的偏振光,偏振镜能够消除画面中的偏振光。在拍摄风景时,利用偏振镜能够突出蓝天、白云的色彩,使照片颜色更加饱和、清晰。但是使用过程中也要注意,要想使偏振镜的作用发挥到最大,需要调整拍摄的角度。图 16-14 是使用和未使用偏振片拍摄的两张照片,从照片可明显看出两者的差别。

图 16-14　使用偏振片和未使用偏振片拍摄照片对比

3. 使用偏振镜看立体电影

在观看立体电影时,观众要戴上一副特制的眼镜,这副眼镜就是由一对透振方向互相垂直的偏振片构成的。立体电影是用两个镜头如人眼那样从两个不同方向同时拍摄下景物的像,制成电影胶片。在放映时,通过两个放映机,把用两个摄影机拍下的两组胶片同步放映,使略有差别的两幅图像重叠在银幕上。这时如果用眼睛直接观看,看到的画面是模糊不清的,要看到立体电影,就要在电影机前装一块偏振片,它相当于起偏器。

图 16-15　立体电影原理

从两架放映机射出的光,通过偏振片后,就成了偏振光。左右两架放映机前的偏振片的偏振化方向互相垂直,因而产生的两束偏振光的偏振方向也互相垂直。这两束偏振光投射到银幕上再反射到观众处,偏振光方向不改变。观众用上述的偏振眼镜观看,每只眼睛只看到相应的偏振光图像,即左眼只能看到左放映机放映的画面,右眼只能看到右放机放映的画面,这样就会像直接观看那样产生立体感觉。这就是立体电影的原理,如图 16-15 所示。当然,实际放映立体电影是用一个镜头,两套图像

交替地印在同一电影胶片上,还需要一套复杂的装置。

光在晶体中的传播与偏振现象密切相关,利用偏振现象可了解晶体的光学特性,制造用于测量的光学器件,以及提供诸如岩矿鉴定、光测弹性及激光调制等技术手段。

4. 生物的生理机能与偏振光

人的眼睛对光的偏振状态是不能分辨的,但某些昆虫的眼睛对光的偏振状态却很敏感。比如蜜蜂有五只眼,其中三只单眼、两只复眼,每只复眼包含 6300 个小眼,这些小眼能根据太阳的偏振光确定太阳的方位,然后以太阳为定向标来判断方向,所以蜜蜂可以准确无误地把同类引到它所找到的花丛。

再如在沙漠中,如果不带罗盘或其他导航工具,人是会迷路的,但是沙漠中有一种蚂蚁,它能利用天空中的紫外偏振光导航,因而不会迷路。

5. 汽车使用偏振片防止夜晚对面车灯晃眼

若在所有汽车前窗玻璃和大灯前都装上与地面成 45°,且向同一方向倾斜的偏振片,当两辆汽车相向行驶时,就不会有强光进入司机的眼睛,可以避免汽车会车时灯光的晃眼,提高行驶的安全性。

物理学家简介

马 吕 斯

马吕斯(Etienne Louis Malus,1775—1812)(图 16-16)是法国物理学家及军事工程师,出生于巴黎。1796 年毕业于巴黎工艺学院,曾在工程兵部队中任职。1808 年起在巴黎工艺学院工作。1810 年被选为巴黎科学院院士,曾获得过伦敦皇家学会奖章。

马吕斯从事光学方面的研究。1808 年发现反射时光的偏振,确定了偏振光强度变化的规律(现称为马吕斯定律)。他研究了光在晶体中的双折射现象,1811 年,他与 J. 毕奥各自独立地发现折射时光的偏振,提出了确定晶体光轴的方法,研制出一系列偏振仪器。

图 16-16 马吕斯

例 16-1

如图 16-17 所示,在透振方向正交的起偏器 M 和检偏器 N 之间,插入一片以角速度 ω 旋转的理想偏振片 P,入射自然光强为 I_0,试求由系统出射的光强是多少?

解 设透过起偏器 M 的线偏振光的振幅为 A_M,则

$$A_M^2 = \frac{1}{2} I_0$$

若透过偏振片 P 的线偏振光的振幅为 A_P,由系统出射的线偏振光的振幅为 A,在 t 时刻,由马吕斯定律,各振幅之间的关系如图 16-18 所示,则

$$A_P = A_M \cos\omega t$$

$$A = A_P \sin\omega t$$

则由系统出射的光强 I 为

$$I = A^2$$

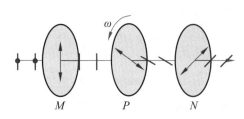

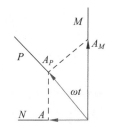

图 16-17 例 16-1 示意图　　　图 16-18 各振幅矢量关系

联立上面各式,得

$$I = \frac{1}{2} I_0 \sin^2 \omega t \cdot \cos^2 \omega t = \frac{1}{16} I_0 (1 - \cos 4\omega t)$$

当 $\omega t = 0°, 90°, 180°, 270°$ 时,输出光强为零;当 $\omega t = 45°, 135°, 225°, 315°$ 时,输出光强最大,为 $I_0/8$。即偏振片 P 每旋转一周,最后出射的光出现 4 个光强极大和 4 个光强为零的点。

思考题

16-1　自然光通过检偏器后的现象是什么?

16-2　偏振光通过检偏器后的现象分别是什么?

16-3　检偏器只能检验线偏振光吗?

16-4　将手电筒射出的光照到平面镜上,经发生反射后,再用偏振片观察反射光,如果旋转偏振片,会出现什么现象?说明什么?

16-5　当戴上偏振片眼镜观察水面时,能够清楚地看到水中的游鱼,试解释其中的道理。

16.2 布儒斯特定律

16.2.1 反射光和折射光的偏振

反射光和折射光的偏振

自然光经两种介质的分界面反射和折射时,反射光和折射光一般都是部分偏振光。反射光中垂直于入射面的光振动多于平行于入射面的光振动,折射光中平行于入射面的光振动多于垂直于入射面的光振动,即反射光中垂直入射面的分量比例大,折射光中平行入射面的分量比例大。在一定条件下,其比例可达到最大。

16.2.2 布儒斯特定律的内容

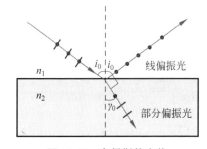

图 16-19 布儒斯特定律

1812 年,布儒斯特指出,当入射自然光的入射角 i 变化时,反射光和折射光沿各方向的光振动的比例也在变化,当 $i = i_0$ 时,反射光中只有垂直入射面的分量,并且此时反射光与折射光的传播方向垂直,如图 16-19 所示。若此时的折射角为 γ_0,有

$$i_0 + \gamma_0 = 90° \tag{16-6}$$

式中,i_0 称为布儒斯特角,也称为起偏角。

由折射定律有

$$n_1 \sin i_0 = n_2 \sin \gamma_0 = n_2 \cos i_0$$

则

$$\tan i_0 = \frac{n_2}{n_1} = n_{21} \tag{16-7}$$

式(16-7)就是布儒斯特定律,其正确性均已由实验和麦克斯韦电磁理论得到验证。布儒斯特定律表明:以布儒斯特角入射介质表面时,反射光是垂直入射面振动的线偏振光,则此时的介质表面是偏振片。

当自然光为入射光时,如果入射角为布儒斯特角,反射光是线偏振光;如果入射角偏离布儒斯特角,反射光将是部分偏振光;无论入射角是否为布儒斯特角,折射光一般都是部分偏振光。

当光线从空气(严格地说应该是真空)射入介质时,布儒斯特角的正切值等于介质的折射率 n。由于介质的折射率是与光波波长有关的,对同样的介质,布儒斯特角的大小也是与光波波长有关的。以光学玻璃折射率 $1.4 \sim 1.9$ 计算,布儒斯特角大约为 $54° \sim 62°$。理论与实验均表明:从光学玻璃表面反射所获得的线偏振光仅占入射自然光总能量的 7.4%,而约占 85% 的垂直分量和全部平行分量都折射到玻璃中。为了增大反射光的强度和折射光的偏振化程度,可以使用一些相互平行的、由相同玻璃片组成的玻璃片堆。如图 16-20 所示,当自然光以布儒斯特角入射这一片堆时,除反射光为偏振光外,多次折射后的折射光的偏振化程度随片数增加将越来越高,出射光最后也变为偏振光,但反射偏振光和折射偏振光的振动面相互垂直。

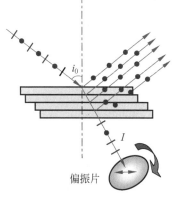

图 16-20 玻璃片堆

玻璃片堆

物理学家简介

布 儒 斯 特

布儒斯特(David Brewster,1781—1868)(图 16-21)是苏格兰物理学家。1781 年 12 月 11 日出生于苏格兰杰德堡,1800 年毕业于爱丁堡大学,曾任《爱丁堡杂志》《苏格兰杂志》《爱丁堡百科全书》编辑,以及爱丁堡大学教授、校长等。1815 年被选为皇家学会会员,1819 年获冉福德奖章。

布儒斯特主要从事光学方面的研究。1812 年发现当入射角的正切等于介质的相对折射率时,反射光线将为线偏振光(现称为布儒斯特定律)。他研究了光的吸收,发现了人为各向异性介质中的双折射。1816 年发明了万花筒,1818 年发现了双轴晶体,1826 年制造出了马蹄形电磁铁,1835 年把菲涅耳平透镜应用于灯塔,1849 年改进了体视镜。

图 16-21 布儒斯特

例 16-2

已知某材料在空气中的布儒斯特角为 $i_0 = 58°$,求它的折射率。若将它放入水中(水的折射率为 1.33),求布儒斯特角。该材料对水的相对折射率是多少?

解　设该材料的折射率为 n，空气的折射率为 1，则

$$n = \tan i_0 = \tan 58° = 1.599 \approx 1.6$$

若将它放入水中，则对应有

$$\tan i'_0 = \frac{n}{n_{水}} = \frac{1.6}{1.33} = 1.2$$

所以，所求布儒斯特角为 $i'_0 = 50.19°$。

因此，该材料对水的相对折射率为 $\dfrac{n}{n_{水}} = \dfrac{1.6}{1.33} = 1.2$。

16.3　光的双折射现象

16.3.1　晶体的双折射

　　1669 年，巴塞林纳（R. Bartholinus，1625—1698，丹麦）发现一个有趣的现象：在方解石晶体下面的纸上的字迹变成了双行，这说明折射光产生了分裂。一束光入射到各向异性介质时，折射光分成两束的现象称为**双折射**（double refraction），如图 16-22 所示。在一般物质中，光的折射满足折射定律，且与光的振动方向无关，这样的介质称为光学各向同性介质。在一些物质中，折射光与光的振动方向和光的传播方向均有关，这类物质称为光学各向异性介质，如石英、方解石、云母、糖等晶体。晶体的双折射现象是由晶体的光学各向异性性质产生的。

图 16-22　双折射现象

　　双折射时产生的两束折射光是振动面相互垂直、传播速度、折射率不等的偏振光，实验表明，其中一束偏振光遵循折射定律，称为**寻常光**（ordinary light）或 o 光，另一束偏振光不遵循折射定律，称为**非常光**（extraordinary light）或 e 光。实验还表明，晶体中还存在某些特殊方向，当自然光沿该方向入射时，o 光和 e 光将沿相同方向以相同速度传播而没有双折射现象，这个方向称为晶体的**光轴**（optical axis of crystal）。光轴是一个特殊的方向，凡平行于此方向的直线均为光轴。有些晶体仅有一个光轴，如方解石、石英，称为**单轴晶体**（uniaxial crystal）；有些晶体有两个光轴，如云母、硫磺，称为**双轴晶体**（biaxial crystal）。这里只讨论单轴晶体。

双折射

　　光在单轴晶体内传播时，晶体中光的传播方向与晶体光轴构成的平面称为该束光的**主平面**（principal plane）。由光轴和 o 光组成的平面为 o 光主平面，o 光的振动方向垂直于它的主平面；由光轴和 e 光组成的平面为 e 光主平面，e 光的振动方向平行于它的主平面，如图 16-23 所示。o 光和 e 光的主平面可能重合，也可能不重合。一般来说，o 光主平面和 e 光主平面并不重合。实验表明，o 光和 e 光均是偏振光，若光轴在入射

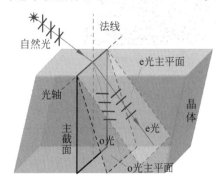

图 16-23　晶体的双折射

面内,o 光、e 光均在入射面内传播,且振动方向相互垂直,该入射面也称为晶体的主截面。若沿光轴方向入射,o 光和 e 光具有相同的折射率和相同的波速,因而无双折射现象。

16.3.2 晶体的主折射率　正晶体和负晶体

晶体的各向异性是由晶体的结构造成的,它表现为在晶体内光波的传播速度与光波的振动方向有关:当振动方向与光轴垂直时,光的传播满足折射定律,速度恒定;当振动方向与光轴不垂直时,光的传播速度随之变化,这种变化在振动方向与光轴平行时达到最大。o 光的振动垂直于其主平面,必与光轴垂直,传播速度大小不变,其波面是一个球面;e 光振动在其主平面上,与光轴夹角因传播方向而异,速度处处不等,其波面是以光轴为轴的旋转椭球面。如果在晶体中,e 光的传播速度始终不大于 o 光的传播速度,则称这种晶体为正晶体(positive crystal);若 e 光的传播速度始终不小于 o 光的传播速度,则称这种晶体为负晶体(negative crystal)。无论正、负晶体,沿光轴方向 e 光、o 光的传播速度都相同,如图 16-24 所示,图中 v_o、v_e 称为晶体的主速度。

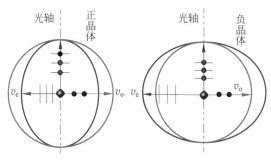

图 16-24　晶体的主平面

按照折射率与传播速度的关系,可得

$$n_o = \frac{c}{v_o}, \quad n_e = \frac{c}{v_e} \tag{16-8}$$

式中,折射率 n_o、n_e 称为晶体 o 光和 e 光的主折射率。晶体的主折射率是不同的,正晶体的 $n_o < n_e$;负晶体的 $n_o > n_e$。在常见的晶体中,石英、冰等晶体为正晶体;方解石、红宝石等晶体为负晶体。

16.3.3 晶体偏振器件

1. 晶体的二向色性、晶体偏振器

某些晶体对 o 光和 e 光的吸收有很大差异,这就是晶体的二向色性(dichroism)。例如,电气石对 o 光有强烈吸收,对 e 光吸收很弱,用它可产生线偏振光(即可作为晶体偏振器)。但天然晶体制作的偏振器尺寸不大,成本很高。现今广泛使用偏振片(人工使具有二向色性的细微晶粒的光轴在塑料薄膜上定向排列)。虽然人工制作偏振片能够解决天然晶体的缺点,但它也有缺点,即由此偏振片获得的偏振光不够纯,强度也不大。

2. 偏振棱镜

由人工制作的偏振片和利用布儒斯特定律的玻片堆只能产生近似的线偏振光,而利用晶体的双折射制作的偏振棱镜可获得高质量的线偏振光。尼科耳棱镜(Nicoear prism)是这些偏振棱镜的典型代表。

将两块按特殊要求加工的直角方解石($n_e=1.468,n_o=1.658$),以 $n=1.550$ 的加拿大树胶黏合,就制成了尼科耳棱镜。自然光由图 16-25 所示的方向进入尼科耳棱镜后生成 o 光和 e 光,在棱镜内部,对于 o 光,由于 $n_o>n$,在棱镜与加拿大树胶的分界面的入射角大于全反射临界角,就会发生全反射。由已知数据,可计算出临界角 $i_c=69°$,根据现有入射条件,该界面上 o 光的入射角为 $i_o=76°$,因此,o 光在此界面发生全反射,不能透过尼科耳棱镜。对于 e 光,由于 $n_e<n$,在棱镜与加拿大树胶的分界面不会发生全反射,则透过尼科耳棱镜的光就是晶体内部的 e 光,从而获得偏振光。

3. 波(晶)片

波晶片简称波片(wave plate),是从双折射单轴晶体中切割下来的平行平面薄片,其表面与晶体光轴方向平行,如图 16-26 所示。使用波片时要求光垂直波片的表面入射,这样,晶体内部的 o 光和 e 光将不改变方向以不同的速度传播。

尼科耳棱镜

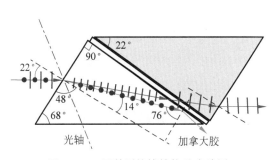
图 16-25 尼科耳棱镜结构及光路图

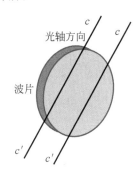
图 16-26 波片

波片的主要参数是波片的厚度 d,波片的晶体对波长为 λ 的单色光的主折射率为 n_o 和 n_e,晶体内部的 o 光和 e 光透出波片时的光程差满足的关系为

$$\delta = d \mid n_o - n_e \mid \tag{16-9}$$

当光程差 δ 是 $\pm\dfrac{\lambda}{4}$ 的奇数倍时,相应的相位差 $\Delta\varphi$ 是 $\pm\dfrac{\pi}{2}$ 的奇数倍,这样的波片是四分之一波片(quarter-wave plate);当光程差 δ 是 $\pm\dfrac{\lambda}{2}$ 的奇数倍时,相应的相位差 $\Delta\varphi$ 是 $\pm\pi$ 的奇数倍,这样的波片是二分之一波片,也叫半波片(the wave of half);当光程差 δ 是 $\pm\lambda$ 的整数倍时,相应的相位差 $\Delta\varphi$ 是 2π 的奇数倍,这样的波片是全波片。

4. 偏振光的干涉

如图 16-27 所示,一束自然光通过偏振片 P_1 后变为线偏振光,再通过波片 C 后变为两束偏振光,它们频率相同、相位差恒定,但其振动方向相互垂直,因此不能产生干涉。若在波片后方再放置另一偏振片 P_2,则通过波片 C 的两束偏振光,只有平行于偏振片透振方向的光振动分量才能透过偏振片,因此,透射光是两束振动方向相同、频率相同、相位差恒定的线偏振光,可以产生干涉。

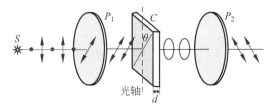
图 16-27 偏振光的干涉

为便于讨论相干光,迎着光作出其振幅矢量的关联图,如图 16-28 所示。MM'、NN' 分别为 P_1、P_2 的透振方向,CC' 为波片的光轴方向,通过 P_1 的线偏振光的振幅为 A_M,通过波片的两束偏振光的振幅为 A_o 和 A_e,通过 P_2 的两束线偏振光的振幅为 A_{oN} 和 A_{eN},若波片的光轴与两偏振片的透振方向的夹角分别为 α 和 β,则由图 16-28 中的几何关系可得

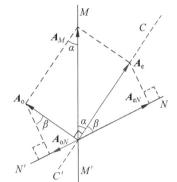

$$A_{oN} = A_o \sin\beta = A_M \sin\alpha \sin\beta \quad (16\text{-}10)$$

$$A_{eN} = A_e \cos\beta = A_M \cos\alpha \cos\beta \quad (16\text{-}11)$$

由偏振片 P_2 透出的两束相干线偏振光的相位差为

$$\Delta\varphi = \frac{2\pi}{\lambda}(n_o - n_e)d + \Delta\varphi' \quad (16\text{-}12)$$

图 16-28 偏振光的干涉的矢量分析

式中,$\Delta\varphi'$ 为 A_o 和 A_e 向 NN' 投影的附加相差。当 A_o 和 A_e 处于 MM' 异侧时,$\Delta\varphi' = \pi$;当 A_o 和 A_e 处于 MM' 同侧时,$\Delta\varphi' = 0$。当 $\Delta\varphi = 2j\pi, j = 1, 2, \cdots$ 时,干涉相长;当 $\Delta\varphi = (2j+1)\pi, j = 0, 1, 2, \cdots$ 时,干涉相消。

例 16-3

自然光以 i 角入射到用方解石切割成正三角形截面的棱镜中,定性画出 o 光、e 光的振动方向和传播方向。

解 方解石是负晶体,在垂直于光轴方向上 o 光和 e 光的传播速度正好为其主速度,有 $v_e > v_o$,所以 $n_o > n_e$,o 光的振动方向垂直于它的主平面,e 光的振动方向平行于它的主平面,如图 16-29 所示。

注意 o 光、e 光只在晶体内部才有意义。

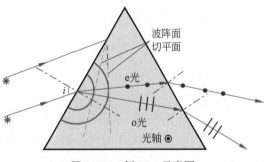

图 16-29 例 16-3 示意图

例 16-4

一束线偏振光垂直射入一块方解石,入射前光矢量方向与晶体的主截面成 30°,求在方解石中 o 光、e 光透过后的光强之比。

解 线偏振光垂直射入晶体,晶体内 o 光和 e 光的主平面共面,若入射光的振幅为 A,由图 16-30 可得方解石中 o 光、e 光的振幅分别为

$$A_o = A\sin 30°$$

$$A_e = A\cos 30°$$

透过方解石后 o 光、e 光的对应光强为

$$I_o = A_o^2 = A^2 \sin^2 30°$$

$$I_e = A_e^2 = A^2 \cos^2 30°$$

其光强之比为

$$\frac{I_o}{I_e} = \tan^2 30° = \frac{1}{3}$$

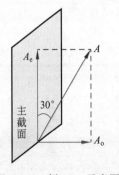

图 16-30 例 16-4 示意图

16-6 如何鉴别偏振光？

16-7 偏振光透过干涉装置后的光强分布有什么特点？

16-8 偏振光透过干涉装置后能看见干涉条纹吗？

16.4　旋光现象

线偏振光通过某些透明物质时，其振动面将旋转一定的角度，这种现象称为振动面的旋转，也称为旋光现象(optical rotatory phenomemon)。具有旋光性的晶体或溶液，称为旋光物质。

如图 16-31 所示，自然光通过两透振方向正交的偏振片 P_1、P_2 后，没有光透过，P_2 后视场黑暗。现在在两个偏振片 P_1、P_2 之间放置某物质 C 后，P_2 后有光透过，此时旋转 P_2，当转动一定角度时，视场又变黑暗。这个现象说明，线偏振光通过物质 C 后，它的振动面旋转了一定的角度，与 P_2 的透振方向不再正交，有一部分的光能通过 P_2。

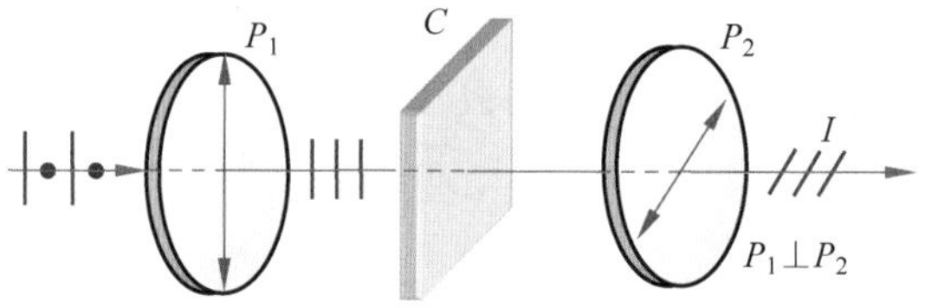

图 16-31　旋光现象

人们最早发现石英晶体有旋光现象，后来陆续发现在糖溶液、松节油、硫化汞、氯化钠等液体中和其他一些晶体中都有此现象。有的旋光物质使偏振光的振动面沿顺时针方向旋转，称为右旋物质，反之，称为左旋物质。实验表明，光振动面旋转的角度 ψ 与其所通过旋光物质的厚度 d 成正比，即

$$\psi = \alpha d \tag{16-13}$$

对溶液来说，光振动面旋转的角度不仅与厚度 d 成正比，还与溶液浓度 c 成正比，即

$$\psi = \alpha d c \tag{16-14}$$

式中，α 为常量，与旋光物质的性质、入射光的波长、温度等有关，称为旋光物质的旋光率。若已知物质的旋光率 α 和厚度 d，并测得旋转角 ψ，就可由式(16-13)算出溶液浓度 c。

知识拓展

光 计 算 机

现有的计算机是由电子来传递和处理信息的。电子在导线中传播的速度虽然比我们看到的任何运载工具运动的速度都快，但是，从发展高速计算机的角度来说，采用电子作输运信息的载体还不能满足速度的要求，提高计算机的运算速度也明显表现出能力有限了。而光计算机以光子作为传递信息的载体，光互连代替导线互连，以光硬件代替电子硬件，以光运算代替电运算，利用激光来传送信号，并由光导纤维与各种光学元件等构成集成光路，从而进行数据运算、传输和存储。在光子计算机中，不同波长、频率、偏振态及相位的光代表不同的数据，这远胜于电子计算机中通过电平"0""1"状态变化进行的二进制运算。由于光子比电子的速度快，光子计算机的运行速度可高达一万亿次。

它的存储量是现代计算机的几万倍,还可以对语言、图形和手势进行识别与合成。

1990 年初,美国贝尔实验室制成世界上第一台光计算机。目前,许多国家都投入巨资进行光计算机的研究。2009 年,英国自然科学研究委员会宣布为英国女王大学和伦敦帝国理工学院提供 600 万英镑资金研究光计算机。随着现代光学与计算机技术、微电子技术的结合,相信在不久的将来,光计算机将成为人类普遍使用的工具。

习题

16-1 自然光源强度为 I_0,通过与偏振化方向互成 45° 的起偏器与检偏器后,光强度为_____。

16-2 一束自然光垂直穿过两个偏振片,两个偏振片的偏振化方向成 45°。已知通过这两个偏振片后的光强为 I,则入射至第二个偏振片的线偏振光强度为_____。

16-3 两个偏振片叠放在一起,强度为 I_0 的自然光垂直入射其上,通过两个偏振片后的光强为 $I_0/8$,若在两片之间再插入一片偏振片,其偏振化方向与前后两片的偏振化方向的夹角(取锐角)相等,则通过三个偏振片后的透射光强度为_____。

16-4 一束光垂直入射在偏振片 P 上,以入射光线为轴转动 P,观察通过 P 的光强的变化过程。若入射光是_____光,则将看到光强明暗交替变化,有时出现全暗现象。

16-5 用相互平行的一束自然光和一束线偏振光构成的混合光垂直照射在一偏振片上,以光的传播方向为轴旋转偏振片时,发现透射光强的最大值为最小值的 5 倍,则入射光中,自然光强 I_0 与线偏振光强 I 之比为_____。

16-6 一束自然光通过两个偏振片,若两偏振片的偏振化方向间夹角由 α_1 转到 α_2,则转动前后透射光强度之比为_____。

16-7 杨氏双缝干涉装置如图 16-32 所示。若用单色自然光照射狭缝 S,在屏幕上能看到干涉条纹。若在双缝 S_1 和 S_2 的一侧分别加一同质同厚的偏振片 P_1、P_2,则当 P_1 与 P_2 的偏振化方向相互_____时,在屏幕上仍能看到很清晰的干涉条纹。

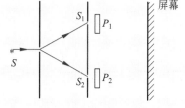

图 16-32 习题 16-7 用图

16-8 马吕斯定律的数学表达式为 $I = I_0 \cos^2 \alpha$,式中 I 为通过检偏器的透射光的强度;I_0 为入射_____的强度。

16-9 一束光垂直入射到一偏振片上,当偏振片以入射光方向为轴转动时,发现透射光的光强有变化,但无全暗情形,由此可知,其入射光是[   ]。

    A. 自然光   B. 部分偏振光

    C. 完全偏振光   D. 不能确定其偏振状态的光

16-10 在杨氏双缝干涉实验中,用单色自然光入射,在屏上形成干涉条纹。若在两缝后放一个偏振片,则[   ]。

    A. 干涉条纹的间距不变,但明纹的亮度加强

    B. 干涉条纹的间距不变,但明纹的亮度减弱

    C. 干涉条纹的间距变窄,且明纹的亮度减弱

    D. 无干涉条纹

16-11 一束光是自然光和线偏振光的混合光,让它垂直通过一偏振片。若以此入射光束为轴旋转偏振片,测得透射光强度最大值是最小值的 5 倍,那么入射光束中自然光的光强是线偏振光的光强的[   ]。

    A. 1/2   B. 1/3   C. 1/4   D. 1/5

16-12　一束光强为 I_0 的自然光,相继通过三个偏振片 P_1、P_2、P_3 后,出射光的光强为 $I = I_0/8$。已知 P_1 和 P_3 的偏振化方向相互垂直,若以入射光线为轴,旋转 P_2,要使出射光的光强为零,P_2 最少要转过的角度是〔　　〕。

　　　　A. $30°$　　　　　　　B. $45°$　　　　　　　C. $60°$　　　　　　　D. $90°$

16-13　两偏振片堆叠在一起,一束自然光垂直入射其上时没有光线通过。当其中一偏振片慢慢转动 $180°$ 时,透射光强度发生的变化为〔　　〕。

　　　　A. 光强单调增加

　　　　B. 光强先增加,后又减小至零

　　　　C. 光强先增加,后减小,再增加

　　　　D. 光强先增加,然后减小,再增加,再减小至零

16-14　振幅为 A 的线偏振光,垂直入射到一理想偏振片上,若偏振片的偏振化方向与入射偏振光的振动方向夹角为 $60°$,则透过偏振片的线偏振光的振幅为〔　　〕。

　　　　A. $A/2$　　　　　　　B. $\sqrt{3}A/2$　　　　　　　C. $A/4$　　　　　　　D. $3A/4$

16-15　图 16-33 所示的 6 幅图中,有 4 幅图表示线偏振光入射于两种介质分界面上,有 2 幅图表示入射光是自然光,n_1、n_2 为两种介质的折射率,图中入射角 $i_b = \arctan(n_2/n_1)$,$i \neq i_b$。试在图上画出实际存在的折射光线和反射光线,并用点或短线把振动方向表示出来。

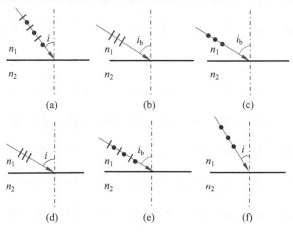

图 16-33　习题 16-15 用图

16-16　有一平面玻璃板放在水中,板面与水面的夹角为 θ(图 16-34),设水和玻璃的折射率分别为 1.333 和 1.517。欲使图中水面和玻璃板面的反射光都是完全偏振光,θ 角应是多大?

16-17　棱镜 $ABCD$ 由两个 $45°$ 的方解石棱镜组成,如图 16-35 所示,棱镜 ABD 的光轴平行于 AB,棱镜 BCD 的光轴垂直于图面。当自然光垂直于 AB 入射时,试在图中画出 o 光和 e 光的传播方向及光矢量振动方向。

图 16-34　习题 16-16 用图

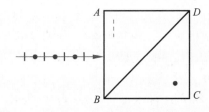

图 16-35　习题 16-17 用图

16-18　将厚度为 1 mm 且垂直于光轴切出的石英晶片放在两平行的偏振片之间,对某一波长的光波,经过晶片后光振动面旋转了 $30°$,问石英晶片的厚度变为多少时,该波长的光将完全不能通过?

第7篇

量子物理基础及物理学进展与应用

量子物理(quantum physics)是研究物质世界微观粒子运动规律的物理学分支,是主要研究原子、分子、凝聚态物质,以及原子核和基本粒子的结构、性质的基础理论,它与相对论一起构成现代物理学的理论基础。通过本篇的学习,对比量子力学理论诞生前后物理学领域的变化,我们可以体会到量子物理对物理学产生了革命性影响。

量子围栏

现代物理学在量子力学和相对论基础上,又发展出了许多学科,如:量子统计和量子场论、非平衡统计物理学、半导体物理学、激光物理学、超导物理学、低温物理学、表面物理学,等等。现代物理学进一步推动了20世纪的科学技术的发展和人类的文明进程,使20世纪人类社会发生了翻天覆地的变化。

鉴于现代物理学中的一个重要部分——相对论,已在第3篇中介绍,本篇主要学习量子物理的基础理论,了解现代物理学的一些进展和物理学的一些重要应用。

名人名言

真正的物理学是富于哲理性的,尤其是物理学,它不仅是走向技术的第一步,而且是通向人类思想的深层途径。

——波恩(德国)

物理学所面临的困难将迫使物理学家比其前辈更加深入地去探讨和掌握一些哲学问题。与其说我是物理学家,不如说我是哲学家。

——爱因斯坦(德国)

知之愈明,则行之愈笃;行之愈笃,则知之益明。

——朱熹(宋)

希望你们年青的一代,也能像蜡烛为人照明那样,有一分热,发一分光,忠诚而踏实地为人类伟大事业贡献自己的力量。

——法拉第(英国)

科学家不是依赖于个人的思想,而是综合了几千人的智慧,所有的人想一个问题,并且每人做它的部分工作,添加到正建立起来的伟大知识大厦之中。

——卢瑟福(英国)

常常有同学问我,做物理工作成功的要素是什么? 我想,其要素可以归纳为三个 P:perception,persistence 和 power。perception——眼光,看准了什么东西,就要抓住不放;persistence——坚持,看对了就要坚持;power——力量,有了力量能够闯过关,遇到困难你要闯下去。

——杨振宁(中国)

量子物理基础

量子物理学是研究微观粒子的性质和规律的科学。量子物理学的主要研究方法是从物质结构出发,探索性地提出假说,建立理论体系,再检测理论体系导出的结果。

本章首先介绍普朗克能量子假说,然后通过爱因斯坦光量子假说和德布罗意物质波,揭示微观粒子具有波粒二象性,最后给出研究微观粒子的量子力学的基本理论和方程,并对一些实际问题进行处理。

17.1 黑体辐射 普朗克能量子假说

17.1.1 黑体辐射

任何一个物体,在任何温度下都要发射电磁波,这种由于物体中的分子、原子受到热激发而发射电磁辐射的现象,称为热辐射。另外,物体在任何温度下都会接收外来的电磁辐射,除一部分反射回外界外,其余部分都被物体所吸收,这就是说,物体在任何时候都同时存在着发射和吸收电磁辐射的过程。实验表明,不同物体在某一频率范围内发射和吸收电磁辐射的能力是不同的,例如,深色物体吸收和发射电磁辐射的能力比浅色物体要大一些。可以证明,对同一个物体来说,若它在某频率范围内发射电磁辐射的能力越强,那么,它吸收该频率范围内电磁辐射的能力也越强;反之亦然。下面定量描述热辐射的规律。

1. 辐射本领和吸收本领

在任何温度下,物体都会向周围辐射电磁波,其能量大小及能量按波长的分布主要取决于温度。我们用辐射能来量度热辐射中物体向四周辐射的能量。

设在单位时间内从温度为 T 的物体的单位表面积辐射出的波长在 $\lambda \rightarrow \lambda + \mathrm{d}\lambda$ 之间的电磁波能量为 $\mathrm{d}M(\lambda, T)$,则有

$$M_\lambda(T) = \frac{\mathrm{d}M(\lambda, T)}{\mathrm{d}\lambda} \tag{17-1}$$

式中,$M_\lambda(T)$ 称为单色辐射辐出度(简称单色辐出度,表征单色辐射本领),它表示在单位时间内,从温度为 T 的物体的单位表面辐射出波长在 λ 附近单位波长区间的电磁波的能量。

在单位时间内,从温度为 T 的物体的单位表面积上,所辐射出的各种波长的电磁波能量的总和,称为辐射出射度,简称辐出度,它只是物体的热力学温度 T 的函数,用 $M(T)$ 表示,单位为 $\mathrm{W/m^2}$,其值可由 $M_\lambda(T)$ 对所有波长的电磁波积分求得,即

$$M(T) = \int_0^\infty M_\lambda(T)d\lambda \tag{17-2}$$

温度为 T 时,物体表面吸收的波长在 λ 附近单位波长区间的辐射能量与全部入射在该物体上的辐射能量之比叫作吸收本领,以 $\alpha_\lambda(T)$ 表示。实验表明:辐射本领越大,吸收本领就越大。在任何温度下,对任何波长的入射电磁波全部吸收的物体叫作绝对黑体,简称黑体(black body)。利用实验可测出黑体的单色辐出度 $M_\lambda(T)$ 随 λ 和 T 的变化曲线,如图 17-1 所示。

黑体

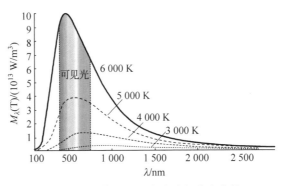

图 17-1 黑体的辐出度按波长分布曲线

2. 几个黑体辐射实验定律

黑体辐射(black body radiation)即热辐射,是由于物体自身温度高于环境温度而产生的向外辐射电磁波的现象。下面介绍几个关于黑体辐射的实验定律。

（1）斯特藩-玻耳兹曼定律

该定律的内容为:黑体的辐出度 $M_B(T)$（即图 17-1 中曲线下面围成的面积）与黑体的热力学温度的四次方成正比,即

$$M_B(T) = \int_0^\infty M_{B\lambda}(T)d\lambda = \sigma T^4 \tag{17-3}$$

式中,$\sigma = 5.67 \times 10^{-8}$ W/(m$^2 \cdot$ K^4),称为斯特藩(J. Stefan,1835—1893,奥地利)-玻耳兹曼常量。

（2）维恩位移定律

威廉·维恩

从图 17-1 可以看出,随着黑体热力学温度 T 的升高,与单色辐出度的峰值相对应波长 λ_m 不断减小。维恩(W. Wien,1864—1928,德国)于 1893 年用热力学理论找到 T 与 λ_m 之间的关系为

$$T\lambda_m = b \tag{17-4}$$

式中,$b = 2.898 \times 10^{-3}$ m $\cdot$ K。式(17-4)表明,当黑体的热力学温度升高时,与单色辐出度 $M_\lambda(T)$ 的峰值相对应的波长 λ_m 向短波方向移动,这称为维恩位移定律。

维恩位移定律和斯特藩-玻耳兹曼定律是测量高温、红外遥感和红外追踪等技术的物理基础。

例 17-1

将太阳视为黑体,测得其辐射本领的峰值相对应的波长为 $\lambda_m = 465$ nm。计算太阳表面的温度。

解 根据维恩位移定律 $T\lambda_m = b$,可得太阳表面温度为

$$T = \frac{b}{\lambda_m} = \frac{2.898 \times 10^{-8}}{465 \times 10^{-9}} \text{K} = 6232 \text{ K}$$

（3）瑞利-金斯公式

1900 年瑞利（Lord Rayleigh,1842—1919,英国）和金斯（J. H. Jeans,1877—1946,英国）通过应用能量均分定理,并假设空腔处于热平衡状态时,腔内形成各种波长的电磁驻波,得到了一个单色辐出度按波长 λ 分布的函数,即

$$M_{B\lambda}(T)=\frac{2\pi c}{\lambda^4}kT \tag{17-5}$$

单色辐出度按频率 ν 分布的函数为

$$M_{B\nu}(T)=\frac{2\pi\nu^2}{c^2}kT \tag{17-6}$$

式中,c 为光在真空中的速率;k 为玻耳兹曼常量。式（17-5）和式（17-6）称为瑞利-金斯公式。利用式（17-5）计算黑体的单色辐出度按波长的分布时,在长波区域和实验曲线符合得很好,但在短波区域则完全不符合,特别是当波长减小并趋于零时,单色辐出度变得很大并趋于无穷,这一错误的结果被当时的物理学家称为"紫外灾难"（ultraviolet catastrophe）,如图 17-2 所示。

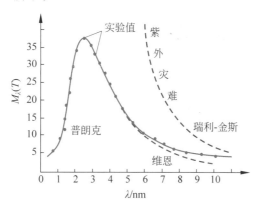

图 17-2　黑体辐射的实验曲线和理论曲线

17.1.2　普朗克能量子假说

普朗克（M. Planck,1858—1947,德国）（图 17-3）在黑体辐射的维恩公式和瑞利公式之间寻求协调统一。1900 年 12 月 14 日,普朗克在柏林的物理学会上发表了题为《论正常光谱的能量分布定律的理论》的论文,提出了著名的普朗克公式。人们普遍认为这一天是量子物理学诞生的日子。

普朗克假定黑体内能量以简谐驻波的形式存在,驻波振子的能量只能取一些分立值,其能量值是某一最小能量 ε 的整数倍,即只能取

$$\varepsilon,2\varepsilon,\cdots,n\varepsilon$$

其中,ε 称为能量子,它满足如下关系:

$$\varepsilon=h\nu \tag{17-7}$$

式中,$h=6.63\times10^{-34}$ J·s 为普朗克常量。于是根据量子假设和玻耳兹曼能量分布,普朗克导出新的黑体辐射公式:

$$M_{B\lambda}(T)=\frac{2\pi hc^2}{\lambda^5}\frac{1}{e^{\frac{hc}{kT\lambda}}-1} \tag{17-8}$$

如果用频率来表示,则为

图 17-3　普朗克

瑞利

普朗克

$$M_{\mathrm{B}\nu}(T) = \frac{2\pi h\nu^3}{c^2}\frac{1}{e^{\frac{h\nu}{kT}}-1} \tag{17-9}$$

普朗克提出的能量子假说具有划时代的意义,能量不连续分布,能量子假说是崭新的观点。但是,无论是普朗克本人还是他的同时代人,当时对这一点都没有充分认识。在20世纪的最初5年内,普朗克的工作几乎无人问津,普朗克自己也感到不安,总想回到经典理论的体系之中,企图用连续性代替不连续性。为此,他花了许多年的精力,显然这种企图是徒劳的。

思考题

17-1 绝对黑体是不是在任何温度下都呈黑色,都不发出任何辐射?

17-2 有两个同样的物体,一个黑色,一个白色,且温度也相同,把它们放在温度较高的环境中,哪个物体的温度升高较快? 如果把它们放在低温环境中,哪个物体的温度降低较快?

17.2　光电效应　爱因斯坦光子理论

17.2.1 光电效应及其实验规律

当光照射到金属表面时,金属中会有电子逸出,这种现象叫作光电效应(photoelectric effect),逸出的电子称为光电子(photoelectron),形成的电流称为光电流(photocurrent)。

1887年,赫兹(H. R. Hertz,1857—1894,德国)在做证实麦克斯韦电磁理论的火花放电实验时,偶然发现了光电效应。他用两套放电电极进行实验,一套产生振荡,发出电磁波,另一套充当接收器。他意外发现,如果接收电磁波的电极受到紫外线的照射,就更容易产生火化放电。赫兹的论文《紫外线对放电的影响》发表后,引起物理学界广泛的注意,许多物理学家进行了进一步的实验研究。

1888年,霍尔瓦克斯(Wilhelm Hallwachs,1859—1922,德国)证实,这是由于在放电间隙内出现了荷电体的缘故。1899年,J. J. 汤姆孙(J. J. Thomson,1856—1940,英国)测得了产生的光电流的荷质比,其值与阴极射线粒子的荷质比相近,这说明光电流和阴极射线一样是电子流。这样,物理学家就认识到,这一现象的实质是由于光(特别是紫外光)照射到金属表面使金属内部的自由电子获得更大的动能,因而它能从金属表面逃逸出来。1899—1902年,勒纳德(P. Lenard,1862—1947,德国)对这一现象进行了系统的研究,并首先将这一现象称为"光电效应"。

约瑟夫·汤姆孙

光电效应

研究光电效应的实验装置如图17-4所示。在一个抽成高真空的容器内,放置着阴极 P 和阳极 A。阴极 P 为金属板,当单色光通过石英窗口照射到金属板 P 上时,金属板便释放出电子,这种电子便是前面说到的光电子。如果在 AP 两端加上电势差 U(此电势差可由电压表读出)就会在 AP 两端形成电场。光电子在加速电场的作用下,便会飞向阳极 A,形成回路中的光电流。光电流的强弱可由电流表读出。实验结果可归纳如下:

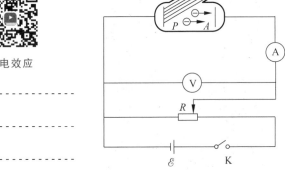

图 17-4　光电效应实验装置原理图

(1) 单位时间内,受光照射的电极上释放出的电子数与入射光强成正比。加速电势差 $U=U_A-U_P$ 越大,光电流 I 也越大。当加速电势差增加到一定值时,光电流达到饱和值 I_s,如图 17-5 所示。这意味着从阴极发出的电子全部到达了阳极。增大照射光强,饱和电流的值也随之增大。

（2）光电子的最大初动能随入射光的频率线性地增加,而与入射光强无关。当 $U=-U_c$ 时,光电流恰为零。这一电势差 U_c 称为遏止电势差(或称截止电压)(cutoff voltage),它满足如下关系:

$$\frac{1}{2}mv_m^2=eU_c \tag{17-10}$$

式中,e 和 m 为电子的电荷量和质量。

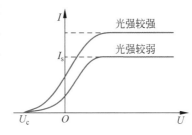

图 17-5　光电效应的伏安特性曲线

（3）实验表明,截止电压 U_c 和入射光频率 ν 成线性关系,即

$$U_c=K\nu-U_0 \tag{17-11}$$

式中,K 和 U_0 都是正数。对于不同的金属,U_0 的量值不同,对于同一金属,U_0 为恒量。K 为不随金属性质类别而改变的普适恒量。将式(17-11)代入式(17-10)得

$$\frac{1}{2}mv_m^2=Ke\nu-eU_0 \tag{17-12}$$

由此可见,光电子从金属表面逸出时的最大初动能与入射光的频率成线性关系。对某一给定金属,当入射光的频率 $\nu\leqslant U_0/K$ 时,无论入射光强多大,光电子都不会从金属表面逸出,金属表面也就不会产生光电效应。令 $\nu_0=U_0/K$,ν_0 称为光电效应的红限频率(或称截止频率),相应的波长称为红限波长。表 17-1 列出了一些金属的逸出功和红限频率。从表中可以看出,不同金属的红限频率 ν_0 和逸出功 A 一般是不同的。

表 17-1　金属的逸出功和红限频率

金属	逸出功 A/eV	红限频率 $\nu_0/(10^{14}\ \text{Hz})$	红限波长 λ_0/nm	波段
铯（Cs）	1.94	4.69	639	红
铷（Rb）	2.13	5.15	582	黄
钾（K）	2.25	5.44	551	绿
钠（Na）	2.29	5.53	541	绿
钙（Ca）	3.20	7.73	387	近紫外
铍（Be）	3.90	9.40	319	近紫外
汞（Hg）	4.53	10.95	273	远紫外
金（Au）	4.80	11.60	258	远紫外

（4）光电效应的瞬时性。实验发现,只要入射光的频率高于金属的红限频率,无论光的强弱,光电子的产生都几乎是瞬时的,即光照到金属时立即产生光电流。其响应时间不超过 10^{-9} s。

17.2.2　光电效应与经典波动理论的矛盾

（1）按经典波动理论,当入射光强增大时,电磁波的电场强度 E 的振幅也随之增大,电子吸收能量增多,光电子的初动能也随之增大,这与实验事实不符。

（2）根据经典波动理论,电磁波连续分布在被照射的空间并以光速传播,电子应能够吸收足够的能量而逸出金属表面,然而,实验表明对每一种金属都存在一个红限频率 ν_0。

（3）按经典波动理论，金属中的电子从光波中吸收能量时，要使能量积累到足够大才能逸出金属表面，这就需要一个积累时间，入射光越弱，这个时间越长，但实验结果表明光电效应具有瞬时性。

17.2.3　爱因斯坦光子理论

1905 年，爱因斯坦在一篇题为《关于光的产生和转化的一个推测性的观点》的论文中写道："在我看来，如果假定光的能量不连续地分布于空间的话，那么，我们就可以更好地理解黑体辐射、光致发光、紫外线产生阴极射线以及其他涉及光的发射与转换的现象的各种观测结果。"爱因斯坦提出了电磁能量本身也是量子化的，辐射场就是由一个个集中存在的、不可分割的能量子——光量子（light quantum），即光子（photon）组成的。

对应频率为 ν 的光束，光子的能量为

$$\varepsilon = h\nu \tag{17-13}$$

利用光量子假说，爱因斯坦成功地解释了光电效应现象。

因为光子的能量为 $\varepsilon = h\nu$，所以当 ν 增大时，ε 也增大。当 ν 一定时，如果光的强度增大，由于光强 $I = N\varepsilon = Nh\nu$，则光子的数目增大。当光子入射到金属表面时，一个电子要么完全吸收一个光子的能量要么完全不吸收，电子获得的能量，一部分用于从金属表面逸出时所做的功（逸出功），另一部分成为电子逸出后的初动能，由能量守恒定律，有

$$h\nu = \frac{1}{2}mv_{\mathrm{m}}^2 + W \tag{17-14}$$

式中，W 为金属的逸出功，一些金属的逸出功见表 17-1。式（17-14）为爱因斯坦光电效应方程。

光子理论对光电效应实验规律的解释如下。

（1）ν 一定时，单位时间内入射到金属表面上的光子数取决于光强，光强越大，单位时间内金属吸收的光子数越多，产生的光电子越多，饱和电流强度越大。

（2）光能集中在光子上，光电子的最大初动能 $E_{\mathrm{m}} = \frac{1}{2}mv_{\mathrm{m}}^2$ 只与光子的 ν 和金属的逸出功有关，改变光强并不改变每个光子的能量，所以光电子的 E_{m} 与光强无关。

（3）对给定金属，W 一定，E_{m} 取决于 ν，ν 增加，E_{m} 增加，若 ν 低至满足 $h\nu < W$ 时，那么电子就没有足够的能量逸出金属表面，即使入射光强再大，也不会产生光电效应。只有当 $\nu > \nu_0 = W/h$ 时，电子才能逸出金属表面，ν_0 为红限频率。

（4）当光照射到金属表面时，光电子能一次性全部吸收入射光子的能量，因此光电效应不需要能量积累时间。由

$$\frac{1}{2}mv_{\mathrm{m}}^2 = eU_{\mathrm{c}}$$

$$h\nu = \frac{1}{2}mv_{\mathrm{m}}^2 + W$$

可得

$$U_{\mathrm{c}} = \frac{h\nu}{e} - \frac{W}{e} = \frac{h\nu}{e} - \frac{h\nu_0}{e} = \frac{h}{e}(\nu - \nu_0)$$

可见，遏止电势差 U_{c} 与 ν 成线性关系。

爱因斯坦因发现光电效应规律获得了 1921 年诺贝尔物理学奖。

例 17-2

波长 $\lambda = 589.3$ nm 的钠黄光照射金属钾的表面,已知钾的遏止电势差为 0.36 V,求光电子的最大初动能、逸出功和红限频率。

解 光电子的最大初动能为

$$E_m = \frac{1}{2}mv_m^2 = eU_c = 0.36 \text{ eV}$$

金属钾的逸出功为

$$W = h\nu - \frac{1}{2}mv_m^2 = \frac{hc}{\lambda} - eU_c = 1.75 \text{ eV}$$

红限频率为

$$\nu_0 = \frac{W}{h} = 4.22 \times 10^{14} \text{ Hz}$$

17.2.4 光的波粒二象性

关于光的本性问题,早在 17 世纪人们就开始讨论了,当时有两种观点,一种是以胡克、惠更斯为代表的波动说,另一种是以牛顿为代表的微粒说。光的波动说和微粒说几乎是同时产生的,但在 19 世纪前微粒说一直占有统治地位。直到 19 世纪,由于托马斯·杨和菲涅耳等的研究才使光的波动说得到复苏,并开始了波动理论的大发展时期,19 世纪中叶麦克斯韦电磁理论的建立更使光的波动理论有了坚实的理论基础。整个 19 世纪是光的波动理论取得决定性胜利并逐渐成熟的时期,与此同时光的微粒说却逐渐为人们所遗忘。

1905 年爱因斯坦为解释光电效应而提出光量子假设,重新提出了光的粒子性概念。1905 年 3 月,爱因斯坦在德国《物理年报》上发表了题为《关于光的产生和转化的一个推测性观点》的论文,他认为对于时间的平均值,光表现为波动;对于时间的瞬间值,光表现为粒子性。这是历史上第一次揭示微观客体波动性和粒子性的统一,即 波粒二象性 (wave-particle duality)。下面利用狭义相对论的质能关系和光量子假设,讨论光的波粒二象性。

设光子的质量为 m_φ,由狭义相对论的质能方程得光子的能量 ε 可表示为

$$\varepsilon = m_\varphi c^2 = h\nu$$

将上式变形可得

$$m_\varphi = \frac{\varepsilon}{c^2} = \frac{h\nu}{c^2} \tag{17-15}$$

因此光子的动量 p 为

$$p = m_\varphi c = \frac{h\nu}{c} = \frac{h}{\lambda} \tag{17-16}$$

ν 与 λ 反映光的波动性,ε 和 p 反映光的粒子性。于是描述光的波动性和描述光的粒子性的物理量很好地联系起来了。

思考题

17-3 一金属在黄光照射下刚能产生光电效应,如改用紫光和红光照射,能否产生光电效应?

17.3 氢原子光谱 玻尔的氢原子理论

17.3.1 氢原子光谱的实验规律

不同的光源有不同的光谱(optical spectrum),这是因为每种光源的发光原理和构成材料不同,导致它们发出的光的波长、频率和强度各不相同。根据波长的变化情况,光谱大致可分为三类。

连续光谱:由波长连续分布的光组成,主要由炽热的固体、液体或高压气体发光产生。

带状光谱:由在一些区域内波长连续分布的光组成,主要由分子发光产生。

线状光谱:由许多彼此分离、波长不连续的光组成,主要由原子发光产生。

光谱是原子内部结构的反映,因此研究原子光谱是揭示原子内部结构的途径之一。

19世纪,各种元素的光谱线的分布规律逐渐引起人们的注意,特别是最简单的氢原子的光谱。氢原子光谱,指的是氢原子内电子在不同能级间跃迁时所发射或吸收不同波长、能量的光子而得到的光谱。氢原子光谱为不连续的线光谱,从无线电波、微波、红外光、可见光到紫外光区段都有其谱线。1885年,瑞士一中学数学教师巴耳末(J. J. Balmer,1825—1898)首次发现氢原子的可见光谱线 H_α,H_β,H_γ,H_δ 的波长可用一个简单的经验公式表示为

$$\lambda = B\,\frac{n^2}{n^2-4}, \quad n=3,4,5,\cdots \tag{17-17}$$

式中,$B=364.56$ nm,当 $n\to\infty$ 时,$\lambda_\infty=B$,此波长称为线系限波长。式(17-17)是氢原子巴耳末线系公式。

令 $\tilde{\nu}=\dfrac{1}{\lambda}$,称为波数,表示单位长度中波长的数目,则式(17-17)可改写为

帕邢

$$\tilde{\nu}=\frac{1}{\lambda}=\frac{4}{B}\left(\frac{1}{2^2}-\frac{1}{n^2}\right)=R\left(\frac{1}{2^2}-\frac{1}{n^2}\right), \quad n=3,4,5,\cdots \tag{17-18}$$

式中,$R=\dfrac{4}{B}=1.096\,775\,8\times10^7$/m,称为里德伯(J. R. Rydberg,1854—1919,瑞典)常量。

20世纪,科学家相继在紫外区和红外区发现了氢原子的赖曼(T. Lyman,1874—1954,美国)系、帕邢(F. Paschen,1865—1947,德国)系、布喇开(F. S. Brackett,1896—1988,美国)系、普丰特(A. H. Pfund,1879—1949,美国)系等多个线系。氢原子光谱各线系的名称及表达式如下:

赖曼

(1) 赖曼系(紫外区,1914年发现),其表达式为

$$\tilde{\nu}=R\left(\frac{1}{1^2}-\frac{1}{n^2}\right), \quad n=2,3,4,\cdots$$

线系限波长为 $\lambda_\infty=91.2$ nm。

(2) 巴耳末系(紫外可见光区,1885年发现),其表达式为

$$\tilde{\nu}=R\left(\frac{1}{2^2}-\frac{1}{n^2}\right), \quad n=3,4,5,\cdots$$

线系限波长为 $\lambda_\infty=364.7$ nm。

（3）帕邢系（红外区，1908 年发现），其表达式为

$$\tilde{\nu} = R\left(\frac{1}{3^2} - \frac{1}{n^2}\right), \quad n = 4,5,6,\cdots$$

线系限波长为 $\lambda_\infty = 820.1$ nm。

（4）布喇开系（红外区，1922 年发现），其表达式为

$$\tilde{\nu} = R\left(\frac{1}{4^2} - \frac{1}{n^2}\right), \quad n = 5,6,7,\cdots$$

线系限波长为 $\lambda_\infty = 1\ 459$ nm。

（5）普丰特系（红外区，1924 年发现），其表达式为

$$\tilde{\nu} = R\left(\frac{1}{5^2} - \frac{1}{n^2}\right), \quad n = 6,7,8,\cdots$$

线系限波长为 $\lambda_\infty = 2\ 279$ nm。

将氢原子光谱线系进行归纳总结，可得氢原子光谱线系的统一公式为

$$\tilde{\nu} = R\left(\frac{1}{k^2} - \frac{1}{n^2}\right), \quad n > k, n, k \text{ 均为整数} \tag{17-19}$$

17.3.2　里兹并合原则

1908 年，瑞士科学家里兹（W. Ritz，1878—1909）认为氢原子的这些光谱规律表明：光谱线的波数总由两项之差决定，其规律为

$$\tilde{\nu} = T(k) - T(n) \tag{17-20}$$

这就是里兹并合原则。式中，$T(k)$，$T(n)$ 称为光谱项。对于氢原子，$T(k) = \dfrac{R}{k^2}$，$T(n) = \dfrac{R}{n^2}$。

17.3.3　原子核式结构及困难

1912 年，卢瑟福（E. Rutherford，1871—1937，英国）根据粒子大角度散射的实验结果建立了原子核式结构模型。按照这一模型，原子有一个带正电的核，称为原子核，原子核半径很小，它集中了几乎全部原子的质量；在原子核周围，分布着带负电的电子，电子数等于原子核带的正电荷数，原子呈电中性，电子绕原子核不停地转动。

卢瑟福

卢瑟福的原子核式结构模型，是人们探索原子结构中踏出的第一步，可是当我们进入原子内部准备考察电子的运动规律时，却发现其运动规律与已建立的物理规律不一致，具体表现在以下几方面。

1. 原子的稳定性

经典物理学告诉我们，任何带电粒子在作加速运动的过程中都要以发射电磁波的方式放出能量，电子在绕核作加速运动的过程就会不断地向外发射电磁波而不断失去能量，以致轨道半径越来越小，最后湮没在原子核中，并导致原子坍缩，然而，实验表明原子是相当稳定的。

2. 原子的同一性

任何元素的原子都是确定的，某一元素的所有原子之间是无差别的，这种原子的同一性是卢瑟福的原子核式结构模型无法理解的。

3. 原子的再生性

一个原子在同外来粒子相互作用以后,这个原子可以恢复到原来的状态,就像未曾发生过任何事情一样,原子的这种再生性,也是卢瑟福的原子核式结构模型所无法说明的。

4. 原子的光谱

按照经典电磁理论,电子绕核运动的频率与电子辐射电磁波的频率相同,随着电子轨道半径的减小,其旋转频率将不断变化,所以辐射电磁波的频率应连续,成为连续谱,而事实上为分立谱线。

17.3.4 玻尔理论的基本假设

1912 年 3—7 月,尼尔斯·玻尔(N. Bohr,1885—1962,丹麦)(图 17-6)在曼彻斯特大学卢瑟福的研究所学习。当时,年仅 28 岁的玻尔认定原子结构的困难不能从经典理论中去找答案,只有量子假说才是摆脱困境的唯一出路。正如他自己后来说的:"我一看到巴耳末公式,整个问题对我来说就全部清楚了。"

图 17-6 尼尔斯·玻尔

1913 年玻尔紧抓原子光谱线索,创造性地提出三个基本假设。

(1) 定态假设

原子系统存在某些稳定状态,称为定态(stationary state)。在这些定态,电子能围绕原子核做圆周运动而不辐射能量,原子定态的能量只能取一些分立的能量值,这些运动轨道称为能级。

(2) 频率条件

当原子中电子从能量为 E_n 的定态轨道跃迁到能量为 E_k 的定态轨道时,原子才发射或吸收电磁波,其发射或吸收电磁波的频率由

$$\nu = \frac{|E_n - E_k|}{h}$$

决定,若 $E_n > E_k$,原子发射光子,若 $E_n < E_k$,原子吸收光子。

(3) 角动量量子化条件

电子在绕核运动中,只有电子的角动量 L 等于 $\hbar\left(\hbar = \dfrac{h}{2\pi}\right)$ 的整数倍的那些轨道才是稳定的,即

$$L = nh, \quad n = 1, 2, 3, \cdots \tag{17-21}$$

式中,n 称为量子数(quantum number)。

利用这三个基本假设,再加上静电库仑力等于向心力,玻尔精确地给出氢原子理论。

17.3.5 氢及类氢离子的玻尔理论

1. 轨道半径与速率大小

设原子核质量为 M,电荷为 Ze,电子质量为 m。设原子核不动,电子处于某一定态,以速率 v_n 绕核作半径为 r_n 的圆周运动,其向心力由静电力即库仑力提供,即

$$\frac{1}{4\pi\varepsilon_0} \frac{Ze^2}{r_n^2} = m \frac{v_n^2}{r_n}$$

尼尔斯·玻尔

由玻尔的角动量量子化条件,有

$$mv_n r_n = n\frac{h}{2\pi}$$

则

$$r_n = n^2\left(\frac{\varepsilon_0 h^2}{\pi m Z e^2}\right), \quad n = 1, 2, 3, \cdots \tag{17-22}$$

或写为

$$r_n = n^2 r_0, \quad n = 1, 2, 3, \cdots \tag{17-23}$$

式中,$r_0 = \frac{\varepsilon_0 h^2}{\pi m Z e^2}$。对氢原子,$Z = 1$,则 $a_0 = r_0 = \frac{\varepsilon_0 h^2}{\pi m e^2} = 5.29 \times 10^{-11}$ m,称为玻尔半径。

联立以上各式,可解得

$$v_n = \frac{nh}{2\pi m r_n} = \left(\frac{Ze^2}{2\varepsilon_0 h}\right)\frac{1}{n} = \frac{v_0}{n}, \quad n = 1, 2, 3, \cdots$$

式中,$v_0 = \frac{Ze^2}{2\varepsilon_0 h}$。当 $n = 1$ 时,电子速率最大,对氢原子,$Z = 1$,则 $v_0 = \frac{e^2}{2\varepsilon_0 h} = 2.18 \times 10^6$ m/s,约为光速的 1%,因此其相对论效应不很显著。

2. 原子系统的能量

电子的动能为

$$E_k = \frac{1}{2}mv_n^2$$

原子系统的势能为

$$E_p = -\frac{Ze^2}{4\pi\varepsilon_0 r_n}$$

若规定电子离核无穷远时势能为零,则原子系统的能量为

$$E_n = E_k + E_p = \frac{1}{2}mv_n^2 - \frac{Ze^2}{4\pi\varepsilon_0 r_n}$$

将 v_n 和 r_n 的表达式代入上式,可得

$$E_n = -\frac{mZ^2 e^4}{8\varepsilon_0^2 h^2 n^2} \tag{17-24}$$

可以看出,原子系统的能量是不连续的,即能量是量子化的。当 $n = 1$ 时,原子的能量最低,对氢原子,令

$$E_1 = -\frac{me^4}{8\varepsilon_0^2 h^2} = -13.6 \text{ eV} \tag{17-25}$$

则有

$$E_n = \frac{E_1}{n^2} = -\frac{13.6}{n^2} \text{ eV}, \quad n = 1, 2, 3, \cdots \tag{17-26}$$

一般情况下,原子处于能量最低的状态,称为基态,其他比基态能量高的状态称为激发态。将电子从基态移到无穷远处(即电子被电离)所需要的能量,称为电离能,由于 $n \to \infty$ 时,$E_\infty \to 0$,因此氢原子的电离能为 13.6 eV。

3. 对氢原子光谱的解释

由玻尔的频率条件,原子中电子从较高能级 E_n 跃迁到某一较低能级 E_k 时会发射一个光子,光子的频率为

$$\nu = \frac{1}{h}(E_n - E_k)$$

由 $\widetilde{\nu} = \dfrac{1}{\lambda} = \dfrac{\nu}{c}$，可得

$$\widetilde{\nu} = \frac{1}{hc}(E_n - E_k)$$

将其代入 E_n 的表达式，则得

$$\widetilde{\nu} = \frac{me^4}{8\varepsilon_0^2 h^3 c}\left(\frac{1}{k^2} - \frac{1}{n^2}\right) = R\left(\frac{1}{k^2} - \frac{1}{n^2}\right) \tag{17-27}$$

式中，$R = \dfrac{me^4}{8\varepsilon_0^2 h^3 c} = 1.093\ 731 \times 10^7\ \mathrm{m}^{-1}$，这与实验测得的里德伯常量符合得很好。

从 $n \geqslant k+1$ 的诸能级分别向 $k = 1, 2, \cdots, 5$ 的能级跃迁，分别产生赖曼系、巴耳末系、帕邢系、布喇开系和普丰特系，其能级和谱线图如图 17-7 所示。从玻尔理论所得的各谱线系与实验结果相符合，表明玻尔理论成功地解释了氢原子光谱的实验规律。

氢原子能级跃迁

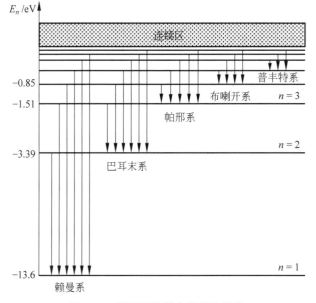

图 17-7 氢原子光谱中能级和谱线

17.3.6 玻尔理论的局限性

玻尔理论第一次将光谱的实验结果纳入一个理论体系中，在原子核式模型的基础上进一步提出了一个动态的原子结构轮廓。玻尔理论促进了量子论的发展，启发了当时原子物理学发展的方向，推动了新的实验和理论工作。玻尔理论在原子物理学的发展中起到了承前启后的作用，为量子力学的发展奠定了基础，它非常明确地指出经典物理学对原子结构的不适用性和量子规律在微观世界中的主导作用。但玻尔理论的局限也是十分明显的。在最初解释氢原子稳定性和氢原子光谱上获得成功之后不久，玻尔理论的缺陷就越来越明显地暴露出来。玻尔理论只能给出氢原子谱线的位置（波长），而无法解释谱线的强度、宽度和偏振等问题。它的最大困难，是在建立氦原子理论的尝试中受挫和失败，而氦又是紧接在氢后面最简单的元素。玻尔理论的缺陷在于它的内在逻辑矛盾性：它既不是彻底的经典理论，又不是彻底的量子理论，即没有一个完整的理论体系，它是量子化条件和经典理论的混合物。在物质的波动性发现之后，事情就变得十分清楚了，玻尔理论只能看成是在建立彻底的原子理论路途上的一个过渡阶段。

例 17-3

将动能为 12.5 eV 的电子通过碰撞使氢原子激发,氢原子最高可激发到哪一能级? 当回到基态时,能产生哪些谱线?

解　若能量全部吸收,有

$$E_n - E_1 = h\nu = hc\tilde{\nu} = Rhc\left(1 - \frac{1}{n^2}\right)$$

将 $E_n - E_1 = 12.5$ eV 代入上式,得 $n = 3.5$。由于 n 只能取整数,所以氢原子最高可激发到 $n = 3$ 的能级,于是产生的谱线有:

从 3→1:

$$\tilde{\nu}_1 = R\left(\frac{1}{1^2} - \frac{1}{3^2}\right) = \frac{8}{9}R, \quad \lambda_1 = \frac{1}{\tilde{\nu}_1} = \frac{9}{8R} = 102.6 \text{ nm}$$

从 2→1:

$$\tilde{\nu}_2 = R\left(\frac{1}{1^2} - \frac{1}{2^2}\right) = \frac{3}{4}R, \quad \lambda_2 = \frac{1}{\tilde{\nu}_2} = 121.5 \text{ nm}$$

从 3→2:

$$\tilde{\nu}_3 = R\left(\frac{1}{2^2} - \frac{1}{3^2}\right) = \frac{5}{36}R, \quad \lambda_3 = \frac{1}{\tilde{\nu}_3} = 656.3 \text{ nm}$$

综上,可产生波长为 102.6 nm、121.5 nm 和 656.3 nm 的谱线。

例 17-4

试计算氢原子的赖曼系的最短波长和最长波长。

解　赖曼系相应于 $k = 1$,于是有

$$\frac{1}{\lambda} = R_H\left(\frac{1}{1^2} - \frac{1}{n^2}\right), \quad n = 2, 3, 4, 5, \cdots$$

当 $n \to \infty$ 时对应于最短波长,则得

$$\frac{1}{\lambda_{min}} = R_H\left(\frac{1}{1^2} - \frac{1}{\infty^2}\right) = R_H$$

因此最短波长为

$$\lambda_{min} = \frac{1}{R_H} = 91.2 \text{ nm}$$

当 $n = 2$ 时对应于最长波长,则得

$$\frac{1}{\lambda_{max}} = R_H\left(1 - \frac{1}{2^2}\right) = \frac{3}{4}R_H$$

因此最长波长为

$$\lambda_{max} = \frac{4}{3R_H} = 121.5 \text{ nm}$$

思考题

17-4　卢瑟福的原子核式结构模型和汤姆孙的原子模型的本质差别是什么?

17-5　氢原子光谱的基本规律有哪些?

17-6　在研究氢原子光谱时,为什么首先研究的是巴耳末系,而不是赖曼系或帕邢系?

17-7　氢原子中电子的能量为什么是负值?

17.4　实物粒子的波粒二象性　不确定关系

玻尔的原子理论突破了经典理论的框架,是量子理论发展中一个重要的里程碑。但是,玻尔理论的缺陷表明,对量子理论的基础和电子等微观粒子的本性需要重新认识。

17.4.1　实物粒子的波粒二象性

作为量子力学的前奏,德布罗意的物质波理论有着特殊的重要性。1923 年,路易斯·德布罗意(L. de Broglie,1892—1989,法国)(图 17-8)由于受到他的哥哥——法国实验物理学家莫里斯·德布罗意的影响,对当时物理学中的各种哲学问题产生极其浓厚的兴趣,于是他把工作重心从历史学转到物理学,在著名物理学家朗之万(Paul Langevin,

德布罗意

1872—1946,法国)的指导下攻读博士学位,并在他哥哥的私人实验室里进行物理学的研究工作。1924 年,路易斯·德布罗意(以下称德布罗意)在提交给巴黎大学简短的博士论文《量子理论研究》中,大胆地提出了存在实物粒子波的假设。路易斯·德布罗意认为电磁辐射的波粒二象性同样也适用于实物粒子,它是具有普遍意义的。他在论文中写道:"在光学中,与波动的处理方法相比,在百年以来我们过分忽略了粒子的处理方法;在实物粒子理论中我们是不是又犯了一个相反的错误呢?"德布罗意假定实物粒子除具有粒子性外,还具有波动性。

图 17-8　路易斯·德布罗意

按照德布罗意的物质波假设,能量为 E、动量为 p 的实物粒子具有波动性,相应波的频率 ν 和波长 λ 可表示为

$$\nu = \frac{E}{h} \tag{17-28}$$

$$\lambda = \frac{h}{p} \tag{17-29}$$

式中 h 是普朗克常量。式(17-28)和式(17-29)称为德布罗意公式。这种与实物粒子相联系的波称为物质波(matter wave),又称为德布罗意波,λ 为德布罗意波长。式中既含有描述波动性的物理量 ν 和 λ,又包含描述粒子性的物理量 E 和 p,从而确定了粒子性和波动性之间的联系。

若已知一个自由粒子的动量或动能,可计算相应的德布罗意波长为

$$\lambda = \frac{h}{p} = \frac{h}{m_0 v} \sqrt{1 - \left(\frac{v}{c}\right)^2}$$

式中,m_0 和 v 分别为自由粒子的静止质量和速度。当 $v \ll c$ 时,有

$$\lambda = \frac{h}{m_0 v}$$

由于动能 $E_k = \frac{1}{2} m_0 v^2$,因此上式可改写为

$$\lambda = \frac{h}{\sqrt{2m_0 E_k}}$$

计算表明,宏观物体的波长极短,其波动性难以通过衍射等现象显示出来,但对于微观粒子,特别是电子,它们的波长与原子尺度接近,因此在原子范围内,微观粒子的波动性能明显地显现出来。表 17-2 中给出了一些自由粒子的德布罗意波长。

表 17-2　自由粒子的德布罗意波长

粒子	质量/kg	速度/(m/s)	德布罗意波长/nm
飞行的子弹	1.0×10^{-2}	5.0×10^{2}	1.3×10^{-25}
小球	1.0×10^{-3}	1.0	6.6×10^{-22}
尘埃	1.0×10^{-9}	1.0×10^{1}	6.6×10^{-17}
布朗运动花粉	1.0×10^{-13}	1.0	6.6×10^{-12}
微尘	1.0×10^{-15}	1.0×10^{-2}	6.6×10^{-8}
显像管中的电子	9.1×10^{-31}	5.0×10^{7}	1.4×10^{-2}

德布罗意的物质波假设的实质是自然界存在着一种总体的对称性。他提出的实物粒子具有波粒二象性,是爱因斯坦提出的光具有波粒二象性的发展。1927 年,德布罗意的物质波假设被戴维孙(C. J. Davisson,1881—1958,美国)和他的助手革末(L. H. Germer,1896—1971,美国)通过电子在镍单晶上的散射实验所证实。同一年,英国物理学家 G. P. 汤姆孙将电子束和中子束射向多晶箔片,在屏上得到了圆环形的衍射图样。至此,德布罗意的物质波理论获得了普遍的赞赏,从而使他获得了 1929 年度的诺贝尔物理学奖,之后,戴维孙和 G. P. 汤姆孙也同获了 1937 年度的诺贝尔物理学奖。

图 17-9 和图 17-10 分别为电子经多晶金箔和铝钴镍晶体的衍射图样。

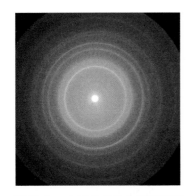

图 17-9　电子经多晶金箔衍射图

图 17-10　电子经铝钴镍晶体衍射图

感悟·启迪

人类的思想和智慧不可能永远停滞在某个时代,只有与时俱进,不断创新,才能生生不已,这是一个民族兴旺发达、长治久安的必由之路。

17.4.2　不确定关系

1. 位置和动量不确定关系

在经典力学的概念中,一个粒子的位置和动量是可以同时精确测定的。1927 年海森伯(W. Heisenberg,1901—1976,德国)从量子论出发,推导出了微观粒子的位置和动

海森伯

量是不可能同时精确地测定的,这就是位置和动量的**不确定性关系**(uncertainty relation)。

例如,在 x 轴方向上,微观粒子不能够同时具有准确的位置 x 和动量 p_x,x 和 p_x 的不确定量满足关系式:

$$\Delta x \cdot \Delta p_x \geqslant \frac{\hbar}{2} \tag{17-30}$$

式中,Δx 为位置的不确定度,Δp_x 为动量的不确定度。由上式可知,如果粒子的位置精确测定了,即 $\Delta x \to 0$,则 $\Delta p_x \to \infty$,即粒子在 x 轴方向的动量完全不能确定。反之亦然,如果我们精确地知道了动量 p_x,那么我们对位置 x 就一无所知,粒子在 x 轴方向的位置完全不能确定。类似于式(17-30),同样有

$$\Delta y \cdot \Delta p_y \geqslant \frac{\hbar}{2}, \quad \Delta z \cdot \Delta p_z \geqslant \frac{\hbar}{2} \tag{17-31}$$

式(17-30)和式(17-31)称为海森伯位置和动量的不确定关系。它的物理意义是:微观粒子不可能同时具有确定的位置和动量。

在经典力学中,把 x 和 p_x 及一系列其他各对量叫作正则共轭变量。如果用字母 A 和 B 表示一对正则共轭变量,就可以写出

$$\Delta A \cdot \Delta B \geqslant \frac{\hbar}{2} \tag{17-32}$$

即两个共轭变量的不确定量的乘积,在数量级上不会小于 $\frac{\hbar}{2}$,这个论断叫作海森伯不确定关系或不确定原理。

不确定关系实际上是粒子的波粒二象性的反映。为了说明上述问题,我们以单缝电子衍射实验为例进行研究。设一束电子以速度 v 沿 y 轴方向运动,经宽度为 a 的单缝衍射后,观测到衍射图样,如图 17-11 所示。假设可以用坐标 x 和动量 p 来描述电子的运动状态,那么电子在通过单缝的瞬间,其坐标 x 是多少?对此我们无法确切回答,因此我们无法确定电子究竟是从狭缝上哪一点通过的,但我们可以确定电子在通过狭缝时坐标范围 Δx,显然 $\Delta x = a$,这是电子坐标的不确定量。

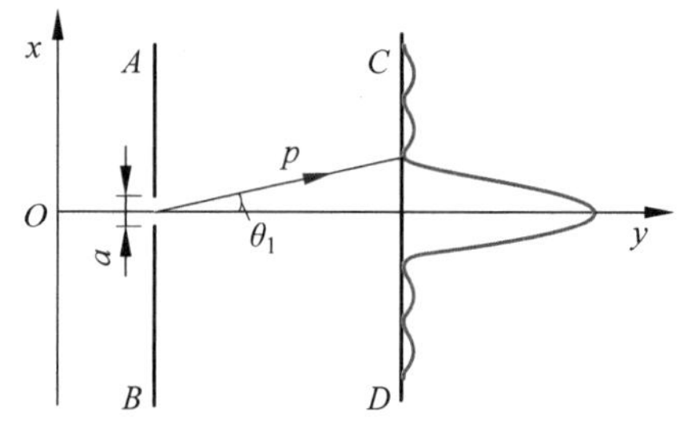

图 17-11 从电子的单缝衍射说明不确定关系

同一时刻,由于狭缝衍射的缘故,有些电子偏离 y 轴而运动,这表明在狭缝处有些电子的动量方向发生了变化,若只考虑中央明条纹范围,则电子动量被限制在两个第 1 级衍射极小之间,落到中央明条纹中心处的电子在 x 轴方向的动量为 $p_x = 0$,而落到第 1 级衍射极小处的电子在 x 轴方向的动量为 $p_x = p \sin\theta_1$。因此狭缝处电子在 x 轴方向的动量的不确定量为

$$\Delta p_x = p \sin\theta_1$$

由单缝衍射极小条件,可得

$$a \sin\theta_1 = \lambda$$

则得

$$\Delta p_x = p \frac{\lambda}{\Delta x}$$

将电子的德布罗意波长 $\lambda = \frac{h}{p}$ 代入上式,则有

$$\Delta p_x = \frac{h}{\Delta x}$$

即

$$\Delta x \cdot \Delta p_x = h$$

经严格证明,可得

$$\Delta x \cdot \Delta p_x \geqslant \frac{\hbar}{2}$$

2. 能量和时间的不确定关系

海森伯的不确定关系也可以用其他一对共轭变量来表述。例如,为了测量一个粒子的能量 E,必须在一定的时间间隔内去完成一项实验,量子力学同样可以严格证明,能量的不确定量 ΔE 与测定能量所需的时间间隔 Δt 的不确定关系为

$$\Delta E \cdot \Delta t \geqslant \frac{\hbar}{2} \tag{17-33}$$

能量和时间的不确定关系对受激原子这样的一些系统有非常重要的意义,实验表明,原子所处的激发态能量并不是单一值,而是在一个很小的能量范围 ΔE 内,ΔE 称为能级宽度。实验同样表明,原子处于这个激发态的时间也是有一定大小的,只能存在一段时间 Δt,这段时间叫作平均寿命。不确定关系给出了能级宽度和平均寿命的关系是 $\Delta E \cdot \Delta t \geqslant \frac{\hbar}{2}$,实验测量结果证实了这一关系。

不确定关系是微观粒子具有波粒二象性的反映,是物理学中的一个重要基本规律。

感悟·启迪

不确定关系是量子力学的核心思想,这个原理影响到我们对世界的认知,它告诉我们,生活中很多事情是不可预测的。人生也有不确定性,我们不可能预测未来发生的事件,但是我们可以不畏惧未知,努力面对挑战,从而使自己变得更加强大。

思考题

17-8 试分析实物粒子的德布罗意波与电磁波、机械波的不同之处。

17-9 既然物质都有波动性,为什么在日常生活中却往往观察不到这种波动性?

17-10 电子与光子的波长相同时,它们的总能量是否相同?

17-11 "不确定关系"是否指"微观粒子的运动状态是无法确定的"? 或者说,"微观粒子的位置和动量都无法准确地确定"?

17-12 有人认为:只要充分提高测量仪器的精度,那么粒子的位置坐标和相应的动量分量一定可以测准,因此,"不确定关系"是错误的。试分析这种说法的对错。

17.5 波函数 薛定谔方程

德布罗意关于实物粒子波的假设告诉我们,微观粒子的运动是受与它相联系的波的传播所支配的,但这个假设没有说明实物粒子波是怎样传播的,微观粒子的运动应该满足怎样的规律。量子力学是描述微观粒子运动规律的物理理论,它用波函数描述微观粒子的运动状态。薛定谔方程则是决定粒子运动状态及其变化规律的基本方程,波函数是薛定谔方程的解。

17.5.1 波函数及其物理意义

在经典力学中,一个频率为 ν、波长为 λ、沿 x 轴正方向传播的平面波的波函数为

$$y(x,t) = A\cos\left[2\pi\left(\nu t - \frac{x}{\lambda}\right)\right]$$

在波动理论中,常将波函数写成复数形式,因此上式改写为

$$y(x,t) = A\,\mathrm{e}^{-\mathrm{i}2\pi\left(\nu t - \frac{x}{\lambda}\right)}$$

在量子力学中,用波函数 $\Psi(x,t)$ 描述微观粒子的运动状态,对于能量为 E,动量为 p 的自由粒子,我们可以用与机械波类比的方法确定它的波函数。

由德布罗意公式可得

$$\nu = \frac{E}{h}, \quad \lambda = \frac{h}{p}$$

将它们代入上述波函数的复数形式,有

$$\Psi(x,t) = \Psi_0\,\mathrm{e}^{-\frac{\mathrm{i}}{\hbar}(Et - px)} \tag{17-34}$$

式中,Ψ_0 为振幅;$\dfrac{Et - px}{\hbar}$ 代表波的相位。波函数 $\Psi(x,t)$ 是时间和位置的函数。对沿任意方向运动的自由粒子,其相应的波函数可表示为

$$\Psi(x,t) = \Psi_0\,\mathrm{e}^{-\frac{\mathrm{i}}{\hbar}(Et - \boldsymbol{p}\cdot\boldsymbol{r})} \tag{17-35}$$

对于波函数有不同的解释,现在被普遍接受的是玻恩(M. Born,1882—1970,德国)于 1926 年提出的统计解释,这一解释的基本思想是:在某一时刻,空间某处波函数模的平方,正比于该时刻粒子在该处出现的概率,则物质波成为概率波。t 时刻,在 r 处单位体积内出现的粒子的概率为 $|\Psi|^2 = \Psi\Psi^*$,称为概率密度(probability density)。这就是波函数的物理意义。

玻恩

由于粒子确实存在,它必定会在空间的某一点出现,所以在整个空间粒子出现的概率总和等于 1,即

$$\int_v |\Psi|^2 \mathrm{d}V = 1 \tag{17-36}$$

这就是波函数的归一化条件。除此之外波函数还要满足下列标准条件:

(1) $|\Psi|^2$ 是单值的:即在一个地方的概率密度只有一个值;

(2) $|\Psi|^2$ 是连续的:运动的连续性要求概率密度是连续的;

(3) $|\Psi|^2$ 是有限的:在所有可能出现的地方的概率和为 1,所以必须是有限的。

17.5.2 薛定谔方程

1926 年,当时在瑞士苏黎世大学任教的薛定谔(E. Schrödinger,1887—1961,奥地利)(图 17-12)在研究实物粒子波的基础上提出了一个著名的方程,这个方程就是薛定谔方程。薛定谔方程不是从理论上推导出来的,也不是一条经验规律,它实质上是一个基本假设,其正确性由它得出的一切结论都最准确地与实验事实相一致所证实。下面简介薛定谔方程建立的思路。

一维运动自由粒子的波函数为

$$\Psi(x,t) = \Psi_0\,\mathrm{e}^{-\frac{\mathrm{i}}{\hbar}(Et - px)}$$

对低能粒子(非相对论情形),其动能为 $E_k = \dfrac{p^2}{2m}$。对自由

粒子(无外场作用,其势能为零),其能量为

$$E = E_k = \frac{p^2}{2m}$$

将波函数 $\Psi(x,t)$ 对 t 求一阶偏导数,对 x 求二阶偏导数,得

$$i\hbar \frac{\partial \Psi}{\partial t} = E\Psi$$

$$-\frac{\hbar^2}{2m} \frac{\partial^2 \Psi}{\partial x^2} = \frac{p^2}{2m}\Psi$$

图 17-12　薛定谔

结合上述公式,可得

$$-\frac{\hbar^2}{2m} \frac{\partial^2 \Psi}{\partial x^2} = i\hbar \frac{\partial \Psi}{\partial t} \tag{17-37}$$

这是一维自由粒子波函数所满足的含时薛定谔方程。

若粒子不是自由粒子,而是受外力作用,通常主要研究粒子在保守力场中的情形,则粒子除具有动能外,还有势能 $U = U(x,t)$,则其能量为

$$E = \frac{p^2}{2m} + U(x,t) \tag{17-38}$$

此时可得

$$-\frac{\hbar^2}{2m} \frac{\partial^2 \Psi}{\partial x^2} + U(x,t)\Psi = i\hbar \frac{\partial \Psi}{\partial t} \tag{17-39}$$

这就是在势场中一维运动粒子的含时薛定谔方程。式中,$i\hbar \dfrac{\partial}{\partial t}$ 称为能量算符,将它作用

在波函数上,相当于能量 E 乘以波函数。$-\dfrac{\hbar^2}{2m} \dfrac{\partial^2}{\partial x^2}$ 称为动能算符。

如果粒子在三维空间中运动,则上式可推广为

$$\left[-\frac{\hbar^2}{2m} \nabla^2 + U(r,t) \right] \Psi = i\hbar \frac{\partial \Psi}{\partial t} \tag{17-40}$$

这就是一般情况下的薛定谔方程。式中,∇^2 为拉普拉斯算符,在直角坐标系下,$\nabla^2 = \dfrac{\partial^2}{\partial x^2} +$

$\dfrac{\partial^2}{\partial y^2} + \dfrac{\partial^2}{\partial z^2}$;$U(r,t)$ 是粒子所在处势场的势函数;m 为粒子质量;波函数 $\Psi(r,t)$ 是薛定

谔方程的解。一般来说,给定势函数的具体形式,再给定初始条件和边界条件,就可以由薛定谔方程求解出波函数。

若外力场不随时间变化,则势能 $U(r,t)$ 仅与空间位置有关,数学上就可将波函数 $\Psi(r,t)$ 分离变量,写成

$$\Psi(r,t) = \psi(r)f(t)$$

将其代入薛定谔方程(17-40),则得

$$-\frac{\hbar^2}{2m} \frac{\nabla^2 \psi(r)}{\psi(r)} + U(r) = i\hbar \frac{1}{f(t)} \frac{\mathrm{d}f(t)}{\mathrm{d}t}$$

上式左边只是空间坐标 r 的函数,右边是时间 t 的函数,只有两边等于常量上式才成立,且这个常量应具有能量量纲,令此常量为 E,则

$$i\hbar \frac{1}{f(t)} \frac{\mathrm{d}f(t)}{\mathrm{d}t} = E \tag{17-41}$$

故可得

$$-\frac{\hbar^2}{2m}\nabla^2\psi(\boldsymbol{r})+U(\boldsymbol{r})\psi(\boldsymbol{r})=E\psi(\boldsymbol{r}) \tag{17-42}$$

由式(17-41)可得

$$f(t)=\mathrm{e}^{-\frac{\mathrm{i}}{\hbar}Et} \tag{17-43}$$

式(17-42)中不含时间 t,所以它的解不随时间变化。若由式(17-42)解出 $\psi(\boldsymbol{r})$,则波函数为

$$\Psi(\boldsymbol{r},t)=\psi(\boldsymbol{r})f(t)=\psi(\boldsymbol{r})\mathrm{e}^{-\frac{\mathrm{i}}{\hbar}Et} \tag{17-44}$$

因此,粒子在空间出现的概率密度为

$$|\Psi(\boldsymbol{r},t)|^2=|\psi(\boldsymbol{r})|^2=\psi(\boldsymbol{r})\psi(\boldsymbol{r})^* \tag{17-45}$$

可见,概率密度不随时间变化,是稳定的,粒子的这种状态为定态,式(17-42)则称为定态薛定谔方程。

在式(17-42)中,$-\dfrac{\hbar^2}{2m}\dfrac{\nabla^2\psi(\boldsymbol{r})}{\psi(\boldsymbol{r})}$ 对应粒子动能,$U(\boldsymbol{r})$ 对应粒子势能,则常量 E 对应粒子的总能量。

17.6　一维无限深势阱

17.6.1　一维无限深势阱模型

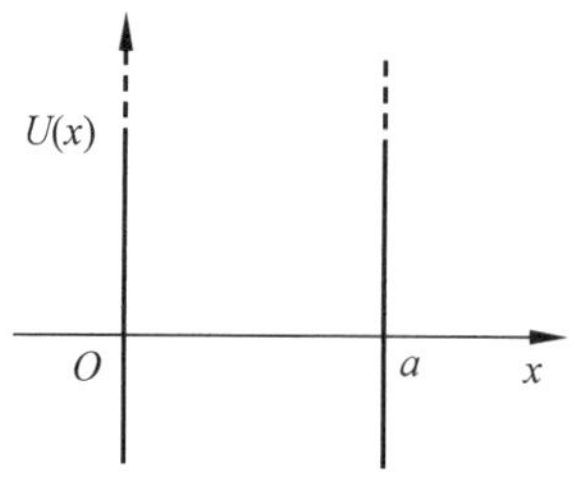

图 17-13　一维无限深方形势阱势能曲线图

假设有一质量为 m 的粒子沿 x 轴运动,其在 x 轴的势能函数为

$$U(x)=\begin{cases}0, & 0<x<a\\\infty, & x\leqslant 0,x\geqslant a\end{cases}$$

其势能曲线如图 17-13 所示。由于粒子总能量有限,粒子将被束缚在 $0<x<a$ 范围内运动,该模型称为一维无限深方形势阱,简称一维势阱。

17.6.2　一维无限深势阱的定态薛定谔方程及精确解

1. 一维无限深势阱的定态薛定谔方程

将势函数 $U(x)$ 代入定态薛定谔方程,在 $0<x<a$ 区域内一维无限深势阱的定态薛定谔方程的形式为

$$-\frac{\hbar^2}{2m}\frac{\mathrm{d}^2\psi_\mathrm{i}(x)}{\mathrm{d}t^2}=E\psi_\mathrm{i}(x), \quad 0<x<a \tag{17-46}$$

$$\left[-\frac{\hbar^2}{2m}\frac{\mathrm{d}^2}{\mathrm{d}x^2}+\infty\right]\psi_\mathrm{i}(x)=E\psi_\mathrm{i}(x), \quad x\leqslant 0,x\geqslant a \tag{17-47}$$

2. 一维无限深势阱的定态薛定谔方程的精确解

由于在 $x\leqslant 0$ 和 $x\geqslant a$ 区域内 $U(x)\to\infty$,而粒子能量为有限值,故粒子不出现在这两个区域内,即在 $x\leqslant 0$ 和 $x\geqslant a$ 区域内粒子出现的概率为零,则波函数为

$$\psi_e(x) = 0, \quad x \leqslant 0, \quad x \geqslant a$$

在 $0 < x < a$ 区域内,令 $k = \sqrt{\dfrac{2mE}{\hbar^2}}$,则一维势阱的定态薛定谔方程为

$$\frac{\mathrm{d}^2\psi_i}{\mathrm{d}t^2} + k^2\psi_i = 0 \tag{17-48}$$

该方程通解为

$$\psi_i(x) = A\sin(kx) + B\cos(kx)$$

其中 A、B 为待定常量。用标准条件和归一化条件可确定 A、B、k。

在 $x = 0$ 处波函数连续,有

$$\psi_i(0) = \psi_e(0) = 0$$

在 $x = a$ 处波函数连续,有

$$\psi_i(a) = \psi_e(a) = 0$$

则

$$\begin{cases} A\cos(0) + B\cos(0) = 0 \\ A\sin(ka) + B\cos(ka) = 0 \end{cases}$$

由此可得

$$\begin{cases} B = 0 \\ k = \dfrac{n\pi}{a}, \quad n = 1, 2, 3, \cdots \end{cases}$$

则

$$\psi_{in}(x) = A\sin\left(\frac{n\pi}{a}x\right), \quad 0 < x < a \tag{17-49}$$

再由归一化条件,有

$$\int_{-\infty}^{+\infty} |\psi(x)|^2 \mathrm{d}x = \int_0^a |\psi_{in}(x)|^2 \mathrm{d}x = \int_0^a A^2\sin^2\left(\frac{n\pi}{a}x\right)\mathrm{d}x = 1$$

可求得 $A = \sqrt{\dfrac{2}{a}}$。因此,一维无限深势阱的波函数为

$$\Psi(x,t) = \psi(x)\mathrm{e}^{-\frac{i}{\hbar}E_n t} = \begin{cases} \sqrt{\dfrac{2}{a}}\sin\left(\dfrac{n\pi}{a}x\right)\mathrm{e}^{-\frac{i}{\hbar}E_n t}, & 0 < x < a \\ 0, & x \leqslant 0, x \geqslant a \end{cases} \tag{17-50}$$

故概率密度为

$$|\Psi(x,t)|^2 = \begin{cases} \dfrac{2}{a}\sin^2\left(\dfrac{n\pi}{a}x\right), & 0 < x < a \\ 0, & x \leqslant 0, x \geqslant a \end{cases}$$

波函数 $\psi(x)$ 和概率密度 $|\psi(x)|^2$ 的图像如图 17-14 所示。由此可见,一维无限深势阱的波函数是一个驻波,阱壁处为波节。粒子在势阱中出现的概率因地而异,在阱壁处的概率为零,概率密度分布还随量子数 n 的变化而变化。这些结果与经典力学理论得到的结果根本不同,按照经典力学的观点,粒子在势阱中各处出现的概率应该相等。

3. 一维无限深势阱中粒子能量

由 $k = \sqrt{\dfrac{2mE}{\hbar^2}}$ 以及求精确解时定出的 k,可以给出一维无限深势阱中粒子能量 E 为

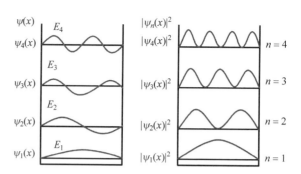

图 17-14　一维无限深方势阱中粒子的波函数和概率密度

$$E = E_n = \frac{h^2 n^2 \pi^2}{2ma^2} = \frac{n^2 h^2}{8ma^2}, \quad n = 1, 2, 3, \cdots \tag{17-51}$$

显然,粒子能量不取连续值,即能量是量子化的,n 为量子数,每个可能的能量值称为能量本征值。

由式(17-51)可得,当 $n = 1$ 时,一维无限深势阱粒子的能量为

$$E_1 = \frac{h^2}{8ma^2}$$

它是一维无限深势阱粒子的最低能量即为基态能级,相应的波函数为

$$\psi_1(x) = \sqrt{\frac{2}{a}} \sin\left(\frac{\pi}{a}x\right), \quad 0 < x < a$$

当 $n = 2, 3, 4, \cdots$ 时,一维无限深势阱粒子处于激发态,相应的能量分别为 $4E_1, 9E_1,$ $16E_1, \cdots$,相应的波函数为 $\psi_2(x), \psi_3(x), \psi_4(x), \cdots$。

4. 相邻两能级的间隔

由一维无限深势阱的能级公式可得,相邻两能级的间隔(即能级差)为

$$\Delta E = E_{n+1} - E_n = (2n + 1)\frac{h^2}{8ma^2} \tag{17-52}$$

由式(17-52)可见,ΔE 与量子数 n 有关,与 m 和 a 也有关,粒子质量越小,势阱宽度越小,则能级间隔越大,量子效应就越显著。联立式(17-51)和式(17-52),可得

$$\frac{\Delta E}{E_n} = \frac{2n + 1}{n^2}$$

由上式可知,若 n 越大,则比值 $\frac{\Delta E}{E_n}$ 越小,当 n 很大时,$\frac{\Delta E}{E_n} \approx \frac{2}{n}$ 很小,故可将 E 视为连续值,量子效应就不显著了。

17.7　氢原子的量子力学描述

17.7.1　氢原子的定态薛定谔方程

由于氢原子核质量 M 远大于电子的质量 m,可假设核不动,电子绕核运动。设原子核位于坐标原点 O,电子相对于 O 点的位矢为 $\boldsymbol{r}$。电子与核间的作用力为静电力,在球坐标系中,其相应的势能函数为

$$U(r) = -\frac{e^2}{4\pi\varepsilon_0 r} \tag{17-53}$$

若 $U(r)$ 与 t 无关,则这是一个定态问题,可以用定态薛定谔方程求解。定态薛定谔方程可写为

$$-\frac{\hbar^2}{2m}\nabla^2\psi(r)-\frac{e^2}{4\pi\varepsilon_0 r}\psi(r)=E\psi(r)$$

在球坐标系下,上式写为

$$\frac{1}{r^2}\frac{\partial}{\partial r}\left(r^2\frac{\partial\psi}{\partial r}\right)+\frac{1}{r^2\sin\theta}\frac{\partial}{\partial\theta}\left(\sin\theta\frac{\partial\psi}{\partial\theta}\right)+\frac{1}{r^2\sin^2\theta}\frac{\partial^2\psi}{\partial\varphi^2}+$$

$$\frac{2m_0}{\hbar^2}\left(E+\frac{e^2}{4\pi\varepsilon_0 r}\right)\psi=0 \tag{17-54}$$

根据分离变量法,设

$$\psi(r,\theta,\varphi)=R(r)\Theta(\theta)\Phi(\varphi) \tag{17-55}$$

其中,R 只是 r 的函数,Θ 只是 θ 的函数,Φ 只是 φ 的函数,则有

$$\begin{cases} \dfrac{\mathrm{d}^2\Phi}{\mathrm{d}\varphi^2}+m_l^2\Phi=0 & (17\text{-}56)\\[3mm] \dfrac{1}{\sin\theta}\dfrac{\mathrm{d}}{\mathrm{d}\theta}\left(\sin\theta\dfrac{\mathrm{d}\Theta}{\mathrm{d}\theta}\right)+\left[l(l+1)-\dfrac{m_l^2}{\sin^2\theta}\right]\Theta=0 & (17\text{-}57)\\[3mm] \dfrac{1}{r^2}\dfrac{\mathrm{d}}{\mathrm{d}r}\left(r^2\dfrac{\mathrm{d}R}{\mathrm{d}r}\right)+\dfrac{2m_0}{\hbar^2}\left[E+\dfrac{e}{4\pi\varepsilon_0 r}-\dfrac{\hbar^2}{2m_0}\dfrac{l(l+1)}{r^2}\right]R=0 & (17\text{-}58) \end{cases}$$

式中,l 和 m_l 均为待定常量。

通过求解式(17-56)~式(17-58),可得函数 R、Θ、Φ。将它们再代入式(17-55),即可得氢原子中电子的波函数。

17.7.2　氢原子的量子力学处理结果

1. 能量量子化与主量子数

当氢原子中的电子处于束缚态时,$E<0$,在此情况下,可以计算得出,仅当 E 取

$$E_n=-\frac{m_0 e^4}{32\pi^2\varepsilon_0^2\hbar^2}\frac{1}{n^2},\quad n=1,2,3,\cdots \tag{17-59}$$

这些分立值时,方程(17-58)才有满足标准条件的解。此时,n、l 共同决定了函数 $R(r)=R_{nl}(r)$ 的形式,l 可取 $0,1,2,\cdots,n-1$,共 n 个值,由式(17-59)可知,电子的能量,也就是原子系统的能量是量子化的,原子的能级主要由量子数 n 决定,因而 n 称为主量子数。

2. 角动量量子化与角动量量子数

在对式(17-56)、式(17-57)两式的求解过程中,l 必须取 $0,1,2,\cdots,n-1$ 这些整数,波函数才满足标准条件,此时 m_l 可取 $0,\pm1,\pm2,\cdots,\pm l$,共 $2l+1$ 个值。l、m_l 共同决定了方程(17-57)的解,即函数 $\Theta(\theta)$ 的形式为 $\Theta(\theta)=\Theta_{lm_l}(\theta)$。

通过理论可以证明,电子的角动量 L 的大小与 l 有如下关系:

$$L=\sqrt{l(l+1)}\,\hbar,\quad l=0,1,2,\cdots,n-1 \tag{17-60}$$

上式表明,电子运动的角动量是量子化的,l 决定了角动量的大小,称为角动量量子数。当电子能量给定,即 n 给定时,l 取不同的值,电子角动量大小就有不同值,因而氢原子内电子的状态必须同时用 n、l 两个量子数才能更确切地表征,一般用字母 $s,p,d,f,\cdots$ 分别表示 $l=0,1,2,3,\cdots$ 的状态。

3. 空间量子化与磁量子数

对方程(17-56)~方程(17-57)求解时,只有 $m_l=0,\pm1,\pm2,\cdots,\pm l$,波函数才满足

轨道角动量及
自旋磁矩

标准条件，m_l 决定了函数 $\Phi(\varphi)=\Phi_{m_l}(\varphi)$ 的形式。

当量子数 n,l,m_l 均确定之后，波函数可表示为

$$\psi_{n,l,m_l}(r,\theta,\varphi)=R_{n,l}(r)\Theta_{l,m_l}(\theta)\Phi_{m_l}(\varphi)$$

通过理论可以证明，电子轨道角动量 L 在 z 轴方向的分量可表示为

$$L_z=m_l\hbar,\quad m_l=0,\pm1,\pm2,\cdots,\pm l \tag{17-61}$$

式中，m_l 称为磁量子数。上式表明，轨道角动量在 z 轴方向的分量也是量子化的。当角动量大小一定，即 l 一定时，m_l 不同，L 的取向也不同。L 的空间取向是量子化的，这称为空间量子化。对一特定的 L，L_z 有 $2l+1$ 个可能值，即 L 有 $2l+1$ 个不同取向，如图 17-15 所示。

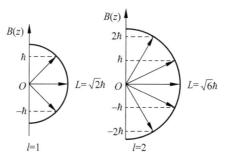

图 17-15　角动量的空间量子化

4. 电子自旋与自旋磁量子数

1925 年，乌仑贝克（G. E. Uhlenbeck，1900—1988，荷兰）和高德斯密特（S. A. Goudsmit，1902—1978，荷兰）提出了电子自旋的假说，他们认为电子除有轨道角动量之外，还有自旋角动量 S，相应的自旋磁矩 $\boldsymbol{\mu}_s$ 的方向与自旋角动量的方向相反。

根据量子力学理论，电子自旋角动量 S 的大小也是量子化的，其可表示为

$$S=\sqrt{s(s+1)}\,\hbar \tag{17-62}$$

式中，s 称为自旋量子数。对于电子，s 只能取 $\dfrac{1}{2}$。

自旋角动量 S 在外磁场方向上的投影 S_z 的取值也是量子化的，即

$$S_z=m_s\hbar \tag{17-63}$$

式中，m_s 称为自旋磁量子数，可能的取值为 $m_s=\pm\dfrac{1}{2}$，则

$$S_z=\pm\frac{1}{2}\hbar \tag{17-64}$$

由此可见，电子自旋共有 $2s+1=2$ 种取向，m_s 决定了描述电子自旋的波函数的形式。

总之，氢原子中核外电子的状态，由四个量子数 n,l,m_l 和 m_s 来确定。主量子数 n 决定了电子在原子中的能量，角动量量子数 l 决定了电子轨道角动量的大小，磁量子数 m_l 决定了电子轨道角动量的空间取向，自旋磁量子数 m_s 决定了自旋角动量的空间取向。

当 n、l、m_l 确定后，对应于一组量子数 (n,l,m_l)，就有一个确定的波函数 $\psi_{nlm_l}(r,\theta,\varphi)$ 来描述一个确定的状态，从而可得到电子在空间中出现的概率。

在空间体积元 $dV=r^2\sin\theta drd\theta d\varphi$ 内，电子出现的概率为

$$|\psi(r,\theta,\varphi)|^2 dV=|R|^2|\Theta|^2|\Phi|^2 r^2\sin\theta drd\theta d\varphi$$

式中，$|\Theta|^2\sin\theta d\theta$ 表示电子出现在 θ 和 $\theta+d\theta$ 之间的概率。它与 φ 角无关，因此具有对

z 轴的旋转对称性。图 17-16 中画出了 s 态、p 态和 d 态的角向概率密度分布。$|R|^2 r^2 \mathrm{d}r$ 表示电子出现在 r 和 $r+\mathrm{d}r$ 之间的概率。图 17-17 中画出了几个量子态的径向概率密度分布。

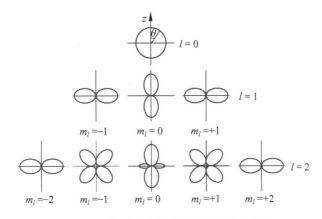

图 17-16　氢原子中电子角向概率密度分布

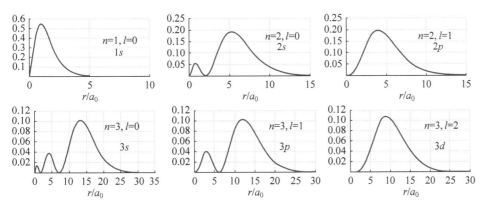

图 17-17　氢原子中电子径向概率分布

为了形象地表示电子的空间分布规律,通常将概率大的区域用浓影表示,概率小的区域用淡影表示,如同天空中的星云一样,故称为电子云图。图 17-18 给出了氢原子在一些定态下的电子云图。

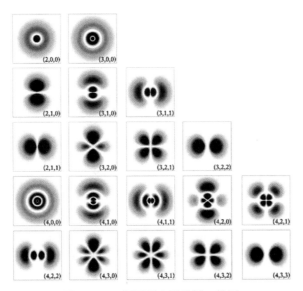

图 17-18　氢原子电子云图二维图

$(|\psi_{nlm_l}(r,\theta,\varphi)|^2$,图中数字为 n,l,m_l 的值)

例 17-5

试计算氢原子中电子在 $\psi_{n,l,m_l} = \psi_{2,1,-1}$ 态的能量 E、角动量大小 L 和角动量在 z 轴方向的分量 L_z。

解 $\psi_{n,l,m_l} = \psi_{2,1,-1}$ 对应主量子数为 $n=2$，角动量量子数为 $l=1$，磁量子数为 $m_l = -1$，则得电子的能量为

$$E_2 = -\frac{m_0 e^4}{32\pi^2 \varepsilon_0^2 \hbar^2} \frac{1}{n^2} = -\frac{m_0 e^4}{128\pi^2 \varepsilon_0^2 \hbar^2}$$

角动量大小为

$$L = \sqrt{l(l+1)}\,\hbar = \sqrt{1(1+1)}\,\hbar = \sqrt{2}\,\hbar$$

角动量在 z 轴方向的分量为

$$L_z = m_l \hbar = -\hbar$$

例 17-6

计算电子自旋角动量在外磁场中可能的取向。

解 已知自旋角动量大小为

$$S = \sqrt{s(s+1)}\,\hbar, \quad s = \frac{1}{2}$$

而自旋角动量在 z 轴方向的分量为

$$S_z = S\cos\theta = m_s \hbar, \quad m_s = \pm\frac{1}{2}$$

由此可得

$$\cos\theta = \frac{S_z}{S} = \frac{m_s}{\sqrt{s(s+1)}}$$

当 $m_s = +\frac{1}{2}$ 时，

$$\cos\theta = \frac{\frac{1}{2}}{\sqrt{\frac{1}{2}\left(\frac{1}{2}+1\right)}} = \frac{1}{\sqrt{3}}$$

即得 $\theta = 54.7°$。

当 $m_s = -\frac{1}{2}$ 时，

$$\cos\theta = \frac{-\frac{1}{2}}{\sqrt{\frac{1}{2}\left(\frac{1}{2}+1\right)}} = -\frac{1}{\sqrt{3}}$$

即得 $\theta = 125.3°$。

17.8　量子力学的哲学意义

量子力学的建立,是继相对论之后又一重大的革命性变革,给自然科学和哲学的发展都带来了深远的影响。量子力学为现代物理学提供了崭新的理论基础和思考方法,并大大促进了原子物理学、固体物理学、核物理学等学科的发展,标志着人类在认识自然的过程中由宏观世界向微观世界的飞跃。量子力学从根本上摆脱了传统理论的框架,波粒二象性、互补性、物理量不可对易性、测不准关系等都与经典观念格格不入,这种全新的关于自然界的描述方法和思维方法在科学和哲学领域都引起了巨大的反响。

首先,量子力学的出现对传统的经典物理学理论提出了巨大的挑战,它改变了人们对世界本质的理解。它揭示了微观领域的不确定关系和波粒二象性,打破了人们对物体在空间和时间中运动的传统观念。这些现象引发了哲学家们对现实的本质以及人类认识能力的思考。

其次,量子力学引发了对确定性的质疑。在经典物理学中,一切似乎都可以被精确地预测和测量,而量子力学却告诉我们,微观尺度下存在不确定性。这种不确定性挑战了以往关于自由意志和宿命论的哲学观点。量子力学认为,粒子的行为在某种程度上是随机的,无法被完全预测。这对于哲学上对自由意志和决定论的探讨提供了新的思考路径。

再次,量子力学还引发了对观察者的角色和意识的关系的思考。量子理论中存在一个被称为"观察者效应"的现象,即观察行为会改变被观察粒子的状态,会有相互作用。这意味着,观察者的存在具有重要影响力,并可能与古老的哲学问题——意识和现实的关系有关。量子力学的出现促使人们重新审视意识的本质以及我们对世界的认知方式。

从次,量子力学还在哲学上引发了对客观性的思考。在经典物理学中,客观性被视为客观现实的存在,与主观意识相对立。然而,量子力学的波粒二象性挑战了这种对立关系,揭示了观察者和被观察物体之间的相互依存关系。量子物理学认为,观察者的存在和观察行为的方式会对物体的状态造成影响。这种相互依存性使我们重新思考客观性的概念,并重新评估我们对客观现实的理解。

最后,量子力学在哲学上还提供了一种可能的解释和理解宇宙的方式。传统的哲学思考通常从经验和观察出发,试图通过逻辑和推理来解释世界。然而,量子力学的出现使得人们认识到,微观世界的现象可能远超出我们的直观感知和经验范围。量子力学发现了一个非常独特的世界,其中充满了概率、波函数和量子纠缠等概念。对宇宙的解释和理解需要加入量子力学的观点,才能更全面地认识到宇宙的奥秘。

实际上,量子力学从诞生之日起,围绕它的科学和哲学的争论就一刻也没有停止过,其中最引人注目的是爱因斯坦与以玻尔为首的哥本哈根学派之间的关于量子力学的争论。这个关于量子力学的两方论战是科学史上持续时间最久、斗争最激烈、最富有哲学意义的论战之一,它一直持续到今天。现在人们还不能做出谁是谁非的结论。因为物理学中不同哲学观点的争论不能单靠争论自身来解决,它最终要靠物理学的理论和实践的进一步发展来裁决。唯物主义者认为,事物都是运动、变化和发展的,不可能存在什么绝对真理,即便是被称为"正统解释"的哥本哈根解释也有其不完备性,而爱因斯坦、薛定谔、德布罗意等人的观点也有很多正确之处。

鉴于量子力学所取得的重大成就,我们完全有理由把量子力学的结论当作一种客观的现象。在对这些现象的观察中和思索中,我们一定会得到一些新的启示。

17-13　试分析讨论下述两种关系的相似性：波动光学与几何光学的关系及量子力学与牛顿力学的关系。

17-14　当一个粒子的受力和初始条件确定后,牛顿运动定律能给出粒子以后任一时刻的运动状态,从哪种意义说,薛定谔方程也能做到这一点？从哪种意义上说,它又不能呢？

17-15　波函数的物理意义是什么？

17-1　用辐射高温计测得炉壁小孔的辐射出射度为 22.8 W/cm^2,则炉内的温度为_____。

17-2　人体的温度以 $36.5℃$ 计算,如把人体看作黑体,则人体辐射峰值所对应的波长为_____。

17-3　已知某金属的逸出功为 A,用频率为 ν_1 的光照射该金属刚能产生光电效应,则该金属的红限频率 $\nu_0=$ _____,遏止电势差 $U_c=$ _____。

17-4　氢原子由定态 l 跃迁到定态 k 可发射一个光子,已知定态 l 的电离能为 0.85 eV,从基态使氢原子激发到定态 k 所需能量为 10.2 eV,则在上述跃迁中氢原子所发射的光子的能量为_____ eV。

17-5　一个黑体在温度为 T_1 时的辐射出射度为 10 mW/cm^2,当它的温度变为 $2T_1$ 时,其辐射出射度为[　　]。

    A. 20 mW/cm^2　　　　B. 40 mW/cm^2　　　　C. 80 mW/cm^2　　　　D. 160 mW/cm^2

17-6　量子力学中的波函数模的平方表示[　　]。

    A. 粒子出现的概率　　　　　　　　　　B. 粒子出现的概率密度

    C. 粒子在空间的位置坐标　　　　　　　D. 粒子在空间的动量密度

17-7　一个处于 $4f$ 态的电子,它的轨道角动量的大小为[　　]。

    A. $\sqrt{2}\hbar$　　　　B. $\sqrt{3}\hbar$　　　　C. $\sqrt{6}\hbar$　　　　D. $2\sqrt{3}\hbar$　　　　E. $4\sqrt{5}\hbar$

17-8　如果一个电子被限制在原子核的尺度范围内,它的动量的不确定度最接近的值是[　　]。

    A. 200 eV/c　　　　B. 200 keV/c　　　　C. 200 MeV/c　　　　D. 200 GeV/c

17-9　已知一粒子在一维矩形无限深势阱中运动,其波函数为 $\psi(x)=\dfrac{1}{\sqrt{a}}\cos\dfrac{3\pi x}{2a}(-a\leqslant x\leqslant a)$,那么粒子在 $x=\dfrac{5}{6}a$ 处出现的概率密度为[　　]。

    A. $\dfrac{1}{2a}$　　　　B. $\dfrac{1}{\sqrt{2a}}$　　　　C. $\dfrac{1}{a}$　　　　D. $\dfrac{1}{\sqrt{a}}$

17-10　原子放出 X 射线前是静止的,为了保持活动不变,当它发射 X 射线时,原子经历反冲。设原子的质量为 M,X 射线的能量为 $h\nu$,试计算原子的反冲动能。

17-11　当用钠光灯发出的波长为 589.3 nm 的黄光照射某一光电池时,需要 0.300 V 的负电势差才能遏止所有向阳极运动的光电子。如果用波长为 400 nm 的光照射这个光电池,截止电压多大？极板材料的逸出功多大？

17-12　试计算氢原子中巴耳末系的最短波长和最长波长。

17-13　原则上讲,玻尔理论也适用于太阳系:太阳相当于核,行星相当于电子,而万有引力相当于库仑力。其角动量是量子化的,即 $L=n\hbar$,而且其运动服从经典理论。

（1）求出行星绕太阳运动的允许半径的公式；

（2）太阳的质量为 2.0×10^{30} kg,地球的质量为 5.98×10^{24} kg,地球运行半径实际上是 1.50×10^{11} m,和此半径对应的量子数 n 多大？

（3）地球实际的轨道和它的下一个较大的可能轨道的半径差值是多少？

17-14　一个调频广播电台的播出频率为 98.1 MHz,天线的辐射功率为 5.0×10^4 W,求天线每秒钟辐射的光子数。

17-15　计算动能为 300 eV 的电子的德布罗意波长。

17-16　求波长为 450 nm 的单色光子的能量和动量。

17-17　对于质量为 0.01 kg 的子弹和质量为 9.11×10^{-31} kg 的电子,它们的运动速度都为 1 000 m/s,若速度的不确定度为其运动速度的 1%,求它们位置的不确定度。它们能否用经典力学理论处理?

17-18　一个质量为 m 的粒子在边长为 a 的正立方盒子内运动,计算它的最小可能能量(零点能)。

17-19　如图 17-19 所示,电视机显像管中电子的加速电压为 9 kV,电子枪枪口的直径取 0.5 mm,枪口离荧光屏的距离为 0.3 m,求荧光屏上一个电子形成的艾里斑的直径。

17-20　物理学家在微观领域发现了"电子偶数"这一现象。所谓"电子偶数",就是由一个负电子和一个正电子绕它们的质心旋转形成的相对稳定的系统。已知正负电子的质量均为 m,电量大小均为 e,普朗克常量为 h,静电力恒量为 k。(1)用玻尔模型推算"电子偶数"的基态半径;(2)求赖曼系产生光子的最高频率。

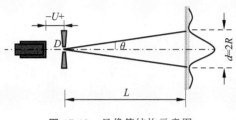

图 17-19　显像管结构示意图

17-21　求下列波函数的归一化常数和概率密度。

$$\psi(x) = \begin{cases} 0, & x \leqslant 0, x \geqslant a \\ A e^{-\frac{i}{\hbar}Et} \sin \frac{\pi}{a}x, & 0 < x < a \end{cases}$$

17-22　有一微观粒子,沿 x 方向运动,其波函数为 $\psi(x) = \dfrac{A}{1+ix}(-\infty < x < +\infty, A$ 为正常数)。(1)将此波函数归一化;(2)求粒子的概率密度函数;(3)求粒子出现概率最大的位置。

17-23　一质量为 M、能量为 E 的粒子在一维势场 $U(x)$ 中的波函数为 $\psi(x) = A e^{-\frac{b^2x^2}{2}}$,式中 A 和 b 为实常量。如果当 $x=0$ 时,势场 $U(x)=0$。计算粒子的能量 E 和势场 $U(x)$。

第18章

物理学进展与应用

有关物理学的进展与应用很多,在此我们不可能,也没有能力对浩瀚的物理学的方方面面的进展和应用作介绍,本章仅就当代物理学的一些典型而重要的进展和应用作简要的介绍,从中窥见物理学与现代科学技术、工程技术和人类文明进步的关系。

18.1 耗散结构

18.1.1 宇宙正在走向死亡吗?

热力学第二定律指出,自然界的一切实际过程都是不可逆的。从能量上说,一个不可逆过程虽然不"消灭"能量,但总要或多或少地使一部分能量不能转化成有用功了。这种现象叫作能量的退降或能量的耗散。从微观上说,过程的不可逆性表现为:在孤立系统中的各种自发过程总是要使系统的分子(或其他的单元)的运动从某种有序的状态向无序的状态转化,最后达到最无序的平衡态而保持稳定。这就是说,在孤立系统中,即使初始存在着某种有序或者某种差别(非平衡态),随着时间的推移,由于不可逆过程的进行,这种有序将被破坏,任何的差别将逐渐消失,有序状态将转变为最无序的状态(平衡态);而热力学第二定律又保证了这最无序的状态的稳定性,它再也不能转变为有序的状态了。

如果把上述结论推广到整个宇宙,则可得出这样的结论:整个宇宙的发展最终走向一个除分子热运动以外没有任何宏观差别和宏观运动的死寂状态。这意味着宇宙的死亡和毁灭,因此,有人认为热力学第二定律在哲学上预示了一幅平淡的、无差别的、死气沉沉的宇宙图像。这种"热寂说"是错误的。有一种观点认为宇宙是无限的,不能当成一个孤立系统看待,因此不能将上面关于孤立系统演变的规律套用于整个宇宙。实际上我们现今看到的宇宙万物,以及迄今所知的宇宙发展确实是充满了由无序向有序的发展与变化,在我们面前完全是一幅丰富多彩、千差万别、生气勃勃的图像。

18.1.2 生命过程的自组织现象

生物界的有序是很明显的,各种生物都是由各种细胞按精确的规律组成的高度有序的机构。例如,人的大脑就是由多达 150 亿个神经细胞组成的一个极精密、极有序的器官。每个生物细胞中也有非常奇特的有序结构。现代分子生物学已证实,在一个细胞中至少含有一个 DNA(脱氧核糖核酸)或它的近亲 RNA(核糖核酸)这样的长链分子。一个 DNA 分子可能由 $10^8 \sim 10^{10}$ 个原子组成。这些原子构成 4 种不同的核苷酸碱基,分别称为腺嘌呤(A)、胸腺嘧啶(T)、鸟嘌呤(G)和胞嘧啶(C)。在一个分子中这 4 种碱基都与糖基 S 相连,而 S 又与磷酸基 P 交替结合组成长链,每个 DNA 分子有两个这样的长链,它们靠 A 和 T 以及 C 和 G 间的氢键结合在一起而且绕成螺旋状,如图 18-1 所示。按各种有机体的不同,长链中的 A-T 对和 C-G 对可以多至 $10^6 \sim 10^9$ 个,它们都按一定严格的次序排列着。一个生物体的全部遗传信息都编码在这些核苷酸碱基排列的次序中,这是多么神奇有序的结构啊! 而这种结构竟源于生物的食物中那些混乱无序的原子。

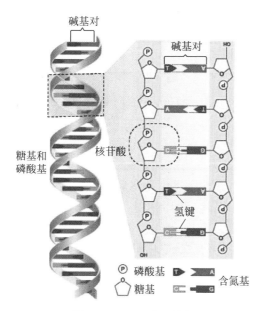

图 18-1　DNA 分子结构

　　以上是生物体中空间有序现象的例子,实际上,生命过程从分子、细胞到有机个体和群体的不同水平上还呈现出时间有序的特征。这表现为随时间作周期性变化的振荡行为。例如,在分子水平上,现在已经肯定新陈代谢过程中的糖酵解反应有振荡现象。在这种反应中,葡萄糖转化为乳酸。这种反应是一种为生命提供能量的过程,它涉及十几种中间产物和生物催化剂——酶。实验发现,在某些条件下,所有中间产物(以及某些酶)的浓度会随时间振荡,振荡周期一般在分钟的量级,据研究这种振荡可提高能量的利用率。“日出而作,日落而息”可以说是生物体的振荡行为,这种行为在有些生物体中表现为生物钟的有节奏的变化。生物群体也存在振荡行为。例如,我国长江中特有的中华鲟总是每年秋季上溯长江到宜宾江段产卵,产后待幼鱼长大到 15 cm 左右又返回长江下游生活;在我国渤海、黄海沿岸,虾也有每年按季的巡游;在我国北方,各种候鸟的冬去春来也是生物群体的时间有序现象。

　　以上是生命过程中有序现象的例子。如果考虑生物体的生长和物种的进化,更加明显地看到从无序到有序的发展。一个生物个体的生长发育,都是从少数细胞开始的,由此发展成各种复杂有序的器官,而所有细胞都是由很多原来无序的原子组成的。在物种起源上,人尽皆知的达尔文的“生物进化论”指出,在地球上各种各样的生物都是经过漫长的年代由简单到复杂、由低级到高级或者说由较为有序向更加有序、精确有序发展而形成的。这种发展还可以延伸到人类社会的进化,人类社会也是逐渐由低级向高级、向更加完善、更加有序的阶段发展的。这是一幅与有些物理学家所描绘的自然发展图像完全不同的另一种自然发展图像。

一个系统的内部在由无序变为有序的过程中会使其中大量分子按一定的规律运动，这种现象叫作自组织现象。生命过程实际上就是生物体持续进行的自组织过程。这一过程是系统内不平衡的表现，而且不会达到平衡。一旦达到平衡而有序状态消失时，生命也就终止了。

长期以来，物理学家、化学家和生物学家、社会学家形成了两种关于发展的截然不同的观点。但是他们和平共处，各自立论。之所以能如此，是因为他们认为生命现象以及社会现象和非生命现象是由不同规律支配的，它们之间隔着一条不可逾越的鸿沟。但是现代科学的研究使人们认识到事实并非如此，人们发现，即使在无生命的世界里也大量地存在着无序到有序的自组织现象。

18.1.3　无生命世界的自组织现象

在地球上，我们常常观察到天空中的云有时会形成整齐的鱼鳞状或带状；在高空水汽凝结会形成非常有规则的六角形雪花；由火山岩浆形成的花岗岩石中，有时会发现非常有规则的环状或带状结构。这些都是大自然中产生空间有序的自组织现象的例子。就天体来讲，太阳系也是一个空间有序的结构，所有行星都大致在同一平面内运行并且以同一方向绕着太阳旋转。中子星以极其准确的周期自转。这些从宇宙发展上看也都经历了自组织过程。

在实验室中也发现了自组织过程，例如在化学实验中发现了空间有序的利色根现象，它是利色根在 20 世纪发现的。将碘化钾溶液加到含有硝酸银的胶体介质中，如在一根细管中做实验就发现会形成一条条间隔有规律的沉淀带，如在一个浅盘中做实验，则发现会形成一圈圈间隔有规律的沉淀环。时间有序的实验是所谓 B-Z 反应，它是苏联化学家别洛索夫和扎鲍廷斯基于 1958 年及以后发现的。在一个装有搅拌器的烧杯中，首先将 4.292 g 丙二酸和 0.175 g 硝酸铈铵溶于 150 mL，浓度为 1 mol/L 的硫酸中，开始溶液呈黄色，几分钟后变清，这时再加入 1.415 g 溴酸钠，溶液的颜色就会在黄色和无色之间振荡，振荡周期约为 1 min。如果另外加入几毫升浓度为 0.025 mol/L 的试亚铁灵试剂，则溶液的颜色会在红色和蓝色之间振荡。颜色的变化表示离子浓度的变化。

贝纳特于 1900 年发现的对流有序现象是一个空间有序的自组织现象，他在一个盘子中倒入一些液体，当从下面加热这一薄层液体时，刚开始温度梯度不太大，流体中只有热传导，未见有显见的扰动。但当流体中温度梯度超过某一临界值时，原来静止的液体中会突然出现许多规则的六角形对流格子，它的花样像蜂房那样，此时液体内部的运动转向宏观有序化。

时间有序的物理自组织现象最突出的是 20 世纪 60 年代出现的激光。激光器工作时，需要向它输入功率。实验表明，当输入功率小于某一临界值时，激光器就像普通灯泡一样，发光物质的各原子接受能量后各自独立地发光，每次发光持续 10^{-8} s 的时间，所发波列的长度只有约 3 m，而且各原子发光没有任何的联系。当输入功率大于临界值时，就产生了一种全新的现象，各原子不再独立地互不相关地发射光波，它们集体一致地行动，发出频率、振动方向都相同的"相干光波"，这种光波的波列长度可达 3×10^5 km。这就是激光。发射激光时，发光物质的原子处于一种非常有序的状态，它们不断地进行着自组织过程。

正是无生命世界和有生命世界同有自组织现象的事实，促使人们想到这两个世界在这方面可能遵循相同的规律,也激发人们去创立有关的理论。实际上,也正是在研究激光发射过程的基础上,把它和生物过程等加以类比时,哈肯创立了协同论(1976 年)。普里戈金(L. Prigogine,1917—2003,比利时)的耗散结构(dissipation structure)理论也是在把物理和生物过程结合起来研究时提出来的(1967 年)。

普里戈金

怎样用物理学的理论来说明自组织现象呢? 耗散结构理论和协同论采用不同的方法已得出了很多有价值的结果,前者着重用热力学方法进行分析,后者着重于统计原理的应用。下面我们简单地介绍它们的一些结果。

18.1.4　开放系统的熵变

根据熵增加原理,不管孤立系统最初处于什么状态,其内的自发变化总是要使系统达到一个使系统的熵为最大值的状态,这是一个宏观上平衡的状态。如果由于某种扰动,系统偏离了平衡态,这一状态的熵要比原平衡态的小。熵增加原理要使系统回到原来的平衡态去。因此,熵最大的平衡态是稳定的状态,熵最大意味着最无序,因此孤立系统不可能自发地由无序转化为有序的稳定状态。

以上熵增加的规律只是对孤立系统来说的,这种系统是和外界环境无任何联系的系统。实际上遇到的发生自组织现象的系统,都不是孤立系统。例如,在液体薄层中的对流花纹是在外界供给液体热量的条件下发生的。发光物质发出激光也是在外界向它输入能量的情况下才可能进行的。这种和外界只有能量交换的系统叫作封闭系统。连续流动的化学反应器中反应的进行,不但要求反应器内外有能量的交换,而且要求不断地交换物质,即输入反应物,输出产物。生物体更是这样,它只有在不断地和外界交换能量和物质的条件下才能维持其生存。这种和外界既有能量交换也有物质交换的系统叫作开放系统。自组织现象都是在非孤立的、封闭的或开放的系统中进行的。

封闭系统或开放系统也能达到平衡态。一旦达到平衡态,系统和外界就不再有能量和物质的交换,而且系统内部也不再有任何的宏观过程。对生物体来说,如前所述,这就意味着死亡。生物体或其他的非孤立系统在其发展的某一阶段可能达到一个非平衡的,但其宏观性质也不随时间改变的状态。在这一状态下,系统和外界仍进行着能量和物质的交换,而且内部也不停地进行着宏观的自发的不可逆过程,如传热、发光、扩散以及生物的新陈代谢过程。这种稳定的非平衡态叫作定态。在自组织现象的研究中,对非孤立系统的非平衡定态的研究,更引起人们的注意。

对于非孤立系统,熵的变化可以分为两部分。一部分是由于系统内部的不可逆过程引起的,叫作熵产生,用 $\mathrm{d}S_i$ 表示。另一部分是由于系统和外界交换能量或物质而引起的,叫作熵流,用 $\mathrm{d}S_e$ 表示。整个系统的熵的变化就是

$$\mathrm{d}S = \mathrm{d}S_i + \mathrm{d}S_e$$

一个系统的熵产生不可能是负的,即总有

$$\mathrm{d}S_i \geqslant 0$$

对于孤立系统,由于 $\mathrm{d}S_e = 0$,所以

$$\mathrm{d}S = \mathrm{d}S_i > 0 \tag{18-1}$$

这就是熵增加原理的表达式。

但对于非孤立系统,视外界的作用不同,熵流 $\mathrm{d}S_e$ 可以有不同的符号。如果 $\mathrm{d}S_e < 0$ 且 $|\mathrm{d}S_e| > \mathrm{d}S_i$,就会有

$$\mathrm{d}S = \mathrm{d}S_i + \mathrm{d}S_e < 0 \tag{18-2}$$

这表示经过这样的过程,系统的熵会减小,系统就由原来的状态进入更加有序的状态。这就是说,对于一个封闭系统或开放系统存在着由无序向有序转化的可能。

18.1.5 偏离平衡的系统

为了找出从无序向有序转化的规律,就需要研究系统离开平衡态时的行为。热力学的这一分支称为非平衡态热力学或不可逆过程热力学。与此相比,已经研究得相当成熟的经典热力学叫作平衡态热力学或可逆过程热力学。系统偏离平衡态是在外界影响下发生的。当外界的影响(如产生的温度梯度或密度梯度)不大,以致在系统内引起的不可逆响应(如产生的热流或物质流)也不大,而可以认为二者间只有简单的线性关系时,系统对平衡态的偏离很小。以这种情况为研究对象的热力学叫作线性非平衡态热力学。这是热力学发展的第二阶段,目前已经有了比较成熟的理论。

线性非平衡态热力学的一个重要原理是普里戈金于 1945 年提出的最小熵产生原理。按照这一原理,在接近平衡态的条件下,和外界强加的限制(控制条件)相适应的非平衡定态的熵产生具有最小值。以 S 表示系统内部由于不可逆过程引起的熵产生,则此原理给出在偏离平衡态很小时,系统中的不可逆过程要使得

$$S > 0$$

即熵要增加而且

$$\mathrm{d}S/\mathrm{d}t \leqslant 0$$

这说明熵产生总要减小,因而在到达一个定态时,S 为最小。

最小熵产生原理反映非平衡态在能量耗散上的一种“惯性”行为:当外界迫使系统离开平衡态时,系统中要进行不可逆过程因而引起能量的耗散。但在这种条件下,系统将总是选择一个能量耗散最小,即熵产生最小的状态。平衡态是这种定态的一个特例,此时的熵产生为零,因为熵已达到极大值而不能再增大了。

由最小熵产生原理可知,靠近平衡态的非平衡定态也是稳定的。因为如果有任何扰动,系统的熵增加必然要大于该定态的熵增加。根据最小熵增加原理,系统还是要回到该定态的。由于平衡态附近的非平衡定态可以看作是从平衡态在外界条件改变时逐渐过渡过来的,系统仍将保持均匀的无序态而不会自发地形成时空有序结构,并且即使最初对系统强加一有序结构,随着时间的推移,系统也会发展到一个无序的定态,任何有序结构最终仍将消失。换句话说,在偏离平衡态比较小的线性区,自发过程仍是趋于破坏任何有序而增加无序,自组织现象也不可能发生。

研究表明,要产生自组织现象,必须使系统处于远离平衡的状态。

18.1.6 远离平衡的系统

所谓远离平衡的状态,是指当外界对系统的影响过于强烈以致它在系统内部引起的响应和它不成线性关系时的状态。研究这种情况下系统的行为的热力学叫作非线性非平衡态热力学。这是一门到目前为止还不很成熟的学科,可以说是热力学发展的第三阶段。它的理论指出,当系统远离平衡时,它们可以发展到某个不随时间改变的定态。但是这时系统的熵不再具有极值行为,最小熵产生原理也不再有效。系统的稳定性不能再根据它们来判断,而且一般地说,远离平衡的定态不再能用熵这样的状态函数来描述。因此这时过程发展的方向不能依靠纯粹的热力学方法来确定,必须同时研究系统的动力学的详细行为,这样的研究给出的结果如图 18-2 所示。图中横坐标 λ 表示外界对系统

的控制参数,它的大小表示外界对系统影响的程度和系统偏离平衡态的程度;纵坐标 X 表示表征系统定态的某个参数,不同的 X 值表示不同的定态。与 λ_0 对应的定态 X_0 表示平衡态,随着 λ 偏离 λ_0,X 也就偏离平衡态,但在 λ 较小时,系统的状态很类似于平衡态而且具有稳定性。图 18-2 表示这种定态的点形成线段(a),这是平衡态的延伸,因此这一段叫作热力学分支。当 $\lambda \geqslant \lambda_0$ 时,例如在贝纳特流体加热实验中,流体的温度梯度超过某定值或激光器的输入功率超过某一定值时,曲线段(a)的延续(b)上各非平衡定态变得不稳定,一个很小的扰动就可引起系统的突变,从而离开热力学分支而跃迁到另外两个稳定的分支(c)或(c′)上。这两个分支上的每一个点可能对应于某种时空有序状态。由于这种有序状态是在系统离开平衡状态足够远或者说在不可逆的耗散过程足够强烈的情况下出现的,所以这种状态被普里戈金叫作耗散结构。分支(c)或(c′)就叫作耗散结构分支。在 $\lambda = \lambda_c$ 处热力学分支开始分岔(分岔的数目和行为取决于系统的动力学性质),这种现象叫分岔现象或分支现象。在分支以前,系统的状态保持空间均匀性和时间不变性,因而具有高度的时空对称性。超过分支点后,耗散结构对应于某种时空有序状态,就破坏了系统原来的对称性。因此这类现象也常常叫作对称性破缺不稳定性现象。

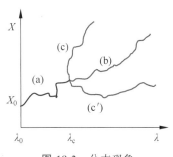

图 18-2　分支现象

非平衡态热力学关于分支现象的理论表明它并没有抛弃经典热力学的基本理论,例如热力学第二定律,而是给以新的解释和重要补充,从而使人们对自然界的发展过程有一个比较全面的认识:在平衡态附近,发展过程主要表现为趋向平衡态或与平衡态有类似行为的非平衡定态,并总是伴随着无序的增加与宏观结构的破坏。而在远离平衡的条件下,非平衡定态可以变得不稳定,发展过程可能发生突变,因而导致宏观结构的形成和宏观有序的增加。这种认识不仅为弄清物理学和化学中各种有序现象的起因指明了方向,也为阐明生命的起源、生物进化以致宇宙发展等复杂问题提供了有益的启示,更有助于人们对宏观过程不可逆性的本质及其作用的认识。

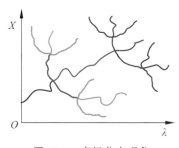

图 18-3　高级分支现象

更有趣的是,分支理论指出,随着控制参数进一步改变,各稳定分支又会变得不稳定而导致所谓二级分支或高级分支现象(图 18-3)。高级分支现象说明系统在远离平衡态时,可以有多种可能的有序结构因而使系统可以表现出复杂的时空行为。这可以用来说明生物系统的多种复杂行为。在系统偏离平衡态足够远时,分支越来越多。系统就具有越来越多的相互不同的可能的耗散结构,系统处于哪种结构完全是随机的,因而体系的瞬时状态不可预测。这时系统又进入一种无序态,叫作混沌状态,它和热力学平衡的无序态的不同在于,这种无序的空间和时间的尺度是宏观的量级,而在热力学平衡的无序中,空间和时间的特征大小是分子的特征量级。从这种观点看,生命是存在于这两种无序之间的一种有序,它必须处于非平衡的条件下,但又不能过于远离平衡,否则混沌无序态的出现将完全破坏生物的有序。

对混沌现象的研究也是引人入胜的,近年来这方面也取得了令人鼓舞的进展。人们不仅在理论上发现了一些有关发生分支现象和混沌现象的普遍规律,并且已在自然界中和实验室内(包括流体力学、化学、生物学、电学以及大气科学和天体物理等领域)观测到了混沌现象。弄清这些现象的起因和规律,对于认识我们赖以生存的这个无序而又有序的世界无疑是重要的。

在系统内部,究竟是什么因素导致定态的不稳定而发生分支的呢? 这涉及涨落的作用。

18.1.7 从涨落到有序

无论是平衡态还是非平衡定态都是系统在宏观上不随时间改变的状态,实际上由于组成系统的分子仍在不停地做无规则运动,因此系统的状态在局部上经常与宏观平均态有暂时的偏离。这种自发产生的微小偏离称为涨落。另外宏观系统所受的外界条件也或多或少地总有一些变动。因此,宏观系统的宏观状态总是不停地受到各种各样的扰动,远离平衡态的系统的定态的不稳定以致发展到耗散结构的出现就植根于这种涨落,普里戈金把这个过程叫作"通过涨落达到有序"。

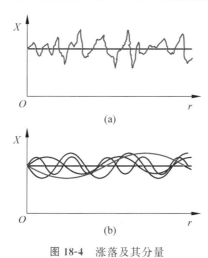

图 18-4 涨落及其分量

普里戈金的意思大致如下: 设某系统的宏观均匀状态用图 18-4(a)中的平直线表示(该图的横坐标表示空间位置,纵坐标表示系统的某一参量如温度或浓度),某时刻系统中各处的实际情况由于涨落而如无规则曲线所示。这一无规则曲线可以认为(按傅里叶分析)由许多规则的正弦曲线叠加而成(图 18-4(b))。这些有规则的正弦变化叫作涨落分量,它们在宏观上都观察不到,系统表现为宏观均匀态,随着控制条件的改变,有的涨落分量随时间很快地衰减掉了,有的涨落分量却会随时间推移不断增大以致其振幅终于达到宏观尺度而使系统进入一种宏观有序状态,这样,就形成了耗散结构。普里戈金把在开放和远离平衡的条件下,在与外界环境交换物质和能量的过程中,通过能量耗散过程和内部的非线性动力学机制来形成和维持的宏观时空有序结构称为耗散结构。

哈肯的协同论对涨落产生有序的说明可能更具有启发性。哈肯认为:分子(或子系统)之间的相互作用或关联引起的协同作用使得系统从无序转化为有序。一般来讲,系统中各个分子的运动状态由分子的热运动(或子系统的各自独立的运动)和分子间的关联引起的协同运动共同决定。当分子间的关联能量小于独立运动能量时,分子独立运动占主导地位,系统就处于无序状态(如气体);当分子间的关联能量大于分子的运动能量时,分子的独立运动就受到约束,它要服从由关联形成的协同运动,于是系统就显现出有序的特征。涨落是系统中各局部内分子间相互耦合变化的反映。系统在偏离平衡态较小的状态时,独立运动和协同运动能量的相对大小未发生明显的变化,涨落相对较小。在控制参数变化时,这两种运动的能量的相对大小也在变化,当控制参数达到临界值 λ_c 时,这两种运动能量的相对地位几乎处在均势状态,因此局部分子间可能的各种耦合相当活跃,使得涨落变大。每个涨落都具有特定的内容,代表着一种结构或组织的"胚芽状态"。涨落的出现是偶然的,但只有适应系统动力学性质的那些涨落才能得到系统中绝大部分分子的响应而波及整个系统,将系统推进到一种新的有序的结构——耗散结构。

18.2　左手介质

18.2.1　左手介质的理论基础

介质的电容率 ε 和磁导率 μ 是决定电磁波在介质中传播性质的两个重要参数。根据麦克斯韦方程组

$$\nabla \times \boldsymbol{E} = -\frac{\partial \boldsymbol{B}}{\partial t}, \quad \nabla \times \boldsymbol{H} = \frac{\partial \boldsymbol{D}}{\partial t} \tag{18-3}$$

及其介质的本构关系：

$$\boldsymbol{D} = \varepsilon \boldsymbol{E}, \quad \boldsymbol{B} = \mu \boldsymbol{H} \tag{18-4}$$

可推出正弦时变电磁场的波动方程（即亥姆霍兹方程）为

$$\nabla^2 \boldsymbol{E} + k^2 \boldsymbol{E} = 0 \tag{18-5}$$

$$\nabla^2 \boldsymbol{H} + k^2 \boldsymbol{H} = 0 \tag{18-6}$$

这是一波动方程。其中 $k^2 = \omega^2 \varepsilon \mu = \omega^2 \varepsilon_0 \mu_0 \varepsilon_r \mu_r$，$\varepsilon_r$ 和 μ_r 分别是介质的相对电容率和相对磁导率，ε_0 和 μ_0 分别是真空中的电容率和真空中的磁导率。

对于 ε 和 μ 都为正数的普通介质，$k^2 = \omega^2 \varepsilon \mu > 0$，方程(18-5)和方程(18-6)有波动形式的解，电磁波能在其中传播，电磁波的传播速度为

$$v = \frac{1}{\sqrt{\varepsilon \mu}} = \frac{1}{\sqrt{\varepsilon_0 \mu_0 \varepsilon_r \mu_r}} = \frac{c}{n}$$

其中，c 为真空中的光速；$n = \sqrt{\varepsilon_r \mu_r}$ 为介质的折射率，n 取正数。

对于无损耗、各向同性、空间均匀分布介质，由麦克斯韦方程组和介质的本构关系可得到

$$\boldsymbol{k} \times \boldsymbol{E} = \omega \mu \boldsymbol{H} \tag{18-7}$$

$$\boldsymbol{k} \times \boldsymbol{H} = -\omega \varepsilon \boldsymbol{E} \tag{18-8}$$

$$\boldsymbol{k} \cdot \boldsymbol{E} = 0 \tag{18-9}$$

$$\boldsymbol{k} \cdot \boldsymbol{H} = 0 \tag{18-10}$$

对于普通介质($\varepsilon > 0, \mu > 0$)，电场强度 $\boldsymbol{E}$、磁场强度 $\boldsymbol{H}$ 和波矢量 $\boldsymbol{k}$ 之间满足右手螺旋关系，如图 18-5 所示。这样的介质称为右手介质(right-handed material，简称 RHM)。

如果介质的 ε 和 μ 中一个为正而另一个为负，则 $k^2 = \omega^2 \varepsilon \mu < 0$，$k$ 无实数解，即方程(18-5)和方程(18-6)无波动形式的解，电磁波不能在其中传播，电磁波表现为倏逝波状态，它将随着距离的变大而衰减得很快，不能继续向前传播。

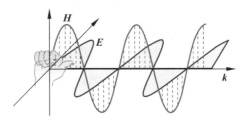

图 18-5　电磁波在右手介质中传播

如果介质的 ε 和 μ 都小于零，即 $\varepsilon_r < 0, \mu_r < 0$，则此时仍能满足 $k^2 = \omega^2 \varepsilon \mu > 0$，$k$ 有实数解，折射率 n 取负值，此时方程(18-5)和方程(18-6)仍有波动解，电磁波仍能在其中传播，这并不违反麦克斯韦方程组。但从式(18-7)～式(18-10)可以看出，对于这种介质，$\boldsymbol{E}$、$\boldsymbol{H}$、$\boldsymbol{k}$ 之间不再满足右手螺旋关系而是满足左手螺旋关系，即介质波矢量 $\boldsymbol{k}$ 的方向不是

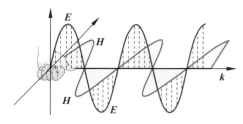

图 18-6 电磁波在右手介质中传波

$E \times H$ 的方向,而是 $H \times E$ 的方向,如图 18-6 所示,相速大小仍是 $v = \dfrac{1}{\sqrt{\varepsilon\mu}} = \dfrac{1}{\sqrt{\varepsilon_0\mu_0\varepsilon_r\mu_r}} = \dfrac{c}{n}$,但方向与在右手介质中相反,所有与相速相关的现象均表现出相反性质。这种介质称为左手介质(left-handed material,简称 LHM)。

18.2.2 左手介质的人工实现和实验验证

有关左手介质,早在 1968 年,苏联物理学家韦谢拉戈(V. Veselago)就对它做了初步的理论研究,首次从理论上指出这种介质存在的可能性,并发现它有一些奇异的性质,由于在自然界中不存在这种介质,也没人能进行人工的构造或合成,所以他的论文没有引起太多人的注意。

直到 1999 年,英国帝国理工大学的彭德里(J. B. Pendry)等提出利用开口环共振器(split ring resonator,SRR)可以制作出在某一频率区间满足 $\mu < 0$ 的材料,而且将这种材料与电容率 $\varepsilon < 0$ 的物质(比如金属线阵列)组合起来可以在微波波段实现制造出左手介质的可能性,人们才对这种介质投入了更多的兴趣。2000 年,加州大学圣地亚哥分校的史密斯(D. R. Smith)等物理学家根据彭德里等的理论模型,利用以铜为主的复合材料首次制造出在微波波段具有负电容率、负磁导率的人造介质——左手介质(图 18-7)。他们对制成的左手介质进行测量,发现当电磁波的频率在 5 GHz 附近时,电容率和磁导率都为负,如图 18-8 所示,图中虚线表示电容率,实线表示磁导率。2001 年,史密斯等又成功制作出 X 波段等效电容率和等效磁导率同时为负的左手材料,并通过实验证实了电磁波斜入射到左手介质和普通介质的分界面时,折射波的方向与入射波的方向处在分界面的同侧,首次从实验上证实了左手介质的存在。

图 18-7 一维左手介质样品

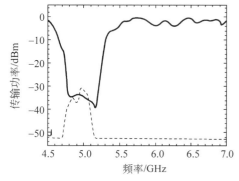

图 18-8 左手介质实验结果

自 2001 年史密斯等证明了左手介质的存在后,左手介质迅速成为物理学界和电磁学界研究的热点之一。国内外学术界关于左手介质问题的理论和实验研究十分活跃、深入,一些争论已经结束,在理论研究、材料的设计与制造以及应用方面已取了许多研究成果。

18.2.3 左手介质的奇异特性

左手介质有很多奇异的特性,如负折射特性。我们知道,电磁波在通过两个普通介

质的界面发生反射和折射时遵从斯涅耳定律,即反射和折射定律,其数学表达式可分别写为

$$\theta_r = \theta_i \text{(反射定律)}$$

$$n_1 \sin\theta_i = n_2 \sin\theta_t \text{(折射定律)}$$

由于左手介质的负折射特性,斯涅耳折射定律要作稍微修正,才能满足左手介质和普通介质的分界处入射波和透射波的关系,根据电磁场的边界条件,可推得对任意两种介质交界处的斯涅耳折射定律的通用表达式为

$$s_1 \mid n_1 \mid \sin\theta_i = s_2 \mid n_2 \mid \sin\theta_t \tag{18-11}$$

式中,s_i($i=1,2$)为"手性"符号。若介质是右手介质,$s_i=1$,若介质是左手介质,$s_i=-1$。由此可见,当两种介质都是左手介质时,电磁波在界面上的折射和两种介质都是右手介质的情况一样,而当一种介质是右手介质,另一种介质是左手介质时,则出现负折射率现象,如图 18-9 所示。

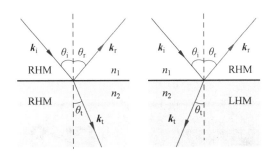

图 18-9　电磁波在介质界面上的反射和折射

若光源发出角频率为 ω_0 的光,而接收器以速度 v 接近波源时,在一般介质中接收器所接收到的电磁波的频率将比 ω_0 高,这种效应叫作多普勒效应。若光源同样发出频率为 ω_0 的光,而接收器同样以速度 v 接近波源时,但在左手介质中接收器所接收到的电磁波频率将比 ω_0 低,这就是逆多普勒效应。

在左手介质中除了具有上述的负折射效应和逆多普勒效应外,还有逆切仑科夫辐射效应、逆古斯-汉森位移效应等。

18.2.4 左手介质的应用前景

由于左手介质具有独特的性质,因此它具有广泛的应用。在光学领域,利用它有望制造出具有超高分辨率的扁平光学透镜,该透镜的分辨率比常规光学透镜高几百倍;利用它也有望解决高密度近场光学存储遇到的光学分辨率极限问题,可能制造出存储容量比现有的 DVD 高几个数量级的新型光学存储系统;利用它也可制造出价格便宜且性能好的磁共振成像设备。在通信领域,利用它可以制造漏波天线,进行向前或向后的扫描,突破了传统的天线在波束扫描上的缺陷,实现了天线波束汇聚;利用它还能制造后向波天线;此外,大量的研究者正在探索如何借助左手材料来提高微波设备、无线通信设备、微电子设备和光学设备的性能。总之,左手介质将推动光电子集成、光通信、微波通信、声学以及国防等领域的科技进步、高新技术突破和新兴产业的诞生。当然,目前对左手材料的研究才刚起步,其产品研究还只能在实验室中进行,其性能距实用的需要还有很大差距,但随着科学技术的发展,特别是纳米技术的完善,左手材料必将得到广泛的应用。

18.3 扫描隧道显微镜与量子围栏

18.3.1 扫描隧道显微镜

格尔德·宾宁

恩斯特·鲁斯卡

1981 年,美国国际商用机器公司(IBM)的格尔德·宾宁(G. Binning,1947— ,德国)和海因里希·罗赫尔(H. Rohrer,1933—2013,瑞士)研制出一种利用量子理论中的隧道效应探测物质表面结构的仪器,叫作扫描隧道显微镜(scanning tunneling microscope,STM)。STM 是世界上第一台具有原子分辨率的显微镜,其外形如图 18-10 所示。它具有惊人的分辨本领,其水平分辨率小于 0.1 nm、垂直分辨率小于 0.001 nm。1982 年,宾宁发表的 Si(111)7×7 表面的原子分布图像是人类首次看到的原子分布图(图 18-11),从而揭开了原子尺度微观世界的神秘面纱。导电物质表面结构的原子、分子状态在 STM 下清晰可见,因而 STM 成为研究表面物理和材料科学、生命科学等领域的重要工具,被国际科学界公认为 20 世纪 80 年代世界十大科技成果之一。由于这一卓越贡献,宾宁和罗赫尔以及电子显微镜的发明者恩斯特·鲁斯卡(E. A. F. Ruska,1906—1988,德国)共同获得了 1986 年度的诺贝尔物理学奖。

图 18-10 扫描隧道显微镜

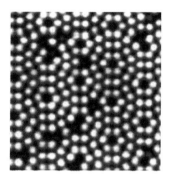

图 18-11 硅表面原子分布

18.3.2 扫描隧道显微镜的工作原理

经典物理理论表明,微观粒子不能越过比它自身能量高的势垒,就好像有一座环形山从外部将它们包围住一样,粒子的能量没有达到使它们可以越过这座山而跑到外边去。但量子力学认为,由于微观粒子具有波动性,当一粒子进入一势垒中,势垒的高度 Φ_0 比粒子能量 E 大时,粒子穿过势垒出现在势垒另一边的概率 $P(z)$ 并不为零(见图 18-12),即粒子在偶然间可以不从山的上面越过去,而是从穿过山的一条隧道中通过,人们称这种现象为隧道效应。

隧道效应

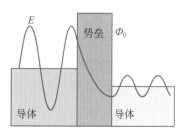

图 18-12 隧道效应示意图

若以针尖为一电极,被测固体表面为另一电极,当它们之间的距离小到纳米数量级时,探针金属原子的电子云和样品的电子云会发生重叠。若在两极间加上电压 U,在电场作用下,电子就会穿过两个电极之间的势垒,通过电子云的狭窄通道流动,从一极流向另一极,形成隧道电流 I。隧道电流 I 的大小与针尖和样品间的距离 s 以及样品表面平均势垒的高度 Φ_0 有关,其

关系为 $I \propto Ue^{-A\sqrt{\Phi_0}s}$,式中 A 为常量。如果 s 以 10^{-1} nm 为单位,Φ_0 以 eV 为单位,则在真空条件下,$A \approx 1, I \propto Ue^{-\sqrt{\Phi_0}s}$。当针尖在被测表面上方做平面扫描时,即使表面仅有原子尺度的起伏,电流却有成十倍的变化,这样就可用现代电子技术测出电流的变化,它反映了表面的起伏。当样品表面起伏较大时,由于针尖离样品仅纳米高度,扫描会使针尖撞击样品表面造成针尖损坏,此时可将针尖安放在压电陶瓷上,通过控制压电陶瓷上的电压,使针尖在扫描中随表面起伏上下移动,在扫描过程中保持隧道电流不变(即间距不变),压电陶瓷上的电压变化即反映了表面的起伏,这种运行模式称为恒电流模式,目前 STM 大都采用这种工作模式。如果样品表面的起伏不大,还可以使探针在垂直方向上位置固定,通过扫描隧道的电流变化信号来成像,这种工作方式称为恒高模式。图 18-13 是 STM 构造的原理图。

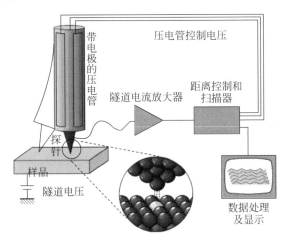

图 18-13　扫描隧道显微镜构造原理图

18.3.3　量子围栏

1993 年,IBM 研究中心的克罗米(M. Crommie)所领导的小组,在液氮温度下用电子束将 0.005 单层铁原子蒸发到清洁的 Cu(111) 表面,然后利用 STM 操纵这些铁原子,使它们排列成一个由 48 个原子组成的圆圈。圆圈的平均半径为 7.13 nm,相邻铁原子之间的平均距离为 0.95 nm,因而估计每个铁原子都处在 Cu(111) 表面的空心位置,其作用非同一般,虽然这个原子圈是由分立原子组成的因而并不连续,但却能够像栅栏一样围住圈内处于 Cu 表面的电子,人们将这一铁原子圈称为量子围栏(quantum corral),如图 18-14 所示。常见的量子围栏除圆形外,还有运动场形和矩形(图 18-15)。

图 18-14　48 个 Fe 原子在 Cu 表面上构成的量子围栏

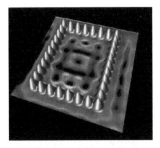

图 18-15　矩形量子围栏

对于圆形量子围栏,围栏内的 Cu 表面态电子被禁锢在圆形围栏中,形成了同心驻波。对于圆形量子围栏,可以把量子围栏看作一个无限深的二维势阱,表面态电子被完全束缚在这个势阱中。考虑到对一维无限深势阱和氢原子结构(实际上相当于一个三维势阱问题)的处理方法,这个问题应该可以用定态薛定谔方程求解。

有人还根据二维无限高势垒模型,采用多体散射理论对量子围栏中金属表面电子的局域态密度在空间上的变化进行了模拟。计算机模拟结果与 STM 图像符合得较好。

18.4　激光冷却与捕陷原子

获得低温是长期以来科学家所刻意追求的一种技术。它不但给人类带来新的发现,例如超导的发现与研究,而且为研究物质的结构与性质创造了独特的条件。例如,在低温下,分子、原子热运动的影响可以大大减弱,原子更容易暴露出它们的"本性"。以往低温多在固体或液体系统中实现,这些系统都包含着有较强的相互作用的大量粒子。20 世纪 80 年代,借助于激光技术获得了中性气体分子的极低温(例如,10^{-10} K)状态,这种获得低温的方法就叫作激光冷却。

激光冷却中性原子的方法是汉斯(T. W. Hänsch,1941—　,德国)和肖洛(A. L. Schawlow,1921—1999,美国)于 1975 年提出的。20 世纪 80 年代初,人们就实现了中性原子的有效减速冷却。这种激光冷却的基本思想是:运动着的原子在共振吸收迎面射来的光子(图 18-16)后,从基态过渡到激发态,其动量就减小,速度也就减小了。速度减小的值为

图 18-16　原子吸收光子动量减小

$$-\Delta v = \frac{h\nu}{Mc}$$

处于激发态的原子会自发辐射出光子而回到基态,由于反冲会得到动量。此后,它又会吸收光子,又自发辐射出光子,但应注意的是,它吸收的光子来自同一束激光,方向相同,都将使原子动量减小。但自发辐射出的光子的方向是随机的,多次自发辐射平均下来并不增加原子的动量。这样,经过多次吸收和自发辐射之后,原子的速度就会明显地减小,而温度也就降低了。实际上,一般原子一秒钟可以吸收发射上千万个光子,因而可以被有效地减速。对冷却钠原子的波长为 589 nm 的共振光而言,这种减速效果相当于 10 万倍的重力加速度。由于这种减速实现时必须考虑入射光子对运动原子的多普勒效应,所以这种减速就叫作多普勒冷却。

由于原子速度可正可负,就用两束方向相反的共振激光束照射原子(图 18-17)。这时原子将优先吸收迎面射来的光子而达到多普勒冷却的结果。

图 18-17　方向相反的两束激光照射原子

实际上,原子的运动是三维的。1985 年,贝尔实验室的朱棣文(S. Chu,1948—　,美国)小组就用三对方向相反的激光束分别沿 x,y,z 轴三个方向照射钠原子(图 18-18),在 6 束激光交汇处的钠原子团就被冷却下来,温度达到了 240 μK。

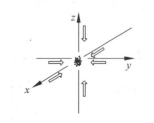

图 18-18　三维激光冷却示意图

理论指出,多普勒冷却有一定限度(原因是入射光的谱线有一定的自然宽度),例如,利用波长为 589 nm 的黄光冷却钠原子的极限为 240 μK,利用波长为 852 nm 的红外光冷却铯原子的极限为 124 μK。但研

究者进一步采取了其他方法使原子达到更低的温度。1995 年达诺基研究小组把铯原子冷却到了 2.8 nK 的低温,朱棣文等利用钠原子喷泉方法曾捕集到温度仅为 24 pK 的一群钠原子。

在朱棣文的三维激光冷却实验装置中,在三束激光交汇处,由于原子不断吸收和随机发射光子,这样发射的光子又可能被邻近的其他原子吸收,原子和光子互相交换动量而形成了一种原子与光子相互纠缠在一起的实体,低速的原子在其中无规则移动而无法逃脱。朱棣文把这种实体称作"光学粘团",这是一种捕获原子使之集聚的方法。更有效的方法是利用"原子阱",这是利用电磁场形成的一种"势能坑",原子可以被收集在坑内存起来。一种原子阱叫"磁阱",它利用两个平行的电流方向相反的线圈构成(图 18-19)。这种阱中心的磁场为零,向四周磁场不断增强。陷在阱中的原子具有磁矩,在中心时势能最低,偏离中心时就会受到不均匀磁场的作用力而返回。这种阱曾捕获 10^{12} 个原子,捕陷时间长达 12 min。除了磁阱外,还有利用对射激光束形成的"光阱"和把磁阱、光阱结合起来的磁-光阱。

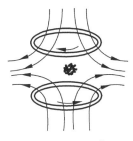

图 18-19　磁阱

激光冷却和原子捕陷的研究在科学上有很重要的意义。例如,由于原子的热运动几乎已消除,所以得到宽度近乎极限的光谱线,从而大大提高了光谱分析的精度,也可以大大提高原子钟的精度。最使物理学家感兴趣的是它使人们观察到了"真正的"玻色-爱因斯坦凝聚。这种凝聚是玻色和爱因斯坦分别于 1924 年预言的,但长期未被观察到。这是一种宏观量子现象,指的是宏观数目的粒子(玻色子)处于同一个量子基态。它实现的条件是粒子的德布罗意波长大于粒子的间距。在被激光冷却的极低温度下,原子的动量很小,因而德布罗意波长较大。同时,在原子阱内又可捕获足够多的原子,它们的相互作用很弱而间距较小,因而可能达到凝聚的条件。1995 年,果真观察到了 2 000 个铷原子在 170 nK 温度下和 5×10^5 个钠原子在 2 μK 温度下的玻色-爱斯坦凝聚。

朱棣文、达诺基(C. C. Tannoudji,1933—　,法国)和菲利普斯(W. D. Phillips,1948—　,美国)因在激光冷却和捕获原子的研究中的出色贡献而获得了 1997 年诺贝尔物理学奖,其中朱棣文是第 5 位获得诺贝尔奖的华人科学家。

18.5　玻色-爱因斯坦凝聚

瑞典皇家科学院于 2001 年 10 月 9 日宣布,将 2001 年诺贝尔物理学奖授予美国科学家埃里克·康奈尔(E. A. Cornell,1961—　)、卡尔·维曼(C. E. Wieman,1951—　)和德国科学家沃尔夫冈·克特勒(W. Ketterle,1957—　),以表彰他们根据玻色-爱因斯坦理论发现了一种新的物质状态——碱金属原子稀薄气体的玻色-爱因斯坦凝聚(Bose-Einstein condensation,BEC)。这一物质状态称为物质的第五态。

18.5.1　玻色-爱因斯坦凝聚的由来

我们知道,在自然界中,粒子按统计性质分为玻色(Bose)子和费米(Fermi)子。自旋量子数为整数的粒子,如光子、π 介子和 α 粒子是玻色子,玻色子服从玻色-爱因斯坦统计;自旋量子数为半整数的粒子,如电子、质子、中子、μ 介子是费米子,费米子服从费米-狄拉克统计。

玻色

1924 年 6 月 24 日,物理学家玻色(S. N. Bose,1894—1974,印度)提出黑体辐射是光子理想气体的观点,他研究了"光子在各能级上的分布"问题,以不同于普朗克所用的方法推导出普朗克黑体辐射公式。他将这一结果寄给爱因斯坦。爱因斯坦意识到玻色工作的重要性,立即着手这一问题的研究。他于 1924 年和 1925 年发表两篇文章,将玻色对光子的统计方法推广到某类原子,并预言当这类原子的温度足够低时,所有的原子就会突然聚集在一种尽可能低的能量状态,这就是我们所说的玻色-爱因斯坦凝聚。所有玻色子都处于同一能量最低的状态,并且有相同的物理特征,它是一种由微观粒子的量子性质所产生的宏观现象。

在很长一段时间里,没有任何物理系统被认为与 BEC 现象有关。直到 1938 年,伦敦(F. W. London,1900—1954,德国)指出,超流和超导现象可能是 BEC 的表现,BEC 才真正引起物理学界的重视。不过这两种现象都发生在强相互作用的体系中。超流液氦中只有 10% 的原子凝聚;超导与 BEC 的关系要经过电子的配对,涉及更复杂的相互作用。只有近理想或弱相互作用的玻色气体的 BEC,才更易于同理论比较,但一直未被实验证实。在 20 世纪 50 年代,物理学家发展了很多弱相互作用玻色系统的理论,华裔物理学家杨振宁、李政道和黄克逊在这方面做了很出色的工作。然而这些理论在 1995 年之前都没有得到很好的验证。随着实验技术的发展,在 20 世纪 80 年代初,物理学家开始尝试在气体中实现 BEC,终于在爱因斯坦理论预言 70 年后,于 1995 年在实验室看到了中性原子的 BEC。7 月 13 日,美国天体物理联合实验室(JILA)发布新闻:维曼和康奈尔的研究小组在冷却到绝对温度 170 nK 的碱金属铷(^{87}Rb)蒸气中观察到了 BEC。8 月底,休斯敦市莱斯(Rice)大学的一个小组发表文章称在锂(^{7}Li)中看到 BEC 的迹象。11 月间,麻省理工学院的沃尔夫冈·克特勒研究小组宣布,在钠(^{23}Na)蒸气中实现了 BEC。

18.5.2 玻色-爱因斯坦凝聚的形成条件

设在体积为 V 的容器中存在由 N 个同种玻色粒子组成的理想气体。用 N_0 表示处于最低能级($\varepsilon_0 = 0$)的粒子数,用 N' 表示处于较高能级中的粒子数,则总粒子数可表示为

$$N = N_0 + N' \tag{18-12}$$

在某一特定的温度,这个温度称为临界温度,用 T_c 表示,N' 有一个上限 $N_{\max}$,根据统计物理的理论可推得

$$N' \leqslant SV\left[\frac{2\pi mkT}{h^2}\right]^{3/2} \times 2.612 = N_{\max} \tag{18-13}$$

式中,S 表示粒子的一个空间运动状态对应 S 个不同的自旋态;m 为玻色子的质量;h 为普朗克常量。由此可见,当 $T < T_c$ 时,$N(T) < N$,其余的 $N - N(T)$ 个粒子都进入到最低能级($\varepsilon_0 = 0$)中去。进一步可推得

$$N' = N\left[\frac{T}{T_c}\right]^{3/2} \tag{18-14}$$

所以

$$N_0 = N\left[1 - \left(\frac{T}{T_c}\right)^{3/2}\right] \tag{18-15}$$

这个结果表明:当系统的温度低于临界温度(critical temperature)T_c 时,粒子将迅速在最低能级集结,使 N_0 成为与 N 可以比拟的量,若 $T = 0$,则 $N_0 = N$,即全部粒子都转移到最低能级,这个现象就是 BEC。

当 $S = 1$ 时,由式(18-13)、式(18-14)得临界温度 T_c 满足的条件为

$$T_c = \frac{h^2}{2\pi mk}\left(\frac{n}{2.612}\right)^{2/3} \tag{18-16}$$

式中，$n = N/V$ 为粒子数密度。故 BEC 的形成条件为

$$T < T_c = \frac{h^2}{2\pi mk}\left(\frac{n}{2.612}\right)^{2/3} \tag{18-17}$$

可见，要实现 BEC，对于某种玻色子组成的系统，在粒子数密度一定时，就必须降低系统的温度，使得 $T < T_c$，从而使粒子的德布罗意波长（$\lambda = h/(2\pi mk)^{1/2}$）足够长。研究表明，能否形成 BEC 还与粒子的波散射长度有关。正散射长度的粒子可以形成稳定的 BEC，而负散射长度的粒子形成 BEC 的条件较为苛刻。

表 18-1 给出几种原子的 BEC 临界温度 T_c 的实验数据。可见，碱金属原子的 T_c 值在 $10^{-7} \sim 10^{-6}$ 的数量级。激光冷却和囚禁原子技术的发展，使得实现低温条件成为可能。

表 18-1　几种原子 BEC 临界温度 T_c 的实验数据			
原子	^{87}Rb	^{7}Li	^{23}Na
$T_c/$K	1.7×10^{-7}	3.0×10^{-7}	2.0×10^{-6}

图 18-20 是铷原子在 400 nK、200 nK 和 50 nK 温度条件下，BEC 产生过程的计算处理图像。从图像反映出铷原子随温度降低而产生 BEC 的过程。

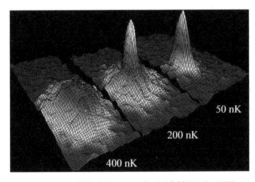

图 18-20　铷原子 BEC 产生计算机处理图

18.5.3　实现玻色-爱因斯坦凝聚的探索

在爱因斯坦预言 BEC 之后，众多科学家纷纷在实际物质中探索 BEC 迹象。大家首先注意到的是氦（^{4}He），它在温度 2.17 K 以下时，具有超流现象。该现象于 1911 年首先被物理学家昂内斯（H. K. Onnes，1853—1926，荷兰）发现，他由此获得 1913 年诺贝尔物理学奖。1938 年伦敦指出，超流可能是氦原子的 BEC 态，但以后相当长一段时间，科学家们无法将超流的物理特性和 BEC 直接联系起来。1950 年，彭罗斯等研究超流的长程作用时，才发现超流具有玻色系统的某些性质。由此，他们推断，在超流氦中约有 10% 的原子具有 BEC 特性。但超流氦中存在着很强的相互作用，这使它的性质同无相互作用的理想气体形成的玻色-爱因斯坦凝聚体的性质很不一致。尽管如此，液氦在温度 2.17 K 发生相变的现象在某种意义上和爱因斯坦提出的凝聚颇为相似。这与低温液氦中黏性力消失形成超流相似，某些金属在低温下会失去电阻形成超导，这一现象于 1911 年首先被昂内斯发现。但解释该现象的理论直到 1952 年才由巴丁（J. Bardeen，1908—1991，美国）等提出，该理论指出，在极低温度下，金属中自旋相反的两电子之间存

在着很强的关联,形成"库珀"电子对,这种电子对对周围环境极不敏感,环境几乎对其无作用,因此电阻就消失了。尽管单个电子是费米子,但由他们形成的电子对毕竟是强关联系统,因而它的性质与无相互作用的玻色凝聚体系相差较远。

1960 年,激光的发明为冷却、囚禁气体原子提供了一种新方法。1975 年,美国斯坦福大学的黑斯克等提出利用激光来冷却原子。美国国家标准和技术研究所的菲利普斯(W. D. Phillips)和当时在美国贝尔实验室的华裔学者朱棣文与法国巴黎高等师范学院的科恩·塔努基(Claude N. Cohen-Tannoudji)发展了一系列激光冷却的新方法,成功实现激光冷却捕陷原子。激光原子的实现为后来最终实现 BEC 奠定了基础。

美国实验天体物理联合研究所(JILA)的研究人员从 1990 年起开始在气室中实现铷(^{87}Rb)原子 BEC 的尝试,他们应用激光冷却、射频"蒸发"冷却,使铷原子系统的温度降至 100 nK 以下,终于在 1995 年成功地实现了铷原子的 BEC。几乎同时,美国麻省理工学院(MIT)的普里查德研究小组,用类似的方法实现了钠(^{23}Na)原子的 BEC。

18.5.4　前景展望

在实验上实现了 BEC 之后,研究工作朝着两个方向发展。一方面是继续完善实验技术,实现稳定连续的物质波相干放大输出,以便开发新的应用领域,并完善对凝聚物质的检测手段。另一方面是关注与 BEC 相关的基础理论研究。至今为止,人们对有关 BEC 的许多基本问题的认识还十分模糊,例如:玻色-爱因斯坦凝聚态是怎么形成的;粒子间的相互作用对 BEC 的性质是如何影响的;它的相变的特性如何;它的超流性质、它与光的相互作用、它的碰撞特性等,都还是一个谜。但有了实验产生的 BEC,就有可能对这些问题进行探索。

玻色-爱因斯坦凝聚体所具有的奇特性质,使它不仅对基础研究有重要意义,还在芯片技术、精密测量和纳米技术等领域让人看到了非常美好的应用前景。凝聚体中的原子几乎不动,可以用来设计精确度更高的原子钟,以应用于太空航行和精确定位等。凝聚体具有很好的相干性,可以用于研制高精度的原子干涉仪,测量各种势场以及重力场加速度和加速度的变化等。原子激光也可能用于集成电路的制造,大大提高集成电路的密度,因此将大大提高电脑芯片的运算速度。凝聚体还被建议用于量子信息的处理,为量子计算机的研究提供另外一种选择。随着对玻色-爱因斯坦凝聚研究的深入,谁敢说它不会像激光的发明那样给人类带来另外一次技术革命呢?

18.6　原子核裂变与聚变

18.6.1　原子核的结合能

原子核是原子中体积很小但却集中了几乎原子全部质量的带正电的中心体,原子核半径的数量级为 10^{-15} m。在极小的原子核中,不难根据万有引力定律和库仑定律计算出原子核中的两个质子之间的万有引力与库仑力的比值,这一比值约为 10^{-38}。在巨大的库仑斥力作用下,通常的原子核却是异常稳定的,这说明在原子核中,除质子之间的库仑斥力外,还应存在另一种力,它把核子紧密地联系在一起。这种能够把核中的各种核子联系在一起的力叫作核力(强相互作用)。

原子核既然是由质子和中子组成的,按常理它的质量就应等于所有质子和中子的质

量之和,如以 m_X、m_p 和 m_n 分别表示原子核($_Z^A X$)、质子和中子的质量,则应有

$$m_X = Zm_p + (A - Z)m_n$$

但实验却发现,原子核的实际质量 m_X 总是小于上式所给出的质量值,这一差值为

$$\Delta m = m_X - Zm_p + (A - Z)m_n \tag{18-18}$$

称为原子核的质量亏损。根据爱因斯坦质能关系,与此质量差额对应的能量为

$$E_B = \Delta E = \Delta mc^2 = [m_X - Zm_p + (A - Z)m_n]c^2 \tag{18-19}$$

这一能量称为原子核的结合能(nuclear binding energy)。质子和中子在组成核的过程中,有能量 ΔE 释放出来。反之,要使原子核再分解为单个的质子和中子就必须吸收 ΔE 的能量。原子核的结合能与质量数的比值称为比结合能(specific binding energy),也叫作平均结合能,即

$$\varepsilon = \frac{E_B}{A} = \frac{\Delta mc^2}{A} \tag{18-20}$$

原子核结合能和比结合能是原子核稳定程度的量度,比结合能越大,原子核越稳定。图 18-21 是核子的比结合能曲线。从中可以得出:①质量中等的核,比结合能量最大,约为 8.6 MeV,它们最稳定,重核的比结合能要小些,约为 7.6 MeV,轻核的比结合能也要小些,并有明显的起伏;②$A > 30$ 以上的核,质量数变化颇大,而比结合能变化不大,说明核的结合能差不多与质量数 A 成正比,显示核力的饱和性。

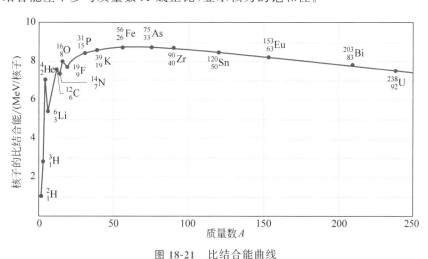

图 18-21　比结合能曲线

要利用核能,理论上是把自由状态的 Z 个质子和($A - Z$)中子结合起来组成中等质量的核,这样放出的结合能最多。但实际上,用质子和中子直接组成中等核是不现实的,因为自由中子不易得到,即便得到了一些,自由中子的半衰期也较短。因此,要利用原子核的结合能,必须从自然界中存在的原子核来考虑。可取的方法有重核裂变和轻核聚变。

18.6.2　核裂变

核裂变(nuclear fission)是一个重原子的原子核分裂为两个或更多的较轻原子核,同时在分裂时释放 2~3 个快速中子和巨大能量的过程。1938 年,德国科学家奥托·哈恩(Otto Hahn,1879—1968)及其助手弗里茨·斯特拉斯曼(Fritz Strassmann,1902—1980,德国)用中子轰击铀原子核,发现了 $_{92}^{235} U$ 核裂变的现象。核裂变的发现是近代科学史上的一项伟大突破,它开创了人类利用原子能的新纪元,具有划时代的深远历史意义。奥托·哈恩也因此荣获 1944 年度的诺贝尔化学奖。

重核在裂变时生成的核,在释放瞬发中子前,称为裂变碎片,释放瞬发中子后的核称

为裂变产物，裂变产物又可分为未经 β 衰变的初级裂变产物和经过一次以上 β 衰变的次级裂变产物，经 β 衰变后的核转化为具有放射性的、中等质量的稳定核。例如

$$^{235}_{92}\text{U} + ^{1}_{0}\text{n} \longrightarrow ^{140}_{54}\text{Xe} + ^{94}_{38}\text{Sr} + 2^{1}_{0}\text{n}$$

$$^{140}_{54}\text{Xe}: \quad ^{140}_{54}\text{Xe} \longrightarrow ^{140}_{55}\text{Cs} + ^{0}_{-1}\text{e} \longrightarrow ^{140}_{55}\text{Cs} \longrightarrow ^{140}_{56}\text{Ba} + ^{0}_{-1}\text{e} \longrightarrow ^{140}_{56}\text{Ba} \longrightarrow$$

$$^{140}_{57}\text{La} + ^{0}_{-1}\text{e} \longrightarrow ^{140}_{57}\text{La} \longrightarrow ^{140}_{58}\text{Ce}(\text{稳定}) + ^{0}_{-1}\text{e}$$

$$^{94}_{38}\text{Sr}: \quad ^{94}_{38}\text{Sr} \longrightarrow ^{94}_{39}\text{Y} + ^{0}_{-1}\text{e} \longrightarrow ^{94}_{39}\text{Y} \longrightarrow ^{94}_{40}\text{Zr}(\text{稳定}) + ^{0}_{-1}\text{e}$$

$^{235}_{92}\text{U}$ 裂变产物的质量分布如图 18-22 所示。在图上可以看到存在着两个峰，这是因为裂变后概率最大的质量分配方式不是均分（称为对称裂变），而是一个核较重，另一个核较轻（称为不对称裂变）。$^{235}_{92}\text{U}$ 裂变后的碎片，质量数从 72～158 有 34 种元素及 200 多种原子核。概率最大的碎片对在质量数 95 和 135 附近，而质量数几乎相等的碎片对 (117,118) 发生的概率最小。

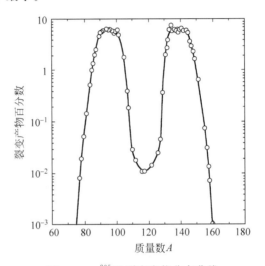

图 18-22　$^{235}_{92}\text{U}$ 裂变产物分布曲线

除 $^{235}_{92}\text{U}$ 核能发生裂变外，其他比锡重的元素也都能发生裂变。1939 年苏联物理学家彼得沙克（К. А. ПетрЖкак）和弗洛夫（Г. Н. Флёров）发现了 $^{238}_{92}\text{U}$ 的天然分裂，但概率很小。1946 年我国物理学家钱三强、何泽慧夫妇发现轴核还可以分裂成三个碎片，四个碎片。三分裂的概率约为二分裂的千分之三；四分裂的概率就更小了，约为二分裂的万分之三。

18.6.3　核聚变

核聚变（nuclear fusion）是指两个质量较小的原子核（轻核）在一定条件下聚合为质量较大的原子核的过程，图 18-23 是氘-氚核聚变的示意图。下面列出一些轻核的聚变方程。

$$^{6}_{3}\text{Li} + ^{2}_{1}\text{H} \longrightarrow 2^{4}_{2}\text{He} + 22.4 \text{ MeV}$$

$$^{2}_{1}\text{H} + ^{2}_{1}\text{H} \longrightarrow ^{3}_{1}\text{H} + 3.25 \text{ MeV}$$

$$^{3}_{1}\text{H} + ^{2}_{1}\text{H} \longrightarrow ^{4}_{2}\text{He} + ^{1}_{0}\text{n} + 17.6 \text{ MeV}$$

$$^{7}_{3}\text{Li} + ^{1}_{1}\text{H} \longrightarrow 2^{4}_{2}\text{He} + 17.3 \text{ MeV}$$

由于原子核之间库仑斥力的作用，参加聚变反应的原子核必须具有足够的动能，才能克服这一斥力而彼此靠近，使原子核发生碰撞而发生核反应。提高反应物质的温度，

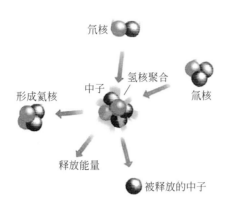

图 18-23 核聚变示意图

就可增大原子核动能。两原子核靠近发生碰撞所需要的能量随着原子序数的增加而增大，所以只有较轻的原子核才能发生核聚变。

18.6.4 原子弹与氢弹

$^{235}_{92}$U 原子核裂变时，还会放出中子，而这些中子又会引起周围原子核的裂变，于是就会像雪崩一样引起一连串的原子核裂变，这个过程就叫作链式反应（chain reaction），图 18-24 是链式反应过程示意图。但是这些中子未必都会引起新的裂变，譬如由于原子核十分微小，所以中子不一定能接触到铀核，如果铀块不够大的话，有些中子就会飞出铀块，不能引起新的裂变。当然，铀块中的杂质也会吸收中子，使新的裂变不能进行。

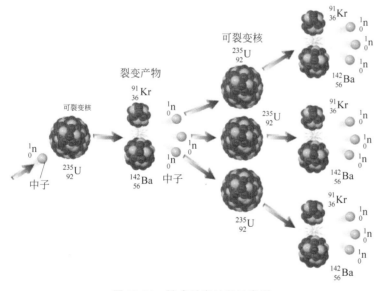

图 18-24 链式反应过程示意图

能使裂变材料的链式反应能持续进行的最小的体积称之为临界体积，这时它的质量称为临界质量。临界质量和裂变材料的种类、纯度、密度以及几何形状密切相关，如果裂变材料用中子反射材料包裹的话，还可以降低临界质量。实际上，原子弹主要是利用核裂变释放出来的巨大能量来起杀伤作用的一种武器。根据原子弹引发机构的不同，可分为"枪式"原子弹和"收聚式"原子弹。在枪式结构中，把丰度为 90% 以上的铀做成不到临界体积的两块，引爆时用普通炸药将两块铀合为一整块达到或超过临界体积而发生链式反应，从而引起核爆炸，如图 18-25 所示。研究表明，对于一定的裂变物质，密度越高，临界质量越小。在收聚式结构中,将高爆速的烈性炸药制成球形装置,将小于临界质量的核装料制成小球置于炸药中。通过电雷管同步点火,使炸药各点同时起爆,产生强大的向心聚焦压缩波(又称内爆波),核材料被迅速压紧并达到超临界体积,从而引起核爆炸,如图 18-26 所示。

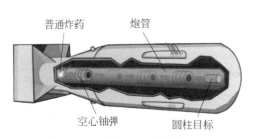

图 18-25　枪式原子弹起爆原理

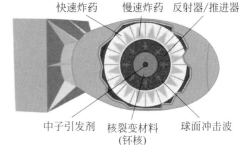

图 18-26　收聚式原子弹起爆原理

氢弹是利用原子弹爆炸的能量点燃氢的同位素氘、氚等质量较轻的原子核发生核聚变反应(热核反应)瞬时释放出巨大能量的核武器。据说氢弹结构有两种,一种是泰勒-乌拉姆型结构,另一种是中国的于敏型结构。美国、俄罗斯、英国的氢弹都是泰勒-乌拉姆型结构,中国和法国的氢弹是于敏型结构。

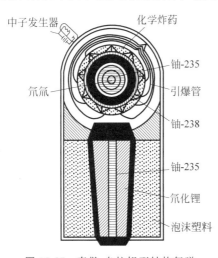

图 18-27　泰勒-乌拉姆型结构氢弹

由于轻核聚变只能在极高的温度和足够大的碰撞概率条件下,才能大量发生。引爆氢弹极为困难,引爆需要在氢弹内部安放小型核弹,从而瞬间达到反应条件温度。图 18-27 是泰勒-乌拉姆型结构氢弹的大致结构,其引爆过程大致为:首先引爆其中的原子弹,使其产生向内部的氘化锂的压力,氘化锂被挤压到大约原来的 1/30。同时压缩冲击波引发中空的 $^{235}_{92}$U 棒的变形,位于 $^{235}_{92}$U 棒的中子源(铍/钋弹丸)中的箔片被弄破,钋自发地释放出 α 粒子,这些 α 粒子撞击铍丸生成很多自由中子,这些中子诱发 $^{235}_{92}$U 棒开始发生剧烈的链式核裂变。裂变中的 $^{235}_{92}$U 棒释放出 X 射线、热量和大量的中子。中子进入氘化锂与锂结合生成氚。高温和高压引发氘-氚和氘-氚聚变反应,从而生成更多的热量、辐射和中子。聚变反应释放出的中子导致反射层和护罩中的 $^{238}_{92}$U 碎片裂变,反射层和护罩碎片的裂变将生成更多的辐射和热量,从而引发核弹爆炸。

18.6.5　核能的和平利用

对于原子弹,链式反应是失控的爆炸,因为每个核的裂变会引起另外多个核的裂变。对于和平利用核能的核反应堆,反应进行的速率通过插入控制棒来控制,使得平均后每个核的裂变正好引发另外一个核的裂变。一般商用核反应堆多使用慢化剂将高能量中子速度减慢,变成低能量的中子(热中子)。商用核反应堆普遍采用镉棒、石墨和较昂贵的重水作为慢化剂。

苏联于 1954 年建成了世界上第一座核电站,掀开了人类和平利用核能的新的一页。英国和美国分别于 1956 年和 1959 年建成核电站。我国第一座自行设计建造的核电站是秦山核电站,位于浙江省海盐县杭州湾口岸。1991 年 12 月 15 日,秦山核电站首次并网发电,1994 年投入商业运行。

自从核电站问世以来,在工业上成熟的发电堆主要有以下三种:轻水堆、重水堆和石墨汽冷堆,轻水堆又分为压水堆和沸水堆。它们相应地被用到三种不同的核电站中,形成了现代核发电的主体。

图 18-28 是一个压水堆核电站示意图。压水堆核电站的第一回路系统与第二回路系统完全隔开,它是一个密闭的循环系统。该核电站的原理为:主泵将高压冷却剂送入反应堆,一般冷却剂保持在 120～160 atm。在高压情况下,冷却剂即使在温度超过300℃的情况下也不会汽化。冷却剂把核燃料放出的热能带出反应堆,并进入蒸汽发生器,通过数以千计的传热管,把热量传给管外的第二回路循环系统中的水,使水沸腾产生水蒸气。冷却剂流经蒸汽发生器后,再由主泵送入反应堆,这样来回循环,不断地把反应堆中的热量带出并转换产生蒸汽。从蒸汽发生器出来的高温高压蒸汽,推动汽轮发电机组发电。做过功的废气在冷凝器中凝结成水,再由凝结给水泵送入加热器,重新加热后送回蒸汽发生器。

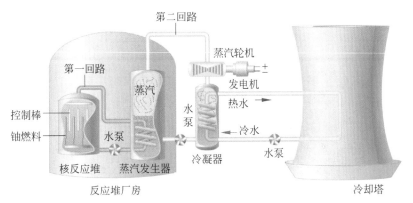

图 18-28 压水堆核电站示意图

当今世界能源消耗量大幅上升,化石能源不断枯竭,很多国家越来越重视核能的利用。根据世界核协会和国际原子能机构 2015 年提供反应堆数据,2014 年全球核能发电量达 2 411 亿千瓦时,占全球总发电量的 11.5%。2015 年 6 月运行的反应堆有 437 座,发电能力 380.25 GW,在建反应堆有 66 座(不包括德国停工 8 座装置)。2015 年铀需求量达 66.883 kt。表 18-2 是世界核协会和国际原子能机构提供的按照 2014 年核能发电量占该国发电总量的比例的前 30 位排名。

表 18-2 世界各国核能发电排名

排名	国家	2014 年				2015 年 6 月				2015 年铀需求量/t
		核能发电		运行反应堆		在建反应堆		拟建反应堆		
		百分比	发电量/(TW·h)	数量	功率/MW	数量	功率/MW	数量	功率/MW	
1	法国	76.9	418.0	58	63 130	1	1 720	1	1 720	9 230
2	斯洛伐克	56.8	14.4	4	1 816	2	942	0	0	466
3	匈牙利	53.6	14.8	4	1 889	0	0	2	2 400	357
4	乌克兰	49.4	83.1	15	13 107	0	0	2	1 900	2 366
5	比利时	47.5	32.1	7	5 943	0	0	0	0	1 017
6	瑞典	41.5	62.3	10	9 487	0	0	0	0	1 516
7	瑞士	37.9	26.5	5	3 333	0	0	0	0	521

续表

排名	国家	2014 年				2015 年 6 月				2015 年铀需求量/t
		核能发电		运行反应堆		在建反应堆		拟建反应堆		
		百分比	发电量/(TW·h)	数量	功率/MW	数量	功率/MW	数量	功率/MW	
8	斯洛文尼亚	37.2	6.1	1	696	0	0	0	0	137
9	捷克	35.8	28.6	6	3 904	0	0	2	2 400	566
10	芬兰	34.6	22.6	4	2 741	1	1 700	1	1 200	751
11	保加利亚	31.8	15.0	1	1 906	0	0	1	950	324
12	亚美尼亚	30.7	2.3	1	376	0	0	1	1 060	88
13	韩国	30.4	149.2	24	21 657	4	5 600	8	11 600	5 022
14	西班牙	20.4	54.9	7	7 002	0	0	0	0	1 274
15	美国	19.5	798.6	99	98 792	5	6 018	5	6 063	18 692
16	俄罗斯	18.6	169.1	34	25 264	9	7 968	31	33 264	4 206
17	罗马尼亚	18.5	10.8	2	1 310	0	0	2	1 440	179
18	英国	17.2	57.9	16	9 373	0	0	4	6 680	1 738
19	加拿大	16.8	98.6	19	13 553	0	0	2	1 500	1 784
20	德国	15.8	91.8	9	12 003	0	0	0	0	1 889
21	南非	6.2	14.8	2	1 830	0	0	0	0	305
22	墨西哥	5.6	9.3	2	1 600	0	0	0	0	270
23	巴勒斯坦	4.3	4.6	3	725	2	680	2	2 300	101
24	荷兰	4.0	3.9	1	485	0	0	0	0	103
25	阿根廷	4.0	5.3	3	1 627	1	27	2	1 950	215
26	印度	3.5	33.2	21	5 302	6	4 300	22	21 300	1 579
27	巴西	2.9	14.5	2	1 901	1	1 405	0	0	326
28	中国	2.4	123.8	26	23 144	24	26 313	44	51 050	8 161
29	伊朗	1.5	3.7	1	915	0	0	2	2 000	176
30	孟加拉国	0	0	0	0	0	0	2	2 400	0

18.7　物质构成之谜——基本粒子的新发现

物质是由分子构成的,分子是由原子构成的。在 20 世纪 30 年代以前,经典物理学认为:原子是组成物质的最小颗粒。1932 年,科学家经过研究证实:原子是由电子、中子和质子组成的。以后,科学家们把比原子核次一级的微小粒子,如质子、中子等看作物质微观结构的第三个层次,统称为基本粒子。1964 年,默里·盖尔曼(Murray Gellman,1929—2019,美国)大胆地提出新理论:质子和中子并非是最基本的粒子,它们是由一种更微小的东西——夸克(quark)构成的。为了寻找夸克,全世界优秀的物理学家奋斗了 20 年,终于获得成功,观测到夸克粒子的存在,但尚未发现其单独存在。

默里·盖尔曼

18.7.1　介子与核力

20 世纪 30 年代初,虽然科学家已经知道原子核是由质子和中子组成的,但是,却无法解释其中的一些问题。比如:质子都具有正电荷,而正电荷是互相排斥的,它们靠得越近,彼此间互相排斥的力量就越强。在原子核内部,几个、几十个质子紧紧地挤在一起,排斥力极强,但是,原子核并没有因此而分崩离析,这是为什么呢?

日本科学家汤川秀树（Hideki Yukawa，1907—1981）认为：一定是存在着某种特殊的拉力，使那些质子维系在一起。这种拉力必定很强，它能够克服把质子互相推开的"电磁力"。他又发现这种力非常特别，它仅在非常短的距离上起作用。汤川秀树把这种只在原子核内才能觉察到、但又极强的吸引力称为"核力"。

1934 年，汤川秀树预言用 β 粒子轰击某种原子核能产生一种新的粒子，并推测它的质量介于电子和质子之间，称作"介子"（meson）。第二年，汤川秀树在对核力进行了深入的研究后宣称：这种核力可能是由原子核内的质子和中子不断交换介子而产生的，质子和中子在来回抛掷介子，当它们近得能抛掷和接住这些介子的时候，它们就能牢牢地维系在一起，一旦中子和质子离得较远，那些介子不再能抵达对方时，核力也就失效了。

汤川秀树

汤川秀树的理论很好地解释了核力，但是，这种介子是否存在呢？当时谁也说不清楚，如果这种介子根本不存在，那么，汤川秀树的理论也就不成立。刚巧，就在汤川秀树宣布他的理论的时候，在科罗拉多州高高的派克斯峰上研究宇宙射线的美国物理学家安德逊（P. W. Anderson，1923—　　）却为汤川秀树的理论提供了证据。安德逊用宇宙射线粒子击中空气中的原子，将击出的粒子引入充满湿空气的云室，然后，用照相机拍摄下粒子的径迹进行研究。一天，安德逊从他所拍摄的数以千计的照片中，发现了一些特殊的径迹，其弯曲的方式表明它们的质量比电子重，但又比质子轻。这种现象随后引起了许多科学家的兴趣，经过认真研究，便有人于 1936 年首先宣布已经发现了汤川秀树所说的介子。

但是，以后的研究表明，这种介子比汤川秀树所预言的那种粒子稍微轻了一点，在其他方面也与汤川秀树所说的粒子毫不相干。这种较轻的介子被称为"μ 介子"（μ 子）。虽然不是汤川秀树所说的那种介子，但毕竟发现了新的粒子。科学家们欢欣鼓舞，继续寻找着证据。

1947 年，英国物理学家鲍威尔（C. F. Powell，1903—1969）发现了一种介子，这种介子比早先发现的那种 μ 介子重，称为"π 介子"（π 子），它恰恰具备汤川秀树预言的那种粒子的性质。这些新的 μ 子、π 子是非常不稳定的粒子，它们形成之后存在不了多长时间，π 子大约只能存在一亿分之二点五秒，然后便分裂成较轻的 μ 子。当它形成时，通常总是以每秒成千上万公里的惊人速度飞驰着，即使在十亿分之一秒内，它也已经飞行了若干厘米，于是，便留下了一条径迹，这种径迹到了末端便变成另一种形式，表明 π 子已经消失，而由 μ 子取而代之。μ 子持续的时间相对来讲却要长得多，它可持续百万分之几秒，然后，分裂而形成电子。电子是稳定的，如果没有外界的影响，它就会永恒不变地存在下去。

到 20 世纪 40 年代末，人们设想的原子核图景似乎已经非常完美，它含有质子和中子，它们由来回飞闪的 π 子维系在一起，化学家们则弄清楚了每一种不同原子的质子数和中子数。

18.7.2　反粒子的发现

20 世纪 30 年代初，英国物理学家狄拉克（P. A. M. Dirac，1902—1984）认为：每一种粒子都应该有一个与之相反的伙伴，称为"反粒子"。按照他的理论，有一个电子就应该有一个"反电子"，"反电子"的质量应该恰恰等于电子的质量，其电荷则正好相反，也就是说，它的电荷不是－1，而是＋1。

1932 年，安德逊在研究宇宙射线时，注意到在一张云室照片上有一条径迹，虽然他很容易地认出这是由电子所产生的，但有一件事甚为蹊跷，那就是其弯曲方向错了。这意味着，它不是带负电荷，而是带正电荷，这正是狄拉克所说的"反电子"。"反电子"的存在，对狄拉克的理论十分有利。随着时间的流逝，人们发现的反粒子也越来越多。例如，

狄拉克

通常的 μ 子像电子一样,其电荷为 −1,人们常称其为负 μ 子。反 μ 子除像正电子一样,具有 +1 的电荷以外,其他一切方面都恰与 μ 子相同,所以,人们把它称作正 μ 子。通常的 π 子是电荷为 +1 的正 π 子,反 π 子则是电荷为 −1 的负 π 子。

到 20 世纪 40 年代末期,看来完全有理由假定,既存在着正常的原子核,它由质子和中子组成,且有正 π 子在其间往返飞驰,也存在着反原子核,它由反质子和反中子组成,在其间往返不已的则是反 π 子。但是,探测反质子甚至比探测 π 子更困难,反质子的质量与质子相同,这意味着它的质量为 π 子的质量的 7 倍,产生一个反质子所需集中的能量也将 7 倍于产生一个 π 子所需的能量。产生一个 π 子所需的能量是若干亿电子伏,产生一个反质子就需几十亿电子伏的能量了。

为了更好地观察这些高能粒子,1954 年 3 月,在美国加利福尼亚大学建成了一座产生高能粒子的装置。科学家西格雷(G. Segrè)和张伯仑(O. Chamberlain)用它来加速质子,使质子的能量达到 6 GeV,然后,让它猛然撞到一块铜片上,结果,他们发现产生了介子,相应于每一个可能的反质子就伴有数以千计的介子,不过,介子要比反质子轻得多,运动速度也比反质子快。西格雷小组安装的检测设备能以适当的方式作出反应,从而拣出慢速运动的带负电荷的重粒子。当这种检测装置反应正常时,只有恰恰具备反质子的预期特征的东西才能触发它。到 1955 年 10 月,这种检测装置已经触发了 60 次,这不可能是偶然的事情,所以,反质子必定存在,他们宣布了这一发现。

存在着反质子和反中子,但是,它们能不能结合起来形成一个反核呢?物理学家们认为是能够的,但一直到 1965 年才找到最终答案。那一年,美国布鲁海文国立实验室的科学家们,用具有 7 GeV 的能量的质子轰击铍靶,结果发生了多起反质子与反中子相接触的事件,它们都被检测到了。

18.7.3　强子分类的"八重法"

1947 年,英国物理学家罗彻斯特(G. D. Rochester)和巴特勒(C. C. Butler),在用云室研究宇宙射线时,偶然发现了一个奇特的"V"型径迹,似乎是某种中性粒子突然分裂成 2 个带有一定电荷的粒子,分别朝不同的方向匆匆离去。其中一个是 π 子,另一个则是某种新粒子。根据它留下的径迹的性质来看,其质量似乎为电子的 1 000 倍。

科学家从未想到存在这样的粒子,它使物理学家大为震惊。起初,除给它取个名字之外,物理学家对它全然不知所措,就称它为"V 粒子",而产生这种粒子的碰撞就称为"V 事件"。科学家开始注意了这一事件,不久便发现更多的"V 事件"。到 1950 年,科学家发现这些"V 粒子"实际上似乎比质子或中子还要重。这又是令人震惊的事情,因为物理学家先前一直理所当然地认为质子和中子乃是质量最大的粒子。

物理学家在惊疑之余便着手研究这些新粒子了。他们发现,第一次发现的那个"V 粒子",某些性质与 π 子十分相似,因此被归入介子一类,被称为 K 介子(K 子),它共有 4 种:带正电的 K 子、带负电的反 K 子、中性的 K 子,以及中性的反 K 子。

20 世纪 50 年代初,所发现的其他"V 粒子"都比质子重,科学家们将它们归为一组而称为超子(hyperon),它们有许多性质都与质子和中子相似,所以,人们也把它们合在一起统称为重子(baryon)。

1960 年以后,由于采用了新的探测装置——气泡室,所以科学家又发现了许多新的粒子,被称为"共振粒子",数量已超过百种。这些新粒子的寿命十分短暂,粒子最短的寿命仅为 10^{-9} s 左右。

当共振粒子开始为人所知时,物理学家又开始越来越认真地考虑解释如此众多的重粒子的方法,他们不明白为什么要有这么多的粒子。

越来越多的科学家开始想到,粒子的确切数目也许并不重要,也许粒子是以族的形式存在的,它们应该归并为一些"粒子族"。1961 年,盖尔曼和以色列的尼曼(Yuval Ne'ernan)各自独立地提出了彼此极其相似的方案,以构成这些粒子族。

盖尔曼认真地整理物理学家所弄清的各种粒子的性质。为了建立一种粒子族的配置方案,盖尔曼需要与 8 种不同的性质打交道,他诙谐地把自己的体系称为"八重法"(eight-fold way)——佛教中所说的 8 种解脱途径。

他创造了一个由 10 个粒子组成的粒子族,设想有一个三角形,其底部有 4 个物体,在它上面是 3 个物体,再上面是 2 个物体,在顶端是唯一的 1 个物体。

底部的 4 个物体是相互有关的 Δ 粒子,每一个都比质子重 30% 左右,它们之间的主要差异在于电荷。这 4 种 Δ 粒子所具有的电荷分别为 −1、0、+1 和 +2;在它们之上的 3 个 Σ 粒子,它们比 Δ 粒子更重,带有电荷 −1、0 以及 +1;再上面是两个 Ξ 粒子,它们比 Σ 粒子更重,所带的电荷是 −1 和 0;最后,在这个三角形的顶端是一个最重的电荷为 −1 的粒子,盖尔曼称最后这一种粒子为负 Ω 粒子,因为 Ω 是希腊字母表中的最后一个字母,并且这种粒子又带一个负电荷。

盖尔曼琢磨着他的设想,忽然发现在这个图形中规律性很强:质量越来越大,粒子数则越来越少;电荷的排列方式同样也很有规律:底层是 −1、0、+1、+2,然后是 −1、0、+1,再上面一层是 −1、0,最后是顶部的 −1。其他性质也处处都以有规律的方式变化着,整个事情确实非常干净利索。

"这是偶然的吗?"盖尔曼不时地想着这个问题。

但是,盖尔曼不明白,在这个粒子族的 10 个粒子中,当时已知的只有其中的 9 个,从来也没有人观察到位于这个图形顶端的第 10 个粒子,即负 Ω 粒子,如果它不存在的话,那么,这整个图像就垮了。盖尔曼认为:负 Ω 粒子确实是存在的,如果人们去寻找它,并且确切地知道他们正在寻找的究竟是什么样的东西,那么,他们是能够找到负 Ω 粒子的。

盖尔曼的设想公布之后,引起了其他科学家的重视。如果盖尔曼的设想是正确的话,那么,人们只要采取与此设想吻合的各种数值,便能推演出负 Ω 粒子的全部特征。有些科学家进行了认真的研究,他们发现负 Ω 粒子有许多不可思议之处:它要适于占据那个三角形的顶端所处的地位,就必须具有很不寻常的奇异数。

所谓奇异数,是描述粒子内部性质的一个相加性量子数,通常用 S 表示,只能取整数。为解释奇异粒子的性质,1953 年,美国物理学家盖尔曼、日本物理学家中野董夫、西岛和彦(K. Nishijima)各自独立提出了新的量子数——奇异数。第一个奇异粒子是 1947年由罗彻斯特(G. Rochester)和巴特勒(C. Butler,1922—　)发现的。随后在加速器中又陆续发现了更多的奇异粒子。与普通粒子不同,奇异粒子协同产生,独立衰变,并且快产生,慢衰变。粒子物理学规定普通粒子的奇异数是零。

位于三角形底部的 Δ 粒子的奇异数为零,其上的 Σ 粒子的奇异数为 −1,再上面的 Ξ 粒子奇异数为 −2,因此,顶端的负 Ω 粒子的奇异数就必须是 −3。物理学家们从未遇到过这么大的奇异数,而且,也难以相信一个粒子的奇异数会那么大。

物理学家认为,如果真能产生负 Ω 粒子,那么要形成这个粒子,必须轰击高能负 K 子,使之转变成质子。如果一切正常的话,那么偶然发生一次这样的碰撞便会产生一个质子、一个正 K 子、一个中性 K 子以及一个负 Ω 粒子。

1963 年 11 月,物理学家开始使用布鲁克海文的一台庞大的新设备对粒子进行加速,它可以把粒子加速到拥有 330 亿电子伏的能量,这超过了数年前用来产生反质子的能量的 5 倍。到 1964 年 1 月 30 日,科学家从拍摄到的 5 万张照片中还没有发现任何异常的事件,但到 31 日,出现了一张照片,在这张照片上有一系列径迹,似乎表明产生了一个负 Ω 粒子,它继而又分裂成其他粒子,如果往回追溯某些容易识别的已知粒子,并算出它们必定是由哪几种粒子变来的,然后再继续追溯后者的由来的话,那么,最后就会遇到一个存在时间极其短暂的负 Ω 粒子。

几个星期之后,另一张照片呈现出一组不同的径迹,追溯到最后,也是一个负 Ω 粒子。也就是说,人们探测到了一个粒子,它以两种不同的方式分裂,对负 Ω 粒子而言,如果它恰恰具有盖尔曼所预言的性质,那么这两种分裂方式都是可能的。从那以后,人们又探测到许多负 Ω 粒子,它们全部具有恰如盖尔曼预言的那些性质。至此,科学家已经知道,负 Ω 粒子之所以在过去没有测到它,是因为它极难形成,而且存在时间又如此短暂。

18.7.4 新颖的夸克模型

盖尔曼在研究他的粒子族方案时发现,它们是由更深层次的 3 种组元构成,因为每一种不同的重子都需要 3 个这样的粒子。1963 年,他决定为他提出的粒子命名,但叫什么好呢? 他偶然想起了詹姆斯·乔伊斯所写的《芬尼根斯·威克》中的一句话:"三个夸克原顶得上一个马克",于是,他就把这些粒子称作"夸"。盖尔曼最初提出的那 3 种夸克,分别称为上夸克(u)、下夸克(d)和奇夸克(s)。上夸克所具有的电荷是基本电荷 e 的 $+2/3$,下夸克和奇夸克所具有的电荷均为基本电荷 e 的 $-1/3$,它们各有自己的反粒子——反夸克。正、反夸克所带的电荷正好相反,所有的重子都由 3 个夸克构成。例如:质子由 2 个上夸克、1 个下夸克组成(uud),中子由 1 个上夸克、2 个下夸克组成(udd)。其他重子也与此类似,例如正 Σ 子由 2 个上夸克和 1 个奇夸克构成(uus),负 Ω 子由 3 个奇夸克构成(sss)。所有的介子都由一个夸克和一个反夸克构成,例如,正 K 介子由 1 个上夸克和 1 个反奇夸克构成,负 π 介子由 1 个下夸克和 1 个反上夸克构成。至此,可以说是一切如意,所有已知的强子(hadron)都可以用区区几种夸克构成;整个宇宙由两类"建筑材料"构成,一类是轻子(lepton),一类是夸克。这 3 种夸克加上已知的 4 种轻子,便成为构成世界万物的本原。

如果夸克适用于盖尔曼所设计的方案,那么,它们就必须具有某些非常奇特的性质,而最奇特之处,当推它们必须具有分数电荷。最初发现电子时,为了方便起见,人们就把它的电荷定为 -1,以后新发现的所有粒子如果带电那么它的带电量要么恰恰等于电子电荷,要么恰恰等于电子电荷的整数倍,从来没有发现过带分数电荷的粒子。对于正电荷也是如此。但是,夸克却不同了,它所带的电荷是基本电荷 e 的 $-1/3$ 和 $+2/3$。

为了检验盖尔曼所提出的设想,科学家进行了不懈的努力。按照盖尔曼的理论,如果要打碎 1 个质子或打碎别的粒子,以形成 1 个夸克,那么必须提供足以形成 30 倍于质子质量的一群粒子的能量,所需的能量至少要比 20 世纪 50 年代产生质子和反质子时的能量大 15 倍。

为了使粒子获得巨额的能量,人们采取的办法就是将粒子的运动速度加至极快。1967 年,苏联建成一台 76 GeV 的强聚焦质子同步加速器;1976 年,西欧核子研究中心建成一台 400 GeV 的加速器,尽管新的加速器所提供的能量越来越高,但是,打碎质子或其他粒子,捕捉由此产生的夸克,却总是得出否定的结果。到 20 世纪 70 年代,人们只有几次勉强地宣布,似乎"看见"了夸克的影子。

1974 年 8 月,美籍华裔物理学家丁肇中,率领一个科学家小组,用布鲁克海文的那台 33 GeV 的加速器进行实验,发现了一个新粒子。同年 11 月,他们宣布了这一发现,并将它命名为"J 粒子"。几乎与此同时,在斯坦福大学直线加速器中心,以美国物理学家里希特(B. Richter)为首的另一组高能物理工作者,也独立地发现了这种粒子,并将它取名为 ψ 粒子。不久,在意大利和联邦德国的加速器中也相继观察到这种粒子。新粒子的奇特性质又引起了很大的震动,人们对粒子进行分类时,无法确定它的归属,它是一种玻色子,其自旋是整数,但是它的质量很大,所以绝不是光子,而像是一种强子,它的质量达到质子质量的 3 倍半。通常,质量这么大的强子寿命都极短,但是 J 粒子的寿命却比质量与之相近的那些强子要长 1 000 倍,这标志着它与先前已知的粒子有着原则性的差别。人们把 J 粒子称作粲夸克(c 夸克)。它的反粒子称为反 c 夸克。

J 粒子发现以后,人们继续致力于证实粲夸克存在的各项预言。在布鲁克海文、欧洲核子研究中心和费米实验室的气泡室实验中,曾经不断地获得可能是粲粒子的痕迹。1976 年下半年,美国的一些物理学家用 400 GeV 的高能质子打靶,在由此产生的许多事例中,又发现了一个新粒子,它的行为完全符合粲粒子应该具备的特征,它是第一个粲反重子——一个类似于反质子、但包含着一个反粲夸克的粒子,为此,在粒子物理学的历史中,人们郑重地写道:"1976 年,首次找到了粲夸克的径迹。"

粲夸克 c 正好和奇夸克 s 配成一对,它们正好与一对轻子——μ 子和 μ 中微子相对应,至此,似乎一切都很完美了,但是,就在 4 种夸克与 4 种轻子填平补齐之后不久,斯坦福直线加速器中心和劳伦斯伯春利实验室的科学家小组忽然又发现了一种新的轻子,只是相对于电子和 μ 子而言,它又显得太重了,其质量约为电子质量的 4 000 倍,于是,人们只好在"轻"字前面再加上一个"重"字,把这种新轻子叫作"重轻子",并把他们发现的新粒子命名为"τ 重轻子",简称 τ 子。

就像存在着电子中微子和 μ 中微子一样,τ 子和 τ 子中微子也各有自己的反粒子。就这样,轻子家族的成员从 4 个增加到 6 个,它们配成彼此非常相似的 3 对。问题是是否存在着与"τ 子-τ 子中微子"相对应的夸克。如果不想放弃夸克与轻子之间的美妙的对称性,那么,就必须承认,应该存在着第 5 种和第 6 种夸克。它们相互配对,而且与第 3 代轻子相对应。

1997 年 7 月,在欧洲物理学会举办的"布达佩斯粒子物理讨论会"上,美国哥伦比亚大学的物理学家列昂·莱德曼(L. M. Lederman)宣布:他们在费米国家加速器实验室发现了一种新粒子,其质量为 J 粒子的 3 倍左右,也就是要比质子重 10 多倍。科学家把新发现的粒子称为底夸克(b 夸克)——第 5 种夸克。

18.7.5　顶夸克的发现

莱德曼发现底夸克之后,科学家搜寻的目标便转向了底夸克的配偶——第 6 种夸克,人们称它为顶夸克(t 夸克)。

顶夸克比底夸克更重,因而需要更高的能量才可望探测到它。搜索顶夸克的历程远比发现粲夸克和底夸克曲折得多。每年总结当年的科学新进展时,关于寻找顶夸克总是一句话:"到目前为止,还没有结果。"

1984 年 7 月,情况终于有了转机。在莱比锡召开的第 22 届高能物理会议上,西欧核子研究中心的一个实验组报道,他们利用对撞机找到了顶夸克的 6 个实验事例,并确定了顶夸克的质量范围。它的质量大约相当于奇夸克质量的 100 多倍,或底夸克的 10 多倍。但是,也是在这次会议上,在同一个对撞机上工作的另一个实验小组却报道说,他们利用类似的方法寻找顶夸克,尚未获得肯定的结果。

1992 年 10 月，费米实验室对撞机检测器的研究人员发现一个可疑对撞事件的尾迹，似乎发现了顶夸克，但它却又如西方鬼节中游荡的幽灵，渺然而逝了。

1994 年 4 月 26 日上午，美国费米国家实验室主任约翰·皮普斯宣布：他们可能找到了证实顶夸克存在的证据。对撞机探测器在一年中的实验中，共探测到约 1 万亿次粒子碰撞事件，并记录下了其中的 700 万次。他们分析后认为，其中 1 个事件产生了顶夸克。但是，在同一实验室用 D0 探测器探测的小组却没有测到顶夸克事件，所以，多数科学家认为，还需要进一步的研究工作。

科学家们再接再厉，继续寻找着顶夸克。功夫不负有心人，终于，顶夸克露面了。在费米实验室，物理学家比尔·卡里塞斯和梅尔文·肖切特领导了一个由 35 所大学和实验室、439 名研究人员组成的科研小组，他们利用能把质子与反质子加速到各具有 900 GeV 的能量后进行对撞，平均 10^6 次的对撞可能观察到 1 次顶夸克。

1995 年 3 月 2 日，费米国家实验室郑重宣布：经过 8 年的实验工作，他们已发现第 6 种夸克——顶夸克，从而解开了当今物理界预言的第 6 种夸克的存在之谜。对撞机探测小组共找到了 56 个顶夸克事例，经过计算，他们得到顶夸克的质量为 176 GeV；D0 探测器小组共探测到 17 个顶夸克事件，他们得到顶夸克的质量为 199 GeV。这两个小组的结果虽然不相同，但在误差范围内两者还是一致的。两个小组用不同的分析方法都找到了顶夸克，而且质量在误差范围内符合，更加强了结果的可靠性。

根据目前的理论，夸克只有六种且已全部被找到。表 18-3 列出了这 6 种夸克的特性。

表 18-3　六种夸克特性表

夸克	电荷/e	自旋/ℏ	同位旋	奇异数	重子数
u(上)	$\frac{2}{3}$	$\frac{1}{2}$	$\frac{1}{2}$	0	$\frac{1}{3}$
d(下)	$-\frac{1}{3}$	$\frac{1}{2}$	$\frac{1}{2}$	0	$\frac{1}{3}$
s(奇)	$-\frac{1}{3}$	$\frac{1}{2}$	0	-1	$\frac{1}{3}$
c(粲)	$\frac{2}{3}$	$\frac{1}{2}$	0	0	$\frac{1}{3}$
b(底)	$-\frac{1}{3}$	$\frac{1}{2}$	0	0	$\frac{1}{3}$
t(顶)	$\frac{2}{3}$	$\frac{1}{2}$	0	0	$\frac{1}{3}$

顶夸克的发现绝不意味着研究工作的终止，还有许多有关问题需要解决，将要揭示更多的自然之谜。比如：顶夸克发现之后，物理学家又开始考虑夸克和轻子是否还会有更深层次的结构。

18.7.6　夸克的味和色

我们知道，到目前为止，科学家发现了 6 种夸克，这 6 种夸克称为 6 种味的夸克。由于夸克是费米子(自旋为半整数的粒子)，夸克都处于基态时，三个相同的夸克处于相同的状态，这违背了泡利不相容原理。为解决这个矛盾，1964 年格林伯格(D. W. Greenberg)为夸克引入了一个新的量子数——色量子数(这不是光学上真正的颜色的原意,而只是借用了这个名称),以表示同味夸克还有不同的种类,称为"色荷"(与电荷类比)。指定夸克有三色:红(R)、黄(Y)、绿(G),如记作 u_r、u_y、u_g。这样,由带不同色荷的同味夸克构成的粒子就不违反泡利不相容原理。夸克确定具有"色"的第一个证据是在 π^0 介子衰变为两个光子的过程中找到的。

夸克是如何组成强子的? 量子色动力学认为,带色的夸克通过交换胶子(胶子是强子中的电中性粒子,顾名思义,其作用是使夸克黏合而形成强子,胶子有 8 种)而结合,即夸克与夸克,或夸克与反夸克,或反夸克与反奈克之间通过胶子而结合在一起。凡带有色荷的粒子能放出和吸收胶子,从而实现强相互作用。吸收和放出胶子可使夸克改变颜色。而原子核内的核力是核子内夸克之间强相互作用力的剩余效应。

人们或许会问:研究这些微观粒子有什么用处? 的确,许多科学家对他们自己的研究工作也说不清,但对于顶夸克的发现,科学家们回答道:"这项发现的意义是告诉我们,宇宙是可以认识的。"

这些发现是不是会像发现质子、中子对人类生活产生影响,仍有待观察。不过,类似的粒子物理学基础研究有初步成果发表时,实用价值往往都不明显,但绝对具有极高的学术价值。比如,19 世纪建立的电磁理论,当时没有人清楚它的实际用处,但今天的普通人都在享受这一科技成果为人类带来的物质文明。正如物理学家李政道先生所说:"基础科学如水;应用科学如鱼;市场经济如鱼市;要有鱼市,必须有鱼;有鱼,必须有水。但有水,未必一定有鱼。"

是的,应该承认,人类的进步,民族的振兴,永远也离不开那些非功利的、探索性的基础研究工作。

习 题 答 案

第 10 章　真空中的静电场

10-1　$-\dfrac{\sqrt{3}}{3}q$

10-2　$\dfrac{q^2}{2\varepsilon_0 S}$

10-3　$\dfrac{\lambda}{\pi\varepsilon_0 d}\boldsymbol{i}$，$-\dfrac{\lambda}{3\pi\varepsilon_0 d}\boldsymbol{i}$

10-4　$\dfrac{q}{6\varepsilon_0}$，$\dfrac{1}{24}\dfrac{q}{\varepsilon_0}$

10-5　$\dfrac{q}{4\pi\varepsilon_0}\left(\dfrac{1}{r}-\dfrac{1}{R}\right)$

10-6　A　　10-7　D　　10-8　D　　10-9　B

10-10　$\pi\sqrt{\dfrac{2\pi\varepsilon_0 ma^3}{Qq}}$

10-11　$\dfrac{q\lambda l}{4\pi\varepsilon_0 r_0(r_0+l)}$

10-12　(1) $\dfrac{Q}{\pi^2\varepsilon_0 R^2}\boldsymbol{i}$；(2) $2|e|\dfrac{Q}{\pi^2\varepsilon_0 R^2}\boldsymbol{i}$

10-13　$-\dfrac{\sigma_0}{4\varepsilon_0}\boldsymbol{i}$

10-14　在 σ_1 板左侧：$E=1.13$ V/m，方向垂直两板且背离 σ_1 板，在两板间：$E=3.39$ V/m，方向垂直指两板且向 σ_2 板，在 σ_2 板右侧：$E=1.13$ V/m，方向垂直两板且背离 σ_2 板

10-15　$\dfrac{\sigma x}{2\varepsilon_0\sqrt{x^2+R^2}}\boldsymbol{i}$，$\dfrac{\sigma}{2\varepsilon_0}\left(R-\sqrt{x^2+R^2}\right)$

10-16　电场：$\dfrac{\lambda L}{\pi\varepsilon_0(4r^2-L^2)}$，方向沿 x 轴正方向；电势：$\dfrac{\lambda}{4\pi\varepsilon_0}\left[\ln\left(r+\dfrac{L}{2}\right)-\ln\left(r-\dfrac{L}{2}\right)\right]$

10-17　(1) $\dfrac{\sigma}{2\varepsilon_0}\left(\sqrt{x^2+R^2}-x\right)$；(2) $\dfrac{\sigma}{2\varepsilon_0}\left(1-\dfrac{x}{\sqrt{x^2+R^2}}\right)$；(3) 2.26×10^4 V，2.26×10^5 V/m

10-18　$\dfrac{Q}{4\pi\varepsilon_0 L}\left(\dfrac{1}{R}-\dfrac{1}{\sqrt{R^2+L^2}}\right)$，方向沿 x 轴正方向

10-19　电场：$-\dfrac{\sigma}{2\varepsilon_0}\sin\theta\ln\dfrac{R_2}{R_1}$；电势：$\dfrac{\sigma(R_2-R_1)}{2\varepsilon_0}$

10-20　(1) 1.05 V·m；(2) 9.29×10^{-12} C；(3) 通过整个立方体的电通量为零，面内电荷量为零

10-21　(1) $\pi R^2 E$；(2) $\dfrac{\sqrt{3}}{2}\pi R^2 E$

10-22　$\dfrac{q}{4\pi\varepsilon_0}\left(\dfrac{1}{x}-\dfrac{1}{d}\right)-\dfrac{\sigma}{2\varepsilon_0}(d-x)$

10-23　(1) -9.02×10^5 C；(2) 1.14×10^{-12} C/m^3

10-24　(1) $\sigma_1=-\dfrac{R_2^2}{R_1^2}\sigma_2$；(2) $R_1<r<R_2$ 时，$E_2=-\dfrac{\sigma R_2^2}{\varepsilon_0 r^2}$；(3) $r<R_1$ 时，$E=0$

10-25　$r<R$ 时，$E=0$；$r>R$ 时，$E=\dfrac{\sigma R}{\varepsilon_0 r}$；$E\text{-}r$ 曲线略

10-26　(1) 6.7×10^{-10} C，-1.3×10^{-9} C；(2) 0.1 m

10-27　$\dfrac{50q}{21\pi\varepsilon_0 R}$

10-28 (1) $r<R_1$ 时，$E_1=0$，$R_1<r<R_2$ 时，$E_2=\dfrac{\rho(r^3-R_1^3)}{3\varepsilon_0 r^2}$，$r>R_2$ 时，$E_3=\dfrac{\rho(R_2^3-R_1^3)}{3\varepsilon_0 r^2}$；

（2）$r<R_1$ 时，$U_1=\dfrac{\rho}{2\varepsilon_0}(R_2^2-R_1^2)$，$R_1<r<R_2$ 时，$U_2=\dfrac{\rho}{3\varepsilon_0}\left(\dfrac{3R_2^2}{2}-\dfrac{r^2}{2}-\dfrac{R_1^3}{r}\right)$，$r>R_2$ 时，$U_3=\dfrac{\rho(R_2^3-R_1^3)}{3\varepsilon_0 r}$；$E$-$r$ 和

U-r 曲线略

10-29 （1）$r\leqslant R$ 时，$E_1=\dfrac{\rho r}{2\varepsilon_0}$，$r\geqslant R$ 时，$E_2=\dfrac{\rho R^2}{2\varepsilon_0 r}$；（2）$r\leqslant R$ 时，$U_1=-\dfrac{\rho r^2}{4\varepsilon_0}$，$r\geqslant R$ 时，$U_2=\dfrac{\rho R^2}{2\varepsilon_0}\left(\ln\dfrac{R}{r}-\dfrac{1}{2}\right)$；（3）$E$-$r$ 和

U-r 函数曲线略

10-30 $E=\dfrac{\rho_0 r}{2\varepsilon_0}\left(a-\dfrac{2r}{3b}\right)$，$r\leqslant R$；$E=\dfrac{\rho_0 R^2}{2\varepsilon_0 r}\left(a-\dfrac{2R}{3b}\right)$，$r\geqslant R$

10-31 （1）$\dfrac{A}{5\varepsilon_0}r^3$，$r\leqslant R$；（2）$\dfrac{AR^5}{5\varepsilon_0 r^2}$，$r\geqslant R$

10-32 （1）$-\dfrac{Q}{6\pi\varepsilon_0 R}$；（2）$\dfrac{Q}{6\pi\varepsilon_0 R}$；（3）$\dfrac{Q}{6\pi\varepsilon_0 R}$；（4）$-\dfrac{Q}{6\pi\varepsilon_0 R}$

10-33 $v_0=\sqrt{\dfrac{eQ}{2\pi\varepsilon_0 m_e}\left(\dfrac{1}{R}-\dfrac{1}{\sqrt{R^2+d^2}}\right)}$

10-34 $\sqrt{(3-2\sqrt{2})gH}$

第 11 章　静电场与物质的相互作用

11-1 $-q$；不是；$2q$；是

11-2 $\sigma_1=\dfrac{Q_a+Q_b}{2S}$，$\sigma_2=\dfrac{Q_a-Q_b}{2S}$，$\sigma_3=-\dfrac{Q_a-Q_b}{2S}$，$\sigma_4=\dfrac{Q_a+Q_b}{2S}$

11-3 $\dfrac{Q_1}{Q_2}=\dfrac{\ln R_3-\ln R_2}{\ln R_2-\ln R_1}$

11-4 $\sqrt{\dfrac{2Fd}{C}}$，$\sqrt{2FdC}$

11-5 $\dfrac{1}{\varepsilon_r}$；ε_r

11-6 $\dfrac{\varepsilon_0\varepsilon_r U^2}{2d^2}$

11-7 E　　11-8 C　　11-9 C　　11-10 B　　11-11 D　　11-12 B

11-13 （1）$\dfrac{Q}{4\pi\varepsilon_0(a^2+r^2-2ar\cos\theta)}$，方向是从 P 点指向 D；（2）$\dfrac{Q}{4\pi\varepsilon_0 a}$

11-14 （1）q_1+q_2；（2）A 受力大小为 $\dfrac{q_3(q_1+q_2)}{4\pi\varepsilon_0 r^2}$，$q_1$、$q_2$ 受力为零，q_3 受力大小为 $\dfrac{q_3(q_1+q_2)}{4\pi\varepsilon_0 r^2}$

11-15 $\dfrac{\sigma_2}{\varepsilon_0}$

11-16 电势分布：$U=\dfrac{1}{4\pi\varepsilon_0}\left(\dfrac{q}{R_1}-\dfrac{q}{R_2}+\dfrac{q+Q}{R_3}\right)=U_1$，$r\leqslant R_1$；$U=\dfrac{1}{4\pi\varepsilon_0}\left(\dfrac{q}{r}-\dfrac{q}{R_2}+\dfrac{q+Q}{R_3}\right)$，$R_1<r<R_2$；$U=\dfrac{q+Q}{4\pi\varepsilon_0 R_3}$，$R_2\leqslant$

$r\leqslant R_3$；$U=\dfrac{q+Q}{4\pi\varepsilon_0 r}$，$r>R_3$

电场分布：$E_1=0$，$r\leqslant R_1$；$E_2=\dfrac{q}{4\pi\varepsilon_0 r^2}$，$(R_1<r<R_2)$；$E_3=0$，$R_2\leqslant r\leqslant R_3$；$E_4=\dfrac{q+Q}{4\pi\varepsilon_0 r^2}$，$(r>R_3)$

其中，$q=\dfrac{4\pi\varepsilon_0 R_1 R_2 R_3 U_1-R_1 R_2 Q}{R_2 R_3+R_1 R_2-R_1 R_3}$

11-17 （1）外球壳内表面的感应电荷量为 $-q$，外表面感应电荷为 $+q$，电势为 $U_1=\dfrac{q}{4\pi\varepsilon_0 r_2}$；（2）其外表面电荷为零，内表

面电荷仍为 $-q$，外球电势为 $U_2=0$；（3）内球电量为 $\dfrac{r_1}{r_2}q$，外球电势的改变量为 $\Delta U=\dfrac{(r_1-2r_2)q}{4\pi\varepsilon_0 r_2^2}$

11-18 35.5 V

11-19 (1) 球 A 的电容为 $C_1=4\pi\varepsilon_0 R_1$，球 B 的电容为 $C_2=4\pi\varepsilon_0 R_2$；(2) $C=4\pi\varepsilon_0(R_1+R_2)$；(3) R_2/R_1

11-20 $\dfrac{\pi\varepsilon_0}{\ln(b-a)-\ln a}\approx\dfrac{\pi\varepsilon_0}{\ln b-\ln a}$

11-21 (1) 0；(2) 96 V

11-22 电容器不会被击穿；空气层首先被击穿，玻璃片也相继被击穿，整个电容器被击穿

11-23 (1) B 板为 1.0×10^{-7} C，C 板为 2.0×10^{-7} C，A 板的电势 $U_A=2.3\times10^3$ V；(2) B 板为 -2.3×10^{-8} C，C 板为 -2.8×10^{-7} C，A 板的电势 $U_A=5.2\times10^2$ V

11-24 (1) $\boldsymbol{D}_1=0,\boldsymbol{E}_1=0,r<R_1$；$\boldsymbol{D}_2=\dfrac{Q}{4\pi r^2}\boldsymbol{e}_r,\boldsymbol{E}_2=\dfrac{Q}{4\pi\varepsilon_0\varepsilon_{r1}r^2}\boldsymbol{e}_r,R_1<r<R$；$\boldsymbol{D}_3=\dfrac{Q}{4\pi r^2}\boldsymbol{e}_r,\boldsymbol{E}_2=\dfrac{Q}{4\pi\varepsilon_0\varepsilon_{r2}r^2}\boldsymbol{e}_r,R<r<R_2$；

$\boldsymbol{D}_4=\dfrac{Q}{4\pi r^2}\boldsymbol{e}_r,\boldsymbol{E}_2=\dfrac{Q}{4\pi\varepsilon_0 r^2}\boldsymbol{e}_r,r>R_2$；$D$-$r$，$E$-$r$ 曲线略；(2) $-3\,750$ V；(3) 9.95×10^{-6} C/m^2

11-25 (1) $D=\rho_0\left(\dfrac{r}{3}-\dfrac{r^2}{4R}\right),E=\dfrac{D}{\varepsilon_0\varepsilon_r}=\dfrac{\rho_0}{\varepsilon_0\varepsilon_r}\left(\dfrac{r}{3}-\dfrac{r^2}{4R}\right)$；(2) $r=\dfrac{2}{3}R$

11-26 $\dfrac{\varepsilon_0 S}{2d}(\varepsilon_{r1}+\varepsilon_{r2})$；$\dfrac{2\varepsilon_0 S}{d}\dfrac{\varepsilon_{r1}\varepsilon_{r2}}{\varepsilon_{r1}+\varepsilon_{r2}}$；$\dfrac{\varepsilon_0 S}{d}\left(\dfrac{\varepsilon_{r1}}{2}-\dfrac{\varepsilon_{r2}\varepsilon_{r3}}{\varepsilon_{r2}+\varepsilon_{r3}}\right)$

11-27 (1) 7.2；(2) 7.7×10^{-7} C

11-28 (1) $E=\dfrac{U}{\varepsilon_r d+(1-\varepsilon_r)t},P=\dfrac{\varepsilon_r(\varepsilon_r-1)U}{\varepsilon_r d+(1-\varepsilon_r)t},D=\dfrac{\varepsilon_0\varepsilon_r U}{\varepsilon_r d+(1-\varepsilon_r)t}$；(2) $Q=\dfrac{\varepsilon_0\varepsilon_r US}{\varepsilon_r d+(1-\varepsilon_r)t}$；(3) $\dfrac{\varepsilon_r U}{\varepsilon_r d+(1-\varepsilon_r)t}$；

(4) $\dfrac{\varepsilon_0\varepsilon_r S}{\varepsilon_r d+(1-\varepsilon_r)t}$

11-29 (1) $\boldsymbol{D}=\dfrac{Q}{4\pi r^2}\boldsymbol{e}_r$；(2) $\dfrac{4\pi\varepsilon_0 ab}{b-a+ab\alpha\ln\frac{b}{a}}$；(3) $\boldsymbol{P}=-\dfrac{Q\alpha}{4\pi r}\boldsymbol{e}_r$；(4) $\sigma'_a=\dfrac{Q\alpha}{4\pi a},(r=a),\sigma'_b=-\dfrac{Q\alpha}{4\pi b},(r=b)$

11-30 B 板接地：$U_A-U_B=\dfrac{Qd}{\varepsilon_0 S},W_e=\dfrac{Q^2 d}{2\varepsilon_0 S}$；$B$ 板不接地：$U_A-U_B=\dfrac{Qd}{2\varepsilon_0 S},W_e=\dfrac{Q^2 d}{8\varepsilon_0 S}$

11-31 $\dfrac{\varepsilon_0 SU^2(d_1-d_2)}{2d_1 d_2}$

11-32 $\dfrac{4\pi\rho^2 R^5}{15\varepsilon_0}$

11-33 (1) 电介质 1 中：$D_1=\dfrac{\lambda}{2\pi r},E_1=\dfrac{\lambda}{2\pi\varepsilon_0\varepsilon_{r1}r}$，电介质 2 中：$D_2=\dfrac{\lambda}{2\pi r},E_2=\dfrac{\lambda}{2\pi\varepsilon_0\varepsilon_{r2}r}$；

(2) $U_1-U_2=\dfrac{\lambda}{2\pi\varepsilon_0\varepsilon_{r1}\varepsilon_{r2}}\left(\varepsilon_{r1}\ln\dfrac{R_3}{R_2}+\varepsilon_{r2}\ln\dfrac{R_2}{R_1}\right)$；

(3) $C=\dfrac{2\pi\varepsilon_0\varepsilon_{r1}\varepsilon_{r2}l}{\varepsilon_{r1}\ln\dfrac{R_3}{R_2}+\varepsilon_{r2}\ln\dfrac{R_2}{R_1}}$；

(4) $\dfrac{\lambda^2 l}{4\pi\varepsilon_0\varepsilon_{r1}\varepsilon_{r2}}\left(\varepsilon_{r1}\ln\dfrac{R_3}{R_2}+\varepsilon_{r2}\ln\dfrac{R_2}{R_1}\right)$

第 12 章　恒定电流的磁场

12-1 (1) $\dfrac{9\sqrt{3}\mu_0 I}{4\pi h}$，垂直于纸面向外；(2) $\dfrac{\mu_0 I}{\pi R}\left(1-\dfrac{\sqrt{3}}{2}\right)+\dfrac{\mu_0 I}{6R}$（或 $0.21\dfrac{\mu_0 I}{R}$），垂直于纸面向里

12-2 $-\dfrac{\mu_0 I}{4R}\boldsymbol{k}-\dfrac{\mu_0 I}{2\pi R}\boldsymbol{j}$，$-\dfrac{\mu_0 I}{4R}\left(1+\dfrac{1}{\pi}\right)\boldsymbol{k}-\dfrac{\mu_0 I}{4\pi R}\boldsymbol{j}$，$-\dfrac{\mu_0 I}{4\pi R}\boldsymbol{i}-\dfrac{\mu_0 I}{4\pi R}\boldsymbol{j}-\dfrac{3\mu_0 I}{8R}\boldsymbol{k}$

12-3 -0.24 Wb，0，0.24 Wb

12-4 $8\times10^{-14}\boldsymbol{k}$ (N)

12-5 $-\mu_0 I_1,\mu_0(I_1+I_2),0$

12-6 $2BIR$，方向沿 y 轴正方向

12-7 $I,\mu_0(I-I'),-\mu_0 I'$

12-8 C　　　12-9 A　　　12-10 A　　　12-11 C　　　12-12 D　　　12-13 A　　　12-14 D　　　12-15 B

12-16 4×10^{10} 个

12-17 4×10^{-3} m/s, 1.1×10^{5} m/s

12-18 $\dfrac{2}{3}$ C

12-19 电流强度：$4\pi k \dfrac{a^2 b^2 U^2}{(b-a)^2 r^2}$, 电场强度：$\dfrac{abU}{(b-a)r^2}$

12-20 $\dfrac{2\mu_0 I}{\pi a}$, 方向竖直向上

12-21 1.72×10^{9} A, 向由东向西

12-22 0

12-23 $\dfrac{\mu_0 I}{\pi^2 R}$, 方向沿 x 轴正方向

12-24 $\dfrac{\mu_0 Q\omega}{2\pi R}$, 方向垂直于盘面向外；(2) $\dfrac{QR^2\omega}{4}$

12-25 5.0×10^{-16} T

12-26 $\dfrac{\mu_0 \sigma v}{2}$

12-27 (1) $\dfrac{\mu_0 \rho \omega}{2}(R^2 - r^2)$；(2) $\dfrac{\mu_0 \rho \omega R^2}{4}$

12-28 (1) $\dfrac{\mu_0 Ir}{2\pi R_1^2}$；(2) $\dfrac{\mu_0 I}{2\pi r}$；(3) $\dfrac{\mu_0 I}{2\pi r}\dfrac{R_3^2 - r^2}{R_3^2 - R_2^2}$；(4) 0

12-29 P_1 点的磁感应强度为 $B = \dfrac{\mu_0 I(2r^2 - a^2)}{2\pi r(4r^2 - a^2)}$, 方向水平向左；$P_2$ 点的磁感应强度为 $B = \dfrac{\mu_0 I(2r^2 + a^2)}{2\pi r(4r^2 + a^2)}$, 方向竖直向上

12-30 2.4×10^{-6} Wb

12-31 (1) $B = 0, r < R_1$；$B = \dfrac{\mu_0 NI}{2\pi r}, R_1 < r < R_2$；$B = 0, r > R_2$；(2) $\dfrac{\mu_0 NIh}{2\pi}\ln\dfrac{R_2}{R_1}$

12-32 (1) 3.2×10^{-16} N；(2) 3.2×10^{-16} N；(3) 0

12-33 1.12×10^{-21} kg·m/s, 2.35 keV

12-34 (1) 3.48×10^{-2} m；(2) 0.38 m；(3) 2.28×10^{7} m

12-35 (1) -2.23×10^{-5} V；(2) 无影响

12-36 证明略

12-37 (1) CF 边受到的安培力为 8×10^{-4} N, DE 边受到的安培力为 8×10^{-5} N, FE 边受到的安培力为 9.2×10^{-5} N, CD 边受到的安培力为 9.2×10^{-5} N；(2) 合力为 7.2×10^{-4} N, 合力矩为零

12-38 (1) 0.157 A·m^2；(2) 7.85×10^{-2} N·m, 方向向上；(3) 7.85×10^{-2} J

12-39 (1) $B_0 = 2.5 \times 10^{-4}$ T, $H_0 = 200$ A/m；(2) $B = 1.06$ T, $H = 200$ A/m；(3) $B_0 = 2.5 \times 10^{-4}$ T, $B' \approx 1.05$ T

12-40 $H = \dfrac{Ir}{2\pi R_1^2}, B = \dfrac{\mu_0 Ir}{2\pi R_1^2}, r < R_1$；$H = \dfrac{I}{2\pi r}, B = \dfrac{\mu I}{2\pi r}, R_1 < r < R_2$；$H = \dfrac{I(R_3^2 - r^2)}{2\pi r(R_3^2 - R_2^2)}, B = \dfrac{\mu_0 I(R_3^2 - r^2)}{2\pi r(R_3^2 - R_2^2)}, R_2 < r < R_3$；$H = 0, B = 0, r > R_3$

第 13 章　电磁感应及电磁场基本方程

13-1 不会；通过线圈的磁通量没有发生变化

13-2 洛仑兹力；涡旋电场力(变化磁场激发的电场的电场力)

13-3 $\sqrt{2}$

13-4 0.5 V

13-5 0.45 V

13-6 7.06×10^{-3} V

13-7 $1 : 2, 1 : 2$

13-8 (b),(c),(a)

13-9 B　　13-10 D　　13-11 A 和 D　　13-12 B　　13-13 A

13-14 $\dfrac{\mu_0 Iv}{\pi}\ln\dfrac{d+a}{d}$，方向从 D 指向 E

13-15 $\dfrac{\mu_0 Iv}{2\pi}\cot\theta\ln\dfrac{d+l\sin\theta}{d}$，方向由 a 指向 b，b 点电势高

13-16 $U_{AC}=-\dfrac{1}{2}\omega BL(L-2a)$，$C$ 端的电势高于 A 端的电势

13-17 $\dfrac{mRv_0}{R^2 l^2}$

13-18 (1) $\omega=\omega_0 \mathrm{e}^{-\frac{3B^2L^2}{4Rm}t}$；(2) $\theta=\dfrac{4Rm\omega_0}{3B^2L^2}$

13-19 6.00 A

13-20 $\dfrac{\pi a^2 \alpha B_0}{R}\mathrm{e}^{-at}$，$\dfrac{\pi a^2 B_0}{R}$

13-21 $\dfrac{\mu_0 Ib}{\pi R}\ln\dfrac{2d+a}{2d-a}$

13-22 $klvt$，方向由 a 指向 b

13-23 $\mathscr{E}=v^2 t^3 \tan\alpha$

13-24 (1) 2×10^{-3} V；(2) $-4.35\times10^{-2}\cos100\pi t$

13-25 $\dfrac{\pi hk^2 R^4}{8\rho}$

13-26 $U_{ac}=\left(\dfrac{\sqrt{3}}{4}+\dfrac{\pi}{12}\right)R^2\dfrac{\mathrm{d}B}{\mathrm{d}t}$，方向由 a 到 c，即 c 端电势高

13-27 证明略

13-28 $\dfrac{N^2}{l}(\mu_1 S_1+\mu_2 S_2)$

13-29 (a) 情况互感为 2.8×10^{-6} H，(b) 情况互感为零

13-30 (1) $L_1=\dfrac{\mu_0 N_1^2 a^2}{2R}$，$L_1=\dfrac{\mu_0 N_2^2 a^2}{2R}$；(2) $M=\dfrac{\mu_0 N_1 N_2 a^2}{2R}$；(3) $M=\sqrt{L_1 L_2}$

13-31 29 H

13-32 (1) 证明略；(2) $R\mathrm{e}^{1/4}$

13-33 (1) 证明略；(2) 1.0×10^6 V/s

第 14 章　光 的 干 涉

14-1 $\dfrac{2\pi}{\lambda}(n_1-n_2)e$

14-2 使两缝间距变小；使屏与双缝之间的距离变大

14-3 频率相同，振动方向相同，相位差恒定的两束光；分波阵面法和分振幅法；分波阵面法，分振幅法

14-4 $\dfrac{D}{nd}\lambda$

14-5 相等，减小，减小

14-6 $n_1\theta_1=n_2\theta_2$ 或 $\dfrac{\theta_1}{\theta_2}=\dfrac{n_2}{n_1}$

14-7 $\dfrac{\lambda}{2n_2}$

14-8 (b),(a)

14-9 539.1 nm

14-10 C　　14-11 C　　14-12 C　　14-13 C　　14-14 B　　14-15 B

14-16 600 nm

14-17 (1) 条纹向下移动；(2) $n=\dfrac{N\lambda}{l}+1$

14-18 300 nm

14-19　1.7×10^{-4} rad

14-20　$R=6.79$ m，$k=4$

14-21　(1) 2.32×10^{-4} cm；(2) 0.373 cm

14-22　1.11×10^{-7} m，590 nm，肥皂膜正面呈黄色

第 15 章　光 的 衍 射

15-1　1.2 mm，3.6 mm

15-2　3.0 mm

15-3　1.34 m

15-4　多缝干涉，单缝衍射

15-5　3

15-6　632.6 nm

15-7　5

15-8　B　　15-9　A　　15-10　C　　15-11　A　　15-12　B　　15-13　B　　15-14　B

15-15　5×10^{-7} m

15-16　428.6 nm

15-17　(1) 0.27 cm；(2) 1.8 cm

15-18　(1) 3×10^{-7} rad ；(2) 2 m

15-19　51.8m

15-20　(1) 1.34×10^{-5} rad；(2) 实际起分辨作用的还是眼睛

15-21　3.05×10^{-3} mm

15-22　(1) 2.4×10^{-4} cm；(2) 0.8×10^{-4} cm；(3) 实际呈现 $k=0,\pm1,\pm2$ 级明纹（$k=\pm4$ 在 $\pi/2$ 处看不到）

15-23　0.119 nm，0.095 nm

第 16 章　光 的 偏 振

16-1　$\dfrac{1}{4}I_0$

16-2　$2I$

16-3　$\dfrac{9}{32}I_0$

16-4　线偏振光（完全偏振光）

16-5　$\dfrac{1}{4}$

16-6　$\cos^2\alpha_1/\cos^2\alpha_2$

16-7　平行或接近平行

16-8　线偏振光（或完全偏振光，或平面偏振光）

16-9　B　　16-10　B　　16-11　C　　16-12　B　　16-13　B

16-14　A

16-15　略

16-16　11.8°

16-17　略

16-18　3 mm

第 17 章　量子物理基础

17-1　1.416×10^3 K

17-2　9.363×10^3 nm

17-3　A/h，$\dfrac{h}{e}(\nu_1-\nu_0)$

17-4　2.55 eV

17-5　D　　17-6　B　　17-7　D　　17-8　C　　17-9　A

17-10 $\dfrac{h^2 \nu^2}{2Mc^2}$

17-11   1.3 V；1.80 eV

17-12   346.4 nm,656.3 nm

17-13   (1) $R = n^2 \dfrac{\hbar^2}{Gm^2 M}$，$n = 1,2,3,\cdots$；(2) 2.54×10^{74}；(3) 1.17×10^{-63}

17-14 $7.7 \times 10^{29}/s$

17-15   7.08 nm

17-16   2.76 eV，1.47×10^{-27} kg $\cdot$ m/s

17-17   子弹位置的不确定度为 6.63×10^{-33} m,可以用经典力学处理；电子位置的不确定程度为 7.3×10^{-5} m,不能用经典力学处理

17-18 $\dfrac{\hbar^2}{8ma^2}$

17-19 1.89×10^{-8} m

17-20   (1) $\dfrac{h^2}{4\pi^2 ke^2 m}$；(2) $\dfrac{m\pi^2 k^2 e^4}{h^3}$

17-21 $A = \sqrt{\dfrac{2}{a}}$，$\rho(x) = \begin{cases} 0, & x \leqslant 0, x \geqslant a \\ \dfrac{2}{a}\sin^2 \dfrac{\pi x}{a}, & 0 < x < a \end{cases}$

17-22   (1) $A = \sqrt{\dfrac{1}{\pi}}$；(2) $\rho(x) = \dfrac{1}{\pi(1+x^2)}$；(3) $x = 0$ 时概率密度最大,即找到粒子概率最大位置

17-23 $E = \dfrac{\hbar^2 b^2}{2M}$，$U(x) = \dfrac{\hbar^2 b^4 x^2}{2M}$

附　录

附表 1-1　常见材料的电导率

材料	电导率 $\sigma/(S/m)$	材料	电导率 $\sigma/(S/m)$	材料	电导率 $\sigma/(S/m)$
银	6.17×10^7	黄铜	1.57×10^7	干土	10^{-5}
铜	5.80×10^7	青铜	10^7	变压器油	10^{-11}
金	4.10×10^7	海水	4	玻璃	10^{-12}
铝	3.54×10^7	清水	10^{-3}	瓷	2×10^{-13}
铁	10^7	蒸馏水	2×10^{-4}	橡胶	10^{-15}

附表 1-2　常见材料的相对电容率

气体	温度/℃	相对电容率	液体	温度/℃	相对电容率
水蒸气	140~150	1.007 85	固体氨	-90	4.01
气态溴	180	1.012 8	固体醋酸	2	4.1
氦	0	1.000 074	石蜡	-5	2.2~2.1
氢	0	1.000 26	聚苯乙烯	20	2.4~2.6
氧	0	1.000 51	无线电瓷	16	6~6.5
氮	0	1.000 58	超高频瓷		7~8.5
氩	0	1.000 56	二氧化钡		10^6
气态汞	400	1.000 74	橡胶		2~3
空气	0	1.000 585	硬橡胶		4.3
硫化氢	0	1.004	纸		2.5
真空	20	1	干砂		2.5
乙醚	0	4.335	15%水湿砂		约 9
液态二氧化碳	20	1.585	木头		2~8
甲醇	20	33.7	琥珀		2.8
乙醇	16.3	25.7	冰		2.8
水	14	81.5	虫胶		3~4
液态氨	-270.8	16.2	赛璐珞		3.3
液态氩	253	1.058	玻璃		4~11
液态氢	-182	1.22	黄磷		4.1
液态氧	-185	1.465	硫		4.2
液态氮	0	2.28	碳(金刚石)		5.5~16.5
液态氯	20	1.9	云母		6~8
煤油	20	2~4	花岗石		7~9
松节油		2.2	大理石		8.3
苯		2.283	食盐		6.2
油漆		3.5	氧化铍		7.5
甘油		45.8			

附表 1-3　常见材料的相对磁导率和磁化率

物质	温度/℃	μ_r	$\chi_m/\times10^{-5}$	物质	温度/℃	μ_r	$\chi_m/\times10^{-5}$
真空		1	0	汞	20	0.999 971	-2.9
空气	标准状态	1.000 000 4	0.04	银	20	0.999 974	-2.6
铂	20	1.000 26	26	铜	20	0.999 90	-1.0
铝	20	1.000 022	2.2	碳(金刚石)	20	0.999 979	-2.1
钠	20	1.000 007 2	0.72	铅	20	0.999 982	-1.8
氧	标准状态	1.000 001 9	0.19	岩盐	20	0.999 986	-1.4

附表 1-4　电磁波频段和波段的划分

序号	频段名称	频段范围/Hz	波段名称	波长范围/m	主 要 用 途
1	极低频(ELF)	$3\sim30$	极长波	$10^7\sim10^8$	—
2	超低频(SLF)	$30\sim3\times10^2$	超长波	$10^6\sim10^7$	—
3	特低频(ULF)	$3\times10^2\sim3\times10^3$	特长波	$10^5\sim10^6$	—
4	甚低频(VLF)	$3\times10^3\sim3\times10^4$	甚长波	$10^4\sim10^5$	声频电话、长距离导航、时标
5	低频(LF)	$3\times10^4\sim3\times10^5$	长波	$10^3\sim10^4$	船舶通信、信标、导航
6	中频(MF)	$3\times10^5\sim3\times10^6$	中波	$10^2\sim10^3$	广播、船舶通信、飞行通信、船港电话
7	高频(HF)	$3\times10^6\sim3\times10^7$	短波	$10\sim10^2$	短波广播、军事通信
8	甚高频(VHF)	$3\times10^7\sim3\times10^8$	米波	$1\sim10$	电视、调频广播、雷达、导航
9	特高频(UHF)	$3\times10^8\sim3\times10^9$	分米波(微波)	$10^{-1}\sim1$	电视、雷达、移动通信
10	超高频(SHF)	$3\times10^9\sim3\times10^{10}$	厘米波(微波)	$10^{-2}\sim10^{-1}$	雷达、中继、卫星通信
11	极高频(EHF)	$3\times10^{10}\sim3\times10^{11}$	毫米波(微波)	$10^{-3}\sim10^{-2}$	射电天文、卫星通信、雷达
12	至高频(THF)	$3\times10^{11}\sim3\times10^{12}$	丝米波(微波)	$10^{-4}\sim10^{-3}$	遥感

注　各波段的频率的波长范围含上限。